天津市装饰装修工程预算基价

DBD 29-201-2020

上 册

天津市住房和城乡建设委员会
天津市建筑市场服务中心　主编

中国计划出版社

图书在版编目（CIP）数据

天津市装饰装修工程预算基价 ： 上、下册 / 天津市建筑市场服务中心主编. -- 北京 ： 中国计划出版社, 2020.4
ISBN 978-7-5182-1134-0

Ⅰ. ①天… Ⅱ. ①天… Ⅲ. ①建筑装饰－工程装修－建筑预算定额－天津 Ⅳ. ①TU723.34

中国版本图书馆CIP数据核字(2020)第010112号

天津市装饰装修工程预算基价

DBD 29-201-2020

天津市住房和城乡建设委员会
天津市建筑市场服务中心　主编

中国计划出版社出版发行
网址：www.jhpress.com
地址：北京市西城区木樨地北里甲11号国宏大厦C座3层
邮政编码：100038　电话：(010)63906433(发行部)
三河富华印刷包装有限公司印刷

850mm×1168mm　横1/16　35印张　1054千字
2020年4月第1版　2020年4月第1次印刷
印数1—3000册

ISBN 978-7-5182-1134-0
定价：280.00元(上、下册)

天津市住房和城乡建设委员会

津住建建市函〔2020〕30号

市住房城乡建设委关于发布2020《天津市建设工程计价办法》和天津市各专业工程预算基价的通知

各区住建委，各有关单位：

根据《天津市建筑市场管理条例》和《建设工程工程量清单计价规范》，在有关部门的配合和支持下，我委组织编制了2020《天津市建设工程计价办法》和《天津市建筑工程预算基价》、《天津市装饰装修工程预算基价》、《天津市安装工程预算基价》、《天津市市政工程预算基价》、《天津市仿古建筑及园林工程预算基价》、《天津市房屋修缮工程预算基价》、《天津市人防工程预算基价》、《天津市给水及燃气管道工程预算基价》、《天津市地铁及隧道工程预算基价》以及与其配套的各专业工程量清单计价指引和计价软件，现予以发布，自2020年4月1日起施行。2016《天津市建设工程计价办法》和天津市各专业工程预算基价同时废止。

特此通知。

2020年3月10日

主编部门：天津市建筑市场服务中心
批准部门：天津市住房和城乡建设委员会

专 家 组：杨树海　宁培雄　兰明秀　李庆河　陈友林　袁守恒　马培祥　沈　萍　王海娜　潘　昕　程春爱　焦　进
杨连仓　周志良　张宇明　施水明　李春林　邵玉霞　柳向辉　张小红　聂　帆　徐　敏　李文同

综 合 组：高　迎　赵　斌　袁永生　姜学立　顾雪峰　陈召忠　沙佩泉　张绪明　杨　军　邢玉军　戴全才

编制人员：高　迎　张依琛　关　彬　邢玉军　杨　军　张　娟　苗　旺　刘　颖

费 用 组：邢玉军　张绪明　关　彬　于会逢　崔文琴　张依琛　许宝林　苗　旺

电 算 组：张绪明　于　堃　张　桐　苗　旺

审　　定：杨瑞凡　华晓蕾　翟国利　黄　斌

发　　行：倪效聃　贾　羽

上 册 目 录

第三章　天 棚 工 程

总 说 明

一、天津市装饰装修工程预算基价(以下简称“本基价”)是根据国家和本市有关法律、法规、标准、规范等相关依据,按正常的施工工期和生产条件,考虑常规的施工工艺、合理的施工组织设计,结合本市实际编制的。本基价是完成单位合格产品所需人工、材料、机械台班和其相应费用的基本标准,反映了社会平均水平。

二、本基价适用于天津市行政区域内新建与扩建的工业与民用建筑装饰装修工程。

三、本基价是编制估算指标、概算定额和初步设计概算、施工图预算、竣工结算、招标控制价的基础,是建设项目投标报价的参考。

四、本基价各子目中的预算基价由人工费、材料费和机械费组成。基价中的工作内容为主要施工工序,次要施工工序虽未做说明,但基价中已考虑。

五、本基价适用于采用一般计税方法计取增值税的装饰装修工程,各子目中材料和机械台班的单价为不含税的基期价格。

六、本基价人工费的规定和说明:

1.人工消耗量以现行《建设工程劳动定额》《房屋建筑与装饰工程消耗量定额》为基础,结合本市实际确定,包括施工操作的基本用工、辅助用工、材料在施工现场超运距用工及人工幅度差。人工效率按8小时工作制考虑。

2.人工单价根据《中华人民共和国劳动法》的有关规定,参照编制期天津市建筑市场劳动力价格水平综合测算的,按技术含量分为三类:一类工每工日153元;二类工每工日135元;三类工每工日113元。

3.人工费是支付给从事建筑装饰装修工程施工的生产工人和附属生产单位工人的各项费用以及生产工具用具使用费,其中包括按照国家和本市有关规定,职工个人缴纳的养老保险、失业保险、医疗保险及住房公积金。

七、本基价材料费的规定和说明:

1.材料包括主要材料、次要材料和零星材料,主要材料和次要材料为构成工程实体且能够计量的材料、成品、半成品,按品种、规格列出消耗量;零星材料为不构成工程实体且用量较小的材料,以“元”为单位列出。

2.材料费包括主要材料费、次要材料费和零星材料费。

3.材料消耗量均按合格的标准规格产品编制,包括正常施工消耗和材料从工地仓库、现场集中堆放或加工地点运至施工操作、安装地点的堆放和运输损耗及不可避免的施工操作损耗。

4.当设计要求采用的材料、成品或半成品的品种、规格型号与基价中不同时,可按各章规定调整。

5.材料价格按本基价编制期建筑市场材料价格综合取定,包括由材料供应地点运至工地仓库或施工现场堆放地点的费用和材料的采购及保管费。材料采购及保管费包括施工单位在组织采购、供应和保管材料过程中所需各项费用和工地仓库的储存损耗。

6.工程建设中部分材料由建设单位供料,结算时退还建设单位所购材料的材料款(包括材料采购及保管费),材料单价以施工合同中约定的材料价格为准,材料数量按实际领用量确定。

7.本基价中砂浆分别按现拌砂浆和预拌砂浆编制，当设计要求的砂浆品种与预算基价选用不同时，按下表换算，每立方米砂浆折算1.85 t。

砂浆品种换算表

<table>
<tr><th>序　　号</th><th>现 拌 砂 浆</th><th>预 拌 砂 浆
（干拌砂浆、湿拌砂浆）</th></tr>
<tr><td rowspan="3">地面砂浆</td><td>水泥砂浆1∶3</td><td>M15</td></tr>
<tr><td>水泥砂浆1∶2</td><td rowspan="2">M20</td></tr>
<tr><td>水泥砂浆1∶2.5</td></tr>
<tr><td rowspan="6">抹灰砂浆</td><td>混合砂浆1∶1∶6</td><td>M5</td></tr>
<tr><td>混合砂浆1∶1∶4</td><td>M10</td></tr>
<tr><td>混合砂浆1∶1∶2</td><td>M20</td></tr>
<tr><td>水泥砂浆1∶3</td><td>M15</td></tr>
<tr><td>水泥砂浆1∶2</td><td rowspan="2">M20</td></tr>
<tr><td>水泥砂浆1∶2.5</td></tr>
</table>

(1)使用干拌砂浆的，基价中现拌砂浆调换为干拌砂浆，人工工日乘以系数0.96，机械调换为干混罐式搅拌机，每吨干拌砂浆0.34台班。

(2)使用湿拌砂浆的，基价中现拌砂浆调换为湿拌砂浆，人工工日乘以系数0.91，扣除项目中灰浆搅拌机台班消耗量。

8.周转材料费中的周转材料按摊销量编制，且已包括回库维修等相关费用。

9.本基价部分材料或成品、半成品的消耗量带有括号，并列于无括号材料消耗量之前，表示该材料未计价，基价总价未包括其价值，计价时应以括号中的消耗量乘以其价格，计入本基价的材料费和总价中；列于无括号材料消耗量之后，表示基价总价和材料费中已经包括了该材料的价值，括号内的材料不再计价。

10.材料消耗量带有"×"号的，"×"号前为材料消耗量，"×"号后为该材料的单价。数字后带有"()"号的，"()"号内为规格型号。

八、本基价机械费的规定和说明：

1.机械台班消耗量是按照正常的施工程序、合理的机械配置确定的。

2.机械台班单价按照《建设工程施工机械台班费用编制规则》及《天津市施工机械台班参考基价》确定。

3.凡单位价值2000元以内，使用年限在一年以内不构成固定资产的施工机械，不列入机械台班消耗量，作为工具用具在企业管理费中考虑，其消耗的燃料动力等已列入材料内。

九、本基价除注明者以外，均按建筑物檐高20 m以内考虑，当建筑物檐高超过20 m时，因施工降效所增加的人工、机械及有关费用按第九章"超高工程附加费"有关规定执行。

十、凡纳入重大风险源风险范围的分部分项工程均应按专家论证的专项方案另行计算相关费用。

十一、施工用水、电已包括在本基价材料费和机械费中，不另计算。施工现场应由建设单位安装水、电表，交施工单位保管和使用，施工单位按表计量，按相应单价计算后退还建设单位。

十二、本基价凡注明“××以内”或“××以下”者，均包括××本身，注明“××以外”或“××以上”者，均不包括××本身。

十三、本基价材料、机械和构件的规格，用数值表示而未说明单位的，其计量单位为“mm”；工程量计算规则中，凡未说明计量单位的，按长度计算的以“m”为计量单位，按面积计算的以“m^2”为计量单位，按体积计算的以“m^3”为计量单位，按质量计算的以“t”为计量单位。

第一章　楼、地面工程

说　明

一、本章包括整体面层，块料面层，橡塑面层，其他材料面层，踢脚线，楼梯装饰，扶手、栏杆、栏板装饰，台阶装饰，垫层，防潮层，找平层，变形缝，其他13节，共344条基价子目。

二、砂浆配合比如设计要求与基价不同时允许调整，但人工费、砂浆消耗量及机械费不变。设计要求水泥砂浆地面砂浆厚度与基价不同时，砂浆厚度每增减1 mm，每100 m^2 水泥砂浆地面砂浆消耗量增减0.102 m^3，人工费、机械费不调整。

三、楼地面面层除特殊标明外，均未包括抹踢脚线。设计如做踢脚线者，按本章相应项目执行。

四、整体面层：

1.现浇水磨石基价已包括酸洗打蜡工序。

2.随打随抹楼地面适用于设计无厚度要求的随打随抹面层，基价中所列水泥砂浆，系作为混凝土表面嵌补平整使用，不增加制成量厚度。如设计有厚度要求时，应按水泥砂浆楼地面基价执行，其中水泥砂浆1∶2.5的用量可根据设计厚度按比例调整。

3.金刚砂耐磨地面按混凝土找平层上撒2遍骨料，达到强度后滚涂固化剂，3遍渗透、打磨做法考虑，设计要求打磨遍数与基价不同时，打磨每增1遍，增加人工0.88工日、磨光机0.88台班；如使用模板，按建筑工程混凝土基础垫层模板项目计算，人工工日乘以系数1.50。

五、块料面层：

1.块料面层项目是按规格料考虑的，如现场倒角，磨边按第六章“其他工程”相应项目执行。

2.圆弧形等不规则地面镶贴块料面层，按相应项目人工工日乘以系数1.15计算，块料消耗量损耗按实调整。

3.零星项目面层适用于楼梯侧面、小便池、蹲台、池槽以及单个面积在0.5 m^2 以内少量分散的楼地面装饰项目。

4.大理石、花岗岩楼地面拼花按成品考虑。

5.块料点缀项目适用于单个镶拼面积小于0.015 m^2 的点缀项目。

6.块料面层基价未包括酸洗打蜡，如设计要求酸洗打蜡者，按本章相应项目执行。

六、踢脚线：

1.踢脚线高度300 mm以外按第二章相应项目执行。

2.弧形踢脚线、楼梯段踢脚线按相应项目人工工日、机械费乘以系数1.15计算。

七、楼梯装饰：

1.楼梯、台阶面层未包括防滑条，设计需做防滑条时，按本章相应项目执行。

2.水泥砂浆楼梯面基价内已包括踢脚线及底面抹灰、侧面抹灰和刷浆工料。

3.楼梯面层除水泥砂浆楼梯面以外均未包括踢脚线及底面抹灰、侧面抹灰和刷浆工、料，楼梯底面的单独抹灰、刷浆，其工程量按第三章相应项目执行，楼梯侧面装饰按第二章零星抹灰项目执行。

4.螺旋形楼梯的装饰按相应项目的人工工日和机械费乘以系数1.20计算，材料用量乘以系数1.10计算。整体面层，栏杆扶手按材料用量乘以系数1.05计算。

八、扶手、栏杆、栏板装饰：

1.扶手、栏杆、栏板适用于楼梯、走廊、回廊及其他装饰性栏杆、栏板，其材料用量及材料规格设计与预算基价取定不同时，按设计要求调整。

2.扶手未包括弯头制作安装，弯头另按相应项目计算。

九、厚度60 mm以内的细石混凝土按找平层项目执行，厚度60 mm以外的按垫层相应项目执行。

十、采用地暖的地板垫层按相应项目的人工工日乘以系数1.20计算，材料用量乘以系数0.95计算。

十一、变形缝项目适用于楼地面、墙面及天棚等部位。

工程量计算规则

一、整体面层：

1.整体面层按设计图示尺寸以主墙间净空面积计算，应扣除凸出地面的构筑物、设备基础等所占面积，不扣除柱、垛、间壁墙及单个面积0.3 m^2 以内的孔洞所占的面积，门洞、空圈、暖气包槽、壁龛的开口部分不增加面积。

2.楼地面嵌金属分隔条按设计图示尺寸以长度计算。

二、块料面层、橡塑面层、其他材料面层：

1.块料面层、橡塑面层及其他材料面层按设计图示尺寸以实铺面积计算，应扣除地面上各种建筑配件所占面层的面积，门洞、空圈、暖气包槽、壁龛的开口部分并入相应的面层工程量内计算。

2.石材拼花按最大外围尺寸以矩形面积计算。有拼花的石材地面按设计图示尺寸以面积计算，应扣除拼花面积。

3.点缀按设计图示个数计算。计算块料面层工程量时，不扣除点缀所占面积。

三、踢脚线：

1.水泥砂浆踢脚线按设计图示长度计算，不扣除门洞及空圈长度，但门洞、空圈和垛的侧壁长度亦不增加。

2.石材踢脚线、块料踢脚线、现浇水磨石踢脚线、塑料板踢脚线、木质踢脚线、金属踢脚线、防静电踢脚线按设计图示长度乘以高度以面积计算，扣除门洞、空圈所占面积，增加门洞、空圈和垛的侧壁面积，其中成品踢脚线按设计图示长度计算，扣除门洞、空圈长度，增加门洞、空圈和垛的侧壁长度。

3.楼梯靠墙踢脚线（含锯齿形部分）按设计图示尺寸以面积计算。

四、楼梯装饰：

1.楼梯面层（包括踏步、休息平台及500 mm以内的楼梯井）按设计图示尺寸以水平投影面积计算。楼梯与楼地面相连时，算至梯口梁外侧边沿，无梯口梁者，算至最上一层踏步边沿加300 mm。

2.楼梯地毯压棍按设计图示数量计算，压板按设计图示长度计算。

五、扶手、栏杆、栏板装饰：

1.扶手、栏杆、栏板装饰按设计图示尺寸以扶手中心线长度（包括弯头长度）计算，楼梯斜长部分的长度按其水平长度乘以系数1.15计算。

2.扶手弯头按设计图示数量计算。

六、台阶装饰：

台阶装饰按设计图示尺寸以台阶（包括最上层踏步边沿加300 mm）水平投影面积计算，不包括翼墙、花池等面积。

七、垫层：

地面垫层按设计图示尺寸以主墙间净空面积乘以垫层厚度以体积计算，应扣除凸出地面的构筑物、设备基础等所占体积，不扣除柱、垛、间壁墙及单个面积0.3 m^2 以内的孔洞所占体积。

八、防潮层：

1.地面防潮层按设计图示尺寸以主墙间净空面积计算，应扣除凸出地面的构筑物、设备基础等所占面积，不扣除柱、垛、间壁墙及单个面积0.3 m^2 以内的孔洞所占的面积，门洞、空圈、暖气包槽、壁龛的开口部分不增加面积。

2.墙面防潮层按设计图示尺寸以面积计算，不扣除单个面积0.3 m^2 以内的孔洞所占的面积。

3.墙面防潮层高度在300 mm以内者，其面积并入地面防潮层工程量内；高度在300 mm以外者，按墙面防潮层基价执行。

九、找平层：

地面找平层按设计图示尺寸以主墙面净空面积计算，应扣除凸出地面的构筑物、设备基础等所占面积，不扣除柱、垛、间壁墙及单个面积0.3 m^2 以内的孔洞所占的面积，门洞、空圈、暖气包槽、壁龛的开口部分不增加面积。

十、变形缝：

变形缝按设计图示尺寸以长度计算。

十一、其他：

1.石材底面刷养护液包括侧面涂刷，工程量按设计图示尺寸以石材底面面积计算。

2.石材表面刷保护液按设计图示尺寸以石材表面积计算。

3.石材勾缝按石材设计图示尺寸以面积计算。

4.楼梯、台阶踏步防滑条按设计图示踏步两端距离减300 mm以长度计算。

5.楼地面、楼梯、台阶面酸洗打蜡按设计图示尺寸以水平投影面积计算。

1.整 体 面 层

(1) 水泥砂浆楼地面

工作内容： 1.清理基层、调运砂浆、抹面、压光、养护、抹踢脚线。2.清理基层、浇捣混凝土、抹平、撒布金刚砂、压实抹光、滚涂固化剂、打磨、切缝、填缝。

编号	项目	单位	预算基价 总价	人工费	材料费	机械费	人工 综合工	材料 干拌地面砂浆M20	干拌地面砂浆M15	湿拌地面砂浆M20	湿拌地面砂浆M15	水泥基自流平砂浆	金刚砂	固化剂	界面剂(地面)	水泥
			元	元	元	元	工日	t	t	m^3	m^3	m^3	kg	kg	kg	kg
							135.00	357.51	346.58	447.74	387.58	5252.03	2.53	38.49	1.74	0.39
1-1	水泥砂浆地面 厚度20mm 干拌地面砂浆 带踢脚线	$100m^2$	**3866.61**	2002.05	1752.72	111.84	14.83	4.036	0.428							150.20
1-2	水泥砂浆地面 厚度20mm 干拌地面砂浆 不带踢脚线	$100m^2$	**2939.24**	1340.55	1504.64	94.05	9.93	3.757								150.20
1-3	水泥砂浆地面 厚度20mm 湿拌地面砂浆 带踢脚线	$100m^2$	**3171.61**	1949.40	1222.21		14.44			2.17	0.23					150.20
1-4	水泥砂浆地面 厚度20mm 湿拌地面砂浆 不带踢脚线	$100m^2$	**2360.56**	1294.65	1065.91		9.59			2.02						150.20
1-5	随打随抹地面 带踢脚线	$100m^2$	**2150.37**	1684.80	435.45	30.12	12.48									603.37
1-6	随打随抹地面 不带踢脚线	$100m^2$	**1348.73**	1016.55	312.82	19.36	7.53									419.77
1-7	自流平楼地面 面层 4mm 厚	$100m^2$	**3587.17**	1390.50	2179.39	17.28	10.30					0.408			20.40	
1-8	自流平楼地面 每增减 1mm	$100m^2$	**752.45**	216.00	535.94	0.51	1.60					0.102				
1-9	金刚砂耐磨地面	$100m^2$	**7557.51**	1636.20	5693.67	227.64	12.12						550.000	60.000		

续前

编号	项目			单位	材料									机械					
					砂子	水	金刚石（综合）	预拌混凝土AC25	阻燃防火保温草袋片	水泥砂浆1∶1	水泥砂浆1∶2	水泥砂浆1∶3	素水泥浆	灰浆搅拌机400L	干混砂浆罐式搅拌机	混凝土切缝机	混凝土抹平机	平面水磨石机3kW	磨光机
					t	m^3	块	m^3	m^2	m^3	m^3	m^3	m^3	台班	台班	台班	台班	台班	台班
					87.03	7.62	8.72	461.24	3.34					215.11	254.19	31.10	24.07	20.86	23.17
1-1	水泥砂浆地面厚度20mm	干拌地面砂浆	带踢脚线	$100m^2$		4.89			22.00				(0.10)		0.440				
1-2			不带踢脚线			5.20			22.00				(0.10)		0.370				
1-3		湿拌地面砂浆	带踢脚线			3.81			22.00				(0.10)						
1-4			不带踢脚线			3.86			22.00				(0.10)						
1-5	随打随抹地面	带踢脚线			1.092	4.15			22.00	(0.51)	(0.15)	(0.23)		0.14					
1-6		不带踢脚线			0.517	4.02			22.00	(0.51)				0.09					
1-7	自流平楼地面	面层4mm厚				0.14									0.068				
1-8		每增减1mm				0.03									0.002				
1-9	金刚砂耐磨地面					2.10	13.00	4.04								1.200	2.000	4.150	2.400

工作内容：清理基层，分层配料；涂刷底漆，批刮腻子，滚涂面漆；分层清理。

编号	项目		单位	预算基价				人工	材料								机械
				总价	人工费	材料费	机械费	综合工	无溶剂型环氧底漆	无溶剂型环氧中间漆	无溶剂型环氧面漆	环氧渗透底漆固化剂	石英粉	石英砂	电	零星材料费	轴流通风机7.5kW
				元	元	元	元	工日	kg	kg	kg	kg	kg	kg	kW•h	元	台班
								135.00	17.24	23.28	14.66	7.25	0.42	0.28	0.73		42.17
1-10	环氧地坪涂料	底涂一道	100m²	**894.01**	499.50	310.17	84.34	3.70	15.375			3.844			0.312	17.01	2.000
1-11	环氧地坪涂料	中涂一道	100m²	**868.57**	413.10	413.30	42.17	3.06		15.375		3.075	22.950		0.312	23.21	1.000
1-12	环氧地坪涂料	中涂增加一遍	100m²	**629.64**	311.85	275.62	42.17	2.31		10.250		2.050	15.300		0.312	15.48	1.000
1-13	环氧地坪涂料	面涂一道	100m²	**1025.48**	405.00	536.14	84.34	3.00			30.750	7.688			0.312	29.38	2.000
1-14	环氧自流平涂料	底涂一道	100m²	**1558.91**	1061.10	413.47	84.34	7.86	20.500			5.125			0.312	22.67	2.000
1-15	环氧自流平涂料	中涂一道	100m²	**3265.50**	1134.00	1962.82	168.68	8.40		71.750		14.350		257.040	0.939	115.79	4.000
1-16	环氧自流平涂料	中涂增加一遍	100m²	**898.34**	267.30	546.70	84.34	1.98		20.500		4.100		30.600	0.312	30.94	2.000
1-17	环氧自流平涂料	面涂一道	100m²	**3527.73**	1174.50	2268.89	84.34	8.70			130.175	32.544			0.312	124.35	2.000

工作内容：1.清理基层、调运砂浆、抹面。2.刷素水泥浆打底、嵌条、抹面、补砂眼。3.磨光、清洗、打蜡、养护。

编号	项目			单位	预算基价				人工	材						
					总价	人工费	材料费	机械费	综合工	水泥	白水泥	彩色石子	色粉	铜条	白石子	硬白蜡
					元	元	元	元	工日	kg	kg	kg	kg	m	kg	kg
									153.00	0.39	0.64	0.31	4.47	46.37	0.19	18.46
1-18	水磨石楼地面	带嵌条	厚度15 mm	$100m^2$	**10890.19**	9011.70	1588.90	289.59	58.90	1117.82					3146.87	2.65
1-19	水磨石楼地面	带艺术型嵌条分色	厚度15 mm	$100m^2$	**12407.46**	9761.40	2356.47	289.59	63.80	176.70	941.12	3146.87	34.60			2.65
1-20	彩色镜面水磨石楼地面	带嵌条	厚度20 mm	$100m^2$	**19426.14**	15055.20	3696.05	674.89	98.40	176.70	1332.80	4456.55	49.00			2.65
1-21	彩色镜面水磨石楼地面	带艺术型嵌条分色	厚度20 mm	$100m^2$	**20129.94**	15759.00	3696.05	674.89	103.00	176.70	1332.80	4456.55	49.00			2.65
1-22	楼地面嵌金属分隔条	水磨石铜嵌条	2×12	100m	**5065.05**	122.40	4941.64	1.01	0.80					106.00		
1-23	楼地面嵌金属分隔条	水磨石铜嵌条	1.5×12	100m	**5065.05**	122.40	4941.64	1.01	0.80					106.00		

磨石楼地面

料																机械		
煤油	清油	草酸	水	棉纱	油漆溶剂油	金刚石三角形	金刚石 200×75×50	平板玻璃 3.0	油石	锯材	合金钢钻头 *D*10	镀锌钢丝 *D*0.7	素水泥浆	水泥白石子浆 1∶2.5	白水泥彩色石子浆 1∶2.5	平面水磨石机 3kW	灰浆搅拌机 200L	小型机具
kg	kg	kg	m^3	kg	kg	块	块	m^2	块	m^3	个	kg	m^3	m^3	m^3	台班	台班	元
7.49	15.06	10.93	7.62	16.11	6.90	8.31	12.54	19.91	6.65	1632.53	9.20	7.42				20.86	208.76	
4.00	0.53	1.00	6.04	1.10	0.53	30.00	3.00	5.17					(0.10)	(1.73)		10.78	0.31	
4.00	0.53	1.00	6.04	1.10	0.53	30.00	3.00	5.17					(0.10)		(1.73)	10.78	0.31	
4.00	0.53	1.00	9.50	1.10	0.53	45.00	5.00	6.35	63.00				(0.10)		(2.45)	28.05	0.43	
4.00	0.53	1.00	9.50	1.10	0.53	45.00	5.00	6.35	63.00				(0.10)		(2.45)	28.05	0.43	
										0.01	0.50	0.74						1.01
										0.01	0.50	0.74						1.01

(3)细石混凝土及水泥豆石浆楼地面

工作内容：1.细石混凝土楼地面:清理基层、调运砂浆、混凝土浇捣、养护。2.水泥豆石浆楼地面:清理基层、调运砂浆、抹面、压光、养护。

编号	项目		单位	预算基价				人工	材料											机械		
				总价	人工费	材料费	机械费	综合工	细石混凝土C20	水泥	砂子	水	锯末	豆粒石	阻燃防火保温草袋片	素水泥浆	水泥砂浆1:1	水泥砂浆1:3	小豆浆1:1.25	灰浆搅拌机200L	灰浆搅拌机400L	小型机具
				元	元	元	元	工日	m^3	kg	t	m^3	m^3	t	m^2	m^3	m^3	m^3	m^3	台班	台班	元
								135.00	465.56	0.39	87.03	7.62	61.68	139.19	3.34					208.76	215.11	
1-24	细石混凝土楼地面	厚度 40 mm	100m²	4071.33	1813.05	2240.53	17.75	13.43	4.040	594.66	0.548	5.65	0.60			(0.10)	(0.54)				0.07	2.69
1-25	细石混凝土楼地面	每增减 10 mm	100m²	775.82	301.05	474.10	0.67	2.23	1.010			0.51										0.67
1-26	水泥豆石浆楼地面	厚度 15 mm	100m²	3866.40	2420.55	1393.66	52.19	17.93		2036.81	2.576	4.97		1.895	22.00	(0.10)		(1.62)	(1.52)	0.25		
1-27	水泥豆石浆楼地面	每增减 5 mm	100m²	454.85	190.35	245.71	18.79	1.41		399.33		0.19		0.636					(0.51)	0.09		

2.块 料 面 层

(1) 石材楼地面

工作内容： 清理基层、试排弹线、锯板修边、铺贴饰面、清理净面。

编号	项目			单位	总价	人工费	材料费	机械费	综合工	大理石板	大理石板拼花（成品）	大理石碎块	大理石点缀	白水泥	水
					元	元	元	元	工日	m^2	m^2	m^2	个	kg	m^3
									153.00	299.93	633.85	86.85	180.39	0.64	7.62
1-28	大理石楼地面	周长3200 mm以内	单色	100m²	**35600.31**	3809.70	31676.37	114.24	24.90	102.00				10.30	3.66
1-29	大理石楼地面	周长3200 mm以内	多色	100m²	**35768.61**	3978.00	31676.37	114.24	26.00	102.00				10.30	3.66
1-30	大理石楼地面	周长3200 mm以外	单色	100m²	**35753.31**	3962.70	31676.37	114.24	25.90	102.00				10.30	3.66
1-31	大理石楼地面	周长3200 mm以外	多色	100m²	**35891.01**	4100.40	31676.37	114.24	26.80	102.00				10.30	3.66
1-32	大理石楼地面	拼花		100m²	**71753.67**	4651.20	66993.91	108.56	30.40		104.00			10.30	3.66
1-33	大理石楼地面	碎拼大理石		100m²	**15193.10**	4788.90	10312.35	91.85	31.30			104.00		751.00	3.62
1-34	大理石楼地面	点缀		100个	**23014.33**	4238.10	18770.55	5.68	27.70				104.00		

续前

编号	项目			单位	材料									机械	
					水泥	砂子	石料切割锯片	棉纱	锯末	金刚石 200×75×50	水泥砂浆 1∶3	素水泥浆	白水泥浆	灰浆搅拌机 200L	小型机具
					kg	t	片	kg	m³	块	m³	m³	m³	台班	元
					0.39	87.03	28.55	16.11	61.68	12.54				208.76	
1-28	大理石楼地面	周长3200 mm以内	单色	100m²	1452.83	4.818	0.35	1.00	0.60		(3.03)	(0.10)		0.52	5.68
1-29			多色		1452.83	4.818	0.35	1.00	0.60		(3.03)	(0.10)		0.52	5.68
1-30		周长3200 mm以外	单色		1452.83	4.818	0.35	1.00	0.60		(3.03)	(0.10)		0.52	5.68
1-31			多色		1452.83	4.818	0.35	1.00	0.60		(3.03)	(0.10)		0.52	5.68
1-32		拼花			1452.83	4.818		1.00	0.60		(3.03)	(0.10)		0.52	
1-33		碎拼大理石			1018.62	3.212		2.00		5.00	(2.02)	(0.10)	(0.50)	0.44	
1-34		点缀		100个			0.35								5.68

工作内容：清理基层、试排弹线、锯板修边、铺贴饰面、清理净面。

编号	项目			单位	预算基价				人工	材料					
					总价	人工费	材料费	机械费	综合工	花岗岩板	花岗岩板拼花（成品）	花岗岩碎块	花岗岩点缀	白水泥	水
					元	元	元	元	工日	m^2	m^2	m^2	个	kg	m^3
									153.00		801.98	44.22	173.40	0.64	7.62
1-35	花岗岩楼地面	周长3200 mm以内	单色	$100m^2$	**35729.89**	3870.90	31743.64	115.35	25.30	102.00×300.57				10.30	3.66
1-36	花岗岩楼地面	周长3200 mm以内	多色	$100m^2$	**35867.59**	4008.60	31743.64	115.35	26.20	102.00×300.57				10.30	3.66
1-37	花岗岩楼地面	周长3200 mm以外	单色	$100m^2$	**37709.71**	4008.60	33585.76	115.35	26.20	102.00×318.63				10.30	3.66
1-38	花岗岩楼地面	周长3200 mm以外	多色	$100m^2$	**37847.41**	4146.30	33585.76	115.35	27.10	102.00×318.63				10.30	3.66
1-39	花岗岩楼地面	拼花		$100m^2$	**89483.99**	4896.00	84479.43	108.56	32.00		104.00			10.30	3.66
1-40	花岗岩楼地面	碎拼花岗岩		$100m^2$	**10984.56**	5033.70	5859.01	91.85	32.90			104.00		751.00	1.02
1-41	花岗岩楼地面	点缀		100个	**22358.27**	4299.30	18052.18	6.79	28.10				104.00	10.30	

续前

编号	项目			单位	材料									机械	
					水泥	砂子	棉纱	锯末	石料切割锯片	金刚石 200×75×50	水泥砂浆 1∶3	素水泥浆	白水泥浆	灰浆搅拌机 200L	小型机具
					kg	t	kg	m^3	片	块	m^3	m^3	m^3	台班	元
					0.39	87.03	16.11	61.68	28.55	12.54				208.76	
1-35	花岗岩楼地面	周长3200 mm以内	单色	100m²	1452.83	4.818	1.00	0.60	0.42		(3.03)	(0.10)		0.52	6.79
1-36	花岗岩楼地面	周长3200 mm以内	多色	100m²	1452.83	4.818	1.00	0.60	0.42		(3.03)	(0.10)		0.52	6.79
1-37	花岗岩楼地面	周长3200 mm以外	单色	100m²	1452.83	4.818	1.00	0.60	0.42		(3.03)	(0.10)		0.52	6.79
1-38	花岗岩楼地面	周长3200 mm以外	多色	100m²	1452.83	4.818	1.00	0.60	0.42		(3.03)	(0.10)		0.52	6.79
1-39	花岗岩楼地面	拼花		100m²	1452.83	4.818	1.00	0.60			(3.03)	(0.10)		0.52	
1-40	花岗岩楼地面	碎拼花岗岩		100m²	1018.62	3.212	2.00			5.00	(2.02)	(0.10)	(0.50)	0.44	
1-41	花岗岩楼地面	点缀		100个					0.42						6.79

工作内容：清理基层、试排弹线、锯板修边、铺贴饰面、清理净面。

编号	项目			单位	预算基价				人工	材料					
					总价	人工费	材料费	机械费	综合工	大理石板	花岗岩板	大理石碎块	花岗岩碎块	白水泥	水
					元	元	元	元	工日	m^2	m^2	m^2	m^2	kg	m^3
									153.00	299.93	355.92	86.85	44.22	0.64	7.62
1-42	零星项目	大理石	水泥砂浆	100m²	**41768.66**	9011.70	32660.29	96.67	58.90	106.00				11.30	3.65
1-43	零星项目	大理石	胶粘剂	100m²	**41000.53**	8644.50	32330.34	25.69	56.50	106.00				11.30	2.90
1-44	零星项目	花岗岩	水泥砂浆	100m²	**47931.54**	9225.90	38603.80	101.84	60.30		106.00			11.30	3.65
1-45	零星项目	花岗岩	胶粘剂	100m²	**47148.10**	8843.40	38273.84	30.86	57.80		106.00			11.30	2.90
1-46	零星项目	碎拼大理石	水泥砂浆	100m²	**20631.14**	10358.10	10191.62	81.42	67.70			106.00		13.00	4.20
1-47	零星项目	碎拼花岗岩	水泥砂浆	100m²	**16357.16**	10602.90	5672.84	81.42	69.30				106.00	13.00	4.20

续前

编号	项目			单位	材料									机械	
					水泥	砂子	棉纱	锯末	石料切割锯片	903 胶	金刚石 200×75×50	水泥砂浆 1∶2.5	素水泥浆	灰浆搅拌机 200L	小型机具
					kg	t	kg	m^3	片	kg	块	m^3	m^3	台班	元
					0.39	87.03	16.11	61.68	28.55	9.73	12.54			208.76	
1-42	零星项目	大理石	水泥砂浆	$100m^2$	1151.40	3.038	2.00	0.67	1.60			(2.02)	(0.11)	0.34	25.69
1-43			胶粘剂				2.00	0.67	1.60	40.00					25.69
1-44		花岗岩	水泥砂浆		1151.40	3.038	2.00	0.67	1.90			(2.02)	(0.11)	0.34	30.86
1-45			胶粘剂				2.00	0.67	1.90	40.00					30.86
1-46		碎拼大理石	水泥砂浆		1327.91	3.490	2.30				6.90	(2.32)	(0.13)	0.39	
1-47		碎拼花岗岩			1327.91	3.490	2.30				6.90	(2.32)	(0.13)	0.39	

(2) 块料楼地面

工作内容：清理基层、试排弹线、锯板修边、铺贴饰面、清理净面。

编号	项目		单位	预算基价				人工	材料			
				总价	人工费	材料费	机械费	综合工	人造大理石板 500×500	陶瓷地面砖	水泥	白水泥
				元	元	元	元	工日	m²	m²	kg	kg
								153.00	206.88		0.39	0.64
1-48	人造大理石板地面	水泥砂浆	100m²	**25767.86**	3809.70	21879.41	78.75	24.90	102.00		1033.64	10.30
1-49	人造大理石板地面	胶粘剂	100m²	**25771.22**	3442.50	22323.04	5.68	22.50	102.00			10.30
1-50	陶瓷地砖楼地面 周长(mm)	800 以内	100m²	**11843.61**	4941.90	6823.54	78.17	32.30		102.00×59.34	1018.62	10.30
1-51	陶瓷地砖楼地面 周长(mm)	1200 以内	100m²	**11658.26**	4371.21	7208.88	78.17	28.57		102.50×62.81	1018.62	10.30
1-52	陶瓷地砖楼地面 周长(mm)	1600 以内	100m²	**11912.52**	4045.32	7789.03	78.17	26.44		102.50×68.47	1018.62	10.30
1-53	陶瓷地砖楼地面 周长(mm)	2000 以内	100m²	**12327.94**	3881.61	8368.16	78.17	25.37		102.50×74.12	1018.62	10.30
1-54	陶瓷地砖楼地面 周长(mm)	2400 以内	100m²	**13652.38**	4270.23	9303.98	78.17	27.91		102.50×83.25	1018.62	10.30
1-55	陶瓷地砖楼地面 周长(mm)	3200 以内	100m²	**15010.46**	4441.59	10490.70	78.17	29.03		104.00×93.46	1018.62	10.30
1-56	陶瓷地砖楼地面 周长(mm)	3200 以外	100m²	**20317.73**	6900.30	13339.26	78.17	45.10		104.00×120.85	1018.62	10.30

续前

编号	项目		单位	材料									机械	
				砂子	棉纱	锯末	水	石料切割锯片	大理石胶	903胶	素水泥浆	水泥砂浆 1:3	灰浆搅拌机 200L	小型机具
				t	kg	m^3	m^3	片	kg	kg	m^3	m^3	台班	元
				87.03	16.11	61.68	7.62	28.55	20.33	9.73			208.76	
1-48	人造大理石板地面	水泥砂浆	100m²	3.211	1.00	0.60	3.33	0.35			(0.11)	(2.02)	0.35	5.68
1-49		胶粘剂			1.00	0.60		0.35	37.50	40.00				5.68
1-50	陶瓷地砖楼地面 周长(mm)	800以内		3.211	1.00	0.60	3.32	0.32			(0.10)	(2.02)	0.35	5.10
1-51		1200以内		3.211	1.00	0.60	3.32	0.32			(0.10)	(2.02)	0.35	5.10
1-52		1600以内		3.211	1.00	0.60	3.32	0.32			(0.10)	(2.02)	0.35	5.10
1-53		2000以内		3.211	1.00	0.60	3.32	0.32			(0.10)	(2.02)	0.35	5.10
1-54		2400以内		3.211	1.00	0.60	3.32	0.32			(0.10)	(2.02)	0.35	5.10
1-55		3200以内		3.211	1.00	0.60	3.32	0.32			(0.10)	(2.02)	0.35	5.10
1-56		3200以外		3.211	1.00	0.60	3.32	0.32			(0.10)	(2.02)	0.35	5.10

工作内容：清理基层、试排弹线、锯板修边、铺贴饰面、清理净面。

编号	项目		单位	预算基价				人工	材料						
				总价	人工费	材料费	机械费	综合工	缸砖 150×150	水泥花砖 200×200	陶瓷锦砖	广场砖（综合）	干拌地面砂浆 M20	凹凸假麻石块 197×76	水泥
				元	元	元	元	工日	m^2	m^2	m^2	m^2	t	m^2	kg
								153.00	29.77	32.90	39.71	33.78	357.51	80.41	0.39
1-57	缸砖楼地面	勾缝	100m²	**7848.35**	4314.60	3455.58	78.17	28.20	91.48						950.73
1-58	缸砖楼地面	不勾缝	100m²	**7582.54**	3779.10	3727.36	76.08	24.70	101.50						869.43
1-59	水泥花砖楼地面		100m²	**7495.92**	3350.70	4068.56	76.66	21.90		102.00					868.42
1-60	广场砖	拼图案	100m²	**7890.89**	3823.47	3979.31	88.11	24.99				90.334	2.04		197.54
1-61	广场砖	不拼图案	100m²	**7457.36**	3448.62	3920.63	88.11	22.54				88.597	2.04		197.54
1-62	陶瓷锦砖楼地面	不拼花	100m²	**11874.93**	7022.70	4777.98	74.25	45.90			101.50				1018.62
1-63	陶瓷锦砖楼地面	拼花	100m²	**13519.51**	8568.00	4877.26	74.25	56.00			104.00				1018.62
1-64	凹凸假麻石块楼地面		100m²	**13504.37**	4767.48	8697.14	39.75	31.16						102.00	720.66

续前

编号	项目		单位	材料										机械		
				砂子	水	棉纱	石料切割锯片	锯末	白水泥	水泥砂浆 1:1	水泥砂浆 1:2	水泥砂浆 1:3	素水泥浆	灰浆搅拌机 200L	干混砂浆罐式搅拌机	小型机具
				t	m^3	kg	片	m^3	kg	m^3	m^3	m^3	m^3	台班	台班	元
				87.03	7.62	16.11	28.55	61.68	0.64					208.76	254.19	
1-57	缸砖楼地面	勾缝	100m²	3.313	3.31	2.00	0.32		10.20	(0.10)		(2.02)		0.35		5.10
1-58	缸砖楼地面	不勾缝	100m²	3.211	3.27	1.00	0.32	0.60				(2.02)		0.34		5.10
1-59	水泥花砖楼地面		100m²	3.211	3.27	1.00	0.35	0.60	10.30			(2.02)		0.34		5.68
1-60	广场砖	拼图案	100m²	0.243	2.70	2.05	0.34	0.60		(0.24)					0.34	1.69
1-61	广场砖	不拼图案	100m²	0.243	2.70	2.05	0.34	0.60		(0.24)					0.34	1.69
1-62	陶瓷锦砖楼地面	不拼花	100m²	3.211	3.32	2.00			20.60			(2.02)	(0.10)	0.35		1.18
1-63	陶瓷锦砖楼地面	拼花	100m²	3.211	3.32	2.00			20.60			(2.02)	(0.10)	0.35		1.18
1-64	凹凸假麻石块楼地面		100m²	1.406	3.05	1.00	0.32	0.60	10.00		(1.01)		(0.10)	0.17		4.26

工作内容：清理基层、试排弹线、锯板修边、铺贴饰面、清理净面。

编号	项目				单位	预算基价			人工	材料	
						总价	人工费	材料费	综合工	镭射玻璃	镭射夹层玻璃
						元	元	元	工日	m^2	m^2
									153.00		
1-65	镭射玻璃地砖	单层钢化砖厚度8 mm	周长(mm以内)	2000	100m^2	**30247.96**	5355.00	24892.96	35.00	102.00×220.97(400×400×8)	
1-66				2400		**30982.80**	5508.00	25474.80	36.00	102.00×229.31(500×500×8)	
1-67				3200		**35728.58**	5569.20	30159.38	36.40	102.00×277.25(800×800×8)	
1-68		夹层钢化砖厚度(8+5) mm		2000		**39409.84**	5094.90	34314.94	33.30		102.00×314.78(400×400×(8+5))
1-69				2400		**44194.19**	5202.00	38992.19	34.00		102.00×362.72(500×500×(8+5))
1-70				3200		**46002.65**	5309.10	40693.55	34.70		102.00×379.40(800×800×(8+5))
1-71	幻影玻璃地砖	单层钢化砖厚度8 mm		2000		**14230.90**	5355.00	8875.90	35.00		
1-72				2400		**15050.40**	5508.00	9542.40	36.00		
1-73				3200		**18708.86**	5569.20	13139.66	36.40		
1-74		夹层钢化砖厚度(8+5) mm		2000		**20316.46**	5094.90	15221.56	33.30		
1-75				2400		**20942.27**	5202.00	15740.27	34.00		
1-76				3200		**22804.79**	5309.10	17495.69	34.70		

续前

编号	项目				单位	材料			
						幻影玻璃	幻影夹层玻璃	玻璃胶 350g	棉纱
						m²	m²	支	kg
								24.44	16.11
1-65	镭射玻璃地砖	单层钢化砖 厚度8 mm	周长(mm以内)	2000	100m²			95.00	2.000
1-66				2400				84.00	2.000
1-67				3200				75.60	2.000
1-68		夹层钢化砖 厚度(8+5) mm		2000				89.00	2.000
1-69				2400				80.30	2.000
1-70				3200				80.30	2.000
1-71	幻影玻璃地砖	单层钢化砖 厚度8 mm		2000		102.00×63.94(500×500×8)		95.00	2.000
1-72				2400		102.00×73.11(600×600×8)		84.00	2.000
1-73				3200		102.00×110.39(800×800×8)		75.60	2.000
1-74		夹层钢化砖 厚度(8+5) mm		2000			102.00×127.59(400×400×(8+5))	89.00	2.000
1-75				2400			102.00×134.76(500×500×(8+5))	80.30	2.000
1-76				3200			102.00×151.97(800×800×(8+5))	80.30	2.000

工作内容：1.零星项目：清理基层、试排弹线、锯板修边、铺贴饰面、清理净面。2.金属分隔条：清理、切割、镶嵌、固定。

编号	项目			单位	预算基价				人工	材料				
					总价	人工费	材料费	机械费	综合工	缸砖 150×150	陶瓷地砖	铜条	铜条 T形5×10	白水泥
					元	元	元	元	工日	m^2	m^2	m	m	kg
									153.00	29.77	59.77	46.37	23.98	0.64
1-77	零星项目	缸砖		100m^2	**12536.78**	8522.10	3918.49	96.19	55.70	106.00				11.30
1-78	零星项目	陶瓷地砖		100m^2	**20084.46**	12836.70	7172.12	75.64	83.90		106.00			11.00
1-79	楼地面嵌金属分隔条	块料地面铜分隔条	3×12	100m	**5068.04**	137.70	4919.82	10.52	0.90			106.00		
1-80	楼地面嵌金属分隔条	块料地面铜分隔条	T形 5×10	100m	**2694.70**	137.70	2546.48	10.52	0.90				106.00	

续前

编号	项目	单位	材料									机械	
			水	水泥	砂子	棉纱	锯末	石料切割锯片	合金钢钻头 *D*10	水泥砂浆 1:3	素水泥浆	灰浆搅拌机 200L	小型机具
			m^3	kg	t	kg	m^3	片	个	m^3	m^3	台班	元
			7.62	0.39	87.03	16.11	61.68	28.55	9.20			208.76	
1-77	零星项目 缸砖	$100m^2$	3.56	868.42	3.211	2.00	0.67	1.29		(2.02)		0.35	23.12
1-78	零星项目 陶瓷地砖	$100m^2$	3.63	1033.64	3.211	2.00	0.67	1.60		(2.02)	(0.11)	0.35	2.57
1-79	楼地面嵌金属分隔条 块料地面铜分隔条 3×12	100m							0.50				10.52
1-80	楼地面嵌金属分隔条 块料地面铜分隔条 T形 5×10	100m							0.50				10.52

3.橡 塑 面 层

工作内容：清理基层、弹线、刮腻子、涂刷胶粘剂、贴面层、收口、净面。

编号	项目	单位	预算基价			人工	材料									
			总价	人工费	材料费	综合工	橡胶板 3.0	再生橡胶卷材	塑料板	塑料地板卷材 1.5mm厚	氯丁橡胶胶粘剂	羧甲基纤维素	聚醋酸乙烯乳液	成品腻子粉	水砂纸	棉纱
			元	元	元	工日	m^2	m^2	m^2	m^2	kg	kg	kg	kg	张	kg
						153.00	32.88	20.25	31.95	75.51	14.87	11.25	9.51	0.61	1.12	16.11
1-81	橡胶板	$100m^2$	**7101.01**	2769.30	4331.71	18.10	105.00				54.46	0.34	1.70	17.314	6.000	2.00
1-82	橡胶卷材	$100m^2$	**7678.54**	4712.40	2966.14	30.80		110.00			45.00	0.34	1.70	17.314	5.999	2.00
1-83	塑料板	$100m^2$	**8790.49**	4697.10	4093.39	30.70			105.00		45.00	0.34	1.70	17.314	5.999	2.00
1-84	塑料卷材	$100m^2$	**11400.88**	2356.20	9044.68	15.40				110.00	45.00	0.34	1.70	17.314	5.940	2.00

4.其他材料面层

(1)楼地面地毯

工作内容：清理基层、拼接、铺设、修边、净面、刷胶、钉压条。

编号	项目				单位	总价	人工费	材料费	人工 综合工	羊毛地毯	化纤地毯	地毯熨带	木螺钉 M3.5×25	钢钉	木卡条	铝收口条压条	塑料胶粘剂	地毯胶垫
						元	元	元	工日	m^2	m^2	m	个	kg	m	m	kg	m^2
									153.00	478.08	214.16	13.84	0.07	10.51	3.19	11.00	9.73	17.74
1-85	楼地面	羊毛地毯	不固定		100m²	**52751.42**	2601.00	50150.42	17.00	103.00		65.62						
1-86	楼地面	羊毛地毯	固定	不带垫	100m²	**57285.40**	6594.30	50691.10	43.10	103.00		65.62	20.00	1.10	109.40	9.80	7.29	
1-87	楼地面	羊毛地毯	固定	带垫	100m²	**62541.70**	9899.10	52642.60	64.70	103.00		65.62	20.00	1.10	109.40	9.80	7.30	110.00
1-88	楼地面	化纤地毯	不固定		100m²	**25567.66**	2601.00	22966.66	17.00		103.00	65.62						
1-89	楼地面	化纤地毯	固定	不带垫	100m²	**30101.64**	6594.30	23507.34	43.10		103.00	65.62	20.00	1.10	109.40	9.80	7.29	
1-90	楼地面	化纤地毯	固定	带垫	100m²	**35357.94**	9899.10	25458.84	64.70		103.00	65.62	20.00	1.10	109.40	9.80	7.30	110.00

(2)竹 木 地 板

工作内容：1.刷胶、铺设、净面。2.木龙骨制作、安装，毛地板铺设，刷防腐油，打磨，净面。

编号	项目			单位	预算基价 总价	人工费	材料费	机械费	人工 综合工	材料 硬木地板	硬木拼花地板	水	水胶粉	XY401胶
					元	元	元	元	工日	m²	m²	m³	kg	kg
									153.00			7.62	18.17	23.94
1-91	硬木不拼花地板	铺在水泥地面上	平口	100m²	**39656.20**	6181.20	33475.00		40.40	105.00×299.55		5.20	16.00	70.00
1-92	硬木不拼花地板	铺在水泥地面上	企口	100m²	**38812.75**	7405.20	31407.55		48.40	105.00×279.86		5.20	16.00	70.00
1-93	硬木不拼花地板	铺在木楞上(单层)	平口	100m²	**42304.04**	6303.60	35994.87	5.57	41.20	105.00×299.55				
1-94	硬木不拼花地板	铺在木楞上(单层)	企口	100m²	**41016.89**	7083.90	33927.42	5.57	46.30	105.00×279.86				
1-95	硬木不拼花地板	铺在毛地板上(双层)	平口	100m²	**48709.54**	7573.50	41096.75	39.29	49.50	105.00×299.55				
1-96	硬木不拼花地板	铺在毛地板上(双层)	企口	100m²	**47428.04**	8353.80	39029.30	44.94	54.60	105.00×279.86				
1-97	硬木拼花地板	铺在水泥地面上	平口	100m²	**39595.45**	7818.30	31777.15		51.10		105.00×283.38	5.20	16.00	70.00
1-98	硬木拼花地板	铺在水泥地面上	企口	100m²	**43886.50**	9363.60	34522.90		61.20		105.00×309.53	5.20	16.00	70.00
1-99	硬木拼花地板	铺在木楞上(单层)	平口	100m²	**45014.90**	10296.90	34712.43	5.57	67.30		105.00×283.38			
1-100	硬木拼花地板	铺在木楞上(单层)	企口	100m²	**49336.55**	11872.80	37458.18	5.57	77.60		105.00×309.53			
1-101	硬木拼花地板	铺在毛地板上(双层)	平口	100m²	**51434.12**	11551.50	39814.30	68.32	75.50		105.00×283.38			
1-102	硬木拼花地板	铺在毛地板上(双层)	企口	100m²	**55767.32**	13127.40	42560.05	79.87	85.80		105.00×309.53			

续前

编号	项目			单位	材料										机械	
					棉纱	铁钉	预埋铁件	杉木锯材	煤油	镀锌钢丝 *D*3.5	臭油水	松木锯材	油毡	氟化钠	木工圆锯机 *D*500	小型机具
					kg	kg	kg	m^3	kg	kg	kg	m^3	m^2	kg	台班	元
					16.11	6.68	9.49	2596.26	7.49	6.99	0.86	1661.90	3.83	9.23	26.53	
1-91	硬木不拼花地板	铺在水泥地面上	平口	$100m^2$	1.00											
1-92			企口		1.00											
1-93		铺在木楞上（单层）	平口		1.00	15.87	50.01	1.42	3.16	30.13	28.42				0.21	
1-94			企口		1.00	15.87	50.01	1.42	3.16	30.13	28.42				0.21	
1-95		铺在毛地板上（双层）	平口		1.00	26.78	50.01	1.42	5.62	30.13	28.42	2.63	108.00	24.50	0.24	32.92
1-96			企口		1.00	26.78	50.01	1.42	5.62	30.13	28.42	2.63	108.00	24.50	0.24	38.57
1-97	硬木拼花地板	铺在水泥地面上	平口		1.00											
1-98			企口		1.00											
1-99		铺在木楞上（单层）	平口		1.00	15.87	50.01	1.58	3.16	30.13	28.42				0.21	
1-100			企口		1.00	15.87	50.01	1.58	3.16	30.13	28.42				0.21	
1-101		铺在毛地板上（双层）	平口		1.00	26.78	50.01	1.58	5.62	30.13	28.42	2.63	108.00	24.50	0.24	61.95
1-102			企口		1.00	26.78	50.01	1.58	5.62	30.13	28.42	2.63	108.00	24.50	0.24	73.50

工作内容：1.刷胶、铺设、净面。2.木龙骨制作、安装，毛地板铺设，刷防腐油，打磨，净面。

编号	项目			单位	预算基价 总价	人工费	材料费	机械费	人工 综合工	材料 硬木地板砖	复合地板(成品)	水	XY401胶	水胶粉	棉纱
					元	元	元	元	工日	m^2	m^2	m^3	kg	kg	kg
									153.00	279.86	180.77	7.62	23.94	18.17	16.11
1-103	硬木地板砖	铺在水泥地面上	平口	$100m^2$	**35809.89**	5385.60	30424.29		35.20	105.00		5.20	35.00	8.00	1.00
1-104	硬木地板砖	铺在水泥地面上	企口	$100m^2$	**36905.34**	6456.60	30448.74		42.20	105.00		5.20	35.00	8.00	1.00
1-105	硬木地板砖	铺在毛地板上(双层)	平口	$100m^2$	**42895.08**	7619.40	35226.28	49.40	49.80	105.00					1.00
1-106	硬木地板砖	铺在毛地板上(双层)	企口	$100m^2$	**44057.34**	8797.50	35201.84	58.00	57.50	105.00					1.00
1-107	长条复合地板	铺在混凝土面上		$100m^2$	**26419.61**	7053.30	19366.31		46.10		105.00		11.00		1.00
1-108	长条复合地板	铺在毛地板上(双层)		$100m^2$	**37241.03**	8307.90	28888.19	44.94	54.30		105.00		11.00		1.00

续前

编号	项目			单位	材料									机械	
					臭油水	铁钉	预埋铁件	松木锯材	油毡	煤油	氟化钠	镀锌钢丝 $D3.5$	杉木锯材	木工圆锯机 $D500$	小型机具
					kg	kg	kg	m^3	m^2	kg	kg	kg	m^3	台班	元
					0.86	6.68	9.49	1661.90	3.83	7.49	9.23	6.99	2596.26	26.53	
1-103	硬木地板砖	铺在水泥地面上	平口	$100m^2$											
1-104	硬木地板砖	铺在水泥地面上	企口	$100m^2$	28.42										
1-105	硬木地板砖	铺在毛地板上（双层）	平口	$100m^2$	28.42	26.78	50.01	2.56	108.00	5.62	24.50	30.13		0.24	43.03
1-106	硬木地板砖	铺在毛地板上（双层）	企口	$100m^2$		26.78	50.01	2.56	108.00	5.62	24.50	30.13		0.24	51.63
1-107	长条复合地板	铺在混凝土面上		$100m^2$		15.87									
1-108	长条复合地板	铺在毛地板上（双层）		$100m^2$	28.42	26.78	50.01	2.63	108.00	5.62	24.50	30.13	1.42	0.24	38.57

工作内容：清理基层，木龙骨制作、安装，毛地板铺设，刷防腐油，打磨，净面。

编号	项目			单位	预算基价				人工	材料					
					总价	人工费	材料费	机械费	综合工	杉木地板	松木地板	树脂软木地板	软木橡胶地板	竹地板（成品）	铁钉
					元	元	元	元	工日	m^2	m^2	m^2	m^2	m^2	kg
号									153.00			229.18	200.65	329.03	6.68
1-109	长条杉木地板	铺在木龙骨上（单层）	平口	$100m^2$	**23096.48**	3626.10	19453.86	16.52	23.70	105.00×142.17					15.87
1-110			企口		**23851.54**	4054.50	19778.31	18.73	26.50	105.00×145.26					15.87
1-111		铺在毛地板上（双层）	平口		**29103.69**	4528.80	24555.74	19.15	29.60	105.00×142.17					26.78
1-112			企口		**30885.67**	5982.30	24880.19	23.18	39.10	105.00×145.26					26.78
1-113	长条松木地板	铺在木龙骨上	平口		**22168.69**	3626.10	18526.07	16.52	23.70		105.00×145.97				15.87
1-114			企口		**22510.95**	3916.80	18575.42	18.73	25.60		105.00×146.44				15.87
1-115	软木地板	铺在毛地板上（双层）	树脂软木地板		**42068.07**	8353.80	33707.90	6.37	54.60			105.00			26.78
1-116			软木橡胶地板		**39072.42**	8353.80	30712.25	6.37	54.60				105.00		26.78
1-117	竹地板胶粘				**44845.40**	8231.40	36554.29	59.71	53.80					105.00	

续前

编号	项目			单位	材料												机械	
					预埋铁件	杉木锯材	煤油	臭油水	镀锌钢丝 D3.5	松木锯材	油毡	氟化钠	棉纱	水	水胶粉	XY401胶	木工圆锯机 D500	小型机具
					kg	m³	kg	kg	kg	m³	m²	kg	kg	m³	kg	kg	台班	元
					9.49	2596.26	7.49	0.86	6.99	1661.90	3.83	9.23	16.11	7.62	18.17	23.94	26.53	
1-109	长条杉木地板	铺在木龙骨上（单层）	平口	100m²	50.01	1.42	3.16	28.42	30.13								0.21	10.95
1-110	长条杉木地板	铺在木龙骨上（单层）	企口	100m²	50.01	1.42	3.16	28.42	30.13								0.21	13.16
1-111	长条杉木地板	铺在毛地板上（双层）	平口	100m²	50.01	1.42	5.62	28.42	30.13	2.63	108.00	24.50					0.24	12.78
1-112	长条杉木地板	铺在毛地板上（双层）	企口	100m²	50.01	1.42	5.62	28.42	30.13	2.63	108.00	24.50					0.24	16.81
1-113	长条松木地板	铺在木龙骨上	平口	100m²	50.01		3.16	28.42	30.13	1.42							0.21	10.95
1-114	长条松木地板	铺在木龙骨上	企口	100m²	50.01		3.16	28.42	30.13	1.42							0.21	13.16
1-115	软木地板	铺在毛地板上（双层）	树脂软木地板	100m²	50.01	1.42	5.62	28.42	30.13	2.63	108.00	24.50	1.00				0.24	
1-116	软木地板	铺在毛地板上（双层）	软木橡胶地板	100m²	50.01	1.42	5.62	28.42	30.13	2.63	108.00	24.50	1.00				0.24	
1-117	竹地板胶粘			100m²										5.20	16.00	70.00		59.71

(3) 防静电活动地板、防静电地毯及钛金不锈钢复合地砖

工作内容： 1.防静电活动地板：清理基层、安装支架横梁、铺设面板、清扫净面。2.防静电地毯：清理基层、拼接、铺设、刷胶、钉压条。3.钛金不锈钢复合地砖：清理基层、成品安装。

编号	项目		单位	预算基价 总价	人工费	材料费	人工 综合工	材料 铝质防静电地板	木质活动地板 600×600×25(含配件)	防静电地毯	钛金钢板	镀锌钢板横梁
				元	元	元	工日	m^2	m^2	m^2	m^2	根
							153.00	885.00	240.43	192.53	632.72	8.18
1-118	防静电活动地板	铝质	$100m^2$	**125340.19**	11169.00	114171.19	73.00	102.00				808.00
1-119	防静电活动地板	木质	$100m^2$	**53643.94**	11169.00	42474.94	73.00		102.00			606.00
1-120	防静电地毯		$100m^2$	**33130.05**	9899.10	23230.95	64.70			103.00		
1-121	钛金不锈钢复合地砖		$100m^2$	**72483.28**	3335.40	69147.88	21.80				104.00	

编号	项目		单位	泡沫塑料密封条	铸铁支架	棉纱	地毯胶垫	地毯熨带	木螺钉 M3.5×25	钢钉	木卡条	铝收口条压条	塑料胶粘剂	铝合金压条 16×1.5	XY401胶
				m	套	kg	m^2	m	个	kg	m	m	kg	m	kg
				0.91	35.46	16.11	17.74	13.84	0.07	10.51	3.19	11.00	9.73	6.34	23.94
1-118	防静电活动地板	铝质	$100m^2$	93.00	484.80	1.00									
1-119	防静电活动地板	木质	$100m^2$	93.00	363.60	1.00									
1-120	防静电地毯		$100m^2$				110.00	65.62	20.00	1.10	109.40	9.80	7.30		
1-121	钛金不锈钢复合地砖		$100m^2$											150.00	100.00

(4)木 地 台

工作内容： 1.木地台：清理地面、钉装龙骨。2.木地台面层：下料、涂胶、铺地台面层板。裁划玻璃、木方调平、打玻璃胶。

编号	项目			单位	预算基价				人工	材料				
					总价 元	人工费 元	材料费 元	机械费 元	综合工 工日 153.00	木龙骨 30×40 m 2.63	一等木板 19～35 m^3 1939.92	轻钢龙骨 75×40×0.63 m 5.56	胶合板 9mm厚 m^2 55.18	中密度板 15mm厚 m^2 41.81
1-122	木地台	木龙骨	h=150～300	100m^2	**8778.67**	4590.00	4180.71	7.96	30.00	1500.00				
1-123	木地台	木板龙骨	h=150～300	100m^2	**10661.61**	4284.00	6369.65	7.96	28.00		3.00			
1-124	木地台	轻钢地龙骨		100m^2	**13606.04**	4896.00	8710.04		32.00			1500.00		
1-125	木地台面层	胶合板		100m^2	**10327.75**	3060.00	7225.30	42.45	20.00				125.00	
1-126	木地台面层	中密度板		100m^2	**8662.75**	3060.00	5560.30	42.45	20.00					125.00
1-127	木地台面层	白玻		100m^2	**23150.40**	6273.00	16877.40		41.00					
1-128	木地台面层	企口板		100m^2	**60504.32**	3978.00	56475.91	50.41	26.00					

续前

编号	项目	单位	材料										机械
			白玻12	企口地板	防腐油	铁钉	水泥钉	铝拉铆钉4×10	白乳胶	木龙骨25×15	玻璃胶310g	零星材料费	木工圆锯机D500
			m^2	m^2	kg	kg	kg	个	kg	m	支	元	台班
			118.27	437.43	0.52	6.68	7.36	0.03	7.86	1.97	23.15		26.53
1-122	木地台 木龙骨 h=150～300	100m²			2.10	20.00	5.00					64.22	0.30
1-123	木地台 木板龙骨 h=150～300	100m²			5.00	25.00	5.00					343.49	0.30
1-124	木地台 轻钢地龙骨	100m²					5.00	3200.00				237.24	
1-125	木地台面层 胶合板	100m²				30.00			10.00			48.80	1.60
1-126	木地台面层 中密度板	100m²				30.00			10.00			55.05	1.60
1-127	木地台面层 白玻	100m²	120.00			10.00				318.00	50.00	834.24	
1-128	木地台面层 企口板	100m²		125.00		35.00			10.00			1484.76	1.90

5.踢 脚 线

(1)水泥砂浆踢脚线

工作内容：清理基层、调运砂浆、抹灰、压光。

编号	项目		单位	预算基价				人工	材料					机械
				总价	人工费	材料费	机械费	综合工	干拌地面砂浆M15	干拌地面砂浆M20	湿拌地面砂浆M15	湿拌地面砂浆M20	水	干混砂浆罐式搅拌机
				元	元	元	元	工日	t	t	m^3	m^3	m^3	台班
								135.00	346.58	357.51	387.58	447.74	7.62	254.19
1-129	水泥砂浆踢脚线	干拌地面砂浆	100m	**883.39**	668.25	201.16	13.98	4.95	0.335	0.223			0.70	0.055
1-130	水泥砂浆踢脚线	湿拌地面砂浆	100m	**789.34**	661.50	127.84		4.90			0.18	0.12	0.57	

(2) 石材

工作内容： 清理基层、试排弹线、锯板修边、铺贴饰面、清理净面。

编号	项目			单位	预算基价 总价	人工费	材料费	机械费	人工 综合工	材 大理石板 400×150	花岗岩板 400×150	大理石弧形踢脚线	花岗岩弧形踢脚线
					元	元	元	元	工日	m²	m²	m²	m²
									153.00	299.93	306.34	290.51	86.70
1-131	直线形踢脚线	大理石	水泥砂浆	100m²	**37992.70**	6777.90	31163.19	51.61	44.30	102.00			
1-132			胶粘剂		**38255.75**	6410.70	31839.37	5.68	41.90	102.00			
1-133		花岗岩	水泥砂浆		**38923.32**	7053.30	31817.30	52.72	46.10		102.00		
1-134			胶粘剂		**39186.36**	6686.10	32493.47	6.79	43.70		102.00		
1-135	弧形踢脚线	大理石	水泥砂浆		**38041.66**	7787.70	30202.35	51.61	50.90			102.00	
1-136			胶粘剂		**38258.81**	7374.60	30878.53	5.68	48.20			102.00	
1-137		花岗岩	水泥砂浆		**17552.88**	8109.00	9391.16	52.72	53.00				102.00
1-138			胶粘剂		**17792.88**	7695.90	10090.19	6.79	50.30				102.00
1-139	成品踢脚线	大理石	水泥砂浆	100m	**4316.83**	1242.36	3066.12	8.35	8.12				
1-140			胶粘剂		**4277.41**	1181.16	3096.25		7.72				
1-141		花岗岩	水泥砂浆		**5482.69**	1291.32	4183.02	8.35	8.44				
1-142			胶粘剂		**5441.74**	1228.59	4213.15		8.03				

踢脚线

料														机械	
大理石踢脚线15cm宽	花岗岩踢脚线15cm宽	水	白水泥	水泥	砂子	石料切割锯片	棉纱	锯末	大理石胶	903胶	水泥砂浆1:2	素水泥浆	水泥砂浆1:1	灰浆搅拌机200L	小型机具
m	m	m^3	kg	kg	t	片	kg	m^3	kg	kg	m^3	m^3	m^3	台班	元
28.96	39.91	7.62	0.64	0.39	87.03	28.55	16.11	61.68	20.33	9.73				208.76	
		3.49	14.00	833.62	1.684	0.35	1.00	0.60			(1.21)	(0.10)		0.22	5.68
		3.00	14.00			0.35	1.00	0.60	37.50	40.00					5.68
		3.49	14.00	833.62	1.684	0.36	1.00	0.60			(1.21)	(0.10)		0.22	6.79
		3.00	14.00			0.36	1.00	0.60	37.50	40.00					6.79
		3.49	14.00	833.62	1.684	0.35	1.00	0.60			(1.21)	(0.10)		0.22	5.68
		3.00	14.00			0.35	1.00	0.60	37.50	40.00					5.68
		0.49	14.00	833.62	1.684	0.36	1.00	0.60			(1.21)	(0.10)		0.22	6.79
		3.00	14.00			0.36	1.00	0.60	37.50	40.00					6.79
102.00		0.43	1.24	220.79	0.253							(0.01)	(0.25)	0.04	
102.00		0.36	1.24						4.52	4.82					
	102.00	0.43	1.24	220.79	0.253							(0.01)	(0.25)	0.04	
	102.00	0.36	1.24						4.52	4.82					

工作内容： 1.块料踢脚线：清理基层、试排弹线、锯板修边、铺贴饰面、清理净面。2.现浇水磨石踢脚线：清理基层、调制砂浆、调运石子浆、抹踢脚线、抹

编号	项目		单位	预算基价				人工	材					
				总价	人工费	材料费	机械费	综合工	陶瓷地砖	陶瓷锦砖	缸砖 150×150	彩色石子	水泥	白水泥
				元	元	元	元	工日	m^2	m^2	m^2	kg	kg	kg
								153.00	59.77	39.71	29.77	0.31	0.39	0.64
1-143	踢脚线	陶瓷地砖	$100m^2$	**13221.61**	6548.40	6623.02	50.19	42.80	102.00				670.39	14.00
1-144	踢脚线	陶瓷锦砖	$100m^2$	**14434.96**	9860.85	4528.18	45.93	64.45		101.50			670.39	20.60
1-145	踢脚线	缸砖	$100m^2$	**13716.71**	10098.00	3572.00	46.71	66.00			105.00		672.39	
1-146	现浇水磨石踢脚线		$100m^2$	**41291.57**	39051.72	2162.61	77.24	255.24				2219.18	730.85	663.68

水磨石踢脚线

面、补砂眼、磨光、抛光、清洗、打蜡。

料															机械	
砂子	水	棉纱	锯末	石料切割锯片	色粉	硬白蜡	煤油	清油	油漆溶剂油	草酸	金刚石 200×75×50	素水泥浆	水泥砂浆 1:3	白水泥彩色石子浆 1:2.5	灰浆搅拌机 200L	小型机具
t	m^3	kg	m^3	片	kg	kg	kg	kg	kg	kg	块	m^3	m^3	m^3	台班	元
87.03	7.62	16.11	61.68	28.55	4.47	18.46	7.49	15.06	6.90	10.93	12.54				208.76	
1.924	3.46	1.00	0.60	0.32								(0.10)	(1.21)		0.22	4.26
1.924	3.06	2.00										(0.10)	(1.21)		0.22	
1.924	0.86	0.20	0.09	0.04								(0.10)	(1.21)		0.22	0.78
2.703	6.64	1.10			24.40	2.65	4.00	0.53	0.53	1.00	20.00		(1.70)	(1.22)	0.37	

工作内容： 1.塑料板踢脚线：清理基层、制作及预埋木砖、安装踢脚线。2.木质踢脚线：清理基层、预埋木楔、刷防腐油、安装踢脚线。3.金属及防静电踢

编号	项目		单位	预算基价 总价	人工费	材料费	机械费	人工 综合工	材 塑料踢脚板	杉木踢脚板（直形）	榉木夹板3mm厚	橡木夹板3mm厚	榉木实木踢脚板（直形）	木踢脚线（成品）	金属踢脚线	防静电踢脚线
				元	元	元	元	工日	m^2	m^2	m^2	m^2	m^2	m	m^2	m^2
								153.00	27.11	150.72	28.70	49.16	273.84	19.64	375.45	384.39
1-147	塑料板踢脚线	装配式	$100m^2$	**13195.77**	4692.51	8464.26	39.00	30.67	102.00							
1-148		粘贴		**8575.97**	5202.00	3373.97		34.00	102.00							
1-149	直线形木踢脚线	杉板		**32709.60**	5492.70	27202.57	14.33	35.90		105.00						
1-150		榉木夹板		**19907.17**	5492.70	14400.14	14.33	35.90			105.00					
1-151		橡木夹板		**22045.80**	5492.70	16538.77	14.33	35.90				105.00				
1-152	直线形榉木实木踢脚线			**39790.26**	5492.70	34283.23	14.33	35.90					105.00			
1-153	弧线形木踢脚线	榉木夹板		**20387.10**	5982.30	14390.47	14.33	39.10			105.00					
1-154		橡木夹板		**22535.40**	5982.30	16538.77	14.33	39.10				105.00				
1-155	成品木踢脚线		100m	**3971.23**	547.74	3422.16	1.33	3.58						105.00		
1-156	金属板踢脚线		$100m^2$	**45095.80**	6410.70	38685.10		41.90							102.00	
1-157	防静电踢脚线			**46007.68**	6410.70	39596.98		41.90								102.00

属及防静电踢脚线

脚线：清理基层、铺设面板、清扫净面。

料																		机械
木螺钉 M3.5×25	预埋铁件	杉木锯材	上光蜡	棉纱	石膏粉	大白粉	滑石粉	聚醋酸乙烯乳液	羧甲基纤维素	塑料胶粘剂	砂纸	铁钉	胶合板 9mm厚	煤油	胶粘剂	臭油水	903胶	木工圆锯机 *D*500
个	kg	m^3	kg	kg	kg	kg	kg	kg	kg	kg	张	kg	m^2	kg	kg	kg	kg	台班
0.07	9.49	2596.26	20.40	16.11	0.94	0.91	0.59	9.51	11.25	9.73	0.87	6.68	55.18	7.49	3.12	0.86	9.73	26.53
3400.00	158.23	1.50	1.87	1.67														1.47
			2.50	2.20	2.30	1.60	15.30	1.87	0.40	49.50	6.60							
		2.08		2.00								8.54	105.00	2.60	17.00	24.50		0.54
		2.08		2.60								8.54	105.00	2.60	17.00	24.50		0.54
		2.08		2.00								8.54	105.00	2.60	17.00	24.50		0.54
		2.08		2.00								8.54		2.60		24.50		0.54
		2.08		2.00								8.54	105.00	2.60	17.00	24.50		0.54
		2.08		2.00								8.54	105.00	2.60	17.00	24.50		0.54
		0.17										0.71	15.60		17.00			0.05
																	40.00	
																	40.00	

6.楼梯

(1) 石材及块

工作内容：清理基层、试排弹线、锯板修边、铺贴饰面、清理净面。

编号	项目			单位	预算基价				人工	材			
					总价	人工费	材料费	机械费	综合工	大理石板	花岗岩板	陶瓷地砖	缸砖 150×150
					元	元	元	元	工日	m^2	m^2	m^2	m^2
									153.00	299.93	355.92	59.77	29.77
1-158	楼梯	大理石	水泥砂浆	100m²	**54471.34**	9868.50	44483.25	119.59	64.50	144.70			
1-159	楼梯	大理石	胶粘剂	100m²	**54538.97**	9394.20	45121.21	23.56	61.40	144.70			
1-160	楼梯	花岗岩	水泥砂浆	100m²	**62800.30**	10082.70	52593.28	124.32	65.90		144.70		
1-161	楼梯	花岗岩	胶粘剂	100m²	**62822.03**	9562.50	53231.24	28.29	62.50		144.70		
1-162	大理石弧形楼梯			100m²	**65404.69**	11842.20	53383.10	179.39	77.40	173.64			
1-163	楼梯	陶瓷地砖		100m²	**18941.54**	9103.50	9732.09	105.95	59.50			144.70	
1-164	楼梯	缸砖		100m²	**15684.69**	10266.30	5301.13	117.26	67.10				144.69
1-165	楼梯	凹凸假麻石块		100m²	**24917.00**	12486.33	12365.32	65.35	81.61				

料													机械	
凹凸假麻石块197×76	白水泥	水	水泥	砂子	石料切割锯片	棉纱	锯末	大理石胶	903胶	水泥砂浆1:2	水泥砂浆1:3	素水泥浆	灰浆搅拌机200L	小型机具
m^2	kg	m^3	kg	t	片	kg	m^3	kg	kg	m^3	m^3	m^3	台班	元
80.41	0.64	7.62	0.39	87.03	28.55	16.11	61.68	20.33	9.73				208.76	
	14.10	4.59	1396.83	4.388	1.43	1.40	0.80				(2.76)	(0.14)	0.46	23.56
	14.10	3.60			1.43	1.40	0.80	51.20	54.60					23.56
	14.10	4.59	1396.83	4.388	1.72	1.40	0.80				(2.76)	(0.14)	0.46	28.29
	14.10	3.60			1.72	1.40	0.80	51.20	54.60					28.29
	16.92	5.51	1678.34	5.263	1.72	1.68	1.00				(3.31)	(0.17)	0.69	35.35
	14.10	4.59	1396.83	4.388	1.43	1.40	0.80				(2.76)	(0.14)	0.48	5.75
		4.41	1200.65	4.388	1.29	1.40	0.82				(2.76)		0.46	21.23
145.00	14.00	4.13	989.72	1.953	1.29	1.37	0.82			(1.38)		(0.14)	0.23	17.34

(2)水泥砂浆及水泥豆石浆楼梯面

工作内容： 1.水泥砂浆楼梯面：清理基层、楼梯抹面层、踢脚线、底面抹灰、刷浆及做防滑条。2.水泥豆石浆楼梯面：清理基层、调运砂浆、刷素水泥浆、抹面。

编号	项目	单位	预算基价				人工	材料								
			总价	人工费	材料费	机械费	综合工	水泥	砂子	金刚砂	大白粉	羧甲基纤维素	白灰	纸筋	水	锯末
			元	元	元	元	工日	kg	t	kg	kg	kg	kg	kg	m^3	m^3
							135.00	0.39	87.03	2.53	0.91	11.25	0.30	3.70	7.62	61.68
1-166	水泥砂浆楼梯面（带防滑条）	$100m^2$	**17985.82**	15246.90	2590.49	148.43	112.94	3084.34	8.070	123.00	30.00	0.71	451.37	13.68	7.60	0.93
1-167	水泥豆石浆楼梯面 厚度15mm	$100m^2$	**11827.12**	9444.60	2219.69	162.83	69.96	3317.37	4.834						7.70	

续前

编号	项目	单位	材料												机械	
			骨胶	黑烟子	阻燃防火保温草袋片	豆粒石	白灰膏	混合砂浆 1:1:6	素水泥浆	纸筋灰浆	水泥砂浆 1:2	水泥砂浆 1:2.5	水泥砂浆 1:3	小豆浆 1:1.25	灰浆搅拌机 200L	灰浆搅拌机 400L
			kg	kg	m^2	t	m^3	m^3	m^3	m^3	m^3	m^3	m^3	m^3	台班	台班
			4.93	14.19	3.34	139.19									208.76	215.11
1-166	水泥砂浆楼梯面（带防滑条）	$100m^2$	0.12	2.60			(0.644)	(1.73)	(0.41)	(0.36)	(3.43)		(0.399)			0.69
1-167	水泥豆石浆楼梯面 厚度15mm	$100m^2$			29.26	2.506			(0.13)			(2.96)	(0.240)	(2.01)	0.78	

(3) 现浇水磨石楼梯面

工作内容：清理基层、刷素水泥浆打底、嵌条、抹面、抹踢脚线、补砂眼、磨光、抛光、清洗、打蜡。

编号	项目		单位	预算基价				人工	材料							
				总价	人工费	材料费	机械费	综合工	水泥	砂子	水	白石子	草酸	硬白蜡	煤油	清油
				元	元	元	元	工日	kg	t	m^3	kg	kg	kg	kg	kg
								153.00	0.39	87.03	7.62	0.19	10.93	18.46	7.49	15.06
1-168	现浇水磨石楼梯面	不分色	$100m^2$	**37799.27**	34584.12	3066.93	148.22	226.04	3196.66	4.151	9.59	4656.64	1.37	3.62	5.46	0.72
1-169	现浇水磨石楼梯面	分色	$100m^2$	**41057.02**	36697.05	4211.75	148.22	239.85	1768.02	4.151	9.59		1.37	3.62	5.46	0.72

续前

编号	项目		单位	材料											机械
				油漆溶剂油	金刚石 200×75×50	阻燃防火保温草袋片	棉纱	白水泥	彩色石子	色粉	素水泥浆	水泥砂浆 1:2.5	水泥白石子浆 1:2.5	白水泥彩色石子浆 1:2.5	灰浆搅拌机 200L
				kg	块	m^2	kg	kg	kg	kg	m^3	m^3	m^3	m^3	台班
				6.90	12.54	3.34	16.11	0.64	0.31	4.47					208.76
1-168	现浇水磨石楼梯面	不分色	$100m^2$	0.72	19.00	30.00	1.50				(0.28)	(2.76)	(2.56)		0.71
1-169	现浇水磨石楼梯面	分色	$100m^2$	0.72	19.00	30.00	1.50	1428.64	4656.64	51.20	(0.28)	(2.76)		(2.56)	0.71

(4) 地毯

工作内容：1.清理基层、拼接、铺设、修边、净面、刷胶、钉压条。2.配件、钻眼、套管、安装。

编号	项目			单位	预算基价			人工	材			
					总价	人工费	材料费	综合工	化纤地毯	羊毛地毯	铜压棍 $D18\times1.2$	铜压板 5×40
					元	元	元	工日	m^2	m^2	m	m
								153.00	214.16	478.08	41.07	107.60
1-170	楼梯	化纤地毯	不带垫	$100m^2$	**41150.83**	9822.60	31328.23	64.20	140.60			
1-171			带垫		**48726.67**	14733.90	33992.77	96.30	140.60			
1-172		羊毛地毯	不带垫		**78257.98**	9822.60	68435.38	64.20		140.60		
1-173			带垫		**85833.83**	14733.90	71099.93	96.30		140.60		
1-174	楼梯地毯配件	铜质	压棍	100套	**9886.91**	2203.20	7683.71	14.40			153.00	
1-175			压板	100m	**12621.23**	1101.60	11519.63	7.20				106.00
1-176		不锈钢	压棍	100套	**7000.84**	2203.20	4797.64	14.40				
1-177			压板	100m	**3281.57**	1101.60	2179.97	7.20				

楼梯面

料														
不锈钢压棍	不锈钢压板	地毯熨带	钢钉	木卡条	铝收口条压条	地毯胶垫	半圆头螺栓M18	定位螺钉M6×10	螺杆M8	钢管60	铜管$D25\times0.8$	棉纱	平头机螺钉M8×40	不锈钢钢管
m	m	m	kg	m	m	m^2	只	只	只	m	m	kg	个	m
22.37	19.49	13.84	10.51	3.19	11.00	17.74	4.42	0.22	1.54	5.32	31.48	16.11	0.24	21.49
		23.60	5.00	192.40	20.40									
		23.60	5.00	192.40	20.40	150.20								
		23.60	5.00	192.40	20.40									
		23.60	5.00	192.40	20.40	150.20								
							202.00	204.00	202.00	10.60	2.50	1.00		
												1.00	408.00	
153.00							202.00	204.00	202.00	10.60		1.00		2.50
	106.00											1.00	408.00	

(5) 其他材料楼梯面

工作内容： 清理基层、刮腻子、涂刷胶粘剂、贴面层、净面。

编号	项目	单位	预算基价			人工	材												料
			总价	人工费	材料费	综合工	实木地板	橡胶板 3.0	塑料地板(综合)	塑料胶粘剂	水胶粉	XY401胶	氯丁橡胶浆	羧甲基纤维素	聚醋酸乙烯乳液	水砂纸	成品腻子粉	水	棉纱
			元	元	元	工日	m^2	m^2	m^2	kg	kg	kg	kg	kg	kg	张	kg	m^3	kg
						153.00	80.83	32.88	117.40	9.73	18.17	23.94	21.90	11.25	9.51	1.12	0.61	7.62	16.11
1-178	木板面层	100m²	**18198.00**	3872.43	14325.57	25.31	143.325				21.84	95.55						7.10	0.137
1-179	橡胶板面层	100m²	**9464.37**	3024.81	6439.56	19.77		143.325					74.53	0.46	2.32	8.19	23.663		2.730
1-180	塑料板面层	100m²	**20425.20**	3124.26	17300.94	20.42			143.325	45.00									2.280

7.扶手、栏杆、栏板装饰

(1)栏杆、栏板

工作内容：放样、下料、焊接、安装、清理。

编号	项目			单位	预算基价				人工	材料							
					总价	人工费	材料费	机械费	综合工	有机玻璃 10.0	钢化玻璃 10.0	茶色玻璃 10.0	铝合金方管 25×25×1.2	不锈钢钢管 D32×1.5	铝拉铆钉 4×10	方钢 20×20	铝合金型材 L形30×12×1
					元	元	元	元	工日	m^2	m^2	m^2	m	m	个	t	m
									153.00	136.63	110.66	110.51	13.31	42.12	0.03	3901.87	11.05
1-181	铝合金栏杆	10 mm 厚有机玻璃栏板	半玻		**2675.21**	1574.37	1077.06	23.78	10.29	6.37			8.17		50.00	0.016	0.50
1-182			全玻		**3268.64**	1901.79	1343.07	23.78	12.43	8.20			9.26		50.00	0.016	0.50
1-183		10 mm 厚钢化玻璃栏板	半玻		**2846.38**	1910.97	911.63	23.78	12.49		6.37		8.17		50.00	0.016	0.50
1-184			全玻		**3159.73**	2005.83	1130.12	23.78	13.11		8.20		9.26		50.00	0.016	0.50
1-185		10 mm 厚茶色玻璃栏板	半玻		**2418.56**	1484.10	910.68	23.78	9.70			6.37	8.17		50.00	0.016	0.50
1-186			全玻		**2710.21**	1557.54	1128.89	23.78	10.18			8.20	9.26		50.00	0.016	0.50
1-187	铝合金栏杆			10m	**1705.32**	778.77	914.74	11.81	5.09				1.41		100.00		
1-188	不锈钢管栏杆	直线形	竖条式		**5792.68**	745.11	5017.82	29.75	4.87					56.93			
1-189			其他		**7190.46**	804.78	6340.52	45.16	5.26					85.50			
1-190		圆弧形	竖条式		**5999.23**	951.66	5017.82	29.75	6.22					56.93			
1-191			其他		**7432.20**	1046.52	6340.52	45.16	6.84					85.50			
1-192		螺旋形	竖条式		**6285.34**	1237.77	5017.82	29.75	8.09					56.93			
1-193			其他		**7745.85**	1360.17	6340.52	45.16	8.89					85.50			

续前

编号	项目			单位	材料											机械			
					铝合金型材 U形80×13×1.2	玻璃胶 350g	铝合金方管 20×20	膨胀螺栓	自攻螺钉 M4×25	钢钉	不锈钢焊丝	钨棒	不锈钢法兰盘 *DN*60	环氧树脂	氩气	管子切断机 *D*150	管子切断机 *D*60	交流电焊机 30kV·A	抛光机
					m	支	m	套	个	kg	kg	kg	个	kg	m^3	台班	台班	台班	台班
					20.00	24.44	12.04	0.82	0.06	10.51	67.28	31.44	41.72	28.33	18.60	33.97	16.87	87.97	3.51
1-181	铝合金栏杆	10 mm 厚有机玻璃栏板	半玻		1.17	0.21										0.70			
1-182	铝合金栏杆	10 mm 厚有机玻璃栏板	全玻		1.17	0.27										0.70			
1-183	铝合金栏杆	10 mm 厚钢化玻璃栏板	半玻		1.17	0.21										0.70			
1-184	铝合金栏杆	10 mm 厚钢化玻璃栏板	全玻		1.17	0.27										0.70			
1-185	铝合金栏杆	10 mm 厚茶色玻璃栏板	半玻		1.17	0.21										0.70			
1-186	铝合金栏杆	10 mm 厚茶色玻璃栏板	全玻		1.17	0.27										0.70			
1-187	铝合金栏杆			10m			70.67	40.00	50.00	0.60							0.70		
1-188	不锈钢管栏杆	直线形	竖条式								1.27	0.57	57.71	1.50	3.57		0.95	0.15	0.15
1-189	不锈钢管栏杆	直线形	其他								2.00	1.00	57.71	2.30	5.40		1.43	0.23	0.23
1-190	不锈钢管栏杆	圆弧形	竖条式								1.27	0.57	57.71	1.50	3.57		0.95	0.15	0.15
1-191	不锈钢管栏杆	圆弧形	其他								2.00	1.00	57.71	2.30	5.40		1.43	0.23	0.23
1-192	不锈钢管栏杆	螺旋形	竖条式								1.27	0.57	57.71	1.50	3.57		0.95	0.15	0.15
1-193	不锈钢管栏杆	螺旋形	其他								2.00	1.00	57.71	2.30	5.40		1.43	0.23	0.23

工作内容：放样、下料、焊接、安装、清理。

编号	项目			单位	总价	人工费	材料费	机械费	人工 综合工	材料 有机玻璃 10.0	钢化玻璃 10.0	不锈钢带帽螺栓 M6×25	不锈钢管U形卡 3mm	棉纱
					元	元	元	元	工日	m^2	m^2	个	只	kg
									153.00	136.63	110.66	3.98	1.74	16.11
1-194	不锈钢栏杆有机玻璃栏板	10 mm 厚半玻	37×37 方钢	10m	**4913.52**	1767.15	3085.16	61.21	11.55	6.37		34.98	34.98	0.20
1-195			D50 圆管		**3890.96**	1678.41	2151.34	61.21	10.97	6.37		34.98	34.98	0.20
1-196		10 mm 厚全玻	37×37 方钢		**5252.23**	1854.36	3336.66	61.21	12.12	8.20		34.98	34.98	0.20
1-197			D50 圆管		**4226.61**	1762.56	2402.84	61.21	11.52	8.20		34.98	34.98	0.20
1-198	不锈钢栏杆钢化玻璃栏板	10 mm 厚半玻	37×37 方钢		**4845.16**	1865.07	2918.88	61.21	12.19		6.37	34.98	34.98	0.20
1-199			D50 圆管		**3818.01**	1771.74	1985.06	61.21	11.58		6.37	34.98	34.98	0.20
1-200		10 mm 厚全玻	37×37 方钢		**5142.47**	1958.40	3122.86	61.21	12.80		8.20	34.98	34.98	0.20
1-201			D50 圆管		**4110.73**	1860.48	2189.04	61.21	12.16		8.20	34.98	34.98	0.20

续前

编号	项目			单位	材料								机械		
					不锈钢焊丝	钨棒	不锈钢方管 37×37	不锈钢法兰盘 *DN*60	环氧树脂	氩气	玻璃胶 350g	不锈钢钢管 *DN*50	管子切断机 *D*60	交流电焊机 30kV·A	抛光机
					kg	kg	m	个	kg	m^3	支	m	台班	台班	台班
					67.28	31.44	143.01	41.72	28.33	18.60	24.44	52.26	16.87	87.97	3.51
1-194	不锈钢栏杆有机玻璃栏板	10 mm 厚半玻	37×37 方钢	10m	0.37	0.02	10.29	11.54	0.30	1.04	0.21		0.70	0.54	0.54
1-195			*D*50 圆管		0.37	0.02		11.54	0.30	1.04	0.21	10.29	0.70	0.54	0.54
1-196		10 mm 厚全玻	37×37 方钢		0.37	0.02	10.29	11.54	0.30	1.04	0.27		0.70	0.54	0.54
1-197			*D*50 圆管		0.37	0.02		11.54	0.30	1.04	0.27	10.29	0.70	0.54	0.54
1-198	不锈钢栏杆钢化玻璃栏板	10 mm 厚半玻	37×37 方钢		0.37	0.02	10.29	11.54	0.27	1.04	0.21		0.70	0.54	0.54
1-199			*D*50 圆管		0.37	0.02		11.54	0.27	1.04	0.21	10.29	0.70	0.54	0.54
1-200		10 mm 厚全玻	37×37 方钢		0.37	0.02	10.29	11.54	0.27	1.04	0.27		0.70	0.54	0.54
1-201			*D*50 圆管		0.37	0.02		11.54	0.27	1.04	0.27	10.29	0.70	0.54	0.54

工作内容：放样、下料、焊接、安装、清理。

编号	项目			单位	预算基价				人工	材料							
					总价	人工费	材料费	机械费	综合工	钢化玻璃10.0	大理石栏板	棉纱	钨棒	环氧树脂	不锈钢钢管 *DN*50	氩气	玻璃胶350g
					元	元	元	元	工日	m^2	m^2	kg	kg	kg	m	m^3	支
									153.00	110.66		16.11	31.44	28.33	52.26	18.60	24.44
1-202	*DN*50圆管不锈钢栏杆	10mm厚钢化玻璃全玻栏板(弧形)		10m	**4802.29**	2552.04	2189.04	61.21	16.68	8.20		0.20	0.02	0.27	10.29	1.04	0.27
1-203	*DN*50圆铜管栏杆钢化玻璃栏板	半玻	直形	10m	**6710.41**	1435.14	5214.06	61.21	9.38	6.37		0.20	0.01	0.30		0.10	0.21
1-204	*DN*50圆铜管栏杆钢化玻璃栏板	半玻	弧形	10m	**7141.87**	1866.60	5214.06	61.21	12.20	6.37		0.20	0.01	0.30		0.10	0.21
1-205	*DN*50圆铜管栏杆钢化玻璃栏板	全玻	直形	10m	**6986.30**	1507.05	5418.04	61.21	9.85	8.20		0.20	0.01	0.30		0.10	0.27
1-206	*DN*50圆铜管栏杆钢化玻璃栏板	全玻	弧形	10m	**7439.18**	1959.93	5418.04	61.21	12.81	8.20		0.20	0.01	0.30		0.10	0.27
1-207	大理石栏板	直形		10m	**4623.99**	1962.99	2661.00		12.83		8.20×305.19						0.27
1-208	大理石栏板	弧形		10m	**6613.43**	2552.04	4061.39		16.68		8.20×475.97						0.27

续前

编号	项目	单位	材料										机械		
			不锈钢带帽螺栓 M6×25	不锈钢管U形卡 3mm	不锈钢焊丝	不锈钢法兰盘 *DN*60	铜带帽螺栓 M6×25	铜U形卡	铜焊丝	铜管 *DN*50	铜法兰盘 *D*59	铁件	管子切断机 *D*60	交流电焊机 30kV·A	抛光机
			个	只	kg	个	只	只	kg	m	个	kg	台班	台班	台班
			3.98	1.74	67.28	41.72	13.20	13.63	66.41	150.17	172.33	9.49	16.87	87.97	3.51
1-202	*DN*50圆管不锈钢栏杆 10 mm厚钢化玻璃全玻栏板(弧形)	10m	34.98	34.98	0.37	11.54							0.70	0.54	0.54
1-203	*DN*50圆铜管栏杆钢化玻璃栏板 半玻 直形	10m					34.98	34.98	0.37	10.29	11.50		0.70	0.54	0.54
1-204	*DN*50圆铜管栏杆钢化玻璃栏板 半玻 弧形	10m					34.98	34.98	0.37	10.29	11.50		0.70	0.54	0.54
1-205	*DN*50圆铜管栏杆钢化玻璃栏板 全玻 直形	10m					34.98	34.98	0.37	10.29	11.50		0.70	0.54	0.54
1-206	*DN*50圆铜管栏杆钢化玻璃栏板 全玻 弧形	10m					34.98	34.98	0.37	10.29	11.50		0.70	0.54	0.54
1-207	大理石栏板 直形	10m										16.00			
1-208	大理石栏板 弧形	10m										16.00			

工作内容：放样、下料、焊接、安装、清理。

编号	项目		单位	预算基价				人工	材料						
				总价	人工费	材料费	机械费	综合工	圆钢 *D*18	圆钢 *D*20	铁花带铁框	车花木栏杆 *D*40	不车花木栏杆 *D*40	铜管 *DN*20	电焊条
				元	元	元	元	工日	kg	kg	m^2	m	m	m	kg
								153.00	3.91	3.89	327.78	22.56	16.39	117.50	7.59
1-209	铁花栏杆	钢筋	10m	**1284.23**	584.46	699.77		3.82	54.39	118.00					2.50
1-210	铁花栏杆	型钢	10m	**907.30**	621.18	286.12		4.06	54.39						2.50
1-211	铁花栏杆	铸铁	10m	**3995.11**	657.90	3337.21		4.30			10.00				1.25
1-212	木栏杆	车花	10m	**1548.95**	731.34	817.61		4.78				36.00			
1-213	木栏杆	不车花	10m	**1290.11**	694.62	595.49		4.54					36.00		
1-214	铜管栏杆	*DN*20 圆管	10m	**17606.69**	731.34	16845.60	29.75	4.78						56.93	

续前

编号	项目		单位	材料									机械		
				乙炔气 5.5~6.5 kg	铁件	铁钉	乳胶	铜焊丝	钨棒	铜法兰盘 *D*59	环氧树脂	氩气	管子切断机 *D*60	交流电焊机 30kV·A	抛光机
				m^3	kg	kg	kg	kg	kg	个	kg	m^3	台班	台班	台班
				16.13	9.49	6.68	8.22	66.41	31.44	172.33	28.33	18.60	16.87	87.97	3.51
1-209	铁花栏杆	钢筋	10m	0.565											
1-210	铁花栏杆	型钢	10m	0.565	4.78										
1-211	铁花栏杆	铸铁	10m	0.283	4.78										
1-212	木栏杆	车花	10m			0.57	0.20								
1-213	木栏杆	不车花	10m			0.57	0.20								
1-214	铜管栏杆	*DN*20 圆管	10m					1.27	0.57	57.71	1.50	3.57	0.95	0.15	0.15

(2) 扶手、弯头

工作内容：制作、安装。

编号	项目			单位	预算基价 总价 元	人工费 元	材料费 元	机械费 元	人工 综合工 工日 153.00	材料 铝合金扁管 100×44×1.8 m 33.36	不锈钢扶手 m	硬木扶手 m
1-215	铝合金扶手 100×44			10m	**523.38**	159.12	358.82	5.44	1.04	10.60		
1-216	不锈钢扶手	直形	D60	10m	**525.14**	159.12	351.88	14.14	1.04		9.39×35.31	
1-217	不锈钢扶手	直形	D75	10m	**593.46**	166.77	409.82	16.87	1.09		9.39×41.48	
1-218	不锈钢扶手	弧形	D60	10m	**661.11**	237.15	409.82	14.14	1.55		9.39×41.48	
1-219	不锈钢扶手	弧形	D75	10m	**765.47**	249.39	499.21	16.87	1.63		9.39×51.00	
1-220	硬木扶手	直形	60×60	10m	**885.77**	275.40	610.37		1.80			9.39×64.92
1-221	硬木扶手	直形	100×60	10m	**1334.95**	289.17	1045.78		1.89			9.39×111.29
1-222	硬木扶手	直形	150×60	10m	**1992.51**	261.63	1730.88		1.71			9.39×184.25
1-223	硬木扶手	弧形	60×60	10m	**2601.58**	336.60	2264.98		2.20			9.39×241.13
1-224	硬木扶手	弧形	100×60	10m	**3984.42**	413.10	3571.32		2.70			9.39×380.25
1-225	硬木扶手	弧形	150×60	10m	**6677.85**	319.77	6358.08		2.09			9.39×677.03

续前

编号	项目			单位	材料						机械		
					铝合金型材 U形80×13×1.2	铝拉铆钉 4×10	不锈钢焊丝	钨棒	氩气	木螺钉 M3.5×25	管子切断机 *D*60	管子切断机 *D*150	交流电焊机 30kV·A
					m	个	kg	kg	m^3	个	台班	台班	台班
					20.00	0.03	67.28	31.44	18.60	0.07	16.87	33.97	87.97
1-215	铝合金扶手 100×44			10m	0.20	40.00						0.16	
1-216	不锈钢扶手	直形	*D*60	10m			0.20	0.10	0.20		0.16		0.13
1-217	不锈钢扶手	直形	*D*75	10m			0.20	0.10	0.20			0.16	0.13
1-218	不锈钢扶手	弧形	*D*60	10m			0.20	0.10	0.20		0.16		0.13
1-219	不锈钢扶手	弧形	*D*75	10m			0.20	0.10	0.20			0.16	0.13
1-220	硬木扶手	直形	60×60	10m						11.00			
1-221	硬木扶手	直形	100×60	10m						11.00			
1-222	硬木扶手	直形	150×60	10m						11.00			
1-223	硬木扶手	弧形	60×60	10m						11.00			
1-224	硬木扶手	弧形	100×60	10m						11.00			
1-225	硬木扶手	弧形	150×60	10m						11.00			

工作内容：制作、安装。

编号	项目			单位	预算基价				人工	材料								
					总价	人工费	材料费	机械费	综合工	焊接钢管 DN50	方钢管 100×60	铜管扶手	塑料扶手	大理石扶手	螺旋形木扶手	螺旋形不锈钢扶手	电焊条	铜焊丝
					元	元	元	元	工日	m	m	m	m	m	m	m	kg	kg
									153.00	18.68	12.60		28.55		296.78	91.02	7.59	66.41
1-226	钢管扶手	DN50 圆管		10m	**370.37**	159.12	194.38	16.87	1.04	9.39							2.50	
1-227	钢管扶手	100×60 方管		10m	**318.20**	166.77	137.29	14.14	1.09		9.39						2.50	
1-228	铜管扶手	直形	DN60	10m	**3364.84**	159.12	3188.85	16.87	1.04			9.39×321.92						2.50
1-229	铜管扶手	直形	DN75	10m	**4366.04**	166.77	4185.13	14.14	1.09			9.39×428.02						2.50
1-230	铜管扶手	弧形	DN60	10m	**3966.37**	237.15	3712.35	16.87	1.55			9.39×377.67						2.50
1-231	铜管扶手	弧形	DN75	10m	**4949.71**	249.39	4686.18	14.14	1.63			9.39×481.38						2.50
1-232	塑料扶手			10m	**408.70**	137.70	271.00		0.90				9.39					
1-233	大理石扶手	直形		10m	**3128.31**	765.00	2363.31		5.00					9.39×246.57				
1-234	大理石扶手	弧形		10m	**7311.80**	1116.90	6194.90		7.30					9.39×654.62				
1-235	螺旋形扶手	硬木		10m	**4484.88**	570.69	3914.19		3.73						10.60			
1-236	螺旋形扶手	不锈钢		10m	**1301.88**	299.88	985.13	16.87	1.96							10.60		

编号	项目			单位	材料													机械		
					塑料胶粘剂	棉纱	钢筋 D10以内	环氧树脂	水泥	砂子	水	木螺钉 M3.5×25	硬木锯材	不锈钢焊丝	钨棒	氩气	水泥砂浆 1∶1	管子切断机 D60	管子切断机 D150	交流电焊机 30kV·A
					kg	kg	t	kg	kg	t	m^3	个	m^3	kg	kg	m^3	m^3	台班	台班	台班
					9.73	16.11	3970.73	28.33	0.39	87.03	7.62	0.07	6977.77	67.28	31.44	18.60		16.87	33.97	87.97
1-226	钢管扶手	DN50 圆管		10m															0.16	0.13
1-227	钢管扶手	100×60 方管		10m														0.16		0.13
1-228	铜管扶手	直形	DN60	10m															0.16	0.13
1-229	铜管扶手	直形	DN75	10m														0.16		0.13
1-230	铜管扶手	弧形	DN60	10m															0.16	0.13
1-231	铜管扶手	弧形	DN75	10m														0.16		0.13
1-232	塑料扶手			10m	0.30															
1-233	大理石扶手	直形		10m		1.00	0.001	0.20	44.45	0.055	0.02						(0.054)			
1-234	大理石扶手	弧形		10m		1.00	0.001	0.20	44.45	0.055	0.02						(0.054)			
1-235	螺旋形扶手	硬木		10m								11.00	0.11							
1-236	螺旋形扶手	不锈钢		10m										0.20	0.10	0.20			0.16	0.13

工作内容：制作、安装。

编号	项目			单位	预算基价				人工	材料							料
					总价	人工费	材料费	机械费	综合工	不锈钢弯头	钢管弯头	方钢弯头100×60	硬木弯头	大理石扶手弯头	不锈钢焊丝	钨棒	氩气
号				位	元	元	元	元	工日	个	个	个	个	只	kg	kg	m^3
									153.00	11.09		85.28		194.93	67.28	31.44	18.60
1-237	弯头	不锈钢	*DN*60	10个	**592.45**	293.76	160.01	138.68	1.92	10.10					0.40	0.02	1.10
1-238	弯头	不锈钢	*DN*75	10个	**621.61**	307.53	160.01	154.07	2.01	10.10					0.40	0.02	1.10
1-239	弯头	钢管	*DN*50 圆管	10个	**565.17**	293.76	137.47	133.94	1.92		10.10×12.64						
1-240	弯头	钢管	100×60 方管	10个	**1343.29**	322.83	871.13	149.33	2.11			10.10					
1-241	弯头	铜管	*DN*60	10个	**589.87**	293.76	162.17	133.94	1.92		10.10×12.64						
1-242	弯头	铜管	*DN*75	10个	**681.65**	307.53	224.79	149.33	2.01		10.10×18.84						
1-243	弯头	硬木	65×60	10个	**1036.83**	336.60	700.23		2.20				10.10×69.25				
1-244	弯头	硬木	100×60	10个	**1565.44**	365.67	1199.77		2.39				10.10×118.71				
1-245	弯头	硬木	150×60	10个	**2151.21**	351.90	1799.31		2.30				10.10×178.07				
1-246	弯头	大理石		10个	**2363.40**	382.50	1980.90		2.50					10.10			

续前

编号	项目			单位	材料										机械			
					电焊条	乙炔气 5.5~6.5 kg	铜焊丝	铁钉	钢筋 D10以内	环氧树脂	水泥	砂子	水	水泥砂浆 1∶1	管子切断机 D60	管子切断机 D150	交流电焊机 30kV·A	抛光机
					kg	m^3	kg	kg	t	kg	kg	t	m^3	m^3	台班	台班	台班	台班
					7.59	16.13	66.41	6.68	3970.73	28.33	0.39	87.03	7.62		16.87	33.97	87.97	3.51
1-237	弯头	不锈钢	*DN*60	10个											0.90		1.35	1.35
1-238			*DN*75													0.90	1.35	1.35
1-239		钢管	*DN*50 圆管		0.42	0.41									0.90		1.35	
1-240			100×60 方管		0.42	0.41										0.90	1.35	
1-241		铜管	*DN*60			0.41	0.42								0.90		1.35	
1-242			*DN*75			0.41	0.42									0.90	1.35	
1-243		硬木	65×60					0.12										
1-244			100×60					0.12										
1-245			150×60					0.12										
1-246		大理石							0.001	0.20	4.94	0.006	0.003	(0.006)				

(3) 靠墙扶手

工作内容：制作、安装、支托摵弯、打洞堵混凝土。

编号	项目	单位	预算基价				人工	材料								
			总价	人工费	材料费	机械费	综合工	铝合金扁管 100×44×1.8	焊接钢管 DN50	硬木扶手 直形100×60	塑料扶手	不锈钢扶手 直形DN75	铝焊条	铝焊粉	预拌混凝土 AC20	铝合金方管 25×25×1.2
			元	元	元	元	工日	m	m	m	m	m	kg	kg	m^3	m
							153.00	33.36	18.68	111.29	28.55	41.48	37.42	41.32	450.56	13.31
1-247	铝合金	10m	**1507.85**	587.52	914.89	5.44	3.84	10.60					0.04	0.04	0.01	3.03
1-248	钢管	10m	**1339.71**	587.52	746.75	5.44	3.84		10.60						0.01	
1-249	硬木	10m	**1912.57**	688.50	1224.07		4.50			10.60					0.01	
1-250	塑料	10m	**1363.92**	512.55	851.37		3.35				10.60				0.01	
1-251	不锈钢管	10m	**2550.20**	959.31	1585.42	5.47	6.27					10.60			0.01	

续前

编号	项目	单位	材料												机械	
			镀锌法兰盘 *DN*50	乙炔气 5.5~6.5 kg	氧气 6m³	电焊条	钢筋 *D*10以内	镀锌钢管 *DN*25	不锈钢扶手 直形*DN*50	膨胀螺栓 M6×22	不锈钢焊丝	钨棒	不锈钢法兰盘 *DN*75	氩气	管子切断机 *D*150	抛光机
			个	m³	m³	kg	t	kg	m	套	kg	kg	个	m³	台班	台班
			45.88	16.13	2.88	7.59	3970.73	4.89	35.31	0.50	67.28	31.44	91.09	18.60	33.97	3.51
1-247	铝合金	10m	11.10	0.21	0.22										0.16	
1-248	钢管	10m	11.10	0.23	0.25	0.11	0.00748								0.16	
1-249	硬木	10m		0.23	0.25	0.11		7.08								
1-250	塑料	10m	11.10	0.23	0.25	0.11	0.00748									
1-251	不锈钢管	10m							3.03	11.20	0.12	0.10	11.10	0.34	0.16	0.01

8.台 阶 装 饰

(1)石材及剁斧石台阶面

工作内容: 1.石材台阶面:清理基层、试排弹线、锯板修边、铺贴饰面、清理净面。2.剁斧石台阶面:清理基层、调运砂浆、抹面、剁斧石。混凝土搅拌、浇捣、养护。

编号	项目			单位	预算基价				人工	材料						
					总价	人工费	材料费	机械费	综合工	大理石板	花岗岩板	白水泥	水泥	砂子	水	石料切割锯片
					元	元	元	元	工日	m^2	m^2	kg	kg	t	m^3	片
									153.00	299.93	355.92	0.64	0.39	87.03	7.62	28.55
1-252	台阶	大理石	水泥砂浆	100m²	**56179.07**	7818.30	48229.46	131.31	51.10	156.90		15.50	1510.73	4.754	4.98	1.40
1-253	台阶	大理石	胶粘剂	100m²	**56210.94**	7267.50	48920.69	22.75	47.50	156.90		15.50			3.90	1.40
1-254	台阶	花岗岩	水泥砂浆	100m²	**65731.59**	8568.00	57022.28	141.31	56.00		156.90	15.50	1510.73	4.754	4.98	1.68
1-255	台阶	花岗岩	胶粘剂	100m²	**65457.46**	7711.20	57713.51	32.75	50.40		156.90	15.50			3.90	1.68
1-256	弧形台阶	大理石		100m²	**78646.57**	10939.50	67522.84	184.23	71.50	219.66		21.70	2116.74	6.663	7.01	1.96
1-257	弧形台阶	花岗岩		100m²	**92026.20**	11995.20	79832.74	198.26	78.40		219.66	21.70	2116.74	6.663	7.01	2.35
1-258	剁斧石台阶面 厚度10mm			100m²	**20828.84**	18863.37	1819.20	146.27	123.29				2849.90	3.275	5.81	

续前

编号	项目			单位	材料										机械		
					棉纱	锯末	大理石胶	903胶	石屑	108胶	松木锯材	水泥砂浆1:3	素水泥浆	水泥石屑浆1:2	灰浆搅拌机200L	灰浆搅拌机400L	小型机具
					kg	m^3	kg	kg	t	kg	m^3	m^3	m^3	m^3	台班	台班	元
					16.11	61.68	20.33	9.73	82.88	4.45	1661.90				208.76	215.11	
1-252	台阶	大理石	水泥砂浆	$100m^2$	1.50	0.90						(2.99)	(0.15)		0.52		22.75
1-253	台阶	大理石	胶粘剂	$100m^2$	1.50	0.90	55.50	59.00									22.75
1-254	台阶	花岗岩	水泥砂浆	$100m^2$	1.50	0.90						(2.99)	(0.15)		0.52		32.75
1-255	台阶	花岗岩	胶粘剂	$100m^2$	1.50	0.90	55.50	59.00									32.75
1-256	弧形台阶	大理石		$100m^2$	2.10	1.26						(4.19)	(0.21)		0.73		31.84
1-257	弧形台阶	花岗岩		$100m^2$	2.10	1.26						(4.19)	(0.21)		0.73		45.87
1-258	剁斧石台阶面 厚度10mm			$100m^2$		0.96			2.948	14.59	0.006	(2.06)	(0.50)	(1.989)		0.68	

(2) 块料台阶面

工作内容：清理基层、试排弹线、锯板修边、铺贴饰面、清理净面。

编号	项目		单位	预算基价				人工	材料						料
				总价	人工费	材料费	机械费	综合工	预制水磨石踏步板	陶瓷地砖	缸砖 150×150	陶瓷锦砖	水泥花砖 200×200	凹凸假麻石块 197×76	水泥
				元	元	元	元	工日	m^2	m^2	m^2	m^2	m^2	m^2	kg
								153.00	73.48	59.77	29.77	39.71	32.90	80.41	0.39
1-259	台阶	预制水磨石	$100m^2$	**19719.47**	6961.50	12634.66	123.31	45.50	156.88						1459.75
1-260	台阶	陶瓷地砖	$100m^2$	**17731.55**	7068.60	10547.97	114.98	46.20		156.90					1510.73
1-261	台阶	缸砖	$100m^2$	**13273.26**	7405.20	5743.20	124.86	48.40			156.90				1300.63
1-262	台阶	陶瓷锦砖	$100m^2$	**22322.53**	14994.00	7219.97	108.56	98.00				153.90			1510.73
1-263	台阶	水泥花砖	$100m^2$	**13653.12**	7282.80	6243.19	127.13	47.60					156.90		1285.43
1-264	台阶	凹凸假麻石块	$100m^2$	**22335.40**	8884.71	13381.46	69.23	58.07						157.00	1066.87

续前

编号	项目		单位	材									料	机	械
				白水泥	砂子	水	棉纱	锯末	石料切割锯片	水泥砂浆 1:2	水泥砂浆 1:2.5	水泥砂浆 1:3	素水泥浆	灰浆搅拌机 200L	小型机具
				kg	t	m^3	kg	m^3	片	m^3	m^3	m^3	m^3	台班	元
				0.64	87.03	7.62	16.11	61.68	28.55					208.76	
1-259	台阶	预制水磨石	100m²	15.00	4.497	5.26	1.50	0.89	0.62		(2.99)			0.50	18.93
1-260	台阶	陶瓷地砖	100m²	15.50	4.754	4.93	1.50	0.90	1.40			(2.99)	(0.15)	0.52	6.42
1-261	台阶	缸砖	100m²		4.754	4.84	1.50	0.88	1.26			(2.99)		0.50	20.48
1-262	台阶	陶瓷锦砖	100m²	30.90	4.754	4.93	3.00					(2.99)	(0.15)	0.52	
1-263	台阶	水泥花砖	100m²	15.50	4.754	4.84	1.48	0.90	1.40			(2.99)		0.50	22.75
1-264	台阶	凹凸假麻石块	100m²	15.00	2.074	4.67	1.48	0.90	1.26	(1.49)			(0.15)	0.25	17.04

(3) 水泥砂浆台阶面

工作内容：清理基层、调运砂浆、抹面、压光、养护。

编号	项目	单位	预算基价				人工	材料							机械
			总价	人工费	材料费	机械费	综合工	水泥	砂子	水	锯末	阻燃防火保温草袋片	素水泥浆	水泥砂浆 1:2	灰浆搅拌机 400L
			元	元	元	元	工日	kg	t	m^3	m^3	m^2	m^3	m^3	台班
							135.00	0.39	87.03	7.62	61.68	3.34			215.11
1-265	水泥砂浆台阶面 厚度 20 mm	100m²	**6217.20**	4708.80	1420.20	88.20	34.88	2066.58	4.538	6.88	0.94	32.60	(0.15)	(3.26)	0.41

9.垫

工作内容： 1.铺设垫层、拌和、找平、夯实(混凝土垫层包括地平原土夯实)。2.调制砂浆及灌浆。3.钢筋制作、绑扎。4.混凝土浇捣、养护。5.模板制作、

编号	项目			单位	预算基价				人工	材					
					总价	人工费	材料费	机械费	综合工	黄土	水	白灰	砂子	石屑	混碴 2~80
					元	元	元	元	工日	m^3	m^3	kg	t	t	t
									135.00	77.65	7.62	0.30	87.03	82.88	83.93
1-266	素土夯实(包括150 m运土)			10m³	**1814.08**	591.30	1209.50	13.28	4.38	15.38	2.00				
1-267	灰土夯实	2:8		10m³	**2616.49**	1067.85	1535.36	13.28	7.91	13.25	2.02	1637.01			
1-268	灰土夯实	3:7		10m³	**2688.47**	1019.25	1655.94	13.28	7.55	11.64	2.02	2455.67			
1-269	砂垫层			10m³	**2202.90**	484.65	1716.03	2.22	3.59		3.00		19.455		
1-270	干铺	石屑		10m³	**2143.18**	552.15	1588.48	2.55	4.09					19.166	
1-271	干铺	混碴		10m³	**2378.46**	695.25	1679.58	3.63	5.15				4.107		15.753
1-272	碎(砾)石	干铺		10m³	**2439.58**	695.25	1740.70	3.63	5.15				4.107		
1-273	碎(砾)石	灌浆		10m³	**3276.29**	1169.10	2026.12	81.07	8.66		1.63		4.533		
1-274	白灰焦渣 1:3			10m³	**2827.90**	1017.90	1810.00		7.54		5.03	1858.40			
1-275	水泥焦渣 1:6			10m³	**3705.64**	1281.15	2424.49		9.49		6.20				
1-276	混凝土	无筋	厚度100 mm以内	10m³	**6129.45**	1524.15	4588.76	16.54	11.29		5.00				
1-277	混凝土	无筋	厚度100 mm以外	10m³	**5963.09**	1367.55	4588.76	6.78	10.13		5.00				
1-278	混凝土	无筋	分格	10m³	**6251.88**	1568.70	4665.31	17.87	11.62		5.00				
1-279	混凝土	有筋		10m³	**8023.82**	1579.50	6423.88	20.44	11.70		5.00				

层

安装、拆除、运至堆放地点。6.炉渣混合物铺设拍实。

料										机	械					
碴石 19～25	水泥	炉渣	预拌混凝土 AC20	铁钉	钢筋 $D10$以内	镀锌钢丝 $D0.7$	钢筋场外运费	木模板周转费	水泥砂浆 M5	电动夯实机 20～62N·m	灰浆搅拌机 400L	木工圆锯机 $D500$	载重汽车 6t	钢筋调直机 $D14$	钢筋切断机 $D40$	小型机具
t	kg	m^3	m^3	kg	t	kg	元	元	m^3	台班	台班	台班	台班	台班	台班	元
87.81	0.39	108.30	450.56	6.68	3970.73	7.42				27.11	215.11	26.53	461.82	37.25	42.81	
										0.49						
										0.49						
										0.49						
																2.22
																2.55
																3.63
15.753																3.63
15.753	604.92								(2.84)		0.36					3.63
		11.211														
	2545.20	12.785														
			10.10							0.61						
			10.10							0.25						
			10.10	0.18				75.35		0.25		0.07	0.02			
			10.10		0.450	2.00	33.46			0.37				0.13	0.13	

10.防　潮　层

工作内容：清理基层、调制砂浆、抹灰、养护。

编号	项目			单位	预算基价 总价	人工费	材料费	机械费	人工 综合工	材 水	水泥	砂子	防水油	素水泥浆	水泥砂浆 1:1	水泥砂浆 1:2	料 水泥砂浆 1:2.5	机械 灰浆搅拌机 400L
					元	元	元	元	工日	m^3	kg	t	kg	m^3	m^3	m^3	m^3	台班
									135.00	7.62	0.39	87.03	4.30					215.11
1-280	刚性防水	五层做法	混凝土地面	100m²	**3247.06**	2215.35	984.39	47.32	16.41	4.78	1893.34	2.408		(0.61)		(1.73)		0.22
1-281			混凝土墙面		**3939.61**	2907.90	984.39	47.32	21.54	4.78	1893.34	2.408		(0.61)		(1.73)		0.22
1-282			砖墙面		**3968.49**	2910.60	1008.41	49.48	21.56	4.80	1932.88	2.505		(0.61)		(1.80)		0.23
1-283		七层做法	混凝土地面		**4244.51**	2853.90	1326.08	64.53	21.14	5.12	2560.87	3.313		(0.81)		(2.38)		0.30
1-284			混凝土墙面		**6264.11**	4873.50	1326.08	64.53	36.10	5.12	2560.87	3.313		(0.81)		(2.38)		0.30
1-285			砖墙面		**6297.10**	4880.25	1350.17	66.68	36.15	5.15	2600.40	3.410		(0.81)		(2.45)		0.31
1-286	防水油五层做法				**4575.04**	2384.10	2132.86	58.08	17.66	4.85	1927.71	3.092	250.00	(0.51)	(0.32)		(1.84)	0.27

工作内容：清理基层、涂刷等。

编号	项目			单位	预算基价 总价	预算基价 人工费	预算基价 材料费	人工 综合工	材料 苯乙烯涂料	材料 乳化沥青	材料 三元乙丙橡胶卷材 1.0	材料 CSPE 嵌缝油膏 330mL
					元	元	元	工日	kg	kg	m^2	支
								135.00	10.76	4.81	41.22	8.52
1-287	苯乙烯涂料二遍		平面	100m²	**777.55**	400.95	376.60	2.97	35.00			
1-288	苯乙烯涂料二遍		立面	100m²	**828.81**	441.45	387.36	3.27	36.00			
1-289	乳化沥青		厚度 6 mm	100m²	**3621.54**	403.65	3217.89	2.99		669.00		
1-290	乳化沥青		每增减 1 mm	100m²	**657.52**	118.80	538.72	0.88		112.00		
1-291	三元乙丙橡胶卷材	冷贴满铺	平面	100m²	**8489.78**	2610.90	5878.88	19.34			124.17	29.83
1-292	三元乙丙橡胶卷材	冷贴满铺	立面	100m²	**9252.53**	3373.65	5878.88	24.99			124.17	29.83

续前

编号	项目			单位	材料								
					二甲苯	乙酸乙酯	铁钉	钢筋 D10以内	丁基胶粘剂	108 胶	水泥	水	素水泥浆
					kg	kg	kg	t	kg	kg	kg	m^3	m^3
					5.21	17.26	6.68	3970.73	14.45	4.45	0.39	7.62	
1-287	苯乙烯涂料二遍		平面	100m²									
1-288			立面										
1-289	乳化沥青		厚度 6 mm										
1-290			每增减 1 mm										
1-291	三元乙丙橡胶卷材	冷贴满铺	平面		27.00	5.05	0.23	0.004	17.60	0.21	15.02	0.01	(0.01)
1-292			立面		27.00	5.05	0.23	0.004	17.60	0.21	15.02	0.01	(0.01)

工作内容：清理基层、涂刷基层处理剂、配料刷胶铺贴卷材等。

编号	项目			单位	预算基价 总价	预算基价 人工费	预算基价 材料费	人工 综合工	材料 聚氨酯防水涂膜甲料	材料 聚氨酯防水涂膜乙料	材料 聚氨酯固化剂	材料 丙酮	材料 SBS改性沥青防水卷材3mm	材料 JG-1防水涂料	材料 SBS弹性沥青防水胶	材料 汽油90#	材料 零星材料费
					元	元	元	工日	kg	kg	kg	kg	m^2	kg	kg	kg	元
								135.00	15.28	14.85	45.86	9.89	34.20	22.41	30.29	7.16	
1-293	聚氨酯防水涂膜	刷涂膜二遍 1 mm 厚	平面	100m²	**6582.93**	3677.40	2905.53	27.24	61.60	92.40	7.65	24.40					
1-294	聚氨酯防水涂膜	刷涂膜二遍 1 mm 厚	立面	100m²	**7774.71**	4781.70	2993.01	35.42	63.40	95.20	7.90	25.10					
1-295	聚氨酯防水涂膜	每增减 0.1 mm	平面	100m²	**533.47**	324.00	209.47	2.40	4.51	6.77	0.56	1.45					
1-296	聚氨酯防水涂膜	每增减 0.1 mm	立面	100m²	**597.94**	382.05	215.89	2.83	4.65	6.97	0.58	1.49					
1-297	SBS改性沥青防水卷材	3 mm 厚	平面	100m²	**8625.72**	1174.50	7451.22	8.70					124.17	57.00	50.00	45.00	90.54
1-298	SBS改性沥青防水卷材	3 mm 厚	立面	100m²	**9069.01**	1620.00	7449.01	12.00					124.17	57.00	50.00	45.00	88.33

11.找

工作内容：1.清理基层、调制砂浆、混凝土浇捣、养护。2.铺设砂浆、抹平、压实。3.钢筋制作、绑扎。

编号	项目		单位	预算基价				人工	材				
				总价	人工费	材料费	机械费	综合工	水泥	砂子	水	石油沥青 10#	细石混凝土 C20
				元	元	元	元	工日	kg	t	m^3	kg	m^3
								135.00	0.39	87.03	7.62	4.04	465.56
1-299	水泥砂浆 1:3	在混凝土或硬基层上厚度 20 mm	$100m^2$	**1559.52**	837.00	666.59	55.93	6.20	928.606	3.435	0.72		
1-300	水泥砂浆 1:3	每增减 5 mm	$100m^2$	**355.88**	174.15	166.67	15.06	1.29	232.151	0.859	0.18		
1-301	沥青砂浆	在填充材料上厚度 20 mm	$100m^2$	**5522.41**	1630.80	3891.61		12.08		4.907		648.48	
1-302	沥青砂浆	在混凝土或硬基层上厚度 20 mm	$100m^2$	**5069.49**	1615.95	3453.54		11.97		3.924		533.76	
1-303	沥青砂浆	每增减 5 mm	$100m^2$	**837.23**	59.40	777.83		0.44		0.981		129.60	
1-304	细石混凝土硬基层上	无筋厚度 30 mm	$100m^2$	**2300.61**	814.05	1484.54	2.02	6.03	150.200		2.01		3.030
1-305	细石混凝土硬基层上	有筋厚度 40 mm	$100m^2$	**3678.94**	1271.70	2399.22	8.02	9.42	150.200		2.46		4.040
1-306	细石混凝土硬基层上	每增减 5 mm	$100m^2$	**325.53**	87.75	237.44	0.34	0.65					0.510

平 层

料											机械			
滑石粉	煤	汽油 90#	木柴	冷拔钢丝 D4.0	镀锌钢丝 D0.7	钢筋场外运费	水泥砂浆 1:3	石油沥青砂浆 1:2:7	冷底子油 3:7	素水泥浆	灰浆搅拌机 400L	钢筋调直机 D14	钢筋切断机 D40	小型机具
kg	kg	kg	kg	t	kg	元	m^3	m^3	kg	m^3	台班	台班	台班	元
0.59	0.53	7.16	1.03	3907.95	7.42						215.11	37.25	42.81	
							(2.16)				0.26			
							(0.54)				0.07			
1237.52	216.15							(2.702)						
989.74	172.86	36.96	15.00					(2.161)	(48.00)					
247.32	43.30							(0.540)						
										(0.10)				2.02
				0.11	0.40	8.19				(0.10)		0.07	0.07	2.42
														0.34

12.变

(1)填

工作内容：1.石灰麻刀：调制石灰麻刀、石灰麻刀嵌缝、缝上贴二毡二油一层。2.贴氯丁橡胶片：清理用乙酸乙酯洗缝、隔纸、用氯丁胶粘剂贴氯丁橡胶

编号	项目		单位	预算基价				人工	材			
				总价	人工费	材料费	机械费	综合工	沥青油毡350#	生石灰	麻刀	木柴
				元	元	元	元	工日	m^2	kg	kg	kg
								135.00	3.83	0.30	3.92	1.03
1-307	石灰麻刀	平面	100m	**1895.44**	938.25	957.19		6.95	17.00	180.00	108.00	24.00
1-308	石灰麻刀	立面	100m	**2026.39**	1069.20	957.19		7.92	17.00	180.00	108.00	24.00
1-309	氯丁橡胶片止水带		100m	**3106.25**	483.30	2622.95		3.58				
1-310	预埋式紫铜板止水带		100m	**102031.92**	3568.05	98366.10	97.77	26.43				
1-311	聚氯乙烯胶泥		100m	**1268.81**	1020.60	248.21		7.56				

形 缝

缝

片、涂胶铺砂。3.紫铜板止水带:铜板剪裁、焊接成型、铺设。4.聚氯乙烯胶泥:清缝、水泥砂浆勾缝、垫牛皮纸、熬灌聚氯乙烯胶泥。

料														机	械
石油沥青 30#	氯丁橡胶片 2mm	乙酸乙酯	氯丁橡胶浆	三异氰酸酯	水泥	牛皮纸	砂子	紫铜板 2mm	铜焊条	水	聚氯乙烯胶泥	水泥砂浆 1:2	剪板机 20×2500	交流电焊机 30kV·A
kg	m^2	kg	kg	kg	kg	m^2	t	kg	kg	m^3	kg	m^3	台班	台班
6.00	24.43	17.26	21.90	10.38	0.39	0.69	87.03	120.50	45.64	7.62	2.29		329.03	87.97
65.00														
65.00														
	31.82	23.00	60.58	9.09	9.09	5.91	0.229							
								810.90	14.30				0.11	0.70
					33.89	53.23	0.084			0.02	83.32	(0.06)		

工作内容： 1.清理基层、刷底胶。缝上粘贴350 mm宽一布二涂氯丁胶贴玻璃纤维布。2.在缝中心贴150 mm宽一布二涂氯丁胶玻璃布。3.止水片干后，表面涂胶并粘粒砂。4.止水带制作、接头并安装。

编号	项目		单位	预算基价			人工	材料												
				总价	人工费	材料费	综合工	玻璃纤维布	橡胶止水带 400~500mm宽	塑料止水带	乙酸乙酯	砂子	氯丁橡胶浆	三异氰酸酯	水泥	环氧树脂	低分子聚酰胺300#	乙二胺	丙酮	甲苯
				元	元	元	工日	m^2	m	m	kg	t	kg	kg	kg	kg	kg	kg	kg	kg
							135.00	5.52	202.95	62.30	17.26	87.03	21.90	10.38	0.39	28.33	19.47	21.96	9.89	10.17
1-312	涂刷式一布二涂氯丁胶贴玻璃纤维布止水片	湿基层	100m	**4681.29**	658.80	4022.49	4.88	95.20			15.31	0.257	116.94	17.54	7.00	14.42	2.88			
1-313		干基层		**4661.81**	658.80	4003.01	4.88	95.20			15.31	0.257	135.98	20.40	3.00					
1-314	预埋式止水带	橡胶		**22940.62**	1485.00	21455.62	11.00		105.00							3.04		0.24	3.04	2.40
1-315		塑料		**8172.37**	1485.00	6687.37	11.00			105.00						3.04		0.24	3.04	2.40

(2)盖　　缝

工作内容： 1.木板盖板：平面板材加工、板缝一侧涂胶黏合，立面埋木砖、钉木盖板。2.薄钢板盖板：平面埋木砖、钉木条、木条上钉薄钢板，立面埋木砖、木砖上钉薄钢板。3.橡胶板盖缝：清理，铁件制作、安装，镀锌薄钢板、钢板、橡胶板铺设。

编号	项目		单位	预算基价			人工	材料										
				总价	人工费	材料费	综合工	松木锯材	镀锌薄钢板 0.46	花纹硬橡胶板 20mm厚	红白松锯材 二类	防腐油	铁钉	焊锡	镀锌薄钢板 0.56	砂子	铁件	零星材料费
号			位	元	元	元	工日	m^3	m^2	m^2	m^3	kg	kg	kg	m^2	t	kg	元
							135.00	1661.90	17.48	69.44	3266.74	0.52	6.68	59.85	20.08	87.03	9.49	
1-316	木板盖板	平面	100m	**2342.49**	846.45	1496.04	6.27	0.154			0.378	5.40	0.37					
1-317	木板盖板	立面	100m	**2345.96**	900.45	1445.51	6.67	0.124			0.378	5.00	0.30					
1-318	薄钢板盖板	平面	100m	**4095.23**	1775.25	2319.98	13.15	0.693	59.30			11.10	2.10	1.87				
1-319	薄钢板盖板	立面	100m	**1922.15**	1004.40	917.75	7.44	0.247	26.00			3.40	0.29	0.82				
1-320	橡胶板盖缝（平面）	缝宽 50 mm 以内	100m	**10565.00**	2203.20	8361.80	16.32			16.65	0.184	2.80	0.45	0.48	15.18	0.030	659.00	10.02
1-321	橡胶板盖缝（平面）	缝宽 100 mm 以内	100m	**15892.06**	2643.30	13248.76	19.58			30.57	0.184	2.80	0.45	1.06	33.73	0.060	1029.00	9.27

13.其

(1) 地面石材波打

工作内容： 1.波打线：清理基层、调制砂浆。2.刷养护液：清理基层、刷养护液。

编号	项目				单位	预算基价				人工		
						总价	人工费	材料费	机械费	综合工	大理石板	花岗岩板
						元	元	元	元	工日	m^2	m^2
										153.00	299.93	355.92
1-322	波打线（嵌边）	大理石			100m²	**36583.81**	4192.20	32277.37	114.24	27.40	104.00	
1-323	波打线（嵌边）	花岗岩			100m²	**42638.55**	4421.70	38102.61	114.24	28.90		104.00
1-324	石材底面刷养护液	光面石材	花岗岩	深色	100m²	**1298.96**	887.40	411.56		5.80		
1-325	石材底面刷养护液	光面石材	花岗岩	浅色	100m²	**1314.02**	887.40	426.62		5.80		
1-326	石材底面刷养护液	光面石材	大理石	深色	100m²	**1421.09**	887.40	533.69		5.80		
1-327	石材底面刷养护液	光面石材	大理石	浅色	100m²	**1481.32**	887.40	593.92		5.80		
1-328	石材底面刷养护液	亚光石材	花岗岩		100m²	**1421.09**	887.40	533.69		5.80		
1-329	石材底面刷养护液	亚光石材	大理石		100m²	**1708.01**	887.40	820.61		5.80		
1-330	石材底面刷养护液	粗面石材	剁斧板		100m²	**2071.88**	887.40	1184.48		5.80		
1-331	石材底面刷养护液	粗面石材	火烧板		100m²	**1858.58**	887.40	971.18		5.80		
1-332	石材底面刷养护液	粗面石材	蘑菇石		100m²	**2221.62**	887.40	1334.22		5.80		
1-333	光面石材表面刷保护液				100m²	**835.68**	765.00	70.68		5.00		

他

线嵌边及刷养护液

材料											机械	
水泥	白水泥	砂子	水	石料切割锯片	棉纱	锯末	石材养护液	石材保护液	水泥砂浆 1∶3	素水泥浆	灰浆搅拌机 200L	小型机具
kg	kg	t	m^3	片	kg	m^3	kg	kg	m^3	m^3	台班	元
0.39	0.64	87.03	7.62	28.55	16.11	61.68	83.65	28.27			208.76	
1452.83	10.30	4.818	3.66	0.39	1.00	0.60			(3.03)	(0.10)	0.52	5.68
1452.83	10.30	4.818	3.66	0.47	1.00	0.60			(3.03)	(0.10)	0.52	5.68
							4.92					
							5.10					
							6.38					
							7.10					
							6.38					
							9.81					
							14.16					
							11.61					
							15.95					
								2.50				

(2) 防滑条

工作内容：1.防滑条：清理基层、切割、镶嵌、固定。2.酸洗打蜡：清理表面、上草酸打蜡、磨光。

编号	项目			单位	预算基价 总价	预算基价 人工费	预算基价 材料费	预算基价 机械费	人工 综合工	铜条	青铜板	铸铜条板 6×110
					元	元	元	元	工日	m	m	m
									153.00		104.01	235.89
1-334	楼梯、台阶踏步防滑条	铜嵌条	4×6	100m	**5777.96**	887.40	4890.56		5.80	106.00×45.86		
1-335			4×10		**6721.30**	1132.20	5589.10		7.40	106.00×52.45		
1-336		青铜板（直角）	5×50		**12197.18**	1132.20	11054.46	10.52	7.40		106.00	
1-337			4×50		**12197.18**	1132.20	11054.46	10.52	7.40		106.00	
1-338		铸铜条板	6×110		**25901.06**	856.80	25033.74	10.52	5.60			106.00
1-339		金刚砂			**468.63**	351.90	116.73		2.30			
1-340	酸洗打蜡	楼地面		$100m^2$	**806.72**	703.80	102.92		4.60			
1-341		楼梯台阶			**1156.55**	1009.80	146.75		6.60			
1-342	打胶			100m	**740.12**	489.60	250.52		3.20			
1-343	勾缝			$100m^2$	**1100.38**	612.00	488.38		4.00			

及酸洗打蜡

材料														机械
木螺钉 M3.5×25	水泥	水	金刚砂	清油	煤油	松节油	草酸	硬白蜡	美纹纸	玻璃胶 350g	密封剂	棉布 400g/m^2	毛刷	小型机具
个	kg	m^3	kg	kg	kg	kg	kg	kg	m	支	kg	kg	把	元
0.07	0.39	7.62	2.53	15.06	7.49	7.93	10.93	18.46	0.50	24.44	6.92	21.94	1.75	
420.00														
420.00														
420.00														10.52
420.00														10.52
420.00														10.52
	14.50	0.30	43.00											
				0.53	4.00	0.53	1.00	2.70						
				0.80	5.70	0.80	1.42	3.80						
									110.00	8.00				
											30.00	12.00	10.00	

(3) 水泥砂浆抹坡道礓蹉

工作内容：调制铺设砂浆、抹平、压实。

编号	项目	单位	预算基价				人工	材料						机械
			总价	人工费	材料费	机械费	综合工	水泥	水	砂子	锯末	素水泥浆	水泥砂浆 1:2	灰浆搅拌机 400L
			元	元	元	元	工日	kg	m^3	t	m^3	m^3	m^3	台班
							135.00	0.39	7.62	87.03	61.68			215.11
1-344	水泥砂浆抹坡道礓蹉	$100m^2$	**6928.77**	5701.05	1148.13	79.59	42.23	1825.76	5.22	4.093	0.65	(0.11)	(2.94)	0.37

第二章　墙、柱面工程

说　明

一、本章包括墙面抹灰，柱、梁面抹灰，零星抹灰，墙面镶贴块料，柱面镶贴块料，零星镶贴块料，墙、柱面装饰7节，共428条基价子目。

二、砂浆配合比如设计要求与基价不同时，按设计要求调整，人工费、砂浆消耗量及机械费不变。

三、当主料品种与设计要求不同时，可按设计要求对主要材料进行补充、换算，人工费、机械费不变。

四、如设计要求在水泥砂浆中掺防水粉时，可按设计比例增加防水粉，人工费、机械费不变。

五、墙、柱面抹护角线的工、料已包括在相应基价内，不另行计算。

六、设计要求抹灰厚度与预算基价不同时，砂浆消耗量按下表计算，人工费、机械费不变。

一般抹灰砂浆厚度调整表

项　　目	100 m^2抹灰面积每增减1 mm厚度增减砂浆消耗量
水泥砂浆	0.12 m^3
混合砂浆	0.12 m^3
TG胶水泥砂浆	0.12 m^3
干拌砂浆	0.22 t
湿拌砂浆	0.12 m^3

七、内墙面抹灰未包括抹水泥砂浆窗台板，如设计要求另行计算，按本章相应项目执行。

八、雨篷四周垂直混凝土檐总高度超过40 cm，整个垂直混凝土檐部分按设计图示尺寸以展开面积计算，按本章装饰线子目执行。

九、室外腰线、栏杆、扶手、门窗套、窗台线、压顶以及突出墙面且展开宽度小于或等于300 mm的竖、横线条等一般抹灰项目按本章外檐装饰线子目执行。

十、本章中抹水泥砂浆及混合砂浆均系中级抹灰水平。当设计要求抹灰不压光时，按相应项目人工工日乘以系数0.87计算。

十一、圆弧形、锯齿形等不规则墙面抹灰、镶贴块料，按相应项目人工工日乘以系数1.15，材料费乘以系数1.05计算。

十二、离缝镶贴面砖项目，面砖及灰缝材料消耗量分别按缝宽5 mm、10 mm和20 mm考虑，如灰缝宽不同或灰缝宽超过20 mm者，其块料及灰缝材料用量允许调整，但人工费、机械费不变。

十三、本章基价的木材种类除注明者外，均以一、二类木种为准，如采用三、四类木种者，其人工工日、机械费乘以系数1.30。

十四、零星抹灰和零星镶贴块料适用于挑檐、天沟、腰线、窗台线、门窗套、压顶、扶手、雨篷周边以及单个面积在0.5 m^2 以内的墙面装饰项目。

十五、墙裙高度在1500 mm以外者，按本章墙面相应项目执行。

十六、面层、隔墙(间壁)、隔断基价内,除注明者外,均未包括压条、收边、装饰线(板),如设计要求时,按第六章相应项目执行。

十七、墙、柱面装饰基价内木龙骨基层是按双向计算的,如设计为单向时,基价子目乘以系数0.55。

十八、隔墙(间壁)、隔断(护壁)、幕墙等基价中龙骨间距、规格设计如与基价不同时,按设计要求调整。

十九、玻璃幕墙设计有相同材料平开、推拉窗者,并入幕墙面积,窗型材、窗五金相应增加,其他不变。

二十、玻璃幕墙中的玻璃按成品玻璃面板考虑,幕墙中的避雷装置、防火隔离层,基价已综合在内,但幕墙的封边、封顶的费用另行计算。型钢、挂件设计用量与基价取定不同时,按设计要求调整。

二十一、设计要求刷油、防火处理等按第五章相应项目执行。

工程量计算规则

一、墙面抹灰：

1.内墙面抹灰按设计图示尺寸以面积计算。

(1)内墙面抹灰面积，扣除门、窗洞口和空圈所占的面积，不扣除踢脚线、挂镜线、单个面积0.3 m^2以内的孔洞和墙与构件交接处的面积，洞口侧壁和顶面面积不增加，但垛的侧面抹灰应与内墙面抹灰工程量合并计算。

内墙面抹灰的长度以主墙间的净长计算，其高度确定如下：

①抹灰高度不扣除踢脚线高度。

②有墙裙者，其高度按墙裙顶点至天棚底面另增加10 cm计算。

③有吊顶者，其高度按楼地面至天棚下皮另加10 cm计算。

(2)墙中的梁、柱等的抹灰，按墙面抹灰子目计算，其突出墙面的梁、柱抹灰工程量按展开面积计算，并入墙面抹灰工程量内。

(3)内墙裙抹灰面积以长度乘以高度计算。扣除门窗洞口和空圈所占面积，并增加门窗洞口和空圈的侧壁面积，垛的侧壁面积并入墙裙面积内计算。

2.外墙面抹灰按设计图示尺寸以面积计算。

(1)外墙面抹灰扣除门、窗洞口和空圈所占的面积，不扣除单个面积0.3 m^2以内的孔洞面积，门窗洞口及空圈的侧壁(不带线者)和顶面面积、垛的侧面抹灰均并入相应的墙面抹灰面积中计算。

(2)外墙窗间墙抹灰以展开面积计算，按外墙抹灰相应项目执行。

(3)外墙裙抹灰按展开面积计算，扣除门口和空圈所占面积，门口、空圈的侧壁面积并入相应墙裙面积内计算。

二、柱、梁面抹灰：

1.柱面抹灰按结构断面周长乘以抹灰高度计算。但柱脚、柱帽抹线角者，另按装饰线子目计算。

2.单梁抹灰按设计图示结构断面尺寸以展开面积计算。

三、零星抹灰：

1.零星一般抹灰：

(1)零星项目抹灰按设计图示尺寸以展开面积计算。

(2)挑檐、天沟抹灰按设计图示尺寸以展开面积计算。

(3)外檐装饰线抹灰按设计图示尺寸以展开面积计算。外窗台抹灰长度如设计图纸无规定时，可按窗洞口宽度两边共加20 cm计算，窗台展开宽度按36 cm计算，墙厚49 cm者，宽度按48 cm计算。

(4)阳台、雨篷抹灰按第三章相应子目执行。

(5)阳台栏板、栏杆的双面抹灰按设计图示栏板、栏杆水平中心长度乘以高度(由阳台面起至栏板、栏杆顶面)的单面积乘以系数2.10计算，有栏杆压顶者按乘以系数2.50计算。

2.零星装饰抹灰按设计图示尺寸以展开面积计算。

3.装饰抹灰厚度增减及分格、嵌缝按装饰抹灰的面积计算。

四、墙面镶贴块料:

1.墙面镶贴块料面层按镶贴表面积计算,应扣除门、窗洞口和单个面积0.3 m^2 以外的孔洞所占的面积,增加门窗洞口侧壁和顶面面积。

2.干挂石材钢骨架按设计图示尺寸以质量计算。

五、柱面镶贴块料:

1.柱面镶贴块料面层按设计图示饰面尺寸以面积计算。

2.挂贴大理石、花岗岩柱墩、柱帽按设计图示镶贴表面最大外径的周长计算。

3.除基价已列有柱墩、柱帽的项目外,其他项目的柱墩、柱帽按设计图示尺寸以展开面积计算,并入相应柱面积内,柱墩、柱帽加工按个数计算。

六、零星镶贴块料:

1.零星镶贴块料按设计图示尺寸以展开面积计算。

2.柱面粘贴大理石、花岗岩按零星项目执行。

七、墙、柱面装饰:

1.龙骨基层、夹板、卷材基层按设计图示尺寸以面积计算,扣除门、窗洞口和单个面积0.3 m^2 以外的孔洞所占的面积。

2.墙饰面按设计图示饰面尺寸以面积计算,扣除门、窗洞口和单个面积0.3 m^2 以外的孔洞所占的面积,增加门窗洞口侧壁和顶面面积。

3.柱饰面按设计图示饰面尺寸以面积计算。除基价已列有柱墩、柱帽的项目外,其他项目的柱墩、柱帽按设计图示尺寸以展开面积计算,并入相应柱面积内。柱墩、柱帽加工按个数计算。

4.隔断:

(1)隔断按设计图示框外围尺寸以面积计算,扣除门、窗洞口和单个面积0.3 m^2 以外的孔洞所占的面积。

(2)全玻隔断的不锈钢边框按设计图示尺寸以边框展开面积计算。

(3)全玻隔断如有加强肋按设计图示尺寸以展开面积计算。

5.幕墙:

(1)幕墙按设计图示框外围尺寸以面积计算。

(2)全玻幕墙如有加强肋按设计图示尺寸以展开面积计算。

1.墙 面 抹 灰

(1) 内墙面一般抹灰

工作内容：1.清理修补基层、堵墙眼、调运砂浆、清扫落地灰。2.抹灰、找平、罩面、压光、做护角、阴阳角、贴木条等。

编号	项目			单位	预算基价 总价	预算基价 人工费	预算基价 材料费	预算基价 机械费	人工 综合工	材料 水泥	材料 砂子	材料 水	材料 干拌抹灰砂浆M15	材料 干拌抹灰砂浆M20	材料 湿拌抹灰砂浆M15
					元	元	元	元	工日	kg	t	m^3	t	t	m^3
									135.00	0.39	87.03	7.62	342.18	352.17	422.75
2-1	砖内墙面	水泥砂浆1∶3 13 mm 水泥砂浆1∶2.5 7 mm		100m²	**3840.33**	2879.55	770.41	190.37	21.33	1072.23	3.732	2.081			
2-2	砖内墙面	干拌抹灰砂浆M15 13 mm 干拌抹灰砂浆M20 7 mm		100m²	**4388.58**	2752.65	1529.42	106.51	20.39	44.71	0.165	2.297	2.822	1.428	
2-3	砖内墙面	湿拌抹灰砂浆M15 13 mm 湿拌抹灰砂浆M20 7 mm		100m²	**3656.87**	2625.75	1031.12		19.45	44.71	0.165	0.434			1.517
2-4	砖内墙面	混合砂浆1∶1∶6 14 mm 混合砂浆1∶1∶4 6 mm		100m²	**3625.51**	2790.45	643.83	191.23	20.67	559.38	3.528	2.264			
2-5	砖内墙面	打底灰	水泥砂浆1∶3 13 mm	100m²	**3054.33**	2367.90	520.80	165.63	17.54	697.28	2.577	1.705			
2-6	砖内墙面	打底灰	干拌抹灰砂浆M15 13 mm	100m²	**3373.95**	2280.15	1023.14	70.66	16.89	44.71	0.165	1.853	2.822		
2-7	砖内墙面	打底灰	湿拌抹灰砂浆M15 13 mm	100m²	**2895.26**	2207.25	688.01		16.35	44.71	0.165	0.434			1.517
2-8	砖弧形内墙面	水泥砂浆1∶3 13 mm 水泥砂浆1∶2.5 7 mm		100m²	**4323.97**	3352.05	781.55	190.37	24.83	1087.64	3.790	2.092			
2-9	砖弧形内墙面	干拌抹灰砂浆M15 13 mm 干拌抹灰砂浆M20 7 mm		100m²	**4874.13**	3215.70	1550.40	108.03	23.82	44.71	0.165	2.311	2.883	1.428	
2-10	砖弧形内墙面	湿拌抹灰砂浆M15 13 mm 湿拌抹灰砂浆M20 7 mm		100m²	**4135.22**	3090.15	1045.07		22.89	44.71	0.165	0.434			1.550
2-11	砖弧形内墙面	混合砂浆1∶1∶6 14 mm 混合砂浆1∶1∶4 6 mm		100m²	**4086.08**	3242.70	652.15	191.23	24.02	566.24	3.578	2.277			

续前

编号	项目		目	单位	材料：湿拌抹灰砂浆 M20	白灰	脚手架周转费	白灰膏	水泥砂浆 1:2.5	水泥砂浆 1:3	混合砂浆 1:1:6	混合砂浆 1:1:4	机械：灰浆搅拌机 400L	干混砂浆罐式搅拌机
					m^3	kg	元	m^3	m^3	m^3	m^3	m^3	台班	台班
					446.76	0.30							215.11	254.19
2-1	砖内墙面		水泥砂浆1:3 13 mm 水泥砂浆1:2.5 7 mm	100m²			11.59		(0.768)	(1.621)			0.885	
2-2	砖内墙面		干拌抹灰砂浆M15 13 mm 干拌抹灰砂浆M20 7 mm	100m²			11.59			(0.104)				0.419
2-3	砖内墙面		湿拌抹灰砂浆M15 13 mm 湿拌抹灰砂浆M20 7 mm	100m²	0.768		11.59			(0.104)				
2-4	砖内墙面		混合砂浆1:1:6 14 mm 混合砂浆1:1:4 6 mm	100m²		299.29	11.59	(0.427)		(0.104)	(1.612)	(0.658)	0.889	
2-5	砖内墙面	打底灰	水泥砂浆1:3 13 mm	100m²			11.59			(1.621)			0.770	
2-6	砖内墙面	打底灰	干拌抹灰砂浆M15 13 mm	100m²			11.59			(0.104)				0.278
2-7	砖内墙面	打底灰	湿拌抹灰砂浆M15 13 mm	100m²			11.59			(0.104)				
2-8	砖弧形内墙面		水泥砂浆1:3 13 mm 水泥砂浆1:2.5 7 mm	100m²			11.59		(0.768)	(1.654)			0.885	
2-9	砖弧形内墙面		干拌抹灰砂浆M15 13 mm 干拌抹灰砂浆M20 7 mm	100m²			11.59			(0.104)				0.425
2-10	砖弧形内墙面		湿拌抹灰砂浆M15 13 mm 湿拌抹灰砂浆M20 7 mm	100m²	0.768		11.59			(0.104)				
2-11	砖弧形内墙面		混合砂浆1:1:6 14 mm 混合砂浆1:1:4 6 mm	100m²		303.28	11.59	(0.432)		(0.104)	(1.645)	(0.658)	0.889	

工作内容：1.清理修补基层、堵墙眼、调运砂浆、清扫落地灰。2.抹灰、找平、罩面、压光、做护角、阴阳角、贴木条等。

编号	项目		单位	预算基价				人工	材料									
				总价	人工费	材料费	机械费	综合工	水泥	砂子	水	干拌抹灰砂浆M15	干拌抹灰砂浆M20	湿拌抹灰砂浆M15	湿拌抹灰砂浆M20	干拌抹灰砂浆M5.0	干拌抹灰砂浆M10	湿拌抹灰砂浆M5.0
				元	元	元	元	工日	kg	t	m³	t	t	m³	m³	t	t	m³
								135.00	0.39	87.03	7.62	342.18	352.17	422.75	446.76	317.43	329.07	380.98
2-12	混凝土内墙面	素水泥浆 2 mm 水泥砂浆 1:3 8 mm 水泥砂浆 1:2.5 8 mm	100m²	**4074.55**	3015.90	849.13	209.52	22.34	1460.58	2.893	2.118							
2-13	混凝土内墙面	素水泥浆 2 mm 干拌抹灰砂浆 M15 8 mm 干拌抹灰砂浆 M20 8 mm	100m²	**4324.95**	2925.45	1317.40	82.10	21.67	348.11	0.165	2.282	1.648	1.631					
2-14	混凝土内墙面	素水泥浆 2 mm 湿拌抹灰砂浆 M15 8 mm 湿拌抹灰砂浆 M20 8 mm	100m²	**3709.24**	2776.95	932.29		20.57	348.11	0.165	0.553			0.886	0.877			
2-15	混凝土内墙面	素水泥浆 2 mm 混合砂浆 1:1:6 8 mm 混合砂浆 1:1:4 8 mm	100m²	**3894.80**	2922.75	760.38	211.67	21.65	1072.59	2.688	3.037							
2-16	混凝土内墙面	打底灰 素水泥浆 2 mm 打底灰 混合砂浆 1:1:6 8 mm	100m²	**3120.97**	2421.90	514.94	184.13	17.94	835.47	1.519	1.760							
2-17	空心砖内墙面	混合砂浆 1:1:6 7 mm 混合砂浆 1:1:4 13 mm	100m²	**3754.57**	2797.20	716.23	241.14	20.72	639.37	3.607	2.596							
2-18	空心砖内墙面	干拌抹灰砂浆 M5 7 mm 干拌抹灰砂浆 M10 13 mm	100m²	**4321.64**	2683.80	1524.98	112.86	19.88	44.71	0.165	2.592					1.856	2.652	
2-19	空心砖内墙面	湿拌抹灰砂浆 M5 7 mm 湿拌抹灰砂浆 M10 13 mm	100m²	**3539.59**	2536.65	1002.94		18.79	44.71	0.165	0.434							0.998
2-20	砌块内墙面	涂 TG 胶浆、TG 砂浆 7 mm 混合砂浆 1:1:6 13 mm 水泥砂浆 1:2.5 5 mm	100m²	**4340.72**	3015.90	1081.75	243.07	22.34	833.28	4.656	2.625							
2-21	砌块内墙面	涂 TG 胶浆、TG 砂浆 7 mm 干拌抹灰砂浆 M5 13 mm 干拌抹灰砂浆 M20 5 mm	100m²	**4744.67**	2905.20	1747.45	92.02	21.52	267.65	1.632	2.713		1.019			2.652		
2-22	砌块内墙面	涂 TG 胶浆、TG 砂浆 7 mm 湿拌抹灰砂浆 M5 13 mm 湿拌抹灰砂浆 M20 5 mm	100m²	**4045.47**	2725.65	1319.82		20.19	267.65	1.632	0.738				0.548			1.426

续前

编号	项目		单位	材										料			机	械
				湿拌抹灰砂浆M10	TG胶	白灰	108胶	脚手架周转费	白灰膏	素水泥浆	水泥砂浆1:2.5	水泥砂浆1:3	混合砂浆1:1:4	混合砂浆1:1:6	水泥TG胶砂浆	水泥TG胶浆	灰浆搅拌机400L	干混砂浆罐式搅拌机
				m^3	kg	kg	kg	元	m^3	m^3	m^3	m^3	m^3	m^3	m^3	m^3	台班	台班
				403.95	4.41	0.30	4.45										215.11	254.19
2-12	混凝土内墙面	素水泥浆 2 mm 水泥砂浆1:3 8 mm 水泥砂浆1:2.5 8 mm	100m²					11.59		(0.202)	(0.877)	(0.990)					0.974	
2-13	混凝土内墙面	素水泥浆 2 mm 干拌抹灰砂浆M15 8 mm 干拌抹灰砂浆M20 8 mm	100m²					11.59		(0.202)		(0.104)						0.323
2-14	混凝土内墙面	素水泥浆 2 mm 湿拌抹灰砂浆M15 8 mm 湿拌抹灰砂浆M20 8 mm	100m²					11.59		(0.202)		(0.104)						
2-15	混凝土内墙面	素水泥浆 2 mm 混合砂浆1:1:6 8 mm 混合砂浆1:1:4 8 mm	100m²			244.68		11.59	(0.349)	(0.202)		(0.104)	(0.877)	(0.877)			0.984	
2-16	混凝土内墙面	打底灰 素水泥浆 2 mm 混合砂浆1:1:6 8 mm	100m²			106.36		11.59	(0.152)	(0.202)		(0.104)		(0.877)			0.856	
2-17	空心砖内墙面	混合砂浆1:1:6 7 mm 混合砂浆1:1:4 13 mm	100m²			345.94	4.00	11.59	(0.493)			(0.104)	(1.426)	(0.998)			1.121	
2-18	空心砖内墙面	干拌抹灰砂浆M5 7 mm 干拌抹灰砂浆M10 13 mm	100m²					11.59				(0.104)						0.444
2-19	空心砖内墙面	湿拌抹灰砂浆M5 7 mm 湿拌抹灰砂浆M10 13 mm	100m²	1.426				11.59				(0.104)						
2-20	砌块内墙面	涂TG胶浆、TG砂浆 7 mm 混合砂浆1:1:6 13 mm 水泥砂浆1:2.5 5 mm	100m²		60.79	172.94		11.59	(0.247)		(0.548)	(0.104)		(1.426)	(0.834)	(0.101)	1.130	
2-21	砌块内墙面	涂TG胶浆、TG砂浆 7 mm 干拌抹灰砂浆M5 13 mm 干拌抹灰砂浆M20 5 mm	100m²		60.79			11.59				(0.104)			(0.834)	(0.101)		0.362
2-22	砌块内墙面	涂TG胶浆、TG砂浆 7 mm 湿拌抹灰砂浆M5 13 mm 湿拌抹灰砂浆M20 5 mm	100m²		60.79			11.59				(0.104)			(0.834)	(0.101)		

工作内容：1.清理修补基层、堵墙眼、调运砂浆、清扫落地灰。2.抹灰、找平、罩面、压光、做护角、阴阳角、贴木条等。

编号	项目		单位	预算基价				人工	材料								
				总价	人工费	材料费	机械费	综合工	水泥	砂子	水	干拌抹灰砂浆 M5.0	干拌抹灰砂浆 M10	湿拌抹灰砂浆 M5.0	湿拌抹灰砂浆 M10	干拌抹灰砂浆 M15	干拌抹灰砂浆 M20
				元	元	元	元	工日	kg	t	m^3	t	t	m^3	m^3	t	t
								135.00	0.39	87.03	7.62	317.43	329.07	380.98	403.95	342.18	352.17
2-23	陶粒空心砖内墙面	混合砂浆1:1:6 7 mm 混合砂浆1:1:4 13 mm	100m^2	**3768.56**	2798.55	728.87	241.14	20.73	649.77	3.683	2.616						
2-24	陶粒空心砖内墙面	干拌抹灰砂浆M5 7 mm 干拌抹灰砂浆M10 13 mm	100m^2	**4353.86**	2683.80	1554.66	115.40	19.88	44.71	0.165	2.613	1.949	2.652				
2-25	陶粒空心砖内墙面	湿拌抹灰砂浆M5 7 mm 湿拌抹灰砂浆M10 13 mm	100m^2	**3558.64**	2536.65	1021.99		18.79	44.71	0.165	0.434			1.048	1.426		
2-26	砖弧形内墙裙	水泥砂浆1:3 20 mm 水泥砂浆1:2.5 5 mm	100m^2	**4458.79**	3368.25	907.05	183.49	24.95	1254.53	4.475	2.196						
2-27	砖弧形内墙裙	干拌抹灰砂浆M15 20 mm 干拌抹灰砂浆M20 5 mm	100m^2	**5227.39**	3215.70	1879.26	132.43	23.82	42.99	0.159	2.468					4.265	1.019
2-28	砖弧形内墙裙	湿拌抹灰砂浆M15 20 mm 湿拌抹灰砂浆M20 5 mm	100m^2	**4349.58**	3090.15	1259.43		22.89	42.99	0.159	0.400						
2-29	混凝土弧形内墙裙	素水泥浆 2 mm 水泥砂浆1:3 12 mm 水泥砂浆1:2.5 11 mm	100m^2	**4662.90**	3538.35	941.06	183.49	26.21	1463.54	3.927	2.221						
2-30	混凝土弧形内墙裙	素水泥浆 2 mm 干拌抹灰砂浆M15 12 mm 干拌抹灰砂浆M20 11 mm	100m^2	**5297.87**	3395.25	1784.42	118.20	25.15	303.40		2.457					2.472	2.243
2-31	混凝土弧形内墙裙	素水泥浆 2 mm 湿拌抹灰砂浆M15 12 mm 湿拌抹灰砂浆M20 11 mm	100m^2	**4320.60**	3086.10	1234.50		22.86	303.40		0.519						
2-32	混凝土弧形内墙裙	素水泥浆 2 mm 水泥砂浆1:3 14 mm 水泥砂浆1:2.5 9 mm	100m^2	**4693.90**	3572.10	938.31	183.49	26.46	1451.62	3.949	2.219						

续前

编号	项目		单位	材料											机械	
				湿拌抹灰砂浆M15	湿拌抹灰砂浆M20	白灰	108胶	脚手架周转费	白灰膏	水泥砂浆1:2.5	水泥砂浆1:3	混合砂浆1:1:4	混合砂浆1:1:6	素水泥浆	灰浆搅拌机400L	干混砂浆罐式搅拌机
				m^3	m^3	kg	kg	元	m^3	m^3	m^3	m^3	m^3	m^3	台班	台班
				422.75	446.76	0.30	4.45								215.11	254.19
2-23	陶粒空心砖内墙面	混合砂浆1:1:6 7 mm 混合砂浆1:1:4 13 mm	100m²			352.01	4.00	11.59	(0.502)		(0.104)	(1.426)	(1.048)		1.121	
2-24	陶粒空心砖内墙面	干拌抹灰砂浆M5 7 mm 干拌抹灰砂浆M10 13 mm	100m²					11.59			(0.104)					0.454
2-25	陶粒空心砖内墙面	湿拌抹灰砂浆M5 7 mm 湿拌抹灰砂浆M10 13 mm	100m²					11.59			(0.104)					
2-26	砖弧形内墙裙	水泥砂浆1:3 20 mm 水泥砂浆1:2.5 5 mm	100m²					11.59		(0.548)	(2.293)				0.853	
2-27	砖弧形内墙裙	干拌抹灰砂浆M15 20 mm 干拌抹灰砂浆M20 5 mm	100m²					11.59								0.521
2-28	砖弧形内墙裙	湿拌抹灰砂浆M15 20 mm 湿拌抹灰砂浆M20 5 mm	100m²	2.293	0.548			11.59								
2-29	混凝土弧形内墙裙	素水泥浆 2 mm 水泥砂浆1:3 12 mm 水泥砂浆1:2.5 11 mm	100m²					11.59		(1.206)	(1.329)			(0.202)	0.853	
2-30	混凝土弧形内墙裙	素水泥浆 2 mm 干拌抹灰砂浆M15 12 mm 干拌抹灰砂浆M20 11 mm	100m²					11.59						(0.202)		0.465
2-31	混凝土弧形内墙裙	素水泥浆 2 mm 湿拌抹灰砂浆M15 12 mm 湿拌抹灰砂浆M20 11 mm	100m²	1.329	1.206			11.59						(0.202)		
2-32	混凝土弧形内墙裙	素水泥浆 2 mm 水泥砂浆1:3 14 mm 水泥砂浆1:2.5 9 mm	100m²					11.59		(0.987)	(1.550)			(0.202)	0.853	

工作内容：1.清理修补基层、堵墙眼、调运砂浆、清扫落地灰。2.抹灰、找平、罩面、压光、做护角、阴阳角、贴木条等。

编号	项目		单位	预算基价				人工	材料			
				总价	人工费	材料费	机械费	综合工	水泥	砂子	水	干拌抹灰砂浆M15
				元	元	元	元	工日	kg	t	m^3	t
								135.00	0.39	87.03	7.62	342.18
2-33	混凝土内墙裙	素水泥浆 2 mm 水泥砂浆 1∶3 12 mm 水泥砂浆 1∶2.5 11 mm	100m²	**4164.75**	3040.20	941.06	183.49	22.52	1463.54	3.927	2.221	
2-34	混凝土内墙裙	素水泥浆 2 mm 水泥砂浆 1∶3 14 mm 水泥砂浆 1∶2.5 9 mm	100m²	**4162.00**	3040.20	938.31	183.49	22.52	1451.62	3.949	2.219	
2-35	混凝土内墙裙	素水泥浆 2 mm 干拌抹灰砂浆M15 14 mm 干拌抹灰砂浆M20 9 mm	100m²	**4821.33**	2921.40	1781.73	118.20	21.64	303.40		2.457	2.883
2-36	混凝土内墙裙	素水泥浆 2 mm 湿拌抹灰砂浆M15 14 mm 湿拌抹灰砂浆M20 9 mm	100m²	**4007.04**	2776.95	1230.09		20.57	303.40		0.519	
2-37	砖内墙裙	水泥砂浆 1∶3 20 mm 水泥砂浆 1∶2.5 5 mm	100m²	**3986.29**	2895.75	907.05	183.49	21.45	1254.53	4.475	2.196	
2-38	砖内墙裙	干拌抹灰砂浆M15 20 mm 干拌抹灰砂浆M20 5 mm	100m²	**4729.69**	2748.60	1848.66	132.43	20.36			2.468	4.265
2-39	砖内墙裙	湿拌抹灰砂浆M15 20 mm 湿拌抹灰砂浆M20 5 mm	100m²	**3850.53**	2621.70	1228.83		19.42			0.400	

续前

编号	项目		单位	材料							机械	
				干拌抹灰砂浆M20	湿拌抹灰砂浆M15	湿拌抹灰砂浆M20	脚手架周转费	水泥砂浆1:3	水泥砂浆1:2.5	素水泥浆	灰浆搅拌机400L	干混砂浆罐式搅拌机
				t	m^3	m^3	元	m^3	m^3	m^3	台班	台班
				352.17	422.75	446.76					215.11	254.19
2-33	混凝土内墙裙	素水泥浆 2 mm 水泥砂浆1:3 12 mm 水泥砂浆1:2.5 11 mm	100m²				11.59	(1.329)	(1.206)	(0.202)	0.853	
2-34	混凝土内墙裙	素水泥浆 2 mm 水泥砂浆1:3 14 mm 水泥砂浆1:2.5 9 mm	100m²				11.59	(1.550)	(0.987)	(0.202)	0.853	
2-35	混凝土内墙裙	素水泥浆 2 mm 干拌抹灰砂浆M15 14 mm 干拌抹灰砂浆M20 9 mm	100m²	1.836			11.59			(0.202)		0.465
2-36	混凝土内墙裙	素水泥浆 2 mm 湿拌抹灰砂浆M15 14 mm 湿拌抹灰砂浆M20 9 mm	100m²		1.550	0.987	11.59			(0.202)		
2-37	砖内墙裙	水泥砂浆1:3 20 mm 水泥砂浆1:2.5 5 mm	100m²				11.59	(2.293)	(0.548)		0.853	
2-38	砖内墙裙	干拌抹灰砂浆M15 20 mm 干拌抹灰砂浆M20 5 mm	100m²	1.019			11.59					0.521
2-39	砖内墙裙	湿拌抹灰砂浆M15 20 mm 湿拌抹灰砂浆M20 5 mm	100m²		2.293	0.548	11.59					

工作内容： 1.清理修补基层、堵墙眼、调运砂浆、清扫落地灰。2.抹灰、找平、罩面、压光、做护角、阴阳角、贴木条等。

编号	项目		单位	预算基价				人工	材料						
				总价	人工费	材料费	机械费	综合工	水泥	砂子	水	干拌抹灰砂浆M5.0	干拌抹灰砂浆M20	湿拌抹灰砂浆M5.0	湿拌抹灰砂浆M20
				元	元	元	元	工日	kg	t	m^3	t	t	m^3	m^3
								135.00	0.39	87.03	7.62	317.43	352.17	380.98	446.76
2-40	砌块内墙裙	涂TG胶浆 1 mm TG砂浆 6 mm 混合砂浆1:1:6 14 mm 水泥砂浆1:2.5 5 mm	100m²	**4303.93**	3013.20	1049.16	241.57	22.32	787.35	4.491	2.603				
2-41	砌块内墙裙	涂TG胶浆 1 mm TG砂浆 6 mm 干拌抹灰砂浆M5 14 mm 干拌抹灰砂浆M20 5 mm	100m²	**4730.79**	2898.45	1735.24	97.10	21.47	200.67	1.305	2.694	2.855	1.019		
2-42	砌块内墙裙	涂TG胶浆 1 mm TG砂浆 6 mm 湿拌抹灰砂浆M5 14 mm 湿拌抹灰砂浆M20 5 mm	100m²	**4001.95**	2717.55	1284.40		20.13	200.67	1.305	0.680			1.535	0.548
2-43	空心砖内墙裙	混合砂浆1:1:6 13 mm 水泥砂浆1:2.5 12 mm	100m²	**3976.10**	2860.65	873.88	241.57	21.19	991.67	4.541	2.636				
2-44	空心砖内墙裙	干拌抹灰砂浆M5 13 mm 干拌抹灰砂浆M20 12 mm	100m²	**4732.94**	2714.85	1879.05	139.04	20.11			2.799	3.080	2.466		
2-45	空心砖内墙裙	湿拌抹灰砂浆M5 13 mm 湿拌抹灰砂浆M20 12 mm	100m²	**3771.89**	2533.95	1237.94		18.77			0.400			1.656	1.326
2-46	陶粒空心砖内墙裙	混合砂浆1:1:6 13 mm 水泥砂浆1:2.5 12 mm	100m²	**3991.53**	2863.35	886.61	241.57	21.21	1002.06	4.618	2.656				
2-47	陶粒空心砖内墙裙	干拌抹灰砂浆M5 13 mm 干拌抹灰砂浆M20 12 mm	100m²	**4764.92**	2714.85	1908.74	141.33	20.11			2.820	3.173	2.466		
2-48	陶粒空心砖内墙裙	湿拌抹灰砂浆M5 13 mm 湿拌抹灰砂浆M20 12 mm	100m²	**3790.94**	2533.95	1256.99		18.77			0.400			1.706	1.326

续前

编号	项目		单位	材料									机械	
				白灰	TG胶	108胶	脚手架周转费	白灰膏	水泥砂浆 1:2.5	水泥TG胶砂浆	水泥TG胶浆	混合砂浆 1:1:6	灰浆搅拌机 400L	干混砂浆罐式搅拌机
				kg	kg	kg	元	m^3	m^3	m^3	m^3	m^3	台班	台班
				0.30	4.41	4.45							215.11	254.19
2-40	砌块内墙裙	涂TG胶浆 1 mm TG砂浆 6 mm 混合砂浆1:1:6 14 mm 水泥砂浆1:2.5 5 mm	100m²	186.16	55.82	4.00	11.59	(0.265)	(0.548)	(0.742)	(0.101)	(1.535)	1.123	
2-41	砌块内墙裙	涂TG胶浆 1 mm TG砂浆 6 mm 干拌抹灰砂浆M5 14 mm 干拌抹灰砂浆M20 5 mm	100m²		55.82		11.59			(0.742)	(0.101)			0.382
2-42	砌块内墙裙	涂TG胶浆 1 mm TG砂浆 6 mm 湿拌抹灰砂浆M5 14 mm 湿拌抹灰砂浆M20 5 mm	100m²		55.82		11.59			(0.742)	(0.101)			
2-43	空心砖内墙裙	混合砂浆1:1:6 13 mm 水泥砂浆1:2.5 12 mm	100m²	200.84			11.59	(0.286)	(1.326)			(1.656)	1.123	
2-44	空心砖内墙裙	干拌抹灰砂浆M5 13 mm 干拌抹灰砂浆M20 12 mm	100m²				11.59							0.547
2-45	空心砖内墙裙	湿拌抹灰砂浆M5 13 mm 湿拌抹灰砂浆M20 12 mm	100m²				11.59							
2-46	陶粒空心砖内墙裙	混合砂浆1:1:6 13 mm 水泥砂浆1:2.5 12 mm	100m²	206.90			11.59	(0.295)	(1.326)			(1.706)	1.123	
2-47	陶粒空心砖内墙裙	干拌抹灰砂浆M5 13 mm 干拌抹灰砂浆M20 12 mm	100m²				11.59							0.556
2-48	陶粒空心砖内墙裙	湿拌抹灰砂浆M5 13 mm 湿拌抹灰砂浆M20 12 mm	100m²				11.59							

(2) 外墙面一般抹灰

工作内容： 1.清理修补基层、堵墙眼、调运砂浆、清扫落地灰。2.抹灰、找平、罩面、压光、贴木条等。

编号	项目		单位	预算基价				人工	材料					
				总价	人工费	材料费	机械费	综合工	水泥	砂子	水	干拌抹灰砂浆M15	干拌抹灰砂浆M20	湿拌抹灰砂浆M15
				元	元	元	元	工日	kg	t	m^3	t	t	m^3
								135.00	0.39	87.03	7.62	342.18	352.17	422.75
2-49	砖外墙面	水泥砂浆1:3 13 mm 水泥砂浆1:2.5 7 mm	100m²	**3728.43**	2779.65	758.41	190.37	20.59	1071.40	3.731	2.081			
2-50	砖外墙面	干拌抹灰砂浆M15 13 mm 干拌抹灰砂浆M20 7 mm	100m²	**4283.59**	2659.50	1517.58	106.51	19.70	44.28	0.164	2.297	2.822	1.428	
2-51	砖外墙面	湿拌抹灰砂浆M15 13 mm 湿拌抹灰砂浆M20 7 mm	100m²	**3577.52**	2558.25	1019.27		18.95	44.28	0.164	0.434			1.517
2-52	砖外墙面	混合砂浆1:1:6 14 mm 混合砂浆1:1:4 6 mm	100m²	**3306.88**	2484.00	631.65	191.23	18.40	558.55	3.525	2.264			
2-53	砖弧形外墙面	水泥砂浆1:3 13 mm 水泥砂浆1:2.5 7 mm	100m²	**4191.32**	3233.25	767.70	190.37	23.95	1084.30	3.779	2.091			
2-54	砖弧形外墙面	干拌抹灰砂浆M15 13 mm 干拌抹灰砂浆M20 7 mm	100m²	**4749.27**	3105.00	1536.49	107.78	23.00	44.28	0.164	2.309	2.877	1.428	
2-55	砖弧形外墙面	湿拌抹灰砂浆M15 13 mm 湿拌抹灰砂浆M20 7 mm	100m²	**4018.16**	2986.20	1031.96		22.12	44.28	0.164	0.434			1.547
2-56	砖弧形外墙面	混合砂浆1:1:6 14 mm 混合砂浆1:1:4 6 mm	100m²	**3713.54**	2882.25	640.06	191.23	21.35	565.41	3.576	2.277			
2-57	混凝土外墙面	素水泥浆 2 mm 水泥砂浆1:3 8 mm 水泥砂浆1:2.5 8 mm	100m²	**3842.96**	2916.00	717.44	209.52	21.60	1156.75	2.892	1.918			
2-58	混凝土外墙面	素水泥浆 2 mm 干拌抹灰砂浆M15 8 mm 干拌抹灰砂浆M20 8 mm	100m²	**4200.88**	2814.75	1304.03	82.10	20.85	347.68	0.164	2.081	1.648	1.631	
2-59	混凝土外墙面	素水泥浆 2 mm 湿拌抹灰砂浆M15 8 mm 湿拌抹灰砂浆M20 8 mm	100m²	**3632.42**	2713.50	918.92		20.10	347.68	0.164	0.353			0.886
2-60	混凝土外墙面	素水泥浆 2 mm 混合砂浆1:1:6 8 mm 混合砂浆1:1:4 8 mm	100m²	**3449.32**	2614.95	622.70	211.67	19.37	768.35	2.686	2.083			

续前

编号	项目		单位	材						料		机	械
				湿拌抹灰砂浆M20	白灰	白灰膏	水泥砂浆1:3	水泥砂浆1:2.5	混合砂浆1:1:4	混合砂浆1:1:6	素水泥浆	灰浆搅拌机400L	干混砂浆罐式搅拌机
				m^3	kg	m^3	m^3	m^3	m^3	m^3	m^3	台班	台班
				446.76	0.30							215.11	254.19
2-49	砖外墙面	水泥砂浆1:3 13 mm 水泥砂浆1:2.5 7 mm	100m²				(1.620)	(0.768)				0.885	
2-50	砖外墙面	干拌抹灰砂浆M15 13 mm 干拌抹灰砂浆M20 7 mm	100m²				(0.103)						0.419
2-51	砖外墙面	湿拌抹灰砂浆M15 13 mm 湿拌抹灰砂浆M20 7 mm	100m²	0.768			(0.103)						
2-52	砖外墙面	混合砂浆1:1:6 14 mm 混合砂浆1:1:4 6 mm	100m²		299.29	(0.427)	(0.103)		(0.658)	(1.612)		0.889	
2-53	砖弧形外墙面	水泥砂浆1:3 13 mm 水泥砂浆1:2.5 7 mm	100m²				(1.650)	(0.768)				0.885	
2-54	砖弧形外墙面	干拌抹灰砂浆M15 13 mm 干拌抹灰砂浆M20 7 mm	100m²				(0.103)						0.424
2-55	砖弧形外墙面	湿拌抹灰砂浆M15 13 mm 湿拌抹灰砂浆M20 7 mm	100m²	0.768			(0.103)						
2-56	砖弧形外墙面	混合砂浆1:1:6 14 mm 混合砂浆1:1:4 6 mm	100m²		303.28	(0.432)	(0.103)		(0.658)	(1.645)		0.889	
2-57	混凝土外墙面	素水泥浆 2 mm 水泥砂浆1:3 8 mm 水泥砂浆1:2.5 8 mm	100m²				(0.989)	(0.877)			(0.202)	0.974	
2-58	混凝土外墙面	素水泥浆 2 mm 干拌抹灰砂浆M15 8 mm 干拌抹灰砂浆M20 8 mm	100m²				(0.103)				(0.202)		0.323
2-59	混凝土外墙面	素水泥浆 2 mm 湿拌抹灰砂浆M15 8 mm 湿拌抹灰砂浆M20 8 mm	100m²	0.877			(0.103)				(0.202)		
2-60	混凝土外墙面	素水泥浆 2 mm 混合砂浆1:1:6 8 mm 混合砂浆1:1:4 8 mm	100m²		244.68	(0.349)	(0.103)		(0.877)	(0.877)	(0.202)	0.984	

工作内容：1.清理修补基层、堵墙眼、调运砂浆、清扫落地灰。2.抹灰、找平、罩面、压光、贴木条等。

编号	项目		单位	预算基价				人工	材						料		
				总价	人工费	材料费	机械费	综合工	水泥	砂子	水	干拌抹灰砂浆M5.0	干拌抹灰砂浆M10	干拌抹灰砂浆M15	干拌抹灰砂浆M20	湿拌抹灰砂浆M5.0	湿拌抹灰砂浆M10
				元	元	元	元	工日	kg	t	m^3	t	t	t	t	m^3	m^3
								135.00	0.39	87.03	7.62	317.43	329.07	342.18	352.17	380.98	403.95
2-61	砌块、空心砖外墙面	混合砂浆1∶1∶6 7 mm 混合砂浆1∶1∶4 13 mm	100m²	**3434.59**	2489.40	704.05	241.14	18.44	638.53	3.604	2.596						
2-62	砌块、空心砖外墙面	干拌抹灰砂浆M5 7 mm 干拌抹灰砂浆M10 13 mm	100m²	**4003.35**	2377.35	1513.14	112.86	17.61	44.28	0.164	2.592	1.856	2.652				
2-63	砌块、空心砖外墙面	湿拌抹灰砂浆M5 7 mm 湿拌抹灰砂浆M10 13 mm	100m²	**3241.55**	2250.45	991.10		16.67	44.28	0.164	0.434					0.998	1.426
2-64	砌块外墙面	涂TG胶浆、TG砂浆 7 mm 混合砂浆1∶1∶6 13 mm 水泥砂浆1∶2.5 5 mm	100m²	**4124.69**	2812.05	1069.57	243.07	20.83	832.45	4.653	2.624						
2-65	砌块外墙面	涂TG胶浆、TG砂浆 7 mm 干拌抹灰砂浆M5 13 mm 干拌抹灰砂浆M20 5 mm	100m²	**4534.37**	2706.75	1735.60	92.02	20.05	267.22	1.631	2.713	2.652			1.019		
2-66	砌块外墙面	涂TG胶浆、TG砂浆 7 mm 湿拌抹灰砂浆M5 13 mm 湿拌抹灰砂浆M20 5 mm	100m²	**3747.42**	2439.45	1307.97		18.07	267.22	1.631	0.738					1.426	
2-67	陶粒空心砖外墙面	混合砂浆1∶1∶6 7 mm 混合砂浆1∶1∶4 13 mm	100m²	**3449.93**	2492.10	716.69	241.14	18.46	648.93	3.680	2.616						
2-68	陶粒空心砖外墙面	干拌抹灰砂浆M5 7 mm 干拌抹灰砂浆M10 13 mm	100m²	**4035.57**	2377.35	1542.82	115.40	17.61	44.28	0.164	2.613	1.949	2.652				
2-69	陶粒空心砖外墙面	湿拌抹灰砂浆M5 7 mm 湿拌抹灰砂浆M10 13 mm	100m²	**3260.60**	2250.45	1010.15		16.67	44.28	0.164	0.434					1.048	1.426
2-70	砖弧形外墙裙	水泥砂浆1∶3 20 mm 水泥砂浆1∶2.5 5 mm	100m²	**4337.85**	3258.90	895.46	183.49	24.14	1254.53	4.475	2.196						
2-71	砖弧形外墙裙	干拌抹灰砂浆M15 20 mm 干拌抹灰砂浆M20 5 mm	100m²	**5113.65**	3144.15	1837.07	132.43	23.29			2.468			4.265	1.019		
2-72	砖弧形外墙裙	湿拌抹灰砂浆M15 20 mm 湿拌抹灰砂浆M20 5 mm	100m²	**4245.29**	3028.05	1217.24		22.43			0.400						

编号	项目		单位	材料												机械	
				湿拌抹灰砂浆M15	湿拌抹灰砂浆M20	白灰	108胶	TG胶	白灰膏	水泥砂浆1:3	混合砂浆1:1:4	混合砂浆1:1:6	水泥砂浆1:2.5	水泥TG胶砂浆	水泥TG胶浆	灰浆搅拌机400L	干混砂浆罐式搅拌机
				m³	m³	kg	kg	kg	m³	m³	m³	m³	m³	m³	m³	台班	台班
				422.75	446.76	0.30	4.45	4.41								215.11	254.19
2-61	砌块、空心砖外墙面	混合砂浆1:1:6 7 mm 混合砂浆1:1:4 13 mm	100m²			345.94	4.00		(0.493)	(0.103)	(1.426)	(0.998)				1.121	
2-62		干拌抹灰砂浆M5 7 mm 干拌抹灰砂浆M10 13 mm								(0.103)							0.444
2-63		湿拌抹灰砂浆M5 7 mm 湿拌抹灰砂浆M10 13 mm								(0.103)							
2-64	砌块外墙面	涂TG胶浆、TG砂浆 7 mm 混合砂浆1:1:6 13 mm 水泥砂浆1:2.5 5 mm				172.94		60.79	(0.247)	(0.103)		(1.426)	(0.548)	(0.834)	(0.101)	1.130	
2-65		涂TG胶浆、TG砂浆 7 mm 干拌抹灰砂浆M5 13 mm 干拌抹灰砂浆M20 5 mm						60.79		(0.103)				(0.834)	(0.101)		0.362
2-66		涂TG胶浆、TG砂浆 7 mm 湿拌抹灰砂浆M5 13 mm 湿拌抹灰砂浆M20 5 mm			0.548			60.79		(0.103)				(0.834)	(0.101)		
2-67	陶粒空心砖外墙面	混合砂浆1:1:6 7 mm 混合砂浆1:1:4 13 mm				352.01	4.00		(0.502)	(0.103)	(1.426)	(1.048)				1.121	
2-68		干拌抹灰砂浆M5 7 mm 干拌抹灰砂浆M10 13 mm								(0.103)							0.454
2-69		湿拌抹灰砂浆M5 7 mm 湿拌抹灰砂浆M10 13 mm								(0.103)							
2-70	砖弧形外墙裙	水泥砂浆1:3 20 mm 水泥砂浆1:2.5 5 mm								(2.293)			(0.548)			0.853	
2-71		干拌抹灰砂浆M15 20 mm 干拌抹灰砂浆M20 5 mm															0.521
2-72		湿拌抹灰砂浆M15 20 mm 湿拌抹灰砂浆M20 5 mm		2.293	0.548												

工作内容：1.清理修补基层、堵墙眼、调运砂浆、清扫落地灰。2.抹灰、找平、罩面、压光、贴木条等。

编号	项目		单位	预算基价				人工	材料			
				总价	人工费	材料费	机械费	综合工	水泥	砂子	水	干拌抹灰砂浆M15
				元	元	元	元	工日	kg	t	m^3	t
								135.00	0.39	87.03	7.62	342.18
2-73	混凝土弧形外墙裙	素水泥浆 2 mm 水泥砂浆1∶3 12 mm 水泥砂浆1∶2.5 11 mm	100m²	**4532.34**	3420.90	927.95	183.49	25.34	1463.54	3.927	2.021	
2-74	混凝土弧形外墙裙	素水泥浆 2 mm 干拌抹灰砂浆M15 12 mm 干拌抹灰砂浆M20 11 mm	100m²	**5054.83**	3284.55	1652.08	118.20	24.33			2.138	2.472
2-75	混凝土弧形外墙裙	素水泥浆 2 mm 湿拌抹灰砂浆M15 12 mm 湿拌抹灰砂浆M20 11 mm	100m²	**4267.90**	3165.75	1102.15		23.45			0.200	
2-76	混凝土弧形外墙裙	素水泥浆 2 mm 水泥砂浆1∶3 14 mm 水泥砂浆1∶2.5 9 mm	100m²	**4529.59**	3420.90	925.20	183.49	25.34	1451.62	3.949	2.019	
2-77	混凝土外墙裙	素水泥浆 2 mm 水泥砂浆1∶3 12 mm 水泥砂浆1∶2.5 11 mm	100m²	**4050.39**	2938.95	927.95	183.49	21.77	1463.54	3.927	2.021	
2-78	混凝土外墙裙	素水泥浆 2 mm 水泥砂浆1∶3 14 mm 水泥砂浆1∶2.5 9 mm	100m²	**4047.64**	2938.95	925.20	183.49	21.77	1451.62	3.949	2.019	
2-79	混凝土外墙裙	素水泥浆 2 mm 干拌抹灰砂浆M15 14 mm 干拌抹灰砂浆M20 9 mm	100m²	**4578.28**	2810.70	1649.38	118.20	20.82			2.138	2.883
2-80	混凝土外墙裙	素水泥浆 2 mm 湿拌抹灰砂浆M15 14 mm 湿拌抹灰砂浆M20 9 mm	100m²	**3808.54**	2710.80	1097.74		20.08			0.200	
2-81	砖外墙裙	水泥砂浆1∶3 20 mm 水泥砂浆1∶2.5 5 mm	100m²	**4001.76**	2840.40	898.28	263.08	21.04	1254.53	4.475	2.566	
2-82	砖外墙裙	干拌抹灰砂浆M15 20 mm 干拌抹灰砂浆M20 5 mm	100m²	**4648.01**	2675.70	1839.88	132.43	19.82			2.838	4.265
2-83	砖外墙裙	湿拌抹灰砂浆M15 20 mm 湿拌抹灰砂浆M20 5 mm	100m²	**3772.79**	2555.55	1217.24		18.93			0.400	

续前

编号	项目		单位	材料						机械	
				干拌抹灰砂浆M20	湿拌抹灰砂浆M15	湿拌抹灰砂浆M20	水泥砂浆1:3	水泥砂浆1:2.5	素水泥浆	灰浆搅拌机400L	干混砂浆罐式搅拌机
				t	m³	m³	m³	m³	m³	台班	台班
				352.17	422.75	446.76				215.11	254.19
2-73	混凝土弧形外墙裙	素水泥浆 2 mm 水泥砂浆1:3 12 mm 水泥砂浆1:2.5 11 mm	100m²				(1.329)	(1.206)	(0.202)	0.853	
2-74		素水泥浆 2 mm 干拌抹灰砂浆M15 12 mm 干拌抹灰砂浆M20 11 mm		2.243							0.465
2-75		素水泥浆 2 mm 湿拌抹灰砂浆M15 12 mm 湿拌抹灰砂浆M20 11 mm			1.329	1.206					
2-76		素水泥浆 2 mm 水泥砂浆1:3 14 mm 水泥砂浆1:2.5 9 mm					(1.550)	(0.987)	(0.202)	0.853	
2-77	混凝土外墙裙	素水泥浆 2 mm 水泥砂浆1:3 12 mm 水泥砂浆1:2.5 11 mm					(1.329)	(1.206)	(0.202)	0.853	
2-78		素水泥浆 2 mm 水泥砂浆1:3 14 mm 水泥砂浆1:2.5 9 mm					(1.550)	(0.987)	(0.202)	0.853	
2-79		素水泥浆 2 mm 干拌抹灰砂浆M15 14 mm 干拌抹灰砂浆M20 9 mm		1.836							0.465
2-80		素水泥浆 2 mm 湿拌抹灰砂浆M15 14 mm 湿拌抹灰砂浆M20 9 mm			1.550	0.987					
2-81	砖外墙裙	水泥砂浆1:3 20 mm 水泥砂浆1:2.5 5 mm					(2.293)	(0.548)		1.223	
2-82		干拌抹灰砂浆M15 20 mm 干拌抹灰砂浆M20 5 mm		1.019							0.521
2-83		湿拌抹灰砂浆M15 20 mm 湿拌抹灰砂浆M20 5 mm			2.293	0.548					

工作内容：1.清理修补基层、堵墙眼、调运砂浆、清扫落地灰。2.抹灰、找平、罩面、压光、贴木条等。

编号	项目		单位	预算基价				人工
				总价	人工费	材料费	机械费	综合工
				元	元	元	元	工日
								135.00
2-84	砌块外墙裙	涂TG胶浆 1 mm TG砂浆 6 mm 混合砂浆1:1:6 14 mm 水泥砂浆1:2.5 5 mm	100m²	**4145.19**	2866.05	1037.57	241.57	21.23
2-85	砌块外墙裙	涂TG胶浆 1 mm TG砂浆 6 mm 干拌抹灰砂浆M5 14 mm 干拌抹灰砂浆M20 5 mm	100m²	**4535.60**	2714.85	1723.65	97.10	20.11
2-86	砌块外墙裙	涂TG胶浆 1 mm TG砂浆 6 mm 湿拌抹灰砂浆M5 14 mm 湿拌抹灰砂浆M20 5 mm	100m²	**3835.11**	2562.30	1272.81		18.98
2-87	空心砖外墙裙	混合砂浆1:1:6 13 mm 水泥砂浆1:2.5 12 mm	100m²	**3973.96**	2870.10	862.29	241.57	21.26
2-88	空心砖外墙裙	干拌抹灰砂浆M5 13 mm 干拌抹灰砂浆M20 12 mm	100m²	**4725.40**	2718.90	1867.46	139.04	20.14
2-89	空心砖外墙裙	湿拌抹灰砂浆M5 13 mm 湿拌抹灰砂浆M20 12 mm	100m²	**3792.70**	2566.35	1226.35		19.01
2-90	陶粒空心砖外墙裙	混合砂浆1:1:6 13 mm 水泥砂浆1:2.5 12 mm	100m²	**3986.69**	2870.10	875.02	241.57	21.26
2-91	陶粒空心砖外墙裙	干拌抹灰砂浆M5 13 mm 干拌抹灰砂浆M20 12 mm	100m²	**4757.38**	2718.90	1897.15	141.33	20.14
2-92	陶粒空心砖外墙裙	湿拌抹灰砂浆M5 13 mm 湿拌抹灰砂浆M20 12 mm	100m²	**3811.75**	2566.35	1245.40		19.01

编号	项目		单位	材					
				水泥	砂子	水	干拌抹灰砂浆 M5.0	干拌抹灰砂浆 M20	湿拌抹灰砂浆 M5.0
				kg	t	m^3	t	t	m^3
				0.39	87.03	7.62	317.43	352.17	380.98
2-84	砌块外墙裙	涂TG胶浆 1 mm TG砂浆 6 mm 混合砂浆1∶1∶6 14 mm 水泥砂浆1∶2.5 5 mm	100m^2	787.35	4.491	2.603			
2-85		涂TG胶浆 1 mm TG砂浆 6 mm 干拌抹灰砂浆M5 14 mm 干拌抹灰砂浆M20 5 mm		200.67	1.305	2.694	2.855	1.019	
2-86		涂TG胶浆 1 mm TG砂浆 6 mm 湿拌抹灰砂浆M5 14 mm 湿拌抹灰砂浆M20 5 mm		200.67	1.305	0.680			1.535
2-87	空心砖外墙裙	混合砂浆1∶1∶6 13 mm 水泥砂浆1∶2.5 12 mm		991.67	4.541	2.636			
2-88		干拌抹灰砂浆M5 13 mm 干拌抹灰砂浆M20 12 mm				2.799	3.080	2.466	
2-89		湿拌抹灰砂浆M5 13 mm 湿拌抹灰砂浆M20 12 mm				0.400			1.656
2-90	陶粒空心砖外墙裙	混合砂浆1∶1∶6 13 mm 水泥砂浆1∶2.5 12 mm		1002.06	4.618	2.656			
2-91		干拌抹灰砂浆M5 13 mm 干拌抹灰砂浆M20 12 mm				2.820	3.173	2.466	
2-92		湿拌抹灰砂浆M5 13 mm 湿拌抹灰砂浆M20 12 mm				0.400			1.706

续前

料									机	械
湿拌抹灰砂浆 M20	白　灰	TG　胶	108　胶	白灰膏	水泥砂浆 1∶2.5	混合砂浆 1∶1∶6	水　泥 TG胶砂浆	水泥TG胶浆	灰浆搅拌机 400L	干混砂浆罐式搅拌机
m^3	kg	kg	kg	m^3	m^3	m^3	m^3	m^3	台班	台班
446.76	0.30	4.41	4.45						215.11	254.19
	186.16	55.82	4.00	(0.265)	(0.548)	(1.535)	(0.742)	(0.101)	1.123	
		55.82					(0.742)	(0.101)		0.382
0.548		55.82					(0.742)	(0.101)		
	200.84			(0.286)	(1.326)	(1.656)			1.123	
										0.547
1.326										
	206.90			(0.295)	(1.326)	(1.706)			1.123	
										0.556
1.326										

(3) 墙面

工作内容： 1.水刷石和干粘石：清理、修补、湿润墙面、堵墙眼、调运砂浆、清扫落地灰、翻移脚手板。分层抹灰、刷浆、找平、起线拍平、刷面。2.剁斧石：清面、堵墙眼、调运砂浆、清扫落地灰。分层抹灰、刷浆、找平、罩面、分格、甩毛、拉条。

编号	项目				单位	预算基价				人工	
						总价	人工费	材料费	机械费	综合工	水
						元	元	元	元	工日	m^3
										153.00	7.62
2-93	水刷豆石	砖、混凝土墙面	水泥砂浆1:3 水泥豆石浆1:1.25	12 mm 12 mm	100m²	**6939.35**	5648.76	1192.47	98.12	36.92	3.89
2-94	水刷豆石	毛石墙面	水泥砂浆1:3 水泥豆石浆1:1.25	18 mm 12 mm	100m²	**7418.22**	5895.09	1406.22	116.91	38.53	4.23
2-95	水刷白石子	砖、混凝土墙面	水泥砂浆1:3 水泥白石子浆1:1.5	12 mm 10 mm	100m²	**6875.09**	5613.57	1173.84	87.68	36.69	3.67
2-96	水刷白石子	毛石墙面	水泥砂浆1:3 水泥白石子浆1:1.5	20 mm 10 mm	100m²	**7424.76**	5841.54	1462.14	121.08	38.18	4.15
2-97	水刷玻璃碴	砖、混凝土墙面	水泥砂浆1:3 水泥玻璃碴浆1:1.25	12 mm 12 mm	100m²	**9484.94**	7213.95	2172.87	98.12	47.15	3.87
2-98	水刷玻璃碴	毛石墙面	水泥砂浆1:3 水泥玻璃碴浆1:1.25	18 mm 12 mm	100m²	**9740.09**	7232.31	2386.70	121.08	47.27	4.22
2-99	干粘白石子	砖、混凝土墙面	水泥砂浆1:3	18 mm	100m²	**5189.45**	4257.99	858.39	73.07	27.83	1.50
2-100	干粘白石子	毛石墙面	水泥砂浆1:3	30 mm	100m²	**5686.54**	4276.35	1289.11	121.08	27.95	2.20
2-101	干粘玻璃碴	砖、混凝土墙面	水泥砂浆1:3	18 mm	100m²	**6439.79**	5172.93	1193.79	73.07	33.81	1.50
2-102	干粘玻璃碴	毛石墙面	水泥砂浆1:3	30 mm	100m²	**6972.08**	5226.48	1624.52	121.08	34.16	2.20
2-103	剁斧石	砖、混凝土墙面	水泥砂浆1:3 水泥白石子浆1:1.5	12 mm 10 mm	100m²	**14674.19**	13425.75	1158.67	89.77	87.75	1.68
2-104	剁斧石	毛石墙面	水泥砂浆1:3 水泥白石子浆1:1.5	18 mm 10 mm	100m²	**14915.24**	13425.75	1372.58	116.91	87.75	2.04
2-105	墙、柱面拉条	砖墙面	混合砂浆1:0.5:2 混合砂浆1:0.5:1	14 mm 10 mm	100m²	**4299.30**	3185.46	1017.81	96.03	20.82	2.92
2-106	墙、柱面拉条	混凝土墙面	水泥砂浆1:3 混合砂浆1:0.5:1	14 mm 10 mm	100m²	**4526.94**	3361.41	1069.50	96.03	21.97	2.49
2-107	墙、柱面甩毛	砖墙面	混合砂浆1:1:6 混合砂浆1:1:4	12 mm 6 mm	100m²	**4087.13**	3185.46	818.17	83.50	20.82	1.87
2-108	墙、柱面甩毛	混凝土墙面	水泥砂浆1:3 水泥砂浆1:2.5	10 mm 6 mm	100m²	**4330.50**	3326.22	929.13	75.15	21.74	1.67

装饰抹灰

理、修补、湿润墙面、堵墙眼、调运砂浆、清扫落地灰、翻移脚手板。分层抹灰、刷浆、找平、起线拍平、压实、斩面。3.拉条灰和甩毛灰:清理、修补、湿润墙

材								料					
水泥	砂子	豆粒石	108胶	白石子	玻璃碴	白灰	红土粉	白灰膏	水泥砂浆 1:3	小豆浆 1:1.25	108胶素水泥砂浆	水泥白石子浆 1:1.5	水泥玻璃碴浆 1:1.25
kg	t	t	kg	kg	kg	kg	kg	m^3	m^3	m^3	m^3	m^3	m^3
0.39	87.03	139.19	4.45	0.19	0.65	0.30	5.93						
1840.87	2.210	1.746	2.14						(1.39)	(1.40)	(0.10)		
2137.51	3.307	1.746	2.14						(2.08)	(1.40)	(0.10)		
1592.63	2.210		2.14	1699.40					(1.39)		(0.10)	(1.16)	
1992.45	3.689		2.14	1699.40					(2.32)		(0.10)	(1.16)	
1863.27	2.210		2.14		1869.00				(1.39)		(0.10)		(1.40)
2159.91	3.307		2.14		1869.00				(2.08)		(0.10)		(1.40)
1041.31	3.307		2.14	755.37					(2.08)		(0.10)		
1638.89	5.517		2.14	755.30					(3.47)		(0.10)		
1041.31	3.307		2.14		736.80				(2.08)		(0.10)		
1638.89	5.517		2.14		736.80				(3.47)		(0.10)		
1592.63	2.210		2.14	1699.40					(1.39)		(0.10)	(1.16)	
1889.27	3.307		2.14	1699.40					(2.08)		(0.10)	(1.16)	
1598.93	2.705		2.14			423.45		(0.605)			(0.10)		
1713.73	3.449		4.50			206.61		(0.296)	(1.62)		(0.21)		
886.04	3.382		2.14			277.41	12.02	(0.396)			(0.10)		
1403.56	3.191		4.50				12.02		(1.15)		(0.21)		

续前

编号	项目			单位	材料						机械
					混合砂浆 1:0.5:1	混合砂浆 1:0.5:2	水泥砂浆 1:1	混合砂浆 1:1:6	混合砂浆 1:1:4	水泥砂浆 1:2.5	灰浆搅拌机 200L
					m^3	m^3	m^3	m^3	m^3	m^3	台班
											208.76
2-93	水刷豆石	砖、混凝土墙面	水泥砂浆1:3 12 mm 水泥豆石浆1:1.25 12 mm	100m^2							0.47
2-94	水刷豆石	毛石墙面	水泥砂浆1:3 18 mm 水泥豆石浆1:1.25 12 mm	100m^2							0.56
2-95	水刷白石子	砖、混凝土墙面	水泥砂浆1:3 12 mm 水泥白石子浆1:1.5 10 mm	100m^2							0.42
2-96	水刷白石子	毛石墙面	水泥砂浆1:3 20 mm 水泥白石子浆1:1.5 10 mm	100m^2							0.58
2-97	水刷玻璃碴	砖、混凝土墙面	水泥砂浆1:3 12 mm 水泥玻璃碴浆1:1.25 12 mm	100m^2							0.47
2-98	水刷玻璃碴	毛石墙面	水泥砂浆1:3 18 mm 水泥玻璃碴浆1:1.25 12 mm	100m^2							0.58
2-99	干粘白石子	砖、混凝土墙面	水泥砂浆1:3 18 mm	100m^2							0.35
2-100	干粘白石子	毛石墙面	水泥砂浆1:3 30 mm	100m^2							0.58
2-101	干粘玻璃碴	砖、混凝土墙面	水泥砂浆1:3 18 mm	100m^2							0.35
2-102	干粘玻璃碴	毛石墙面	水泥砂浆1:3 30 mm	100m^2							0.58
2-103	剁斧石	砖、混凝土墙面	水泥砂浆1:3 12 mm 水泥白石子浆1:1.5 10 mm	100m^2							0.43
2-104	剁斧石	毛石墙面	水泥砂浆1:3 18 mm 水泥白石子浆1:1.5 10 mm	100m^2							0.56
2-105	墙、柱面拉条	砖墙面	混合砂浆1:0.5:2 14 mm 混合砂浆1:0.5:1 10 mm	100m^2	(1.15)	(1.62)					0.46
2-106	墙、柱面拉条	混凝土墙面	水泥砂浆1:3 14 mm 混合砂浆1:0.5:1 10 mm	100m^2	(1.15)						0.46
2-107	墙、柱面甩毛	砖墙面	混合砂浆1:1:6 12 mm 混合砂浆1:1:4 6 mm	100m^2			(0.32)	(1.39)	(0.69)		0.40
2-108	墙、柱面甩毛	混凝土墙面	水泥砂浆1:3 10 mm 水泥砂浆1:2.5 6 mm	100m^2			(0.32)			(0.69)	0.36

(4) 墙面贴玻纤网格布、挂钢丝网

工作内容：基层清理，运输；翻包网格布；挂贴钢丝网（钢板网）。

编号	项目	单位	预算基价			人工	材料				
			总价	人工费	材料费	综合工	玻璃纤维网格布	钢丝网	钢板网	YJ-III胶粘剂	零星材料费
			元	元	元	工日	m^2	m^2	m^2	kg	元
						135.00	2.16	16.93	24.95	18.17	
2-109	贴玻纤网格布	100m²	**1229.56**	391.50	838.06	2.90	105.00			33.00	11.65
2-110	挂钢丝网	100m²	**2258.70**	445.50	1813.20	3.30		105.00			35.55
2-111	挂钢板网	100m²	**3185.15**	513.00	2672.15	3.80			105.00		52.40

(5) 墙面刷界面剂

工作内容：清理基层、修补堵眼、湿润基层、调运砂浆、抹灰、搅拌界面剂、涂刷界面剂等。

编号	项目		单位	预算基价 总价	人工费	材料费	人工 综合工	材料 水	界面处理剂 混凝土面	界面处理剂 轻质面
				元	元	元	工日	m^3	kg	kg
							135.00	7.62	2.06	2.56
2-112	墙面刷界面剂	混凝土面	$100m^2$	**459.41**	148.50	310.91	1.10	0.25	150.00	
2-113	墙面刷界面剂	加气混凝土面 轻质墙体	$100m^2$	**790.79**	148.50	642.29	1.10	0.30		250.00

(6) 特殊砂浆及凿毛

工作内容： 1.墙面特殊砂浆：清理、修补、湿润基层表面、分层抹灰找平、刷浆、罩面压光(包括门窗洞口侧壁及护角抹灰)等。2.混凝土墙面凿毛：清理基层、剁混凝土面等。

编号	项目			单位	预算基价				人工	材料				
					总价	人工费	材料费	机械费	综合工	水泥	水	砂子	石膏粉	锯材
					元	元	元	元	工日	kg	m^3	t	kg	m^3
									153.00	0.39	7.62	87.03	0.94	1632.53
2-114	石膏砂浆	砖墙柱面	10 mm	$100m^2$	**3613.41**	2942.19	631.56	39.66	19.23	7.34	0.96	1.105	558.69	
2-115	石膏砂浆	混凝土墙柱面	10 mm	$100m^2$	**4118.31**	3447.09	631.56	39.66	22.53	7.34	0.96	1.105	558.69	
2-116	石英砂浆	分格嵌木条	22 mm	$100m^2$	**3704.66**	2627.01	989.97	87.68	17.17	1216.25	7.25	3.205		0.04
2-117	石英砂浆	不分格	22 mm	$100m^2$	**3376.20**	2363.85	924.67	87.68	15.45	1216.25	7.25	3.205		
2-118	混凝土墙面凿毛	全部		$100m^2$	**5829.30**	5829.30			38.10					
2-119	混凝土墙面凿毛	星点		$100m^2$	**2922.30**	2922.30			19.10					

续前

编号	项目			单位	材料									机械
					白灰	石英砂	零星材料费	白灰膏	水泥砂浆 1:2	石膏砂浆 1:3	素石膏浆	水泥砂浆 1:3	水泥石英混合砂浆 1:0.2:1:0.5	灰浆搅拌机 200L
					kg	kg	元	m^3	m^3	m^3	m^3	m^3	m^3	台班
					0.30	0.28								208.76
2-114	石膏砂浆	砖墙柱面	10 mm	100m²			0.05		(0.013)	(0.902)	(0.22)			0.19
2-115	石膏砂浆	混凝土墙柱面	10 mm	100m²			0.05		(0.013)	(0.902)	(0.22)			0.19
2-116	石英砂浆	分格嵌木条	22 mm	100m²	60.72	349.6	0.05	(0.086)				(1.62)	(0.92)	0.42
2-117	石英砂浆	不分格	22 mm	100m²	60.72	349.6	0.05	(0.086)				(1.62)	(0.92)	0.42
2-118	混凝土墙面凿毛	全部		100m²										
2-119	混凝土墙面凿毛	星点		100m²										

2.柱、梁面抹灰

(1)柱、梁面一般抹灰

工作内容: 1.柱面:清理修补基层、调运砂浆、清扫落地灰。抹灰、找平、罩面、压光、做护角、贴木条等。2.梁面:清理修补基层、调运砂浆、清扫落地灰。抹灰、找平、罩面、压光等。

编号	项目			单位	预算基价				人工	材料			
					总价	人工费	材料费	机械费	综合工	水泥	砂子	水	白灰
					元	元	元	元	工日	kg	t	m^3	kg
									135.00	0.39	87.03	7.62	0.30
2-120	混凝土矩形柱		素水泥浆 2 mm 水泥砂浆1:3 11 mm 水泥砂浆1:2 7 mm	100m^2	**3806.00**	2760.75	818.74	226.51	20.45	1323.95	3.157	0.84	
2-121	混凝土异型柱		素水泥浆 2 mm 水泥砂浆1:3 11 mm 水泥砂浆1:2 7 mm	100m^2	**7898.39**	6762.15	818.74	317.50	50.09	1323.95	3.157	0.84	
2-122	砖矩形柱		水泥砂浆1:3 13 mm 水泥砂浆1:2 7 mm	100m^2	**3776.80**	2770.20	791.71	214.89	20.52	1140.01	3.655	1.02	
2-123	砖异型柱		水泥砂浆1:3 13 mm 水泥砂浆1:2 7 mm	100m^2	**7881.52**	6772.95	791.71	316.86	50.17	1140.01	3.655	1.02	
2-124	柱帽、柱墩一般抹灰			10个	**337.50**	337.50			2.50				
2-125	梁	矩形	素水泥浆 2 mm 水泥砂浆1:3 11 mm 水泥砂浆1:2 7 mm	100m^2	**4650.36**	3582.90	797.50	269.96	26.54	1323.95	3.157	0.84	
2-126	梁	矩形	素水泥浆 2 mm 混合砂浆1:1:6 9 mm 混合砂浆1:1:4 9 mm	100m^2	**4559.36**	3615.30	670.66	273.40	26.78	813.92	2.974	1.01	289.04
2-127	梁	异型	素水泥浆 2 mm 水泥砂浆1:3 11 mm 水泥砂浆1:2 7 mm	100m^2	**6363.51**	5296.05	797.50	269.96	39.23	1323.95	3.157	0.84	
2-128	梁	异型	素水泥浆 2 mm 混合砂浆1:1:6 9 mm 混合砂浆1:1:4 9 mm	100m^2	**6273.86**	5329.80	670.66	273.40	39.48	813.92	2.974	1.01	289.04

续前

编号	项目	单位	材料 脚手架周转费	 白灰膏	 素水泥浆	 水泥砂浆 1:2	 水泥砂浆 1:3	 混合砂浆 1:1:4	 混合砂浆 1:1:6	机械 灰浆搅拌机 400L
			元	m^3	m^3	m^3	m^3	m^3	m^3	台班
										215.11
2-120	混凝土矩形柱 素水泥浆 2 mm 水泥砂浆1:3 11 mm 水泥砂浆1:2 7 mm	$100m^2$	21.24		(0.212)	(0.806)	(1.28)			1.053
2-121	混凝土异型柱 素水泥浆 2 mm 水泥砂浆1:3 11 mm 水泥砂浆1:2 7 mm		21.24		(0.212)	(0.806)	(1.28)			1.476
2-122	砖矩形柱 水泥砂浆1:3 13 mm 水泥砂浆1:2 7 mm		21.24			(0.806)	(1.59)			0.999
2-123	砖异型柱 水泥砂浆1:3 13 mm 水泥砂浆1:2 7 mm		21.24			(0.806)	(1.59)			1.473
2-124	柱帽、柱墩一般抹灰	10个								
2-125	梁 矩形 素水泥浆 2 mm 水泥砂浆1:3 11 mm 水泥砂浆1:2 7 mm	$100m^2$			(0.212)	(0.806)	(1.28)			1.255
2-126	梁 矩形 素水泥浆 2 mm 混合砂浆1:1:6 9 mm 混合砂浆1:1:4 9 mm			(0.413)	(0.212)			(1.036)	(1.036)	1.271
2-127	梁 异型 素水泥浆 2 mm 水泥砂浆1:3 11 mm 水泥砂浆1:2 7 mm				(0.212)	(0.806)	(1.28)			1.255
2-128	梁 异型 素水泥浆 2 mm 混合砂浆1:1:6 9 mm 混合砂浆1:1:4 9 mm			(0.413)	(0.212)			(1.036)	(1.036)	1.271

（2）柱面装饰抹灰

工作内容：1.水刷石和干粘石：清理、修补、湿润柱面、调运砂浆、清扫落地灰、翻移脚手板。分层抹灰、刷浆、找平、起线拍平、刷面。2.剁斧石和水磨石：清理、修补、湿润柱面、调运砂浆、清扫落地灰、翻移脚手板。分层抹灰、刷浆、找平、配色抹面、起线拍平、压实、斩面、水磨石磨光。

编号	项目		单位	预算基价				人工	材料							
				总价	人工费	材料费	机械费	综合工	水泥	砂子	水	豆粒石	108胶	白石子	玻璃碴	金刚石三角形
				元	元	元	元	工日	kg	t	m^3	t	kg	kg	kg	块
								153.00	0.39	87.03	7.62	139.19	4.45	0.19	0.65	8.31
2-129	柱	水刷豆石	100m²	**8767.43**	7530.66	1144.92	91.85	49.22	1768.10	2.115	3.83	1.671	2.14			
2-130	柱	水刷白石子	100m²	**8713.80**	7495.47	1132.74	85.59	48.99	1537.60	2.115	3.64		2.14	1640.80		
2-131	柱	水刷玻璃碴	100m²	**11465.34**	9290.16	2083.33	91.85	60.72	1789.54	2.115	3.81		2.14		1788.90	
2-132	柱	干粘白石子	100m²	**6940.59**	6035.85	835.85	68.89	39.45	1006.92	3.180	1.47		2.14	766.67		
2-133	柱	干粘玻璃碴	100m²	**8688.20**	7423.56	1195.75	68.89	48.52	1006.92	3.180	1.47		2.14		777.80	
2-134	柱	剁斧石	100m²	**18358.91**	17155.89	1117.43	85.59	112.13	1537.60	2.115	1.63		2.14	1640.80		
2-135	柱	普通水磨石	100m²	**21967.77**	20436.21	1445.97	85.59	133.57	1558.39	2.115	17.50		2.21	1626.15		10.10
2-136	柱帽、柱墩装饰抹灰		10个	**382.50**	382.50			2.50								

续前

编号	项目		单位	材料												机械
				硬白蜡	草酸	清油	煤油	油漆溶剂油	棉纱	水泥砂浆 1:3	小豆浆 1:1.25	108胶素水泥砂浆	水泥白石子浆 1:1.5	水泥玻璃碴浆 1:1.25	素水泥浆	灰浆搅拌机 200L
				kg	kg	kg	kg	kg	kg	m^3	m^3	m^3	m^3	m^3	m^3	台班
				18.46	10.93	15.06	7.49	6.90	16.11							208.76
2-129	柱	水刷豆石	100m²							(1.33)	(1.34)	(0.10)				0.44
2-130	柱	水刷白石子	100m²							(1.33)		(0.10)	(1.12)			0.41
2-131	柱	水刷玻璃碴	100m²							(1.33)		(0.10)		(1.34)		0.44
2-132	柱	干粘白石子	100m²							(2.00)		(0.10)				0.33
2-133	柱	干粘玻璃碴	100m²							(2.00)		(0.10)				0.33
2-134	柱	剁斧石	100m²							(1.33)		(0.10)	(1.12)			0.41
2-135	柱	普通水磨石	100m²	2.65	1.00	0.53	4.00	0.60	1.00	(1.33)			(1.11)		(0.10)	0.41
2-136	柱帽、柱墩装饰抹灰		10个													

3.零 星 抹 灰

(1)零星项目一般抹灰

工作内容：1.清理修补基层、堵墙眼、调运砂浆、清扫落地灰。2.抹灰、找平、罩面、压光。

编号	项目		单位	预算基价 总价	人工费	材料费	机械费	人工 综合工	材料 水泥	砂子	水	白灰
				元	元	元	元	工日	kg	t	m^3	kg
								135.00	0.39	87.03	7.62	0.30
2-137	零星项目	素水泥浆 2 mm 水泥砂浆1:3 12 mm 水泥砂浆1:2 8 mm	100m²	**5164.18**	3997.35	831.47	335.36	29.61	1370.53	3.336	0.87	
2-138	零星项目	混合砂浆1:1:6 12 mm 混合砂浆1:1:4 8 mm	100m²	**4959.43**	4028.40	593.09	337.94	29.84	526.73	3.312	0.95	307.26
2-139	挑檐天沟	素水泥浆 2 mm 水泥砂浆1:3 13 mm 水泥砂浆1:2.5 10 mm	100m²	**7083.08**	5898.15	1031.56	153.37	43.69	1618.94	4.376	1.27	
2-140	外檐装饰线	素水泥浆 2 mm 水泥砂浆1:3 13 mm 水泥砂浆1:2.5 10 mm	100m²	**14282.05**	13020.75	1031.56	229.74	96.45	1618.94	4.376	1.27	
2-141	遮阳板栏板	素水泥浆 2 mm 水泥砂浆1:3 12 mm 水泥砂浆1:2.5 8 mm	100m²	**5436.87**	4287.60	825.31	323.96	31.76	1303.34	3.434	0.86	
2-142	池槽	素水泥浆 2 mm 水泥砂浆1:3 12 mm 水泥砂浆1:2.5 8 mm	100m²	**4660.91**	3546.45	815.24	299.22	26.27	1303.34	3.434	1.06	
2-143	室内窗台	水泥砂浆1:3 12 mm 水泥砂浆1:2 8 mm	100m²	**6739.42**	5859.00	765.55	114.87	43.40	1142.99	3.586	1.01	
2-144	室外单独窗台碹脸	水泥砂浆1:3 14 mm 水泥砂浆1:2 11 mm	100m²	**7150.27**	6103.35	919.57	127.35	45.21	1381.92	4.271	1.17	
2-145	其他	水泥砂浆1:2.5 14 mm 水泥砂浆1:2.5 6 mm	100m²	**5132.36**	4050.00	742.70	339.66	30.00	1119.47	3.449	0.78	

续前

编号	项目		单位	材料								机械
				脚手架周转费	白灰膏	水泥砂浆 1:2	水泥砂浆 1:3	素水泥浆	混合砂浆 1:1:4	混合砂浆 1:1:6	水泥砂浆 1:2.5	灰浆搅拌机 400L
				元	m^3	m^3	m^3	m^3	m^3	m^3	m^3	台班
												215.11
2-137	零星项目	素水泥浆 2 mm 水泥砂浆1:3 12 mm 水泥砂浆1:2 8 mm	100m²			(0.877)	(1.33)	(0.202)				1.559
2-138	零星项目	混合砂浆1:1:6 12 mm 混合砂浆1:1:4 8 mm	100m²		(0.439)				(0.877)	(1.393)		1.571
2-139	挑檐天沟	素水泥浆 2 mm 水泥砂浆1:3 13 mm 水泥砂浆1:2.5 10 mm	100m²	9.65			(1.60)	(0.224)			(1.218)	0.713
2-140	外檐装饰线	素水泥浆 2 mm 水泥砂浆1:3 13 mm 水泥砂浆1:2.5 10 mm	100m²	9.65			(1.60)	(0.224)			(1.218)	1.068
2-141	遮阳板栏板	素水泥浆 2 mm 水泥砂浆1:3 12 mm 水泥砂浆1:2.5 8 mm	100m²	11.59			(1.33)	(0.202)			(0.877)	1.506
2-142	池槽	素水泥浆 2 mm 水泥砂浆1:3 12 mm 水泥砂浆1:2.5 8 mm	100m²				(1.33)	(0.202)			(0.877)	1.391
2-143	室内窗台	水泥砂浆1:3 12 mm 水泥砂浆1:2 8 mm	100m²			(0.920)	(1.45)					0.534
2-144	室外单独窗台碹脸	水泥砂浆1:3 14 mm 水泥砂浆1:2 11 mm	100m²			(1.206)	(1.63)					0.592
2-145	其他	水泥砂浆1:2.5 14 mm 水泥砂浆1:2.5 6 mm	100m²								(2.293)	1.579

(2) 零星装饰抹灰

工作内容： 1.清理、修补、湿润墙面、堵墙眼、调运砂浆、清扫落地灰、翻移脚手板。2.分层抹灰、刷浆、找平、起线拍平、刷面、剁斧石斩面、水磨石磨光。

编号	项目		单位	预算基价 总价	人工费	材料费	机械费	人工 综合工	材料 水泥	砂子	水	108胶	豆粒石	白石子	玻璃碴	金刚石三角形
				元	元	元	元	工日	kg	t	m^3	kg	t	kg	kg	块
								153.00	0.39	87.03	7.62	4.45	139.19	0.19	0.65	8.31
2-146	零星项目	水刷豆石	$100m^2$	**15119.99**	13883.22	1144.92	91.85	90.74	1768.10	2.115	3.83	2.14	1.671			
2-147	零星项目	水刷白石子	$100m^2$	**15529.24**	13848.03	1595.62	85.59	90.51	2182.47	4.500	4.14	2.14		1640.80		
2-148	零星项目	水刷玻璃碴	$100m^2$	**19471.83**	17296.65	2083.33	91.85	113.05	1789.54	2.115	3.81	2.14			1788.90	
2-149	零星项目	干粘白石子	$100m^2$	**12671.70**	11771.82	830.99	68.89	76.94	1006.92	3.180	1.45	2.14		741.94		
2-150	零星项目	干粘玻璃碴	$100m^2$	**15852.01**	14603.85	1179.27	68.89	95.45	1006.92	3.180	1.45	2.14			752.69	
2-151	零星项目	剁斧石	$100m^2$	**19942.46**	18739.44	1117.43	85.59	122.48	1537.60	2.115	1.63	2.14		1640.80		
2-152	零星项目	普通水磨石	$100m^2$	**23894.04**	22362.48	1445.97	85.59	146.16	1558.39	2.115	17.50	2.21		1626.15		10.10

续前

编号	项目		单位	材											料	机械
				硬白蜡	草酸	清油	煤油	油漆溶剂油	棉纱	水泥砂浆 1:3	小豆浆 1:1.25	108胶素水泥砂浆	水泥白石子浆 1:1.5	水泥玻璃碴浆 1:1.25	素水泥浆	灰浆搅拌机 200L
				kg	kg	kg	kg	kg	kg	m^3	m^3	m^3	m^3	m^3	m^3	台班
				18.46	10.93	15.06	7.49	6.90	16.11							208.76
2-146	零星项目	水刷豆石	$100m^2$							(1.33)	(1.34)	(0.10)				0.44
2-147		水刷白石子								(2.83)		(0.10)	(1.12)			0.41
2-148		水刷玻璃碴								(1.33)		(0.10)		(1.34)		0.44
2-149		干粘白石子								(2.00)		(0.10)				0.33
2-150		干粘玻璃碴								(2.00)		(0.10)				0.33
2-151		剁斧石								(1.33)		(0.10)	(1.12)			0.41
2-152		普通水磨石		2.65	1.00	0.53	4.00	0.60	1.00	(1.33)			(1.11)		(0.10)	0.41

(3) 装饰抹灰厚度增减及分格嵌缝

工作内容： 1.装饰抹灰厚度增减：清理、修补、湿润墙面、堵墙眼、调运砂浆、清扫落地灰、翻移脚手板。分层抹灰、刷浆、找平、起线拍平、刷面。2.装饰抹灰分格嵌缝：玻璃条制作、安装，画线分格。

编号	项目			单位	预算基价 总价	人工费	材料费	机械费	人工 综合工	材料 水泥	豆粒石	水
					元	元	元	元	工日	kg	t	m^3
									153.00	0.39	139.19	7.62
2-153	墙面	水泥豆石浆	每增减厚度1 mm	100m²	**124.74**	62.73	57.83	4.18	0.41	93.96	0.15	0.04
2-154	墙面	水泥白石子浆	每增减厚度1 mm	100m²	**134.75**	62.73	67.84	4.18	0.41	87.72		0.03
2-155	墙面	水泥玻璃碴浆	每增减厚度1 mm	100m²	**205.68**	59.67	141.83	4.18	0.39	95.88		0.04
2-156	墙面	每增减一道素水泥浆	有108胶	100m²	**251.96**	175.95	76.01		1.15	165.22		0.07
2-157	墙面	每增减一道素水泥浆	无108胶	100m²	**240.92**	175.95	64.97		1.15	165.22		0.07
2-158	分格嵌缝	玻璃嵌缝		100m²	**1280.63**	1231.65	48.98		8.05			
2-159	分格嵌缝	分格		100m²	**918.00**	918.00			6.00			

续前

编号	项目			单位	材料								机械
					白石子	玻璃碴	108 胶	平板玻璃 3.0	小豆浆 1:1.25	水泥白石子浆 1:1.5	水泥玻璃碴浆 1:1.25	素水泥浆	灰浆搅拌机 200L
					kg	kg	kg	m^2	m^3	m^3	m^3	m^3	台班
					0.19	0.65	4.45	19.91					208.76
2-153	墙面	水泥豆石浆	每增减厚度 1 mm	100m²					(0.12)				0.02
2-154	墙面	水泥白石子浆	每增减厚度 1 mm	100m²	175.80					(0.12)			0.02
2-155	墙面	水泥玻璃碴浆	每增减厚度 1 mm	100m²		160.20					(0.12)		0.02
2-156	墙面	每增减一道素水泥浆	有 108 胶	100m²			2.48					(0.11)	
2-157	墙面	每增减一道素水泥浆	无 108 胶	100m²								(0.11)	
2-158	分格嵌缝	玻璃嵌缝		100m²				2.46					
2-159	分格嵌缝	分格		100m²									

(4) 特 殊 砂 浆

工作内容： 1.清理、修补、湿润基层表面、调运砂浆、清扫落地灰。2.分层抹灰找平、刷浆、洒水湿润、罩面压光等全过程。

编号	项目		单位	预算基价				人工	材料						机械
				总价	人工费	材料费	机械费	综合工	砂子	水	石膏粉	零星材料费	石膏砂浆1:3	素石膏浆	灰浆搅拌机200L
				元	元	元	元	工日	t	m^3	kg	元	m^3	m^3	台班
								153.00	87.03	7.62	0.94				208.76
2-160	石膏砂浆	零星项目	100m²	**10018.70**	9368.19	608.76	41.75	61.23	1.06	1.04	540.99	0.05	(0.88)	(0.21)	0.20

(5) 水泥砂浆零星抹面

工作内容：1.清理、修补、湿润墙面、调运砂浆、清扫落地灰。2.分层抹灰、刷浆、找平、刷面。

编号	项目		单位	预算基价				人工	材料				机械
				总价	人工费	材料费	机械费	综合工	水泥	砂子	水	水泥砂浆 1:2	灰浆搅拌机 400L
				元	元	元	元	工日	kg	t	m^3	m^3	台班
								135.00	0.39	87.03	7.62		215.11
2-161	烟囱眼、坨头、八字帽、水沟嘴、垃圾箱等	水泥砂浆1:2 20 mm	100个	**2383.58**	2025.00	188.64	169.94	15.00	309.52	0.763	0.20	(0.548)	0.790
2-162	做字 600 mm 以内	水泥砂浆1:2 30 mm	100个	**7206.22**	5698.35	1170.15	337.72	42.21	1920.35	4.733	1.22	(3.400)	1.570

4.墙面镶贴块料

(1)石 材 墙 面

①大 理 石

工作内容： 1.挂贴大理石：清理基层，打底刷浆，预埋铁件，制作、安装钢筋网，电焊固定。选料湿水、钻孔成槽、镶贴面层、穿丝固定。调运砂浆、磨光打蜡、擦缝、养护。2.粘贴大理石：清理基层、调运砂浆、打底刷浆。镶贴块料面层、刷胶粘剂、切割面料。磨光、擦缝、打蜡养护。

编号	项目			单位	预算基价				人工	材料			
					总价	人工费	材料费	机械费	综合工	大理石板	白水泥	铁件	石料切割锯片
					元	元	元	元	工日	m^2	kg	kg	片
									153.00	299.93	0.64	9.49	28.55
2-163	挂贴大理石	砖墙面		$100m^2$	**47288.22**	13581.81	33535.55	170.86	88.77	102.00	15.50	34.87	2.69
2-164	挂贴大理石	混凝土墙面			**47890.77**	13820.49	33877.41	192.87	90.33	102.00	15.50		2.69
2-165	粘贴大理石	水泥砂浆粘贴	砖墙面		**41021.02**	8736.30	32202.04	82.68	57.10	102.00	15.50		2.69
2-166	粘贴大理石	水泥砂浆粘贴	混凝土墙面		**41974.56**	9348.30	32547.75	78.51	61.10	102.00	15.50		2.69
2-167	粘贴大理石	干粉型胶粘剂粘贴	墙面		**44266.08**	9033.12	35150.28	82.68	59.04	102.00	15.50		2.69

编号	项目			单位	材									
					塑料薄膜	棉纱	电焊条	水	钢筋 *D*10以内	铜丝	清油	煤油	松节油	草酸
					m^2	kg	kg	m^3	t	kg	kg	kg	kg	kg
					1.90	16.11	7.59	7.62	3970.73	73.55	15.06	7.49	7.93	10.93
2-163	挂贴大理石	砖墙面		100m^2	28.05	1.00	1.51	2.81	0.10765	7.77	0.53	4.00	0.60	1.00
2-164	挂贴大理石	混凝土墙面		100m^2	28.05	1.00	1.51	2.81	0.11000	7.77	0.53	4.00	0.60	1.00
2-165	粘贴大理石	水泥砂浆粘贴	砖墙面	100m^2		1.00		1.37			0.53	4.00	0.60	1.00
2-166	粘贴大理石	水泥砂浆粘贴	混凝土墙面	100m^2		1.00		1.26			0.53	4.00	0.60	1.00
2-167	粘贴大理石	干粉型胶粘剂粘贴	墙面	100m^2		1.00		1.03			0.53	4.00	0.60	1.00

续前

料											机械				
硬白蜡	水泥	砂子	膨胀螺栓	合金钢钻头 *D*20	YJ-III胶粘剂	YJ-302胶粘剂	干粉型胶粘剂	水泥砂浆 1:2.5	素水泥浆	水泥砂浆 1:3	灰浆搅拌机 200L	钢筋调直机 *D*14	钢筋切断机 *D*40	交流电焊机 30kV·A	小型机具
kg	kg	t	套	个	kg	kg	kg	m^3	m^3	m^3	台班	台班	台班	台班	元
18.46	0.39	87.03	0.82	35.69	18.17	26.39	5.75				208.76	37.25	42.81	87.97	
2.65	2068.87	5.911						(3.93)	(0.10)		0.67	0.05	0.05	0.15	13.79
2.65	2068.87	5.911	524.00	6.55				(3.93)	(0.10)		0.67	0.05	0.05	0.15	35.80
2.65	907.48	3.154			42.10			(0.67)		(1.35)	0.33				13.79
2.65	808.60	2.788			42.10	15.80		(0.67)		(1.12)	0.31				13.79
2.65	576.08	2.130					684.20			(1.34)	0.33				13.79

工作内容：1.干挂大理石：清理基层、清洗大理石、钻孔成槽、安装铁件(螺栓)、挂大理石。刷胶、打蜡、清洁面层。2.拼碎大理石：清理基层、调运砂浆、打

编号	项目		单位	预算基价				人工	材			
				总价	人工费	材料费	机械费	综合工	大理石板	大理石碎块	不锈钢连接件	膨胀螺栓
				元	元	元	元	工日	m^2	m^2	个	套
								153.00	299.93	86.85	2.36	0.82
2-168	墙面干挂大理石	密缝	$100m^2$	**46120.10**	12792.33	33286.49	41.28	83.61	102.00		661.00	661.00
2-169		勾缝		**52892.16**	16152.21	36699.92	40.03	105.57	99.00		642.00	642.00
2-170	拼碎大理石	砖墙面		**26973.28**	16390.89	10484.27	98.12	107.13		102.00		
2-171		混凝土墙面		**26932.22**	16390.89	10457.83	83.50	107.13		102.00		

底刷浆。镶贴块料面层、灌缝。磨光、擦缝、打蜡养护。

料														
合金钢钻头 D20	石料切割锯片	棉纱	水	清油	煤油	松节油	草酸	硬白蜡	石材(云石)胶	密封胶	108 胶	金刚石三角形	锡纸	水泥
个	片	kg	m^3	kg	kg	kg	kg	kg	kg	kg	kg	块	kg	kg
35.69	28.55	16.11	7.62	15.06	7.49	7.93	10.93	18.46	19.69	31.90	4.45	8.31	61.00	0.39
8.26	2.69	1.00	1.42	0.53	4.00	0.60	1.00	2.65	4.60					
8.03	2.61	1.00	1.42	0.53	4.00	0.60	1.00	2.65	4.46	137.52				
		1.00	2.36			15.00	3.00	5.00			44.00	21.00	0.30	1561.34
		1.00	2.44			15.00	3.00	5.00			47.65	21.00	0.30	1544.92

续前

编号	项目		单位	材料								机械	
				砂子	白灰	白灰膏	水泥砂浆 1:1.5	水泥砂浆 1:3	混合砂浆 1:0.2:2	素水泥浆	混合砂浆 1:0.5:3	灰浆搅拌机 200L	小型机具
				t	kg	m^3	m^3	m^3	m^3	m^3	m^3	台班	元
				87.03	0.30							208.76	
2-168	墙面干挂大理石	密缝	$100m^2$										41.28
2-169	墙面干挂大理石	勾缝	$100m^2$										40.03
2-170	拼碎大理石	砖墙面	$100m^2$	3.746	79.64	(0.114)	(0.51)	(0.90)	(1.32)	(0.10)		0.47	
2-171	拼碎大理石	混凝土墙面	$100m^2$	3.110	141.18	(0.201)	(0.51)		(1.35)	(0.20)	(0.56)	0.40	

②花　岗　岩

工作内容：1.挂贴花岗岩:清理基层,打底刷浆,预埋铁件,制作、安装钢筋网,电焊固定。选料湿水、钻孔成槽、镶贴面层、穿丝固定。调运砂浆、磨光打蜡、擦缝、养护。2.粘贴花岗岩:清理基层、调运砂浆、打底刷浆。镶贴块料面层、刷胶粘剂、切割面料。磨光、擦缝、打蜡养护。

编号	项目			单位	预算基价				人工	材料			
					总价	人工费	材料费	机械费	综合工	花岗岩板	白水泥	铁件	石料切割锯片
					元	元	元	元	工日	m^2	kg	kg	片
									153.00	355.92	0.64	9.49	28.55
2-172	挂贴花岗岩	砖墙面		100m²	**52992.55**	13581.81	39236.43	174.31	88.77	102.00	15.50	34.87	4.21
2-173	挂贴花岗岩	混凝土墙面		100m²	**53595.30**	13820.49	39578.49	196.32	90.33	102.00	15.50		4.21
2-174	粘贴花岗岩	水泥砂浆粘贴	砖墙面	100m²	**46732.00**	8736.30	37913.02	82.68	57.10	102.00	15.50		2.69
2-175	粘贴花岗岩	水泥砂浆粘贴	混凝土墙面	100m²	**47683.54**	9348.30	38258.82	76.42	61.10	102.00	15.50		2.69
2-176	粘贴花岗岩	干粉型胶粘剂粘贴	墙面	100m²	**49977.06**	9033.12	40861.26	82.68	59.04	102.00	15.50		2.69

编号	项目			单位	材									
					棉纱	电焊条	水	钢筋 D10以内	铜丝	清油	煤油	松节油	草酸	硬白蜡
					kg	kg	m^3	t	kg	kg	kg	kg	kg	kg
					16.11	7.59	7.62	3970.73	73.55	15.06	7.49	7.93	10.93	18.46
2-172	挂贴花岗岩	砖墙面		100m²	1.00	1.51	2.81	0.1076	7.77	0.53	4.00	0.60	1.00	2.65
2-173	挂贴花岗岩	混凝土墙面		100m²	1.00	1.51	2.81	0.1100	7.77	0.53	4.00	0.60	1.00	2.65
2-174	粘贴花岗岩	水泥砂浆粘贴	砖墙面	100m²	1.00		1.37			0.53	4.00	0.60	1.00	2.65
2-175	粘贴花岗岩	水泥砂浆粘贴	混凝土墙面	100m²	1.00		1.26			0.53	4.00	0.60	1.00	2.65
2-176	粘贴花岗岩	干粉型胶粘剂粘贴	墙面	100m²	1.00		1.03			0.53	4.00	0.60	1.00	2.65

续前

料										机	械			
水泥	砂子	膨胀螺栓	合金钢钻头 *D*20	YJ-III 胶粘剂	YJ-302 胶粘剂	干粉型胶粘剂	水泥砂浆 1:2.5	素水泥浆	水泥砂浆 1:3	灰浆搅拌机 200L	钢筋调直机 *D*14	钢筋切断机 *D*40	交流电焊机 30kV·A	小型机具
kg	t	套	个	kg	kg	kg	m^3	m^3	m^3	台班	台班	台班	台班	元
0.39	87.03	0.82	35.69	18.17	26.39	5.75				208.76	37.25	42.81	87.97	
2068.87	5.911						(3.93)	(0.10)		0.67	0.05	0.05	0.15	17.24
2068.87	5.911	524.00	6.55				(3.93)	(0.10)		0.67	0.05	0.05	0.15	39.25
907.48	3.154			42.10			(0.67)		(1.35)	0.33				13.79
808.60	2.789			42.10	15.80		(0.67)		(1.12)	0.30				13.79
576.08	2.130					684.20			(1.34)	0.33				13.79

工作内容：1.干挂花岗岩：清理基层，清洗花岗岩，钻孔成槽，安装铁件（螺栓），挂花岗岩。刷胶、打蜡、清洁面层。2.碎拼花岗岩：清理基层、调运砂浆、打

编号	项目		单位	预算基价				人工	材			
				总价	人工费	材料费	机械费	综合工	花岗岩板	花岗岩碎块	不锈钢连接件	膨胀螺栓
				元	元	元	元	工日	m^2	m^2	个	套
								153.00	355.92	44.22	2.36	0.82
2-177	墙面干挂花岗岩	密缝	$100m^2$	**52058.46**	12972.87	39040.87	44.72	84.79	102.00		661.00	661.00
2-178	墙面干挂花岗岩	勾缝	$100m^2$	**58650.03**	16325.10	42284.90	40.03	106.70	99.00		642.00	642.00
2-179	碎拼花岗岩	砖墙面	$100m^2$	**22621.62**	16390.89	6132.61	98.12	107.13		102.00		
2-180	碎拼花岗岩	混凝土墙面	$100m^2$	**22583.96**	16390.89	6109.57	83.50	107.13		102.00		

底刷浆。镶贴块料面层、灌缝。磨光、擦缝、打蜡养护。

料														
合金钢钻头 *D*20	石料切割锯片	棉纱	水	清油	煤油	松节油	草酸	硬白蜡	石材(云石)胶	密封胶	108 胶	金刚石三角形	锡纸	水泥
个	片	kg	m^3	kg	kg	kg	kg	kg	kg	kg	kg	块	kg	kg
35.69	28.55	16.11	7.62	15.06	7.49	7.93	10.93	18.46	19.69	31.90	4.45	8.31	61.00	0.39
8.26	4.21	1.00	1.42	0.53	4.00	0.60	1.00	2.65	4.60					
8.03	4.08	1.00	1.42	0.53	4.00	0.60	1.00	2.65	4.46	137.52				
		1.00	2.35			15.00	3.00	5.00			44.00	21.00	0.30	1556.17
		1.00	2.44			15.00	3.00	5.00			47.65	21.00	0.30	1544.92

续前

编号	项目		单位	材料								机械	
				砂子	白灰	白灰膏	水泥砂浆 1:1.5	水泥砂浆 1:3	混合砂浆 1:0.2:2	素水泥浆	混合砂浆 1:0.5:3	灰浆搅拌机 200L	小型机具
				t	kg	m^3	m^3	m^3	m^3	m^3	m^3	台班	元
				87.03	0.30							208.76	
2-177	墙面干挂花岗岩	密缝	$100m^2$										44.72
2-178	墙面干挂花岗岩	勾缝	$100m^2$										40.03
2-179	碎拼花岗岩	砖墙面	$100m^2$	3.733	79.03	(0.113)	(0.51)	(0.90)	(1.31)	(0.10)		0.47	
2-180	碎拼花岗岩	混凝土墙面	$100m^2$	3.110	141.18	(0.201)	(0.51)		(1.35)	(0.20)	(0.56)	0.40	

工作内容：铁件加工安装、龙骨安装、焊接、石材安装、勾缝打胶等。

编号	项目	单位	预算基价				人工	材料						
			总价	人工费	材料费	机械费	综合工	花岗岩板	钢骨架	不锈钢型材骨架	不锈钢干挂件	石料切割锯片	棉纱	水
			元	元	元	元	工日	m^2	t	t	套	片	kg	m^3
							153.00	355.92	7293.05	16318.46	3.74	28.55	16.11	7.62
2-181	墙面钢骨架上干挂花岗岩板	$100m^2$	**53463.78**	13788.36	39675.42		90.12	102.00			561.00	2.69	1.00	1.40
2-182	钢骨架	t	**14954.08**	3847.95	10532.64	573.49	25.15		1.06					
2-183	不锈钢骨架	t	**27492.76**	4089.69	22695.40	707.67	26.73			1.06				

注：大理石参考花岗岩子目执行。

续前

编号	项目	单位	材								料		机	械
			煤油	松节油	草酸	硬白蜡	结构胶	密封胶	穿墙螺栓M16	合金钢钻头 $D20$	电焊条	不锈钢焊丝	交流电焊机30kV•A	小型机具
			kg	kg	kg	kg	kg	支	套	个	kg	kg	台班	元
			7.49	7.93	10.93	18.46	43.70	6.71	4.33	35.69	7.59	67.28	87.97	
2-181	墙面钢骨架上干挂花岗岩板	100m²	4.00	0.60	1.00	2.65	20.00	30.00						
2-182	钢骨架	t							400.00	25.00	23.42		6.09	37.75
2-183	不锈钢骨架	t							530.00	42.00		23.84	7.44	53.17

③汉 白 玉

工作内容： 1.清理基层、清洗汉白玉、钻孔成槽、安装铁件（螺栓）、挂汉白玉。2.刷胶、打蜡、清洗面层。

编号	项目			单位	预算基价 总价	人工费	材料费	机械费	人工 综合工	材料 汉白玉 400×400	水
					元	元	元	元	工日	m^2	m^3
									153.00	286.14	7.62
2-184	挂贴汉白玉	砖墙面	水泥砂浆 1:2.5 50 mm	$100m^2$	**44673.25**	11187.36	33260.75	225.14	73.12	102.00	6.23
2-185	挂贴汉白玉	混凝土墙面	水泥砂浆 1:2.5 50 mm	$100m^2$	**45817.95**	11542.32	34017.80	257.83	75.44	102.00	6.23

续前

编号	项目			单位	材料 铁件	白水泥	水泥	砂子	石料切割锯片	草酸	硬白蜡	煤油
					kg	kg	kg	t	片	kg	kg	kg
					9.49	0.64	0.39	87.03	28.55	10.93	18.46	7.49
2-184	挂贴汉白玉	砖墙面	水泥砂浆 1:2.5 50 mm	$100m^2$	51.88	15.00	2859.77	8.347	2.69	1.00	2.65	4.00
2-185	挂贴汉白玉	混凝土墙面	水泥砂浆 1:2.5 50 mm	$100m^2$		15.00	2859.77	8.347	2.69	1.00	2.65	4.00

续前

编号	项目			单位	材料								
					松节油	清油	棉纱	塑料薄膜	钢筋 *D*6	铜丝	电焊条 *D*3.2	松木锯材	膨胀螺栓 M8×80
					kg	kg	kg	m^2	t	kg	kg	m^3	套
					7.93	15.06	16.11	1.90	3970.73	73.55	7.59	1661.90	1.16
2-184	挂贴汉白玉	砖墙面	水泥砂浆1:2.5 50 mm	$100m^2$	0.60	0.53	1.00	28.05	0.13	12.14	2.26	0.005	
2-185	挂贴汉白玉	混凝土墙面	水泥砂浆1:2.5 50 mm	$100m^2$	0.60	0.53	1.00	28.05	0.13	12.14	2.26	0.005	778.00

续前

编号	项目			单位	材料			机械				
					合金钢钻头 *D*20	水泥砂浆 1:2.5	素水泥浆	交流电焊机 30kV·A	灰浆搅拌机 200L	钢筋调直机 *D*14	钢筋切断机 *D*40	小型机具
					个	m^3	m^3	台班	台班	台班	台班	元
					35.69			87.97	208.76	37.25	42.81	
2-184	挂贴汉白玉	砖墙面	水泥砂浆1:2.5 50 mm	$100m^2$		(5.55)	(0.10)	0.150	0.930	0.05	0.05	13.79
2-185	挂贴汉白玉	混凝土墙面	水泥砂浆1:2.5 50 mm	$100m^2$	9.72	(5.55)	(0.10)	0.150	0.930	0.05	0.05	46.48

(2)块 料 墙 面

①凹凸假麻石块及陶瓷锦砖

工作内容：1.清理基层、打底抹灰、砂浆找平。2.选料、抹结合层砂浆(刷胶粘剂)、贴面层、擦缝、清洁表面。

编号	项目		单位	预算基价				人工	材料						
				总价	人工费	材料费	机械费	综合工	凹凸假麻石墙面砖	陶瓷锦砖	玻璃陶瓷锦砖	白水泥	棉纱	水	水泥
				元	元	元	元	工日	m^2	m^2	m^2	kg	kg	m^3	kg
								153.00	80.41	39.71	44.92	0.64	16.11	7.62	0.39
2-186	凹凸假麻石块	水泥砂浆粘贴	$100m^2$	**16482.48**	7406.73	9002.68	73.07	48.41	102.00			15.50	1.00	2.07	1259.20
2-187	凹凸假麻石块	干粉型胶粘剂粘贴	$100m^2$	**19748.22**	8315.55	11363.78	68.89	54.35	102.00			15.50	1.00	1.93	1109.00
2-188	陶瓷锦砖	水泥砂浆粘贴	$100m^2$	**15138.88**	10338.21	4744.30	56.37	67.57		102.00		25.80	1.00	1.46	850.38
2-189	陶瓷锦砖	干粉型胶粘剂粘贴	$100m^2$	**18555.10**	11504.07	6994.66	56.37	75.19		102.00		25.80	1.00	1.22	730.58
2-190	玻璃陶瓷锦砖	水泥砂浆粘贴	$100m^2$	**15803.34**	10165.32	5552.43	85.59	66.44			102.00	150.20	1.00	1.99	1098.97
2-191	玻璃陶瓷锦砖	干粉型胶粘剂粘贴	$100m^2$	**18929.19**	11318.94	7524.66	85.59	73.98			102.00	25.80	1.00	1.18	674.96

续前

编号	项目		单位	材							料				机械
				砂子	干粉型胶粘剂	108胶	白灰	白灰膏	水泥砂浆 1:2	水泥砂浆 1:3	素水泥浆	混合砂浆 1:1:2	白水泥浆	混合砂浆 1:0.2:2	灰浆搅拌机 200L
				t	kg	kg	kg	m^3	m^3	m^3	m^3	m^3	m^3	m^3	台班
				87.03	5.75	4.45	0.30								208.76
2-186	凹凸假麻石块	水泥砂浆粘贴	$100m^2$	3.079					(0.67)	(1.35)	(0.20)				0.35
2-187		干粉型胶粘剂粘贴		3.079	421.00				(0.67)	(1.35)	(0.10)				0.33
2-188	陶瓷锦砖	水泥砂浆粘贴		2.442		19.10	69.89	(0.100)		(1.35)	(0.10)	(0.31)			0.27
2-189		干粉型胶粘剂粘贴		2.147	421.00	2.20				(1.35)	(0.10)				0.27
2-190	玻璃陶瓷锦砖	水泥砂浆粘贴		3.542		20.56	49.47	(0.071)		(1.57)			(0.10)	(0.82)	0.41
2-191		干粉型胶粘剂粘贴		2.496	421.00					(1.57)					0.41

②瓷板及文化石

工作内容：1.清理基层、打底抹灰、砂浆找平。2.选料、抹结合层砂浆(刷胶粘剂)、贴面层、擦缝、清洁表面。

编号	项目		单位	预算基价				人工	材料				
				总价	人工费	材料费	机械费	综合工	瓷板	文化石	白水泥	石料切割锯片	棉纱
				元	元	元	元	工日	m^2	m^2	kg	片	kg
								153.00		114.52	0.64	28.55	16.11
2-192	瓷板 152×152	水泥砂浆粘贴	100m²	**14602.25**	9729.27	4801.18	71.80	63.59	103.50×38.54		15.50	0.96	1.00
2-193		干粉型胶粘剂粘贴		**17695.45**	10771.20	6879.59	44.66	70.40	103.50×38.54		15.50	0.96	1.00
2-194	瓷板 200×150	水泥砂浆粘贴		**13479.68**	7129.80	6266.63	83.25	46.60	103.50×51.86		15.50	0.75	1.00
2-195		干粉型胶粘剂粘贴		**16451.65**	7956.00	8433.28	62.37	52.00	103.50×51.86		15.50	0.75	1.00
2-196	瓷板 200×200	水泥砂浆粘贴		**12642.10**	7129.80	5429.05	83.25	46.60	103.50×43.76		15.50	0.75	1.00
2-197		干粉型胶粘剂粘贴		**15614.06**	7956.00	7595.69	62.37	52.00	103.50×43.76		15.50	0.75	1.00
2-198	瓷板 200×250	水泥砂浆粘贴		**12675.97**	6805.44	5787.28	83.25	44.48	103.50×47.23		15.50	0.75	1.00
2-199		干粉型胶粘剂粘贴		**15606.63**	7590.33	7953.93	62.37	49.61	103.50×47.23		15.50	0.75	1.00
2-200	瓷板 200×300	水泥砂浆粘贴		**12953.44**	6482.61	6387.58	83.25	42.37	103.50×53.03		15.50	0.75	1.00
2-201		干粉型胶粘剂粘贴		**15841.26**	7224.66	8554.23	62.37	47.22	103.50×53.03		15.50	0.75	1.00
2-202	文化石	水泥砂浆粘贴		**22049.94**	9239.67	12718.67	91.60	60.39		103.50		0.75	1.00
2-203		干粉型胶粘剂粘贴		**25326.02**	10336.68	14926.97	62.37	67.56		103.50		0.75	1.00

续前

编号	项目		单位	材料									机械	
				水	108 胶	水 泥	砂 子	干粉型胶粘剂	水泥砂浆 1:1	水泥砂浆 1:3	素水泥浆	水泥砂浆 1:2	灰浆搅拌机 200L	小型机具
				m^3	kg	kg	t	kg	m^3	m^3	m^3	m^3	台班	元
				7.62	4.45	0.39	87.03	5.75					208.76	
2-192	瓷板 152×152	水泥砂浆粘贴	100m²	1.59	2.21	1306.62	2.612		(0.82)	(1.12)	(0.10)		0.32	5.00
2-193		干粉型胶粘剂粘贴		1.10	2.21	627.40	1.765	421.00		(1.11)	(0.10)		0.19	5.00
2-194	瓷板 200×150	水泥砂浆粘贴		2.15	2.21	1378.83	3.306		(0.61)	(1.69)	(0.10)		0.38	3.92
2-195		干粉型胶粘剂粘贴		1.57	2.21	876.75	2.687	421.00		(1.69)	(0.10)		0.28	3.92
2-196	瓷板 200×200	水泥砂浆粘贴		2.25	2.21	1378.83	3.306		(0.61)	(1.69)	(0.10)		0.38	3.92
2-197		干粉型胶粘剂粘贴		1.67	2.21	876.75	2.687	421.00		(1.69)	(0.10)		0.28	3.92
2-198	瓷板 200×250	水泥砂浆粘贴		2.13	2.21	1378.83	3.306		(0.61)	(1.69)	(0.10)		0.38	3.92
2-199		干粉型胶粘剂粘贴		1.55	2.21	876.75	2.687	421.00		(1.69)	(0.10)		0.28	3.92
2-200	瓷板 200×300	水泥砂浆粘贴		2.13	2.21	1378.83	3.306		(0.61)	(1.69)	(0.10)		0.38	3.92
2-201		干粉型胶粘剂粘贴		1.55	2.21	876.75	2.687	421.00		(1.69)	(0.10)		0.28	3.92
2-202	文化石	水泥砂浆粘贴		2.22		1243.93	3.749		(0.21)	(1.69)		(0.61)	0.42	3.92
2-203		干粉型胶粘剂粘贴		1.67		899.39	2.900	421.00	(0.21)	(1.69)			0.28	3.92

③面　　砖

工作内容：1.清理基层、打底抹灰、砂浆找平。2.选料、抹结合层砂浆(刷胶粘剂)、贴面层、擦缝、清洁表面。

编号	项目				单位	预算基价 总价	人工费	材料费	机械费	人工 综合工	材料 墙面砖 95×95	墙面砖 150×75	石料切割锯片	棉纱
						元	元	元	元	工日	m²	m²	片	kg
										153.00	31.74	39.03	28.55	16.11
2-204	面砖 95×95	水泥砂浆粘贴	面砖灰缝 (mm)	5	100m²	**13253.65**	9432.45	3737.95	83.25	61.65	92.60		0.75	1.00
2-205				10以内		**13096.74**	9411.03	3598.29	87.42	61.51	87.29		0.75	1.00
2-206				20以内		**12796.35**	9369.72	3332.94	93.69	61.24	76.46		0.75	1.00
2-207		干粉型胶粘剂粘贴		5		**16516.01**	10581.48	5880.51	54.02	69.16	92.60		0.75	1.00
2-208				10以内		**16829.00**	10560.06	6210.74	58.20	69.02	87.29		0.75	1.00
2-209				20以内		**16859.71**	10518.75	6276.50	64.46	68.75	76.46		0.75	1.00
2-210	面砖 150×75	水泥砂浆粘贴		5		**13915.80**	9398.79	4433.76	83.25	61.43		93.12	0.75	1.00
2-211				10以内		**13733.74**	9381.96	4264.36	87.42	61.32		88.04	0.75	1.00
2-212				20以内		**13380.85**	9345.24	3941.92	93.69	61.08		77.77	0.75	1.00
2-213		干粉型胶粘剂粘贴		5		**17178.23**	10547.82	6576.39	54.02	68.94		93.12	0.75	1.00
2-214				10以内		**17464.55**	10529.46	6876.89	58.20	68.82		88.04	0.75	1.00
2-215				20以内		**17441.23**	10491.21	6885.56	64.46	68.57		77.77	0.75	1.00

续前

编号	项目				单位	材						料	机	械
						水	水泥	砂子	干粉型胶粘剂	水泥砂浆 1:1	水泥砂浆 1:2	水泥砂浆 1:3	灰浆搅拌机 200L	小型机具
						m³	kg	t	kg	m³	m³	m³	台班	元
						7.62	0.39	87.03	5.75				208.76	
2-204	面砖 95×95	水泥砂浆粘贴	面砖灰缝(mm)	5	100m²	1.53	1133.76	3.533		(0.15)	(0.51)	(1.68)	0.38	3.92
2-205				10以内		1.56	1191.38	3.604		(0.22)	(0.51)	(1.68)	0.40	3.92
2-206				20以内		1.64	1347.76	3.797		(0.41)	(0.51)	(1.68)	0.43	3.92
2-207		干粉型胶粘剂粘贴		5		1.12	703.84	2.299	421.00	(0.15)		(1.35)	0.24	3.92
2-208				10以内		1.15	761.46	2.370	502.72	(0.22)		(1.35)	0.26	3.92
2-209				20以内		1.23	917.84	2.562	560.32	(0.41)		(1.35)	0.29	3.92
2-210	面砖 150×75	水泥砂浆粘贴		5		1.59	1133.76	3.533		(0.15)	(0.51)	(1.68)	0.38	3.92
2-211				10以内		1.62	1191.38	3.604		(0.22)	(0.51)	(1.68)	0.40	3.92
2-212				20以内		1.70	1347.76	3.797		(0.41)	(0.51)	(1.68)	0.43	3.92
2-213		干粉型胶粘剂粘贴		5		1.19	703.84	2.299	421.00	(0.15)		(1.35)	0.24	3.92
2-214				10以内		1.22	761.46	2.370	502.72	(0.22)		(1.35)	0.26	3.92
2-215				20以内		1.30	917.84	2.562	560.32	(0.41)		(1.35)	0.29	3.92

工作内容：1.清理基层、打底抹灰、砂浆找平。2.选料、抹结合层砂浆(刷胶粘剂)、贴面层、擦缝、清洁表面。

编号	项目				单位	预算基价 总价	人工费	材料费	机械费	人工 综合工	材料 墙面砖 194×94	墙面砖 240×60	石料切割锯片	棉纱
						元	元	元	元	工日	m^2	m^2	片	kg
										153.00	52.97	48.47	28.55	16.11
2-216	面砖 194×94	水泥砂浆粘贴	面砖灰缝(mm)	5	100m²	**13808.38**	7908.57	5816.56	83.25	51.69	95.01		0.75	1.00
2-217				10以内		**13609.57**	7896.33	5625.82	87.42	51.61	90.71		0.75	1.00
2-218				20以内		**13173.52**	7864.20	5215.63	93.69	51.40	82.11		0.75	1.00
2-219		干粉型胶粘剂粘贴		5		**16876.11**	8863.29	7958.80	54.02	57.93	95.01		0.75	1.00
2-220				10以内		**17142.69**	8846.46	8238.03	58.20	57.82	90.71		0.75	1.00
2-221				20以内		**17039.45**	8815.86	8159.13	64.46	57.62	82.11		0.75	1.00
2-222	面砖 240×60	水泥砂浆粘贴		5		**13282.71**	7903.98	5295.48	83.25	51.66		92.75	0.75	1.00
2-223				10以内		**13115.87**	7890.21	5138.24	87.42	51.57		88.91	0.75	1.00
2-224				20以内		**12592.05**	7847.37	4650.99	93.69	51.29		77.24	0.75	1.00
2-225		干粉型胶粘剂粘贴		5		**16344.72**	8852.58	7438.12	54.02	57.86		92.75	0.75	1.00
2-226				10以内		**16649.31**	8840.34	7750.77	58.20	57.78		88.91	0.75	1.00
2-227				20以内		**16456.59**	8797.50	7594.63	64.46	57.50		77.24	0.75	1.00

续前

编号	项目		目	单位	材					料		机	械
					水	水泥	砂子	干粉型胶粘剂	水泥砂浆1:1	水泥砂浆1:2	水泥砂浆1:3	灰浆搅拌机200L	小型机具
					m^3	kg	t	kg	m^3	m^3	m^3	台班	元
					7.62	0.39	87.03	5.75				208.76	
2-216	面砖194×94	水泥砂浆粘贴	面砖灰缝(mm) 5	$100m^2$	1.71	1100.84	3.493		(0.11)	(0.51)	(1.68)	0.38	3.92
2-217	面砖194×94	水泥砂浆粘贴	面砖灰缝(mm) 10以内	$100m^2$	1.74	1174.92	3.584		(0.20)	(0.51)	(1.68)	0.40	3.92
2-218	面砖194×94	水泥砂浆粘贴	面砖灰缝(mm) 20以内	$100m^2$	1.79	1265.46	3.695		(0.31)	(0.51)	(1.68)	0.43	3.92
2-219	面砖194×94	干粉型胶粘剂粘贴	面砖灰缝(mm) 5	$100m^2$	1.27	670.92	2.258	421.00	(0.11)		(1.35)	0.24	3.92
2-220	面砖194×94	干粉型胶粘剂粘贴	面砖灰缝(mm) 10以内	$100m^2$	1.31	744.99	2.349	502.72	(0.20)		(1.35)	0.26	3.92
2-221	面砖194×94	干粉型胶粘剂粘贴	面砖灰缝(mm) 20以内	$100m^2$	1.36	835.53	2.461	560.32	(0.31)		(1.35)	0.29	3.92
2-222	面砖240×60	水泥砂浆粘贴	面砖灰缝(mm) 5	$100m^2$	1.67	1133.76	3.533		(0.15)	(0.51)	(1.68)	0.38	3.92
2-223	面砖240×60	水泥砂浆粘贴	面砖灰缝(mm) 10以内	$100m^2$	1.70	1191.38	3.604		(0.22)	(0.51)	(1.68)	0.40	3.92
2-224	面砖240×60	水泥砂浆粘贴	面砖灰缝(mm) 20以内	$100m^2$	1.78	1347.76	3.797		(0.41)	(0.51)	(1.68)	0.43	3.92
2-225	面砖240×60	干粉型胶粘剂粘贴	面砖灰缝(mm) 5	$100m^2$	1.27	703.84	2.299	421.00	(0.15)		(1.35)	0.24	3.92
2-226	面砖240×60	干粉型胶粘剂粘贴	面砖灰缝(mm) 10以内	$100m^2$	1.30	761.46	2.370	502.72	(0.22)		(1.35)	0.26	3.92
2-227	面砖240×60	干粉型胶粘剂粘贴	面砖灰缝(mm) 20以内	$100m^2$	1.38	917.84	2.562	560.32	(0.41)		(1.35)	0.29	3.92

工作内容：1.清理基层、打底抹灰、砂浆找平。2.选料、抹结合层砂浆(刷胶粘剂)、贴面层、擦缝、清洁表面。

编号	项目				单位	总价	人工费	材料费	机械费	综合工	墙面砖	白水泥	石料切割锯片
						元	元	元	元	工日	m^2	kg	片
										153.00		0.64	28.55
2-228	面砖	水泥砂浆粘贴	周长(mm以内)	800	100m^2	**12847.74**	7120.62	5644.81	82.31	46.54	103.50×47.18	20.60	1.00
2-229				1200		**12841.72**	6800.85	5958.56	82.31	44.45	104.00×49.97	20.60	1.00
2-230				1600		**15217.69**	6478.02	8657.36	82.31	42.34	104.00×75.92	20.60	1.00
2-231		干粉型胶粘剂粘贴		800		**15786.65**	7949.88	7783.69	53.08	51.96	103.50×47.18	20.60	1.00
2-232				1200		**15731.67**	7581.15	8097.44	53.08	49.55	104.00×49.97	20.60	1.00
2-233				1600		**18066.33**	7217.01	10796.24	53.08	47.17	104.00×75.92	20.60	1.00
2-234		水泥砂浆粘贴		2000		**16375.09**	6147.54	10145.24	82.31	40.18	104.00×90.29	10.30	1.00
2-235				2400		**19564.13**	6392.34	13089.48	82.31	41.78	104.00×118.60	10.30	1.00
2-236				3200		**22430.53**	6649.38	15698.84	82.31	43.46	104.00×143.69	10.30	1.00
2-237		干粉型胶粘剂粘贴		2000		**19188.55**	6851.34	12284.13	53.08	44.78	104.00×90.29	10.30	1.00
2-238				2400		**22406.66**	7125.21	15228.37	53.08	46.57	104.00×118.60	10.30	1.00
2-239				3200		**25300.60**	7409.79	17837.73	53.08	48.43	104.00×143.69	10.30	1.00

续前

编号	项目				单位	材料							机械	
						棉纱	水	水泥	砂子	干粉型胶粘剂	水泥砂浆 1:2	水泥砂浆 1:3	灰浆搅拌机 200L	小型机具
						kg	m^3	kg	t	kg	m^3	m^3	台班	元
						16.11	7.62	0.39	87.03	5.75			208.76	
2-228	面砖	水泥砂浆粘贴	周长(mm以内)	800	$100m^2$	1.00	1.64	1014.60	3.397		(0.51)	(1.69)	0.37	5.07
2-229				1200		1.00	1.64	1014.60	3.397		(0.51)	(1.69)	0.37	5.07
2-230				1600		1.00	1.64	1014.60	3.397		(0.51)	(1.69)	0.37	5.07
2-231		干粉型胶粘剂粘贴		800		1.00	1.15	580.38	2.147	421.00		(1.35)	0.23	5.07
2-232				1200		1.00	1.15	580.38	2.147	421.00		(1.35)	0.23	5.07
2-233				1600		1.00	1.15	580.38	2.147	421.00		(1.35)	0.23	5.07
2-234		水泥砂浆粘贴		2000		1.00	1.64	1014.60	3.397		(0.51)	(1.69)	0.37	5.07
2-235				2400		1.00	1.64	1014.60	3.397		(0.51)	(1.69)	0.37	5.07
2-236				3200		1.00	1.64	1014.60	3.397		(0.51)	(1.69)	0.37	5.07
2-237		干粉型胶粘剂粘贴		2000		1.00	1.15	580.38	2.147	421.00		(1.35)	0.23	5.07
2-238				2400		1.00	1.15	580.38	2.147	421.00		(1.35)	0.23	5.07
2-239				3200		1.00	1.15	580.38	2.147	421.00		(1.35)	0.23	5.07

工作内容：1.清理基层、打底抹灰、砂浆找平。2.选料、抹结合层砂浆（刷胶粘剂）、贴面层、擦缝、清洁表面。

编号	项目		单位	预算基价				人工	材料									
				总价	人工费	材料费	机械费	综合工	墙面砖	麻丝快硬水泥	膨胀螺栓	合金钢钻头	石料切割锯片	棉纱	水	清油	煤油	松节油
				元	元	元	元	工日	m^2	m^3	套	个	片	kg	m^3	kg	kg	kg
								153.00		551.03	0.82	11.81	28.55	16.11	7.62	15.06	7.49	7.93
2-240	面砖 1000×800	膨胀螺栓干挂	$100m^2$	**34498.99**	13500.72	20940.22	58.05	88.24	104.00×189.16	0.24	878.00	14.03	4.21	1.00	1.42	0.53	4.00	0.60
2-241	面砖 1000×800	钢丝网挂贴	$100m^2$	**37630.99**	12752.55	24670.50	207.94	83.35	104.00×189.16				2.69	1.00	3.38	0.53	4.00	0.60
2-242	面砖 1000×800	型钢龙骨干挂	$100m^2$	**36710.24**	11352.60	25343.85	13.79	74.20	104.00×189.16				2.69	1.00	1.40		4.00	0.60
2-243	面砖 1200×1000	膨胀螺栓干挂	$100m^2$	**36809.17**	13500.72	23250.40	58.05	88.24	104.00×211.46	0.24	867.00	14.03	4.21	1.00	1.42	0.53	4.00	0.60
2-244	面砖 1200×1000	钢丝网挂贴	$100m^2$	**39950.19**	12752.55	26989.70	207.94	83.35	104.00×211.46				2.69	1.00	3.38	0.53	4.00	0.60
2-245	面砖 1200×1000	型钢龙骨干挂	$100m^2$	**38054.32**	11297.52	26743.01	13.79	73.84	104.00×211.46				2.69	1.00	1.40		4.00	0.60

注：型钢龙骨干挂基价未包括型钢龙骨，型钢龙骨按本章相应项目执行。

续前

编号	项目		单位	材料														机械	
				草酸	硬白蜡	水泥钉	钢丝网	塑料薄膜	铜丝	水泥	砂子	不锈钢干挂件	膨胀管	结构胶DC995	密封胶	水泥砂浆1:2.5	素水泥浆	灰浆搅拌机200L	小型机具
				kg	kg	个	m^2	m^2	kg	kg	t	套	只	L	支	m^3	m^3	台班	元
				10.93	18.46	0.34	16.93	1.90	73.55	0.39	87.03	3.74	0.63	63.82	6.71			208.76	
2-240	面砖 1000×800	膨胀螺栓干挂	100m²	1.00	2.65														58.05
2-241	面砖 1000×800	钢丝网挂贴	100m²	1.00	2.65	1500.00	105.00	28.05	7.77	2893.94	8.452					(5.62)	(0.10)	0.93	13.79
2-242	面砖 1000×800	型钢龙骨干挂	100m²	1.00	2.65							963.00	625.00	20.00	30.00				13.79
2-243	面砖 1200×1000	膨胀螺栓干挂	100m²	1.00	2.65														58.05
2-244	面砖 1200×1000	钢丝网挂贴	100m²	1.00	2.65	1500.00	105.00	28.05	7.77	2893.94	8.452					(5.62)	(0.10)	0.93	13.79
2-245	面砖 1200×1000	型钢龙骨干挂	100m²	1.00	2.65							717.00	625.00	20.00	30.00				13.79

工作内容：1.清理基层、打底抹灰、砂浆找平。2.选料、抹结合层砂浆、贴面层、擦缝、清洁表面。

编号	项目	单位	预算基价			人工	材料								
			总价	人工费	材料费	综合工	面砖腰线 200×65	白水泥	水泥	白灰	砂子	水	白灰膏	混合砂浆 M2.5	水泥砂浆 1:3
			元	元	元	工日	千块	kg	kg	kg	t	m^3	m^3	m^3	m^3
						153.00	17170.68	0.64	0.39	0.30	87.03	7.62			
2-246	墙面面砖腰线	100m	**9525.41**	559.98	8965.43	3.66	0.52	1.00	43.93	2.55	0.204	0.05	(0.004)	(0.04)	(0.09)

5.柱面镶

(1)石 材

①大

工作内容： 1.挂贴大理石:清理基层,打底刷浆,预埋铁件,制作、安装钢筋网,电焊固定。选料湿水、钻孔成槽、镶贴面层、穿丝固定。调运砂浆、磨光打

编号	项目		单位	预算基价				人工	材								
				总价	人工费	材料费	机械费	综合工	大理石板	白水泥	铁件	石料切割锯片	塑料薄膜	棉纱	电焊条	水	钢筋 D10以内
				元	元	元	元	工日	m²	kg	kg	片	m²	kg	kg	m³	t
								153.00	299.93	0.64	9.49	28.55	1.90	16.11	7.59	7.62	3970.73
2-247	挂贴大理石	砖柱面	100m²	**50042.59**	15016.95	34854.94	170.70	98.15	106.00	15.50	30.60	2.69	28.05	1.00	1.39	2.77	0.1483
2-248	挂贴大理石	混凝土柱面	100m²	**52979.89**	17018.19	35740.92	220.78	111.23	106.00	15.50		2.69	28.05	1.00	2.78	2.90	0.1483
2-249	柱面干挂大理石		100m²	**53378.80**	17402.22	35925.74	50.84	113.74	106.00			3.49		1.00		1.42	

贴块料

柱 面

理 石

蜡、擦缝、养护。2.干挂大理石:清理基层、清洗大理石、钻孔成槽、安装铁件(螺栓)、挂大理石。刷胶、打蜡、清洁面层。

料															机械				
铜丝	清油	煤油	松节油	草酸	硬白蜡	水泥	砂子	膨胀螺栓	合金钢钻头 *D*20	不锈钢连接件	膨胀螺栓 M8×75	石材(云石)胶	水泥砂浆 1:2.5	素水泥浆	灰浆搅拌机 200L	钢筋调直机 *D*14	钢筋切断机 *D*40	交流电焊机 30kV·A	小型机具
kg	kg	kg	kg	kg	kg	kg	t	套	个	个	套	kg	m³	m³	台班	台班	台班	台班	元
73.55	15.06	7.49	7.93	10.93	18.46	0.39	87.03	0.82	35.69	2.36	1.51	19.69			208.76	37.25	42.81	87.97	
7.77	0.53	4.00	0.60	1.00	2.65	2068.87	5.911						(3.93)	(0.10)	0.67	0.07	0.07	0.13	13.79
7.77	0.53	4.00	0.60	1.00	2.65	2068.87	5.911	920.00	11.50				(3.93)	(0.10)	0.67	0.07	0.07	0.26	52.43
	0.53	4.00	0.60	1.00	2.65				20.84	793.20	793.20	4.60							50.84

工作内容： 1.清理基层、调运砂浆、打底刷浆。2.镶贴块料面层、灌缝。3.磨光、擦缝、打蜡养护。

编号	项目		单位	预算基价				人工	材料						
				总价	人工费	材料费	机械费	综合工	大理石碎块	锡纸	棉纱	水	金刚石三角形	松节油	草酸
				元	元	元	元	工日	m^2	kg	kg	m^3	块	kg	kg
								153.00	86.85	61.00	16.11	7.62	8.31	7.93	10.93
2-250	拼碎大理石	砖柱面	$100m^2$	**30431.77**	19495.26	10838.39	98.12	127.42	106.00	0.30	1.00	2.38	21.00	15.00	3.00
2-251	拼碎大理石	混凝土柱面	$100m^2$	**30394.01**	19495.26	10813.16	85.59	127.42	106.00	0.30	1.00	2.45	21.00	15.00	3.00

续前

编号	项目		单位	材料											机械
				硬白蜡	108胶	水泥	砂子	白灰	白灰膏	水泥砂浆 1:1.5	水泥砂浆 1:3	素水泥浆	混合砂浆 1:0.2:2	混合砂浆 1:0.5:3	灰浆搅拌机 200L
				kg	kg	kg	t	kg	m^3	m^3	m^3	m^3	m^3	m^3	台班
				18.46	4.45	0.39	87.03	0.30							208.76
2-250	拼碎大理石	砖柱面	$100m^2$	5.00	44.00	1571.68	3.771	80.84	(0.115)	(0.51)	(0.90)	(0.10)	(1.34)		0.47
2-251	拼碎大理石	混凝土柱面	$100m^2$	5.00	48.00	1553.74	3.137	142.85	(0.204)	(0.51)		(0.20)	(1.36)	(0.57)	0.41

工作内容：1.清理基层,钻孔,预埋铁件,制作、安装钢筋网,电焊固定,挂板,镶砌,穿丝固定,灌浆。2.养护、磨光、打蜡。

编号	项目		单位	预算基价				人工	材料								
				总价	人工费	材料费	机械费	综合工	大理石板弧形(成品)	水	松节油	水泥	砂子	白水泥	膨胀螺栓	钢筋 D6	铜丝
				元	元	元	元	工日	m²	m³	kg	kg	t	kg	套	t	kg
								153.00	728.48	7.62	7.93	0.39	87.03	0.64	0.82	3970.73	73.55
2-252	大理石	包圆柱	100m²	**99577.18**	17868.87	81531.30	177.01	116.79	106.00	2.67	0.78	1677.15	4.242	29.90	808.00	0.2130	7.07
2-253	大理石	方柱包圆柱	100m²	**109035.86**	22458.87	86345.75	231.24	146.79	106.00	2.82	0.78	1901.73	4.933	29.90	808.00	0.0798	7.00

续前

编号	项目		单位	材料									机械				
				电焊条 D3.2	合金钢钻头 D20	煤油	清油	塑料薄膜	热轧扁钢 20×3	热轧等边角钢 45×4	素水泥浆	水泥砂浆 1∶2.5	灰浆搅拌机 200L	交流电焊机 30kV·A	钢筋调直机 D14	钢筋切断机 D40	小型机具
				kg	个	kg	kg	m²	t	t	m³	m³	台班	台班	台班	台班	元
				7.59	35.69	7.49	15.06	1.90	3676.67	3751.83			208.76	87.97	37.25	42.81	
2-252	大理石	包圆柱	100m²	3.00	32.00	5.00	0.69	1.30			(0.20)	(2.82)	0.58	0.15	0.07	0.07	37.13
2-253	大理石	方柱包圆柱	100m²	15.00	32.00	5.00	0.69	1.30	0.119	1.245	(0.20)	(3.28)	0.68	0.52	0.08	0.08	37.13

工作内容：1.清理基层，刷浆，预埋铁件，制作、安装钢筋网，电焊固定。2.选料湿水、钻孔成槽、镶贴面层及阴阳角、穿丝固定。3.调运砂浆、磨光打蜡、擦

编号	项目		单位	预算基价				人工			
				总价	人工费	材料费	机械费	综合工	大理石圆弧腰线80mm	大理石圆弧阴角线180mm	大理石柱墩400mm高
				元	元	元	元	工日	m	m	m
								153.00	130.92	244.39	381.86
2-254	挂贴大理石	圆柱腰线	100m	**18307.61**	3090.60	15169.79	47.22	20.20	104.00		
2-255	挂贴大理石	阴角线	100m	**30371.24**	3141.09	27179.72	50.43	20.53		104.00	
2-256	挂贴大理石	柱墩	100m	**64576.60**	18161.10	46151.90	263.60	118.70			104.00
2-257	挂贴大理石	柱帽	100m	**68958.40**	18819.00	49914.82	224.58	123.00			

缝养护。

材							料						
大理石柱帽250mm高	白水泥	铁件	水泥	砂子	水	合金钢钻头 *D*20	石料切割锯片	棉纱	电焊条	钢筋 *D*10以内	铜丝	清油	松节油
m	kg	kg	kg	t	m^3	个	片	kg	kg	t	kg	kg	kg
416.77	0.64	9.49	0.39	87.03	7.62	35.69	28.55	16.11	7.59	3970.73	73.55	15.06	7.93
	1.20	25.50	917.83	2.827	0.94	1.50	2.20	0.80	0.12	0.0181	6.20	0.80	3.20
	2.47	5.71	1723.38	5.309	1.60	2.20	1.00	4.00	0.50	0.0426	1.50	1.80	7.20
	23.20	41.20	3250.33	9.550	3.71	15.20	7.20	2.60	3.20	0.2870	10.20	1.80	
104.00	23.20	35.70	3706.49	7.670	3.71	15.20	6.50	2.60	3.50	0.2660	14.00	1.80	

续前

编号	项目		单位	材料					机械				
				草酸	硬白蜡	膨胀螺栓	水泥砂浆 1:2.5	素水泥浆	灰浆搅拌机 200L	钢筋调直机 $D14$	钢筋切断机 $D40$	交流电焊机 30kV·A	小型机具
				kg	kg	套	m^3	m^3	台班	台班	台班	台班	元
				10.93	18.46	0.82			208.76	37.25	42.81	87.97	
2-254	挂贴大理石	圆柱腰线	100m	0.08	0.21		(1.88)		0.12	0.01	0.01	0.05	16.97
2-255	挂贴大理石	阴角线	100m	0.16	1.10		(3.53)		0.15	0.01	0.01	0.07	12.16
2-256	挂贴大理石	柱墩	100m	2.60	7.80	1222.00	(6.35)	(0.10)	0.92	0.08	0.08	0.27	41.38
2-257	挂贴大理石	柱帽	100m	2.60	7.80	1212.00	(5.10)	(0.81)	0.75	0.09	0.09	0.32	32.65

②花 岗 岩

工作内容： 1.挂贴花岗岩：清理基层，打底刷浆，预埋铁件，制作、安装钢筋网，电焊固定。选料湿水、钻孔成槽、镶贴面层、穿丝固定。调运砂浆、磨光打蜡、擦缝、养护。2.干挂花岗岩：清理基层、清洗花岗岩、钻孔成槽、安装铁件（螺栓）、挂花岗岩。刷胶、打蜡、清洁面层。

编号	项目		单位	预算基价				人工	材料			
				总价	人工费	材料费	机械费	综合工	花岗岩板	白水泥	铁件	石料切割锯片
				元	元	元	元	工日	m^2	kg	kg	片
								153.00	355.92	0.64	9.49	28.55
2-258	挂贴花岗岩	砖柱面	100m²	**55971.08**	15016.95	40779.98	174.15	98.15	106.00	15.50	30.60	4.21
2-259	挂贴花岗岩	混凝土柱面	100m²	**58908.38**	17018.19	41665.96	224.23	111.23	106.00	15.50		4.21
2-260	柱面干挂花岗岩		100m²	**59634.56**	17625.60	41916.63	92.33	115.20	106.00			5.45

编号	项目		单位	材									
				棉纱	电焊条	水	钢筋 D10以内	铜丝	清油	煤油	松节油	草酸	硬白蜡
				kg	kg	m^3	t	kg	kg	kg	kg	kg	kg
				16.11	7.59	7.62	3970.73	73.55	15.06	7.49	7.93	10.93	18.46
2-258	挂贴花岗岩	砖柱面	100m²	1.00	1.39	2.77	0.1483	7.77	0.53	4.00	0.60	1.00	2.65
2-259	挂贴花岗岩	混凝土柱面	100m²	1.00	2.78	2.90	0.1483	7.77	0.53	4.00	0.60	1.00	2.65
2-260	柱面干挂花岗岩		100m²	1.00		1.42			0.53	4.00	0.60	1.00	2.65

续前

料									机				械
水泥	砂子	膨胀螺栓	合金钢钻头 D20	不锈钢连接件	膨胀螺栓 M8×75	石材(云石)胶	水泥砂浆 1:2.5	素水泥浆	灰浆搅拌机 200L	钢筋调直机 D14	钢筋切断机 D40	交流电焊机 30kV·A	小型机具
kg	t	套	个	个	套	kg	m^3	m^3	台班	台班	台班	台班	元
0.39	87.03	0.82	35.69	2.36	1.51	19.69			208.76	37.25	42.81	87.97	
2068.87	5.911						(3.93)	(0.10)	0.67	0.07	0.07	0.13	17.24
2068.87	5.911	920.00	11.50				(3.93)	(0.10)	0.67	0.07	0.07	0.26	55.88
			20.84	793.20	793.20	4.60							92.33

工作内容： 1.拼碎花岗岩:清理基层、调运砂浆、打底刷浆。镶贴块料面层、灌缝。磨光、擦缝、打蜡养护。2.花岗岩包柱:清理基层,钻孔,预埋铁件,制

编号	项目		单位	预算基价				人工	材							
				总价	人工费	材料费	机械费	综合工	花岗岩碎块	花岗岩板弧形(成品)	花岗岩板	水	金刚石三角形	108胶	水泥	砂子
				元	元	元	元	工日	m^2	m^2	m^2	m^3	块	kg	kg	t
								153.00	44.22	867.01	355.92	7.62	8.31	4.45	0.39	87.03
2-261	拼碎花岗岩	砖柱面	$100m^2$	**25912.99**	19495.26	6319.61	98.12	127.42	106.00			2.38	21.00	44.00	1571.68	3.771
2-262	拼碎花岗岩	混凝土柱面	$100m^2$	**25875.14**	19495.26	6294.29	85.59	127.42	106.00			2.45	21.00	48.00	1553.74	3.136
2-263	花岗岩	包圆柱	$100m^2$	**114261.36**	17868.87	96215.48	177.01	116.79		106.00		2.67			1677.15	4.242
2-264	花岗岩	方柱包圆柱	$100m^2$	**123720.04**	22458.87	101029.93	231.24	146.79		106.00		2.82			1901.73	4.933
2-265	柱面钢骨架上干挂花岗岩板		$100m^2$	**55967.61**	14972.58	40981.24	13.79	97.86			106.00	1.40				

注：大理石参考花岗岩项目执行。

作、安装钢筋网，电焊固定，挂板，镶砌，穿丝固定，灌浆。养护、磨光、打蜡。3.干挂花岗岩：焊接、石材安装、勾缝打胶等。

料																			
白灰	锡纸	棉纱	松节油	草酸	硬白蜡	白水泥	膨胀螺栓	钢筋 *D*6	铜丝	电焊条 *D*3.2	合金钢钻头 *D*20	煤油	清油	塑料薄膜	热轧扁钢 20×3	热轧等边角钢 45×4	不锈钢干挂件	石料切割锯片	泡沫塑料密封条
kg	kg	kg	kg	kg	kg	kg	套	t	kg	kg	个	kg	kg	m^2	t	t	套	片	m
0.30	61.00	16.11	7.93	10.93	18.46	0.64	0.82	3970.73	73.55	7.59	35.69	7.49	15.06	1.90	3676.67	3751.83	3.74	28.55	0.91
80.84	0.30	1.00	15.00	3.00	5.00														
142.85	0.30	1.00	15.00	3.00	5.00														
			0.78			29.90	808.00	0.2130	7.07	3.00	32.00	5.00	0.69	1.30					
			0.78			29.90	808.00	0.0798	7.00	15.00	32.00	5.00	0.69	1.30	0.119	1.245			
		1.00	0.60	1.00	2.65							4.00					472.00	2.69	310.00

续前

编号	项目		单位	材料									机械				
				结构胶	密封胶	白灰膏	水泥砂浆 1:1.5	水泥砂浆 1:3	素水泥浆	混合砂浆 1:0.2:2	混合砂浆 1:0.5:3	水泥砂浆 1:2.5	灰浆搅拌机 200L	交流电焊机 30kV·A	钢筋调直机 $D14$	钢筋切断机 $D40$	小型机具
				kg	支	m^3	m^3	m^3	m^3	m^3	m^3	m^3	台班	台班	台班	台班	元
				43.70	6.71								208.76	87.97	37.25	42.81	
2-261	拼碎花岗岩	砖柱面	$100m^2$			(0.115)	(0.51)	(0.90)	(0.10)	(1.34)			0.47				
2-262	拼碎花岗岩	混凝土柱面	$100m^2$			(0.204)	(0.51)		(0.20)	(1.36)	(0.57)		0.41				
2-263	花岗岩	包圆柱	$100m^2$						(0.20)			(2.82)	0.58	0.15	0.07	0.07	37.13
2-264	花岗岩	方柱包圆柱	$100m^2$						(0.20)			(3.28)	0.68	0.52	0.08	0.08	37.13
2-265	柱面钢骨架上干挂花岗岩板		$100m^2$	20.00	20.00												13.79

③汉 白 玉

工作内容：1.清理基层、清洗汉白玉、钻孔成槽、安装铁件（螺栓）、挂汉白玉。2.刷胶、打蜡、清洗面层。

编号	项目			单位	预算基价				人工	材料										
					总价	人工费	材料费	机械费	综合工	汉白玉 400×400	水泥	白水泥	砂子	水	铁件	钢筋 *D*6	铜丝	电焊条 *D*3.2	松木锯材	棉纱
号					元	元	元	元	工日	m^2	kg	kg	t	m^3	kg	t	kg	kg	m^3	kg
									153.00	286.14	0.39	0.64	87.03	7.62	9.49	3970.73	73.55	7.59	1661.90	16.11
2-266	挂贴汉白玉	砖柱面	水泥砂浆1:2.5 50 mm	$100m^2$	**47959.31**	14154.03	33581.57	223.71	92.51	102.00	3040.40	19.00	8.904	6.52	46.81	0.18	12.14	2.03	0.005	1.25
2-267	挂贴汉白玉	混凝土柱面	水泥砂浆1:2.5 50 mm	$100m^2$	**53818.91**	17556.75	35961.82	300.34	114.75	102.00	3123.40	19.00	9.159	6.61		0.18	12.14	4.06	0.005	1.30

续前

编号	项目			单位	材料											机械				
					塑料薄膜	石料切割锯片	硬白蜡	草酸	煤油	清油	松节油	膨胀螺栓 M8×75	合金钢钻头 *D*20	水泥砂浆 1:2.5	素水泥浆	灰浆搅拌机 200L	交流电焊机 30kV·A	钢筋调直机 *D*14	钢筋切断机 *D*40	小型机具
号					m^2	片	kg	kg	kg	kg	kg	套	个	m^3	m^3	台班	台班	台班	台班	元
					1.90	28.55	18.46	10.93	7.49	15.06	7.93	1.51	35.69			208.76	87.97	37.25	42.81	
2-266	挂贴汉白玉	砖柱面	水泥砂浆1:2.5 50 mm	$100m^2$	28.05	3.36	3.30	1.25	4.99	0.66	0.75			(5.92)	(0.10)	0.990	0.13	0.07	0.07	
2-267	挂贴汉白玉	混凝土柱面	水泥砂浆1:2.5 50 mm	$100m^2$	28.05	3.48	3.43	1.30	5.18	0.69	0.78	1403.00	17.54	(6.09)	(0.10)	1.020	0.26	0.07	0.07	58.93

(2) 块 料

工作内容： 1.清理基层、打底抹灰、砂浆找平。2.选料、抹结合层砂浆(刷胶粘剂)、贴面层、擦缝、清洁表面。

编号	项目		单位	预算基价 总价	人工费	材料费	机械费	人工 综合工	材 凹凸假麻石墙面砖	陶瓷锦砖	玻璃陶瓷锦砖	瓷板 152×152	白水泥	棉纱
				元	元	元	元	工日	m^2	m^2	m^2	m^2	kg	kg
								153.00	80.41	39.71	44.92	38.54	0.64	16.11
2-268	凹凸假麻石块	水泥砂浆粘贴	100m²	**21294.20**	11895.75	9325.38	73.07	77.75	106.00				15.50	1.00
2-269	凹凸假麻石块	干粉型胶粘剂粘贴	100m²	**24888.87**	13364.55	11455.43	68.89	87.35	106.00				15.50	1.00
2-270	方柱(梁)面粘贴陶瓷锦砖	水泥砂浆粘贴	100m²	**16665.64**	11785.59	4823.68	56.37	77.03		104.00			25.80	1.00
2-271	方柱(梁)面粘贴陶瓷锦砖	干粉型胶粘剂粘贴	100m²	**20272.12**	13141.17	7074.58	56.37	85.89		104.00			25.80	1.00
2-272	方柱(梁)面粘贴玻璃陶瓷锦砖	水泥砂浆粘贴	100m²	**17454.16**	11730.51	5638.06	85.59	76.67			104.00		150.20	1.00
2-273	方柱(梁)面粘贴玻璃陶瓷锦砖	干粉型胶粘剂粘贴	100m²	**20776.77**	13075.38	7615.80	85.59	85.46			104.00		25.80	1.00
2-274	柱(梁)面粘贴瓷板 152×152	水泥砂浆粘贴	100m²	**16164.34**	11195.01	4897.53	71.80	73.17				106.00	15.50	1.00
2-275	柱(梁)面粘贴瓷板 152×152	干粉型胶粘剂粘贴	100m²	**19407.48**	12386.88	6975.94	44.66	80.96				106.00	15.50	1.00
2-276	柱帽、柱墩贴块料		10个	**581.40**	581.40			3.80						

柱面

料															机械	
水	水泥	砂子	干粉型胶粘剂	108胶	白灰	石料切割锯片	白灰膏	水泥砂浆 1:2	水泥砂浆 1:3	素水泥浆	混合砂浆 1:1:2	白水泥浆	混合砂浆 1:0.2:2	水泥砂浆 1:1	灰浆搅拌机 200L	小型机具
m^3	kg	t	kg	kg	kg	片	m^3	m^3	m^3	m^3	m^3	m^3	m^3	m^3	台班	元
7.62	0.39	87.03	5.75	4.45	0.30	28.55									208.76	
2.21	1259.20	3.079						(0.67)	(1.35)	(0.20)					0.35	
1.76	730.58	2.147	421.00						(1.35)	(0.10)					0.33	
1.39	850.38	2.442		19.21	69.89		(0.100)		(1.35)	(0.10)	(0.31)				0.27	
1.21	730.58	2.147	421.00	2.33					(1.35)	(0.10)					0.27	
2.01	1098.97	3.542		19.58	49.47		(0.071)		(1.57)			(0.10)	(0.82)		0.41	
1.35	674.96	2.496	421.00						(1.57)						0.41	
1.59	1306.62	2.612		2.21		0.96			(1.12)	(0.10)				(0.82)	0.32	5.00
1.10	627.40	1.765	421.00	2.21		0.96			(1.11)	(0.10)					0.19	5.00

6.零星镶

(1) 石材

①大

工作内容： 1.挂贴大理石：清理基层，打底刷浆，预埋铁件，制作、安装钢筋网，电焊固定。选料湿水、钻孔成槽、镶贴面层、穿丝固定。调运砂浆、磨光打

编号	项目		单位	预算基价				人工	材					
				总价	人工费	材料费	机械费	综合工	大理石板	大理石碎块	白水泥	膨胀螺栓	水泥	砂子
				元	元	元	元	工日	m²	m²	kg	套	kg	t
								153.00	299.93	86.85	0.64	0.82	0.39	87.03
2-277	挂贴大理石		100m²	**54040.37**	18278.91	35532.25	229.21	119.47	106.00		15.50	606.00	2068.87	5.910
2-278	粘贴大理石	水泥砂浆粘贴	100m²	**43661.07**	9681.84	33886.81	92.42	63.28	106.00		17.50		1006.72	3.497
2-279	粘贴大理石	干粉型胶粘剂粘贴	100m²	**47431.44**	10006.20	37332.82	92.42	65.40	106.00		17.50		640.57	2.369
2-280	拼碎大理石		100m²	**33321.94**	22385.43	10838.39	98.12	146.31		106.00			1571.68	3.771

贴块料

零星项目

理 石

蜡、擦缝、养护。2.粘贴大理石、拼碎大理石:清理基层、调运砂浆、打底刷浆。镶贴块料面层、刷胶粘剂、切割面料。磨光、擦缝、打蜡养护。

料																	
水	合金钢钻头 *D*20	石料切割锯片	棉纱	电焊条	钢筋 *D*10以内	铜丝	清油	煤油	松节油	草酸	硬白蜡	YJ-302胶粘剂	YJ-III胶粘剂	干粉型胶粘剂	白灰	金刚石三角形	108胶
m^3	个	片	kg	kg	t	kg	kg	kg	kg	kg	kg	kg	kg	kg	kg	块	kg
7.62	35.69	28.55	16.11	7.59	3970.73	73.55	15.06	7.49	7.93	10.93	18.46	26.39	18.17	5.75	0.30	8.31	4.45
2.99	11.50	3.49	1.25	2.66	0.1578	7.77	0.69	5.18	0.78	1.19	3.90						
1.53		2.99	1.11				0.59	4.44	0.67	1.11	2.94	11.70	46.70				
1.14		2.99	1.11				0.59	4.44	0.67	1.11	2.94			843.00			
2.38			1.00						15.00	3.00	5.00				80.84	21.00	44.00

续前

编号	项目		单位	材料							机械				
				锡纸	白灰膏	水泥砂浆 1:2.5	素水泥浆	水泥砂浆 1:3	水泥砂浆 1:1.5	混合砂浆 1:0.2:2	灰浆搅拌机 200L	钢筋调直机 *D*14	钢筋切断机 *D*40	交流电焊机 30kV•A	小型机具
				kg	m^3	m^3	m^3	m^3	m^3	m^3	台班	台班	台班	台班	元
				61.00							208.76	37.25	42.81	87.97	
2-277	挂贴大理石		100m²			(3.93)	(0.10)				0.72	0.07	0.07	0.22	53.95
2-278	粘贴大理石	水泥砂浆粘贴				(0.75)		(1.49)			0.37				15.18
2-279		干粉型胶粘剂粘贴						(1.49)			0.37				15.18
2-280	拼碎大理石			0.30	(0.115)		(0.10)	(0.90)	(0.51)	(1.34)	0.47				

②花　岗　岩

工作内容： 1.挂贴花岗岩：清理基层，打底刷浆，预埋铁件，制作、安装钢筋网，电焊固定。选料湿水、钻孔成槽、镶贴面层、穿丝固定。调运砂浆、磨光打蜡、擦缝、养护。2.粘贴花岗岩、拼碎花岗岩：清理基层、调运砂浆、打底刷浆。镶贴块料面层、刷胶粘剂、切割面料。磨光、擦缝、打蜡养护。

编号	项目		单位	预算基价				人工	材料					
				总价	人工费	材料费	机械费	综合工	花岗岩板	花岗岩碎块	白水泥	膨胀螺栓	水泥	砂子
				元	元	元	元	工日	m^2	m^2	kg	套	kg	t
								153.00	355.92	44.22	0.64	0.82	0.39	87.03
2-281	挂贴花岗岩		$100m^2$	**59681.95**	18278.91	41175.77	227.27	119.47	106.00		15.50	606.00	2068.87	5.910
2-282	粘贴花岗岩	水泥砂浆粘贴	$100m^2$	**49222.99**	9617.58	39512.99	92.42	62.86	106.00		17.50		1006.72	3.497
2-283	粘贴花岗岩	干粉型胶粘剂粘贴	$100m^2$	**53366.38**	10006.20	43267.76	92.42	65.40	106.00		17.50		640.57	2.369
2-284	拼碎花岗岩		$100m^2$	**28803.16**	22385.43	6319.61	98.12	146.31		106.00			1571.68	3.771

编号	项目		单位	材										
				水	石料切割锯片	棉纱	电焊条	钢筋 $D10$以内	铜丝	清油	煤油	松节油	草酸	硬白蜡
				m^3	片	kg	kg	t	kg	kg	kg	kg	kg	kg
				7.62	28.55	16.11	7.59	3970.73	73.55	15.06	7.49	7.93	10.93	18.46
2-281	挂贴花岗岩		100m²	2.99	4.49	1.25	2.66	0.1578	9.00	0.69	5.18	0.78	1.19	3.90
2-282	粘贴花岗岩	水泥砂浆粘贴	100m²	1.53	2.99	1.11				0.59	4.44	0.67	1.11	2.94
2-283	粘贴花岗岩	干粉型胶粘剂粘贴	100m²	1.14	2.99	1.11				0.59	4.44	0.67	1.11	2.94
2-284	拼碎花岗岩		100m²	2.38		1.00						15.00	3.00	5.00

续前

料												机械				
YJ-III胶粘剂	干粉型胶粘剂	白灰	金刚石三角形	108胶	锡纸	白灰膏	水泥砂浆1:2.5	素水泥浆	水泥砂浆1:3	水泥砂浆1:1.5	混合砂浆1:0.2:2	灰浆搅拌机200L	钢筋调直机$D14$	钢筋切断机$D40$	交流电焊机30kV·A	小型机具
kg	kg	kg	块	kg	kg	m^3	m^3	m^3	m^3	m^3	m^3	台班	台班	台班	台班	元
18.17	5.75	0.30	8.31	4.45	61.00							208.76	37.25	42.81	87.97	
							(3.93)	(0.10)				0.67	0.07	0.07	0.26	58.92
46.70							(0.75)		(1.49)			0.37				15.18
	843.00								(1.49)			0.37				15.18
		80.84	21.00	44.00	0.30	(0.115)		(0.10)	(0.90)	(0.51)	(1.34)	0.47				

工作内容：铁件加工安装、龙骨安装、焊接、石材安装、勾缝打胶等。

编号	项目	单位	预算基价				人工	材料			
			总价	人工费	材料费	机械费	综合工	花岗岩板	不锈钢干挂件	石料切割锯片	泡沫塑料密封条
			元	元	元	元	工日	m^2	套	片	m
							153.00	355.92	3.74	28.55	0.91
2-285	钢骨架上干挂花岗岩板零星项目	$100m^2$	**55421.61**	16009.92	39397.90	13.79	104.64	106.00	63.00	2.69	250.00

续前

编号	项目	单位	材料								机械
			棉纱	水	煤油	松节油	草酸	硬白蜡	结构胶	密封胶	小型机具
			kg	m^3	kg	kg	kg	kg	kg	支	元
			16.11	7.62	7.49	7.93	10.93	18.46	43.70	6.71	
2-285	钢骨架上干挂花岗岩板零星项目	$100m^2$	1.00	1.52	4.00	0.60	1.00	2.65	20.00	20.00	13.79

(2) 块料零星项目

①凹凸假麻石块及陶瓷锦砖

工作内容： 1.清理基层、打底抹灰、砂浆找平。2.选料、抹结合层砂浆(刷胶粘剂)、贴面层、擦缝、清洁表面。

编号	项目		单位	预算基价				人工	材料						
				总价	人工费	材料费	机械费	综合工	凹凸假麻石墙面砖	陶瓷锦砖	玻璃陶瓷锦砖	白水泥	棉纱	水	水泥
				元	元	元	元	工日	m^2	m^2	m^2	kg	kg	m^3	kg
								153.00	80.41	39.71	44.92	0.64	16.11	7.62	0.39
2-286	凹凸假麻石块	水泥砂浆粘贴	100m²	**22115.15**	12553.65	9478.00	83.50	82.05	106.00			18.56	1.11	2.40	1504.48
2-287	凹凸假麻石块	干粉型胶粘剂粘贴	100m²	**26216.68**	14132.61	12006.83	77.24	92.37	106.00			18.60	1.11	1.89	872.40
2-288	陶瓷锦砖	水泥砂浆粘贴	100m²	**21816.03**	16860.60	4892.80	62.63	110.20		104.00		28.90	1.11	1.47	941.48
2-289	陶瓷锦砖	干粉型胶粘剂粘贴	100m²	**26252.92**	18799.11	7391.18	62.63	122.87		104.00		28.90	1.11	1.20	801.49
2-290	玻璃陶瓷锦砖	水泥砂浆粘贴	100m²	**22544.70**	16677.00	5771.67	96.03	109.00			104.00	194.12	1.11	2.53	1222.89
2-291	玻璃陶瓷锦砖	干粉型胶粘剂粘贴	100m²	**26645.74**	18606.33	7943.38	96.03	121.61			104.00	28.60	1.11	1.62	752.34

续前

编号	项目		单位	材料											机械
				砂子	干粉型胶粘剂	108胶	白灰	白灰膏	水泥砂浆1:2	水泥砂浆1:3	素水泥浆	混合砂浆1:0.2:2	混合砂浆1:1:2	白水泥浆	灰浆搅拌机200L
				t	kg	kg	kg	m^3	m^3	m^3	m^3	m^3	m^3	m^3	台班
				87.03	5.75	4.45	0.30								208.76
2-286	凹凸假麻石块	水泥砂浆粘贴	$100m^2$	3.674					(0.80)	(1.61)	(0.24)				0.40
2-287	凹凸假麻石块	干粉型胶粘剂粘贴	$100m^2$	2.560	500.20					(1.61)	(0.12)				0.37
2-288	陶瓷锦砖	水泥砂浆粘贴	$100m^2$	2.709		20.10	76.65	(0.109)		(1.50)	(0.11)		(0.34)		0.30
2-289	陶瓷锦砖	干粉型胶粘剂粘贴	$100m^2$	2.353	467.40	2.45				(1.48)	(0.11)				0.30
2-290	玻璃陶瓷锦砖	水泥砂浆粘贴	$100m^2$	3.943		22.93	54.90	(0.078)		(1.75)		(0.91)		(0.11)	0.46
2-291	玻璃陶瓷锦砖	干粉型胶粘剂粘贴	$100m^2$	2.783	467.40					(1.75)					0.46

②瓷板及文化石

工作内容：1.清理基层、打底抹灰、砂浆找平。2.选料、抹结合层砂浆(刷胶粘剂)、贴面层、擦缝、清洁表面。

编号	项目		单位	预算基价				人工	材料				
				总价	人工费	材料费	机械费	综合工	瓷板	文化石	白水泥	石料切割锯片	棉纱
				元	元	元	元	工日	m²	m²	kg	片	kg
								153.00		114.52	0.64	28.55	16.11
2-292	瓷板 152×152	水泥砂浆粘贴	100m²	**17524.42**	12455.73	4987.96	80.73	81.41	106.00×38.54		17.50	1.07	1.11
2-293		干粉型胶粘剂粘贴		**21153.93**	13812.84	7291.67	49.42	90.28	106.00×38.54		17.50	1.07	1.11
2-294	瓷板 200×150	水泥砂浆粘贴		**14506.16**	7879.50	6530.42	96.24	51.50	106.00×51.86		17.50	0.84	1.11
2-295		干粉型胶粘剂粘贴		**17719.35**	8777.61	8874.72	67.02	57.37	106.00×51.86		17.50	0.84	1.11
2-296	瓷板 200×200	水泥砂浆粘贴		**13648.40**	7879.50	5672.66	96.24	51.50	106.00×43.76		17.50	0.84	1.11
2-297		干粉型胶粘剂粘贴		**16863.19**	8779.14	8017.03	67.02	57.38	106.00×43.76		17.50	0.84	1.11
2-298	瓷板 200×250	水泥砂浆粘贴		**13638.85**	7503.12	6039.49	96.24	49.04	106.00×47.23		17.50	0.84	1.11
2-299		干粉型胶粘剂粘贴		**16824.50**	8373.69	8383.79	67.02	54.73	106.00×47.23		17.50	0.84	1.11
2-300	瓷板 200×300	水泥砂浆粘贴		**13895.63**	7145.10	6654.29	96.24	46.70	106.00×53.03		17.50	0.84	1.11
2-301		干粉型胶粘剂粘贴		**17032.32**	7966.71	8998.59	67.02	52.07	106.00×53.03		17.50	0.84	1.11
2-302	文化石	水泥砂浆粘贴		**23440.52**	10203.57	13132.36	104.59	66.69		106.00		0.84	1.11
2-303		干粉型胶粘剂粘贴		**27003.03**	11419.92	15516.09	67.02	74.64		106.00		0.84	1.11

续前

编号	项目		单位	材料									机械	
				水	108 胶	水泥	砂子	干粉型胶粘剂	水泥砂浆 1:1	水泥砂浆 1:2	水泥砂浆 1:3	素水泥浆	灰浆搅拌机 200L	小型机具
				m^3	kg	kg	t	kg	m^3	m^3	m^3	m^3	台班	元
				7.62	4.45	0.39	87.03	5.75					208.76	
2-292	瓷板 152×152	水泥砂浆粘贴	100m²	1.68	2.45	1451.61	2.910		(0.91)		(1.25)	(0.11)	0.36	5.58
2-293		干粉型胶粘剂粘贴		1.28	2.45	694.01	1.956	467.00			(1.23)	(0.11)	0.21	5.58
2-294	瓷板 200×150	水泥砂浆粘贴		2.42	2.45	1613.98	3.693		(0.82)		(1.80)	(0.11)	0.44	4.39
2-295		干粉型胶粘剂粘贴		1.71	2.45	939.06	2.862	467.00			(1.80)	(0.11)	0.30	4.39
2-296	瓷板 200×200	水泥砂浆粘贴		2.53	2.45	1613.98	3.693		(0.82)		(1.80)	(0.11)	0.44	4.39
2-297		干粉型胶粘剂粘贴		1.83	2.45	939.06	2.862	467.00			(1.80)	(0.11)	0.30	4.39
2-298	瓷板 200×250	水泥砂浆粘贴		2.40	2.45	1613.98	3.693		(0.82)		(1.80)	(0.11)	0.44	4.39
2-299		干粉型胶粘剂粘贴		1.69	2.45	939.06	2.862	467.00			(1.80)	(0.11)	0.30	4.39
2-300	瓷板 200×300	水泥砂浆粘贴		2.40	2.45	1613.98	3.693		(0.82)		(1.80)	(0.11)	0.44	4.39
2-301		干粉型胶粘剂粘贴		1.69	2.45	939.06	2.862	467.00			(1.80)	(0.11)	0.30	4.39
2-302	文化石	水泥砂浆粘贴		2.39		1442.75	4.257		(0.25)	(0.82)	(1.80)		0.48	4.39
2-303		干粉型胶粘剂粘贴		1.71		946.68	3.075	467.00	(0.21)		(1.80)		0.30	4.39

7.墙、柱面装饰

(1)龙 骨 基 层

工作内容：定位下料、打眼、安装膨胀螺栓、安装龙骨、刷防腐油。

编号	项目				单位	预算基价 总价	人工费	材料费	机械费	人工 综合工	材料 杉木锯材	膨胀螺栓	铁钉	合金钢钻头	防腐油	机械 木工圆锯机 $D500$	小型机具
						元	元	元	元	工日	m^3	套	kg	个	kg	台班	元
										153.00	2596.26	0.82	6.68	11.81	0.52	26.53	
2-304	木龙骨断面(cm²以内)	7.5	平均中距(mm以内)	300	100m²	**4243.98**	1794.69	2429.25	20.04	11.73	0.79	315.93	3.84	7.82	2.18	0.26	13.14
2-305				400		**3504.00**	1531.53	1955.68	16.79	10.01	0.63	269.87	2.83	6.68	1.82	0.21	11.22
2-306		13		300		**5334.41**	1794.69	3519.68	20.04	11.73	1.21	315.93	3.84	7.82	2.18	0.26	13.14
2-307				400		**4406.36**	1548.36	2841.11	16.89	10.12	0.97	272.30	2.83	6.74	1.82	0.21	11.32
2-308				450		**4165.86**	1548.36	2601.40	16.10	10.12	0.88	272.30	1.94	6.74	1.63	0.18	11.32
2-309		20		300		**6805.00**	1829.88	4954.81	20.31	11.96	1.76	322.40	3.84	7.98	2.18	0.26	13.41
2-310				400		**5591.36**	1583.55	3990.65	17.16	10.35	1.41	278.76	2.83	6.90	1.82	0.21	11.59
2-311				450		**5204.37**	1548.36	3639.91	16.10	10.12	1.28	272.30	1.94	6.74	1.63	0.18	11.32
2-312				500		**4711.18**	1355.58	3340.91	14.69	8.86	1.18	238.36	1.68	5.91	1.63	0.18	9.91
2-313		30		400		**7378.91**	1601.91	5759.70	17.30	10.47	2.09	281.99	2.83	6.98	1.82	0.21	11.73
2-314				450		**6882.66**	1583.55	5282.74	16.37	10.35	1.91	278.76	1.94	6.90	1.63	0.18	11.59
2-315				500		**6337.43**	1390.77	4931.70	14.96	9.09	1.79	244.82	1.68	6.06	1.63	0.18	10.18
2-316				550		**5737.76**	1390.77	4332.57	14.42	9.09	1.56	244.82	1.40	6.06	1.40	0.16	10.18
2-317		45		500		**8071.53**	1407.60	6648.83	15.10	9.20	2.45	248.06	1.68	6.14	1.63	0.18	10.32
2-318				600		**7194.55**	1285.20	5895.70	13.65	8.40	2.17	226.20	1.40	5.60	1.63	0.16	9.41
2-319				800		**6035.55**	950.13	5075.01	10.41	6.21	1.88	167.26	1.07	4.14	1.63	0.13	6.96

工作内容：定位下料、打眼、安装膨胀螺栓、安装龙骨、刷防腐油。

编号	项目			单位	预算基价 总价	预算基价 人工费	预算基价 材料费	预算基价 机械费	人工 综合工	轻钢龙骨 75×40×0.63	轻钢龙骨 75×50×0.63	铝合金龙骨 60×30×1.5
					元	元	元	元	工日	m	m	m
									153.00	5.56	6.82	11.68
2-320	轻钢龙骨	中距（mm以内）	竖 603 横 1500	100m²	**4720.73**	1337.22	3366.30	17.21	8.74	106.38	199.46	
2-321	轻钢龙骨	中距（mm以内）	单向 500	100m²	**7059.75**	1543.77	5484.40	31.58	10.09			248.22
2-322	轻钢龙骨	中距（mm以内）	单向 1500	100m²	**4725.71**	1794.69	2791.50	139.52	11.73			
2-323	石膏龙骨			100m²	**12786.12**	1337.22	11439.86	9.04	8.74			

材料													机械	
石膏龙骨 70×50	膨胀螺栓 M16	铆 钉	合金钢钻头	电焊条	热轧等边角钢 45×4	乙炔气 5.5～6.5 kg	氧 气 $6m^3$	石膏粉	铁 钉	热轧槽钢 60	791 胶粘剂	792 胶粘剂	交流电焊机 30kV·A	小型机具
m	套	个	个	kg	t	m^3	m^3	kg	kg	t	kg	kg	台班	元
12.98	4.09	0.44	11.81	7.59	3751.83	16.13	2.88	0.94	6.68	3689.01	6.49	15.79	87.97	
	226.76	940.00	6.22											17.21
	595.23		12.76											31.58
	272.11		6.22	0.16	0.42644	0.16	0.48						1.40	16.36
462.69	210.20		5.38					313.00	510.20	0.084	76.25	0.24		9.04

(2) 夹板、卷材基层

工作内容： 龙骨上钉隔离层。

编号	项目	单位	预算基价				人工	材料								机械
			总价	人工费	材料费	机械费	综合工	玻璃棉毡	石膏板	胶合板	大芯板（细木工板）	油毡	铁钉	聚醋酸乙烯乳液	射钉（枪钉）	电动空气压缩机 $0.3m^3$
			元	元	元	元	工日	m^2	m^2	m^2	m^2	m^2	kg	kg	个	台班
							153.00	30.42	10.58		122.10	3.83	6.68	9.51	0.36	31.50
2-324	玻璃棉毡隔离层	$100m^2$	**3690.77**	492.66	3198.11		3.22	105.00					0.60			
2-325	石膏板基层	$100m^2$	**2278.70**	1034.28	1244.42		6.76		105.00					14.04		
2-326	胶合板基层 5 mm	$100m^2$	**4390.97**	933.30	3378.92	78.75	6.10			105.00×30.54			2.56	14.04	60.00	2.50
2-327	胶合板基层 9 mm	$100m^2$	**7185.94**	1090.89	5976.92	118.13	7.13			105.00×55.18			2.56	14.04	90.00	3.75
2-328	细木工板基层	$100m^2$	**14390.83**	1266.84	13005.86	118.13	8.28				105.00		2.91	14.04	90.00	3.75
2-329	油毡隔离层	$100m^2$	**1119.55**	579.87	539.68		3.79					105.00	0.60	14.04		

注：胶合板、细木工板基层钉在夹板上时，每 100 m^2 增加聚醋酸乙烯乳液 28.07 kg。

(3) 墙 面 面 层

工作内容： 1.玻璃面层:清理基层、安装玻璃面层、钉压条等。2.不锈钢面层:清理基层、打胶、粘贴或钉面层、清理净面。

编号	项目		单位	预算基价 总价	人工费	材料费	机械费	人工 综合工	材料 镜面玻璃 6.0	镭射玻璃	镜面不锈钢板 8K成型	不锈钢卡口槽
				元	元	元	元	工日	m^2	m^2	m^2	m
								153.00	67.98	248.08	324.10	19.16
2-330	镜面玻璃	在胶合板上粘贴	100m²	**13971.95**	2463.30	11508.65		16.10	105.00			
2-331	镜面玻璃	在砂浆面上粘贴	100m²	**21321.78**	3431.79	17869.83	20.16	22.43	105.00			
2-332	镭射玻璃	在胶合板上粘贴	100m²	**32962.23**	2295.00	30667.23		15.00		106.00		
2-333	镭射玻璃	在砂浆面上粘贴	100m²	**40261.57**	3213.00	37028.41	20.16	21.00		106.00		
2-334	不锈钢面板墙面		100m²	**45745.72**	6000.66	39745.06		39.22			115.65	
2-335	不锈钢卡口槽		100m	**4736.73**	2216.97	2519.76		14.49				106.00

续前

编号	项目		单位	材料									机械
				镀锌螺钉	不锈钢钉	不锈钢压条 6.5×15	玻璃胶 350g	合金钢钻头	双面强力弹性胶带	杉木锯材	铝收口条压条	XY-518胶	小型机具
				个	kg	m	支	个	m	m^3	m	kg	元
				0.16	30.55	11.77	24.44	11.81	5.52	2596.26	11.00	17.89	
2-330	镜面玻璃	在胶合板上粘贴	$100m^2$	1179.03	2.47	124.65	108.00						
2-331	镜面玻璃	在砂浆面上粘贴	$100m^2$	816.33				6.00	505.26	0.08	680.85	2.48	20.16
2-332	镭射玻璃	在胶合板上粘贴	$100m^2$	1179.03	2.47	124.65	108.00						
2-333	镭射玻璃	在砂浆面上粘贴	$100m^2$	816.33				6.00	505.26	0.08	680.85	2.48	20.16
2-334	不锈钢面板墙面		$100m^2$				92.59						
2-335	不锈钢卡口槽		100m				20.00						

工作内容：清理基层、粘贴或钉面层、钉压条、清理净面。

编号	项目		单位	预算基价				人工	材料						
				总价	人工费	材料费	机械费	综合工	人造革	丝绒面料	塑料面板	胶合板3mm厚	铝合金压条	螺钉带垫圈50mm	泡沫塑料30.0
				元	元	元	元	工日	m^2	m^2	m^2	m^2	m	个	m^2
								153.00	17.74	139.60	26.55	20.88	8.10	1.61	30.93
2-336	墙面、墙裙	贴人造革	$100m^2$	**17521.82**	7408.26	10113.56		48.42	110.00				106.38	1607.14	105.00
2-337		贴丝绒		**18528.13**	2357.73	16170.40		15.41		112.00					
2-338		塑料板面		**5879.15**	985.32	4893.83		6.44			105.00				
2-339		胶合板面		**5185.32**	2287.35	2740.47	157.50	14.95				110.00			

注：如胶合板钉在木龙骨上，每100 m^2减少聚醋酸乙烯乳液28.07 kg。

续前

编号	项目		单位	材料											机械
				硬木锯材	铁钉	贴缝纸带	锯材	万能胶	塑料踢脚盖板	塑料板压口盖板	塑料板阴阳角卡口板	木螺钉M4×50	射钉（枪钉）	聚醋酸乙烯乳液	电动空气压缩机$0.3m^3$
				m^3	kg	m	m^3	kg	m	m	m	个	个	kg	台班
				6977.77	6.68	1.12	1632.53	17.95	5.24	5.48	27.04	0.10	0.36	9.51	31.50
2-336	墙面、墙裙	贴人造革	$100m^2$	0.21											
2-337	墙面、墙裙	贴丝绒	$100m^2$		0.40	50.00	0.05	22.00							
2-338	墙面、墙裙	塑料板面	$100m^2$						58.95	58.95	52.63	510.20			
2-339	墙面、墙裙	胶合板面	$100m^2$										120.00	42.11	5.00

工作内容：清理基层、铺钉面层、钉压条、清理净面。

编号	项目	单位	预算基价				人工	材料		
			总价	人工费	材料费	机械费	综合工	硬杂木锯材一类	石膏板	半圆竹片 *D*20
			元	元	元	元	工日	m^3	m^2	m^2
							153.00	5987.71	10.58	9.27
2-340	硬木条吸声墙面	$100m^2$	**23490.47**	5384.07	17984.08	122.32	35.19	2.34		
2-341	硬木板条墙面	$100m^2$	**18804.63**	3941.28	14698.48	164.87	25.76	2.45		
2-342	石膏板墙面	$100m^2$	**2644.24**	1496.34	1147.90		9.78		105.00	
2-343	竹片内墙面	$100m^2$	**4958.50**	3825.00	1133.50		25.00			105.00

注：硬木板条包括踢脚线部分。

续前

编号	项目	单位	材料						机械	
			铁钉	钢板网	超细玻璃棉	嵌缝膏	镀锌半圆头钉	镀锌钢丝 *D*0.7	木工圆锯机 *D*500	木工压刨床 双面600
			kg	m^2	kg	kg	kg	kg	台班	台班
			6.68	15.92	21.33	1.57	8.70	7.42	26.53	51.28
2-340	硬木条吸声墙面	$100m^2$	8.39	105.00	105.26				1.17	1.78
2-341	硬木板条墙面	$100m^2$	4.28						1.73	2.32
2-342	石膏板墙面	$100m^2$	5.08			1.95				
2-343	竹片内墙面	$100m^2$					7.27	13.06		

工作内容：清理基层、铺钉面层、钉压条、清理净面。

编号	项目		单位	预算基价			人工	材							料
				总价	人工费	材料费	综合工	电化铝装饰板100mm宽	铝合金条板100mm宽	铝塑板	镀锌薄钢板0.56	玻璃纤维板	刨花板12mm厚	杉木锯材	水泥压木丝板
				元	元	元	工日	m^2	m^2	m^2	m^2	m^2	m^2	m^3	m^2
							153.00	51.99	70.34	143.67	20.08	27.26	27.28	2596.26	49.42
2-344	电化铝板墙面		$100m^2$	**10606.91**	3185.46	7421.45	20.82	106.00							
2-345	铝合金装饰板墙面		$100m^2$	**11590.68**	2568.87	9021.81	16.79		106.00						
2-346	铝合金复合板墙面	胶合板基层上	$100m^2$	**23868.51**	4926.60	18941.91	32.20			114.84					
2-347	铝合金复合板墙面	木龙骨基层上	$100m^2$	**22465.90**	4926.60	17539.30	32.20			114.84					
2-348	镀锌薄钢板墙面		$100m^2$	**4609.59**	2111.40	2498.19	13.80				114.48				
2-349	纤维板墙面		$100m^2$	**5226.86**	2216.97	3009.89	14.49					110.00			
2-350	刨花板墙面		$100m^2$	**5690.07**	2216.97	3473.10	14.49				1.10		110.00		
2-351	杉木薄板墙面		$100m^2$	**12693.26**	6334.20	6359.06	41.40							2.44	
2-352	木丝板墙面		$100m^2$	**8052.11**	2252.16	5799.95	14.72				0.86				110.00
2-353	塑料扣板墙面		$100m^2$	**4238.57**	933.30	3305.27	6.10								

续前

编号	项目		单位	材								料			
				塑料扣板空腹	铝拉铆钉4×10	电化角铝25.4×2	SY-19粘胶	镀锌螺钉	铝收口条压条	玻璃胶350g	密封胶	铁钉	焊锡	锯材	塑料压条
				m^2	个	m	kg	个	m	支	支	kg	kg	m^3	m
				27.69	0.03	10.30	17.74	0.16	11.00	24.44	6.71	6.68	59.85	1632.53	3.23
2-344	电化铝板墙面		100m^2		2066.330	177.66	1.05								
2-345	铝合金装饰板墙面							2506.12	105.89						
2-346	铝合金复合板墙面	胶合板基层上								86.08	50.53				
2-347		木龙骨基层上								28.69	50.53				
2-348	镀锌薄钢板墙面											1.99	3.11		
2-349	纤维板墙面											1.69			
2-350	刨花板墙面											6.30		0.25	
2-351	杉木薄板墙面											3.62			
2-352	木丝板墙面											2.99		0.20	
2-353	塑料扣板墙面			105.00								3.00			116.96

工作内容：清理基层、铺钉面层、钉压条、清理净面。

编号	项目		单位	预算基价				人工	材料							
				总价	人工费	材料费	机械费	综合工	石棉板	柚木皮	岩棉吸声板	FC板	超细玻璃棉板50.0	榉木夹板3mm厚	微孔铝板	亚克力灯箱片3mm
				元	元	元	元	工日	m^2	m^2	m^2	m^2	m^2	m^2	m^2	m^2
								153.00	17.19	46.03	11.94	25.92	35.65	28.70	68.98	144.07
2-354	石棉板墙面	钉在木梁上	$100m^2$	**2721.36**	809.37	1911.99		5.29	105.50							
2-355		安在钢梁上		**3758.95**	1231.65	2527.30		8.05	105.50							
2-356	柚木皮墙面			**9149.16**	3519.00	5630.16		23.00		110.00						
2-357	岩板吸声板墙面			**2225.50**	879.75	1345.75		5.75			105.00					
2-358	FC板墙面			**4460.12**	1505.52	2954.60		9.84				110.00				
2-359	超细玻璃棉板墙面			**4636.59**	703.80	3932.79		4.60					110.00			
2-360	木制饰面板拼色、拼花墙面			**10329.78**	6120.00	4031.17	178.61	40.00						125.00		
2-361	墙面微孔铝板			**11128.28**	2250.63	8877.65		14.71							106.00	
2-362	墙面亚克力灯箱片			**17946.86**	2013.48	15933.38		13.16								110.00

续前

编号	项目		单位	材料												机械
				木螺钉	镀锌瓦钩	万能胶	铁钉	杉木锯材	自攻螺钉M4×15	嵌缝膏	射钉(枪钉)	聚醋酸乙烯乳液	镀锌螺钉	铝收口条压条	建筑胶	电动空气压缩机0.3m³
				个	个	kg	kg	m³	个	kg	个	kg	个	m	kg	台班
				0.16	1.16	17.95	6.68	2596.26	0.06	1.57	0.36	9.51	0.16	11.00	2.38	31.50
2-354	石棉板墙面	钉在木梁上	100m²	615.31												
2-355	石棉板墙面	安在钢梁上	100m²		615.31											
2-356	柚木皮墙面		100m²			31.58										
2-357	岩板吸声板墙面		100m²				2.12	0.03								
2-358	FC板墙面		100m²						1672.34	1.95						
2-359	超细玻璃棉板墙面		100m²				1.69									
2-360	木制饰面板拼色、拼花墙面		100m²								120.00	42.11				5.67
2-361	墙面微孔铝板		100m²										2506.12	105.89		
2-362	墙面亚克力灯箱片		100m²												36.00	

(4)柱面面层

工作内容：玻璃面层:清理基层、安装玻璃面层、钉压条等。其他面层:清理基层、打胶、粘贴或钉面层、钉压条、清理净面。

编号	项目		单位	预算基价				人工	材料					
				总价	人工费	材料费	机械费	综合工	镜面玻璃 6.0	镭射玻璃	镜面不锈钢板 8K成型	泡沫塑料 30.0	镀锌螺钉	不锈钢钉
				元	元	元	元	工日	m^2	m^2	m^2	m^2	个	kg
								153.00	67.98	248.08	324.10	30.93	0.16	30.55
2-363	柱(梁)面粘贴镜面玻璃	在胶合板上粘贴	100m²	**14786.81**	2568.87	12217.94		16.79	105.00				964.16	4.49
2-364	柱(梁)面粘贴镜面玻璃	在砂浆面上粘贴	100m²	**21705.34**	4557.87	17131.24	16.23	29.79	105.00				656.46	
2-365	柱(梁)面粘贴镭射玻璃	在胶合板上粘贴	100m²	**33824.52**	2448.00	31376.52		16.00		106.00			964.16	4.49
2-366	柱(梁)面粘贴镭射玻璃	在砂浆面上粘贴	100m²	**40743.05**	4437.00	36289.82	16.23	29.00		106.00			656.46	
2-367	不锈钢面板	方形梁、柱面	100m²	**44662.55**	5771.16	38891.39		37.72			113.89			
2-368	不锈钢面板	圆形梁、柱面	100m²	**43912.87**	5754.33	38158.54		37.61			111.57			
2-369	不锈钢面板	柱帽、柱脚及其他	100m²	**46679.52**	5754.33	40925.19		37.61			119.66			
2-370	柱面贴人造革		100m²	**16307.49**	7344.00	8963.49		48.00				105.00		
2-371	柱帽、柱墩加工	饰面	10个	**765.00**	765.00			5.00						

续前

编号	项目		单位	材							料				机械
				不锈钢压条6.5×15	玻璃胶350g	合金钢钻头	双面强力弹性胶带	杉木锯材	铝收口条压条	XY-518胶	铝合金压条	螺钉带垫圈50mm	硬木锯材	人造革	小型机具
				m	支	个	m	m^3	m	kg	m	个	m^3	m^2	元
				11.77	24.44	11.81	5.52	2596.26	11.00	17.89	8.10	1.61	6977.77	17.74	
2-363	柱(梁)面粘贴镜面玻璃	在胶合板上粘贴	100m²	182.59	108.00										
2-364		在砂浆面上粘贴				4.83	575.79	0.08	581.91	2.47					16.23
2-365	柱(梁)面粘贴镭射玻璃	在胶合板上粘贴		182.59	108.00										
2-366		在砂浆面上粘贴				4.83	575.79	0.08	581.91	2.47					16.23
2-367	不锈钢面板	方形梁、柱面			81.00										
2-368		圆形梁、柱面			81.78										
2-369		柱帽、柱脚及其他			87.70										
2-370	柱面贴人造革										72.12	1671.94	0.07	110.00	
2-371	柱帽、柱墩加工	饰面	10个												

(5)隔　　断

工作内容：定位弹线、下料、安装龙骨、安装玻璃、嵌缝清理。

编号	项目		单位	预算基价				人工	材料					
				总价	人工费	材料费	机械费	综合工	平板玻璃 5.0	不锈钢板	平板玻璃 12.0	钢化玻璃 12.0	铁钉	杉木锯材
				元	元	元	元	工日	m^2	m^2	m^2	m^2	kg	m^3
								153.00	28.62	99.72	109.67	177.64	6.68	2596.26
2-372	木骨架玻璃隔断	半玻	100m²	**15205.47**	5719.14	9419.41	66.92	37.38	105.44				5.65	2.32
2-373	木骨架玻璃隔断	全玻	100m²	**15127.42**	5947.11	9115.02	65.29	38.87	101.40				5.26	2.26
2-374	全玻璃隔断	单独不锈钢边框	100m²	**23754.50**	5947.11	17758.41	48.98	38.87		110.00				1.70
2-375	全玻璃隔断	普通玻璃	100m²	**20045.50**	4874.58	15136.77	34.15	31.86			106.04			
2-376	全玻璃隔断	钢化玻璃	100m²	**27253.04**	4874.58	22344.31	34.15	31.86				106.04		

续前

编号	项目		单位	材料							机械			
				松木锯材	防腐油	玻璃胶350g	膨胀螺栓	橡胶条	热轧等边角钢	零星材料费	木工圆锯机D500	木工压刨床单面600	交流电焊机30kV·A	小型机具
				m^3	kg	支	套	m	t	元	台班	台班	台班	元
				1661.90	0.52	24.44	0.82	6.21	3685.48		26.53	32.70	87.97	
2-372	木骨架玻璃隔断	半玻	$100m^2$	0.18	3.32					39.78	0.23	1.86		
2-373		全玻		0.16	2.18					43.23	0.23	1.81		
2-374	全玻璃隔断	单独不锈钢边框				97.20					0.17	1.36		
2-375		普通玻璃				25.73	354.08	157.89	0.43622				0.22	14.80
2-376		钢化玻璃				25.73	354.08	157.89	0.43622				0.22	14.80

工作内容： 定位弹线、下料、安装龙骨、安装玻璃或板条、嵌缝清理。

编号	项目	单位	预算基价				人工	材料						
			总价	人工费	材料费	机械费	综合工	平板玻璃 5.0	防弹玻璃 19.0	铝合金型材	铝合金条板 100mm宽	玻璃胶 350g	膨胀螺栓	不锈钢螺钉 4×12
			元	元	元	元	工日	m^2	m^2	kg	m^2	支	套	个
							153.00	28.62	1462.29	24.90	70.34	24.44	0.82	3.71
2-377	不锈钢柱嵌防弹玻璃	$100m^2$	**171901.15**	11016.00	160679.89	205.26	72.00		97.40			76.85		777.45
2-378	铝合金玻璃隔断	$100m^2$	**28234.87**	5735.97	22181.18	317.72	37.49	105.00		411.74		63.16	348.98	1888.44
2-379	铝合金板条隔断	$100m^2$	**37697.54**	4522.68	33160.39	14.47	29.56			393.76	97.28		259.83	

续前

编号	项目	单位	材料												机械
			合金钢钻头 $D20$	不锈钢槽钢 10×20×1	不锈钢钢管 $D76$×2	铁件	水泥	砂子	水	自攻螺钉 20mm	自攻螺钉 30mm	槽铝	电化角铝	零星材料费	小型机具
			个	m	m	kg	kg	t	m^3	个	个	m	m	元	元
			35.69	40.89	41.25	9.49	0.39	87.03	7.62	0.03	0.05	19.47	10.30		
2-377	不锈钢柱嵌防弹玻璃		96.00	151.43	86.99									283.74	205.26
2-378	铝合金玻璃隔断	$100m^2$				2.95	33.89	0.084	0.02					39.17	317.72
2-379	铝合金板条隔断					95.55				462.96	4699.07	628.15	277.26	58.56	14.47

工作内容： 定位弹线、下料、安装龙骨、安装玻璃、嵌缝清理。

编号	项目	单位	预算基价 总价	人工费	材料费	机械费	人工 综合工	材料 锯材	玻璃砖 190×190×80	双层玻璃夹百叶帘	射钉（枪钉）	聚醋酸乙烯乳液	木螺钉	白水泥	镀锌钢丝 D0.7
			元	元	元	元	工日	m^3	块	m^2	个	kg	个	kg	kg
							153.00	1632.53	24.78	206.65	0.36	9.51	0.16	0.64	7.42
2-380	花式木隔断 直栅漏空	100m²	**11834.90**	6845.22	4234.97	754.71	44.74	2.41			453.00	12.63			
2-381	花式木隔断 井格(mm) 100×100	100m²	**22267.00**	12140.55	8792.84	1333.61	79.35	4.89			1452.00	17.47	530.08		
2-382	花式木隔断 井格(mm) 200×200	100m²	**16744.42**	8886.24	6880.93	977.25	58.08	4.02			386.00	7.22	514.29		
2-383	玻璃砖隔断 分隔嵌缝	100m²	**79264.20**	6650.91	72513.96	99.33	43.47	0.68	2414.18					305.08	3.16
2-384	玻璃砖隔断 全砖	100m²	**77485.19**	4222.80	73243.92	18.47	27.60		2711.34					338.42	3.16
2-385	双层玻璃夹百叶帘隔断	100m²	**29994.94**	9329.94	20665.00		60.98			100.00					

续前

编号	项目			单位	材料										机械			
					铁件	电焊条	热轧扁钢 65×5	热轧槽钢	冷拔低碳钢丝 $D3.0$	白石子	色粉	水	零星材料费	白水泥白石子浆 1∶1.5	木工圆锯机 $D500$	木工压刨床 单面600	电动空气压缩机 $0.3m^3$	交流电焊机 30kV·A
					kg	kg	t	t	t	kg	kg	m^3	元	m^3	台班	台班	台班	台班
					9.49	7.59	3639.62	3622.52	4681.28	0.19	4.47	7.62			26.53	32.70	31.50	87.97
2-380	花式木隔断	直栅漏空		100m²									17.38		1.50	7.50	14.91	
2-381	花式木隔断	井格(mm)	100×100	100m²									36.10		2.63	13.17	26.45	
2-382	花式木隔断	井格(mm)	200×200	100m²									28.25		1.93	9.67	19.36	
2-383	玻璃砖隔断	分隔嵌缝		100m²	168.58	1.18	0.708	1.86	0.05940	542.05	7.40	0.10	23.34	(0.37)	0.33	1.64		0.42
2-384	玻璃砖隔断	全砖		100m²	213.40	1.18		0.91	0.06645	600.65	8.20	0.11	23.58	(0.41)				0.21
2-385	双层玻璃夹百叶帘隔断			100m²														

工作内容：定位安装、校正、周边塞口、清理。

编号	项目		单位	预算基价				人工	材料								机械
				总价	人工费	材料费	机械费	综合工	全玻塑钢隔断	半玻塑钢隔断	全塑钢板隔断	膨胀螺栓	自攻螺钉M4×15	皮条	玻璃胶350g	零星材料费	小型机具
				元	元	元	元	工日	m^2	m^2	m^2	套	个	m	支	元	元
								153.00	248.21	292.55	355.70	0.82	0.06	4.09	24.44		
2-386	塑钢隔断	全玻	100m^2	34382.81	5814.00	28537.04	31.77	38.00	102.00			218.28	1376.55	626.84	14.07	50.39	31.77
2-387	塑钢隔断	半玻	100m^2	38365.64	5281.56	33067.72	16.36	34.52		102.00		218.28	1376.55	626.84	14.07	58.39	16.36
2-388	塑钢隔断	全塑钢板	100m^2	44124.89	4590.00	39520.42	14.47	30.00			102.00	218.28	1376.55	626.84	14.07	69.79	14.47

工作内容：下料、安装龙骨及面层、安装玻璃、嵌缝清理。

编号	项目		单位	预算基价				人工	材料										
				总价	人工费	材料费	机械费	综合工	榉木夹板3mm厚	磨砂玻璃5.0	木螺钉	铁钉	插销100	铰链65型	铁件	拉手100	橡胶板3.0	杉木锯材	榉木围边
				元	元	元	元	工日	m^2	m^2	个	kg	个	副	kg	个	m^2	m^3	m^3
								153.00	28.70	46.68	0.16	6.68	7.27	9.30	9.49	15.71	32.88	2596.26	15443.25
2-389	浴厕隔断	木龙骨基层 榉木板面	$100m^2$	**24678.66**	9114.21	15484.96	79.49	59.57	222.22		786.03	2.12	28.58	57.16	166.60	28.58	0.02	1.32	0.12
2-390	浴厕隔断	不锈钢 磨砂玻璃	$100m^2$	**94312.08**	12959.10	81289.44	63.54	84.70		105.68									

续前

编号	项目		单位	材料													机械		
				防腐油	环氧树脂	聚醋酸乙烯乳液	水泥	砂子	水	膨胀螺栓	不锈钢球 *D*63	钢板	不锈钢钢管 *DN*50	不锈钢方管 35×38×1	玻璃胶 350g	零星材料费	木工压刨床 单面600	木工圆锯机 *D*500	小型机具
				kg	kg	kg	kg	t	m^3	套	个	t	m	m	支	元	台班	台班	元
				0.52	28.33	9.51	0.39	87.03	7.62	0.82	95.96	4265.90	52.26	97.23	24.44		32.70	26.53	
2-389	浴厕隔断	木龙骨基层 榉木板面	$100m^2$	1.20	18.00	32.16	51.59	0.191	0.04							63.57	2.09	0.42	
2-390	浴厕隔断	不锈钢 磨砂玻璃	$100m^2$							510.20	189.46	0.05926	314.89	393.61	100.00	333.70			63.54

工作内容：清理基层、安装墙板、刷胶、贴网格布、浇捣混凝土等。

编号	项目		单位	预算基价			人工	材料			
				总价	人工费	材料费	综合工	彩钢夹芯板 0.4mm板芯厚75mm V220/880	GRC 轻质墙板	膨胀螺栓 M10	地槽铝 75mm
				元	元	元	工日	m^2	m^2	套	m
							153.00	76.09		1.53	37.63
2-391	彩钢夹芯板隔墙		100m²	**18726.87**	4932.72	13794.15	32.24	105.00		45.50	57.32
2-392	GRC 轻质隔墙	60 mm 厚	100m²	**10274.63**	2207.79	8066.84	14.43		103.00×56.02		
2-393	GRC 轻质隔墙	90 mm 厚	100m²	**14705.74**	2529.09	12176.65	16.53		103.00×94.07		
2-394	GRC 轻质隔墙	120 mm 厚	100m²	**15701.49**	2657.61	13043.88	17.37		103.00×100.64		

续前

编号	项目		单位	材料										
				工字铝	铝拉铆钉	电化角铝 25.4×1	铝合金型材	锯材	水泥	预拌混凝土 AC20	108胶	射钉 M8-35-35	3014 网格布 900mm宽	铁件
				m	只	m	m	m^3	kg	m^3	kg	100个	m^2	kg
				5.78	0.13	19.47	29.45	1632.53	0.39	450.56	4.45	92.15	3.79	9.49
2-391	彩钢夹芯板隔墙		$100m^2$	152.47	1189.57	96.79	20.67	0.03						
2-392	GRC轻质隔墙	60 mm 厚						0.03	201.80	0.14	52.45	2.23	411.23	11.44
2-393		90 mm 厚						0.03	296.21	0.21	76.99	2.23	411.23	12.82
2-394		120 mm 厚						0.03	390.63	0.28	101.52	2.23	411.23	14.19

(6) 柱龙骨基层及饰面

工作内容：定位弹线、下料、截割、安装龙骨、面层安装、固定、包面、清理。

编号	项目		单位	预算基价				人工	材料						
				总价	人工费	材料费	机械费	综合工	装饰铜板	膨胀螺栓	射钉（枪钉）	铁钉	锯材	胶合板3mm厚	大芯板（细木工板）
				元	元	元	元	工日	m^2	套	个	kg	m^3	m^2	m^2
								153.00	327.31	0.82	0.36	6.68	1632.53	20.88	122.10
2-395	圆柱包铜	木龙骨	100m²	**57363.35**	11384.73	45567.00	411.62	74.41	110.70	54.87	862.00	16.89	1.61	105.00	24.06
2-396	圆柱包铜	钢龙骨	100m²	**56257.14**	14603.85	41561.62	91.67	95.45	110.66	303.09	176.81				
2-397	方柱包圆铜	木龙骨	100m²	**59792.99**	14129.55	45171.77	491.67	92.35	110.66	209.58	862.00	9.74	0.61	105.00	13.41

续前

编号	项目		单位	材料										机械		
				聚醋酸乙烯乳液	万能胶	电焊条	热轧扁钢	钢板	热轧等边角钢	带帽螺栓	塑料薄膜	杉木锯材	零星材料费	电动空气压缩机 $0.3m^3$	交流电焊机 30kV•A	小型机具
				kg	kg	kg	t	t	t	个	m^2	m^3	元	台班	台班	元
				9.51	17.95	7.59	3671.86	4265.90	3685.48	3.30	1.90	2596.26		31.50	87.97	
2-395	圆柱包铜	木龙骨	$100m^2$	27.37	42.38								86.14	12.33		23.22
2-396	圆柱包铜	钢龙骨	$100m^2$		42.38	7.22	0.2294	0.10636	0.77998				43.14		0.50	47.68
2-397	方柱包圆铜	木龙骨	$100m^2$	42.11	42.11					150.00	45.63	0.68	75.31	15.33		8.77

工作内容：定位弹线、下料、安装龙骨、包夹板、镶条。

编号	项目		单位	预算基价				人工	材料			
				总价	人工费	材料费	机械费	综合工	钛金板	不锈钢板	柚木夹板 3.0	磨砂钢板
				元	元	元	元	工日	m^2	m^2	m^2	m^2
								153.00	419.95	99.72	42.20	65.65
2-398	包方柱镶条	不锈钢条板镶钛金条	$100m^2$	**51916.13**	13848.03	37564.77	503.33	90.51	35.81	87.84		
2-399	包方柱镶条	不锈钢条板包圆角	$100m^2$	**61405.91**	13688.91	47219.30	497.70	89.47	81.55	28.02		
2-400	包方柱镶条	钛金条板镶不锈钢条板	$100m^2$	**68698.86**	13923.00	54272.53	503.33	91.00	87.84	35.81		
2-401	包方柱镶条	钛金条板包圆角	$100m^2$	**61487.00**	13770.00	47219.30	497.70	90.00	81.55	28.02		
2-402	包方柱镶条	柚木夹板镶不锈钢条板	$100m^2$	**27381.28**	10716.12	16094.32	570.84	70.04		43.37	73.34	
2-403	包方柱镶条	柚木夹板镶钛金条板	$100m^2$	**41308.17**	10716.12	30021.21	570.84	70.04	43.37		73.34	
2-404	包方柱镶条	不锈钢板镶磨砂钢板	$100m^2$	**32626.30**	12844.35	19317.43	464.52	83.95		76.81		43.37
2-405	包方柱镶条	钛金钢板镶磨砂钢板	$100m^2$	**57291.37**	12844.35	43982.50	464.52	83.95	76.81			43.37

续前

编号	项目		单位	材料								机械	
				射钉（枪钉）	铁钉	锯材	胶合板5mm厚	胶合板9mm厚	聚醋酸乙烯乳液	万能胶	零星材料费	电动空气压缩机 $0.3m^3$	小型机具
				个	kg	m^3	m^2	m^2	kg	kg	元	台班	元
				0.36	6.68	1632.53	30.54	55.18	9.51	17.95		31.50	
2-398	包方柱镶条	不锈钢条板镶钛金条	$100m^2$	1645.00	11.69	1.60	105.00	105.00	55.79	47.33	103.88	15.17	25.47
2-399		不锈钢条板包圆角		460.00	9.41	2.73		75.00	39.85	47.07	130.58	15.00	25.20
2-400		钛金条板镶不锈钢条板		1645.00	11.69	1.60	105.00	105.00	55.79	47.33	150.08	15.17	25.47
2-401		钛金条板包圆角		460.00	9.41	2.73		75.00	39.85	47.07	130.58	15.00	25.20
2-402		柚木夹板镶不锈钢条板		1522.00	6.91	1.20	105.00	37.00	55.79	16.60	44.51	17.50	19.59
2-403		柚木夹板镶钛金条板		1522.00	6.91	1.20	105.00	37.00	55.79	16.60	83.02	17.50	19.59
2-404		不锈钢板镶磨砂钢板		1522.00	6.91	1.20	105.00	37.00	13.68	46.00	53.42	14.00	23.52
2-405		钛金钢板镶磨砂钢板		1522.00	6.91	1.20	105.00	37.00	13.68	46.00	121.63	14.00	23.52

工作内容：定位弹线、下料、安装龙骨、包夹板、镶条。

编号	项目			单位	预算基价				人工	材料						
					总价	人工费	材料费	机械费	综合工	钛金板	柚木夹板 3.0	防火板 5.0	不锈钢板	波音板	波音软片	射钉（枪钉）
					元	元	元	元	工日	m^2	m^2	m^2	m^2	m^2	m^2	个
									153.00	419.95	42.20	153.76	99.72	67.06	58.32	0.36
2-406	包圆柱镶条	柚木板	镶钛金条	$100m^2$	**28851.90**	9011.70	19508.40	331.80	58.90	15.24	96.87					862.00
2-407			镶防火板条		**24003.14**	8604.72	15088.83	309.59	56.24		96.87	13.13				800.00
2-408		防火板	镶钛金条		**40457.72**	9642.06	30467.27	348.39	63.02	15.24		96.87				243.00
2-409			镶不锈钢条		**35557.11**	9642.06	25566.66	348.39	63.02			96.87	15.24			243.00
2-410		波音板	镶钛金条		**35911.21**	11788.65	23696.84	425.72	77.05	15.24				96.87		243.00
2-411			镶防火板条		**30977.23**	11260.80	19307.30	409.13	73.60			13.13		96.87		243.00
2-412		波音板包圆柱			**30015.69**	11436.75	18164.19	414.75	74.75					110.00		243.00
2-413		波音软片包圆柱			**32228.08**	14059.17	17660.24	508.67	91.89						110.00	243.00

续前

编号	项目			单位	材							料			机械	
					铁钉	锯材	胶合板3mm厚	大芯板（细木工板）	聚醋酸乙烯乳液	万能胶	立时得胶	杉木锯材	无光调和漆	零星材料费	电动空气压缩机0.3m³	小型机具
					kg	m³	m²	m²	kg	kg	kg	m³	kg	元	台班	元
					6.68	1632.53	20.88	122.10	9.51	17.95	22.71	2596.26	16.79		31.50	
2-406	包圆柱镶条	柚木板	镶钛金条	100m²	16.89	1.61	105.00	24.00	69.47	5.83				80.82	10.00	16.80
2-407			镶防火板条		15.79	1.61	105.00	24.00	69.47		5.03			62.51	9.33	15.69
2-408		防火板	镶钛金条		15.79	1.61	105.00	24.00	27.37		37.07			126.22	10.50	17.64
2-409			镶不锈钢条		15.79	1.61	105.00	24.00	27.37		37.07			105.92	10.50	17.64
2-410		波音板	镶钛金条		15.79		105.00	24.00	27.37	5.83	37.07	1.61		98.17	12.83	21.57
2-411			镶防火板条		15.79		105.00	24.00	27.37		42.11	1.61		79.99	12.33	20.73
2-412		波音板包圆柱			15.79		105.00	24.00	27.37		42.11	1.61		75.25	12.50	21.00
2-413		波音软片包圆柱			15.79		105.00	24.00	27.37		42.11	1.61	27.37	73.16	15.33	25.77

工作内容： 定位弹线、下料、安装龙骨、包夹板、镶条。

编号	项目			单位	预算基价				人工	材料								
					总价	人工费	材料费	机械费	综合工	人造革	饰面夹板	防火板 5.0	镜面玻璃 6.0	胶合板 5mm厚	镭射玻璃 400×400×8	榉木线 50×10	防火胶板 12.0	射钉（枪钉）
					元	元	元	元	工日	m²	m²	m²	m²	m²	m²	m	m²	个
									153.00	17.74	26.59	153.76	67.98	30.54	220.97	9.95	25.23	0.36
2-414	包圆柱	木龙骨三夹板衬里	人造革	100m²	**26338.49**	11877.39	13825.01	636.09	77.63	110.00								243.00
2-415	包圆柱	木龙骨三夹板衬里	饰面夹板	100m²	**20146.68**	7882.56	11840.07	424.05	51.52		110.00							1043.00
2-416	包圆柱	木龙骨三夹板衬里	防火板	100m²	**34887.29**	8323.20	26123.72	440.37	54.40			110.00						243.00
2-417	包方柱	木龙骨胶合板衬里	镜面玻璃	100m²	**45002.49**	7495.47	37493.31	13.71	48.99				105.00	105.00				
2-418	包方柱	木龙骨胶合板衬里	镭射玻璃	100m²	**60979.23**	7408.26	53557.26	13.71	48.42					105.00	105.00			
2-419	包方柱	木龙骨胶合板衬里	饰面夹板	100m²	**21428.04**	8182.44	12952.60	293.00	53.48		110.00			105.00		303.95		1100.00
2-420	包方柱	木龙骨胶合板衬里	防火板	100m²	**22296.97**	8710.29	13271.47	315.21	56.93					105.00		303.95	110.00	857.00

续前

编号	项目			单位	材料													机械	
					铁钉	泡沫塑料40.0	锯材	胶合板3mm厚	大芯板（细木工板）	聚醋酸乙烯乳液	立时得胶	镀锌螺钉	不锈钢钉	不锈钢压条2mm	杉木锯材	玻璃胶350g	零星材料费	电动空气压缩机0.3m^3	小型机具
					kg	m^2	m^3	m^2	m^2	kg	kg	个	kg	m	m^3	支	元	台班	元
					6.68	34.61	1632.53	20.88	122.10	9.51	22.71	0.16	30.55	34.89	2596.26	24.44		31.50	
2-414	包圆柱	木龙骨三夹板衬里	人造革	100m^2	15.79	105.26	1.61	105.00	24.00	27.37							26.14	19.50	21.84
2-415	包圆柱	木龙骨三夹板衬里	饰面夹板	100m^2	15.79		1.61	105.00	24.00	69.47							22.38	13.00	14.55
2-416	包圆柱	木龙骨三夹板衬里	防火板	100m^2	15.79		1.61	105.00	24.00	27.37	42.11						49.38	13.50	15.12
2-417	包方柱	木龙骨胶合板衬里	镜面玻璃	100m^2	3.60					55.79		328.57	476.53	216.90	0.71	105.26			13.71
2-418	包方柱	木龙骨胶合板衬里	镭射玻璃	100m^2	3.60					55.79		328.57	476.53	216.90	0.71	105.26			13.71
2-419	包方柱	木龙骨胶合板衬里	饰面夹板	100m^2	3.60					103.90					0.92			8.83	14.85
2-420	包方柱	木龙骨胶合板衬里	防火板	100m^2	3.60					61.80	42.11				0.92			9.50	15.96

(7)幕　　墙

工作内容： 1.型材矫正、放料下料、切割断料、钻孔、安装框料及玻璃配件、周边塞口、清扫。2.清理基层、定位弹线、下料、打砖剔洞、安装龙骨、避雷焊接安装、清洗等。

编号	项目		单位	预算基价 总价	人工费	材料费	机械费	人工 综合工	材料 热反射玻璃（镀膜玻璃）6.0	铝塑板	铝单板
				元	元	元	元	工日	m^2	m^2	m^2
								153.00	237.41	143.67	584.06
2-421	玻璃幕墙（玻璃规格1.6×0.9）	全隐框	100m²	**111647.29**	31518.00	79407.47	721.82	206.00	102.28		
2-422		半隐框		**108931.57**	26469.00	81740.75	721.82	173.00	99.38		
2-423		明框		**99028.45**	22950.00	75356.63	721.82	150.00	95.32		
2-424	铝板幕墙	铝塑板		**83014.45**	31671.00	50622.23	721.22	207.00		117.77	
2-425		铝板		**120709.43**	27234.00	92754.21	721.22	178.00			102.00
2-426	全玻璃幕墙	挂式		**67524.42**	3298.68	64023.41	202.33	21.56			
2-427		点式		**101210.27**	4418.64	96431.42	360.21	28.88			
2-428	防火隔离带	100×240	100m	**10765.04**	3185.46	7480.95	98.63	20.82			

编号	项目		单位	材								
				钢化玻璃 15.0	不锈钢带帽螺栓 M12×450	不锈钢螺栓 M12×110	自攻螺钉 M4×35	镀锌角钢 5#	镀锌角钢（综合）	镀锌铁件	低合金钢焊条 E43系列	岩棉板
				m^2	套	套	个	kg	kg	kg	kg	m^3
				258.39	10.47	4.33	0.06	4.60	7.31	7.37	12.29	562.44
2-421	玻璃幕墙（玻璃规格1.6×0.9）	全隐框	100m²		132.86	132.86	2249.80			202.87		
2-422		半隐框			132.86	132.86	2249.80			202.87		
2-423		明框			132.86	132.86	2249.80			202.87		
2-424	铝板幕墙	铝塑板			132.86	132.86	2249.80			202.87		
2-425		铝板			132.86	132.86	2249.80			203.61		
2-426	全玻璃幕墙	挂式		105.12						2588.31		
2-427		点式		103.00	46.72					2828.08		
2-428	防火隔离带	100×240	100m					318.000	10.200		3.941	2.604

料												机械		
泡沫条	双面强力弹性胶带	铝合金型材104系列	镀锌薄钢板1.2	岩棉	结构胶DC995	耐候胶DC79HN	空心胶条	成套挂件	二爪挂件	四爪挂件	零星材料费	交流电焊机30kV·A	交流弧焊机32kV·A	小型机具
m	m	kg	m^2	m^2	L	L	m	套	套	套	元	台班	台班	元
0.50	5.52	41.76	43.75	7.96	63.82	58.84	6.46	306.35	224.11	1178.11		87.97	87.97	
248.54	365.49	1068.26	24.00	9.10	35.08	22.37					98.90	8.00		18.06
319.79	421.05	1147.95	24.00	9.10	22.45	25.00					101.80	8.00		18.06
277.78		999.44	24.00	9.10		22.37	730.99				93.85	8.00		18.06
254.39		644.69	24.00	9.10	8.21	22.89					63.05	8.00		17.46
254.39		630.80	24.00	9.10	8.21	22.89					115.52	8.00		17.46
68.18					157.89	6.47		23.55			79.74	2.30		
37.59					22.95	6.21			23.36	35.04	120.10	4.00		8.33
			101.27										0.811	27.29

第三章　天 棚 工 程

说　明

一、本章包括天棚抹灰，平面、跌级天棚，艺术造型天棚，其他面层（龙骨和面层），其他5节，共302条基价子目。

二、本章基价子目中砂浆配合比如与设计要求不同时，可按设计要求调整，人工费、砂浆消耗量及机械费不变。

三、本章基价子目中主料品种如与设计要求不同时，可按设计要求对主要材料进行补充、换算，人工费、机械费不变。

四、如设计要求在水泥砂浆中掺防水粉时，可按设计比例增加防水粉，人工费、机械费不变。

五、天棚抹小圆角因素已考虑在基价内，不另行计算。

六、设计要求抹灰厚度与预算基价中不同时，砂浆消耗量按第二章“墙、柱面工程”说明中的“一般抹灰砂浆厚度调整表”计算，人工费、机械费不变。

七、阳台、雨篷抹灰子目内已包括底面抹灰及刷浆，不另行计算。

八、本章中抹水泥砂浆及混合砂浆均系中级抹灰水平。当设计要求抹灰不压光时，其人工工日乘以系数0.87。

九、天棚面层在同一标高者为平面天棚，天棚面层不在同一标高者为跌级天棚，跌级天棚其面层人工工日乘以系数1.10。

十、本章中平面天棚和跌级天棚指一般直线形天棚，不包括灯光槽的制作、安装，灯光槽制作、安装按本章相应项目执行。艺术造型天棚项目中包括灯光槽的制作、安装。

十一、本章基价子目中龙骨如与实际采用不同时，可按设计要求调整，其中木质龙骨损耗率为6%，轻钢龙骨损耗率为6%，铝合金龙骨损耗率为7%。

十二、轻钢龙骨和铝合金龙骨不上人型吊筋长度为0.6 m，上人型吊筋长度为1.4 m，吊筋长度与基价不同时可按设计要求调整，但人工费、机械费不变。

十三、轻钢龙骨、铝合金龙骨基价中为双层结构（即中、小龙骨紧贴大龙骨底面吊挂），如使用单层结构（大、中龙骨底面在同一水平面上），平面天棚的轻钢龙骨、铝合金龙骨人工工日乘以系数0.83；跌级天棚的轻钢龙骨人工工日乘以系数0.87；铝合金龙骨人工工日乘以系数0.84。

十四、龙骨架、基层、面层的防火处理按第五章相应项目执行。

十五、天棚压条、装饰线条按第六章相应项目执行。

十六、天棚检查孔的工、料已包括在基价项目内，不另计算。

十七、灯光孔、风口开孔以方形为准，如为圆形者，人工工日乘以系数1.30。

工程量计算规则

一、天棚抹灰：

1.天棚抹灰按设计图示尺寸以主墙间净空面积计算，不扣除柱、垛、附墙烟囱、间壁墙、检查洞和管道所占的面积。带有钢筋混凝土梁的天棚，梁的两侧抹灰面积应并入天棚抹灰工程量内计算。

2.楼梯底面抹灰（包括踏步、休息平台及 500 mm 以内的楼梯井）按设计图示尺寸以水平投影面积计算，执行天棚抹灰相应项目，板式楼梯乘以系数 1.15，锯齿形楼梯乘以系数 1.37。

3.檐口天棚的抹灰面积并入相同的天棚抹灰工程量内计算。

4.有坡度及拱顶的天棚抹灰按设计图示尺寸以展开面积计算。拱顶面积计算方法：按水平投影面积乘以下表延长系数。

拱顶延长系数表

拱 高∶跨 度	1∶2	1∶2.5	1∶3	1∶3.5	1∶4	1∶4.5	1∶5	1∶5.5	1∶6	1∶6.5	1∶7	1∶8	1∶9	1∶10
延长系数	1.571	1.383	1.274	1.205	1.159	1.127	1.103	1.086	1.073	1.062	1.054	1.041	1.033	1.026

注：本表即弓形弧长系数表。拱高即矢高，跨度即弦长。弧长等于弦长乘以系数。

二、天棚装饰：

1.各种吊顶天棚龙骨按设计图示尺寸以主墙间净空面积计算，不扣除间壁墙、检查口、附墙烟囱、柱、垛、管道以及单个面积 0.3 m^2 以内的孔洞所占的面积，但天棚中的折线、迭落、圆弧形、高低灯槽等面积也不增加。

2.天棚基层按设计图示尺寸以展开面积计算。

3.天棚装饰面层按设计图示尺寸以主墙间实铺面积计算，不扣除间壁墙、检查口、附墙烟囱、附墙垛和管道所占面积，扣除单个面积 0.3 m^2 以外的孔洞、独立柱、灯槽及与天棚相连的窗帘盒所占的面积。天棚中的折线、迭落、圆弧形、拱形、高低灯槽及其他艺术形式天棚面层均按展开面积计算。

4.龙骨、基层、面层合并列项的项目按设计图示尺寸以主墙间净空面积计算，不扣除间壁墙、检查口、附墙烟囱、柱、垛、管道和单个面积 0.3 m^2 以内的孔洞所占的面积，但天棚中的折线、迭落、圆弧形、高低灯槽等面积也不增加。

5.网架天棚按设计图示尺寸以水平投影面积计算。

三、其他：

1.保温层按设计图示尺寸以实铺面积计算。

2.天棚灯槽按设计图示尺寸以框外围面积计算。

3.送（回）风口安装按设计图示数量计算。

4.灯光孔、风口开孔按设计图示数量计算。

5.格栅灯带按设计图示长度计算。

6.嵌缝按设计图示长度计算。

1.天 棚 抹 灰

工作内容：1.清理修补基层、调运砂浆、清扫落地灰。2.抹灰、找平、罩面、压光、小圆角抹光等。

编号	项目		单位	预算基价				人工	材料			
				总价	人工费	材料费	机械费	综合工	水泥	砂子	白灰	水
				元	元	元	元	工日	kg	t	kg	m³
								135.00	0.39	87.03	0.30	7.62
3-1	混凝土天棚	素水泥浆 2 mm 混合砂浆1∶1∶6 8 mm 混合砂浆1∶1∶4 7.5 mm	100m²	**3114.23**	2268.00	668.12	178.11	16.80	797.61	2.734	269.90	0.950
3-2	混凝土天棚	素水泥浆 2 mm 水泥砂浆1∶3 8 mm 水泥砂浆1∶2.5 7.5 mm	100m²	**3263.41**	2313.90	769.25	180.26	17.14	1218.21	2.957		0.774
3-3	混凝土天棚	素水泥浆 2 mm 干拌抹灰砂浆M15 8 mm 干拌抹灰砂浆M20 7.5 mm	100m²	**3690.22**	2200.50	1400.50	89.22	16.30	334.95			0.132
3-4	混凝土天棚	素水泥浆 2 mm 湿拌抹灰砂浆M15 8 mm 湿拌抹灰砂浆M20 7.5 mm	100m²	**3083.91**	2087.10	996.81		15.46	334.95			0.132
3-5	混凝土天棚	素水泥浆 2 mm 混合砂浆1∶0.3∶3 16 mm	100m²	**3241.99**	2304.45	757.28	180.26	17.07	1101.14	2.833	134.08	1.333
3-6	混凝土天棚	五、七孔板下勾缝	100m²	**377.08**	306.45	45.03	25.60	2.27	14.06	0.069	8.21	0.023
3-7	混凝土天棚	大型屋面板下抹缝	100m	**536.86**	405.00	97.87	33.99	3.00	66.52	0.328	38.80	0.111
3-8	混凝土天棚	素水泥浆 2 mm 混合砂浆1∶3∶9 15.5 mm	100m²	**3525.47**	2531.25	813.96	180.26	18.75	678.21	3.808	600.70	0.911
3-9	混凝土天棚	白灰砂浆拉毛	100m²	**1714.27**	1286.55	376.74	50.98	9.53		1.287	597.45	1.625
3-10	混凝土天棚	混合砂浆拉毛	100m²	**1789.55**	1289.25	441.79	58.51	9.55	392.81	1.930	359.18	1.689
3-11	金属网天棚	素水泥浆 2 mm 混合砂浆1∶1∶6 8 mm	100m²	**2514.07**	1972.35	386.84	154.88	14.61	518.32	1.356	106.96	0.485
3-12	金属网天棚	水泥白灰麻刀浆1∶5 6 mm 白灰砂浆1∶2.5 7.5 mm 混合砂浆1∶1∶6 6.5 mm	100m²	**3431.84**	2458.35	793.23	180.26	18.21	431.27	2.677	912.68	1.411
3-13	金属网天棚	混合砂浆1∶1∶2 6 mm 混合砂浆1∶0.5∶4 7 mm 混合砂浆1∶3∶9 7 mm	100m²	**3565.37**	2451.60	946.41	167.36	18.16	951.12	3.962	627.01	1.530

编号	项目		单位	材								
				干拌抹灰砂浆M15	干拌抹灰砂浆M20	湿拌抹灰砂浆M15	湿拌抹灰砂浆M20	麻刀	纸筋	脚手架周转费	白灰膏	混合砂浆1:1:6
				t	t	m^3	m^3	kg	kg	元	m^3	m^3
				342.18	352.17	422.75	446.76	3.92	3.70			
3-1	混凝土天棚	素水泥浆 2 mm 混合砂浆1:1:6 8 mm 混合砂浆1:1:4 7.5 mm	100m²							30.90	(0.385)	(0.882)
3-2		素水泥浆 2 mm 水泥砂浆1:3 8 mm 水泥砂浆1:2.5 7.5 mm								30.90		
3-3		素水泥浆 2 mm 干拌抹灰砂浆M15 8 mm 干拌抹灰砂浆M20 7.5 mm		1.648	1.914					30.90		
3-4		素水泥浆 2 mm 湿拌抹灰砂浆M15 8 mm 湿拌抹灰砂浆M20 7.5 mm				0.886	1.029			30.90		
3-5		素水泥浆 2 mm 混合砂浆1:0.3:3 16 mm								30.90	(0.191)	
3-6		五、七孔板下勾缝								30.90	(0.012)	
3-7		大型屋面板下抹缝	100m							30.90	(0.055)	
3-8		素水泥浆 2 mm 混合砂浆1:3:9 15.5 mm	100m²							30.90	(0.857)	
3-9		白灰砂浆拉毛							19.76		(0.853)	
3-10		混合砂浆拉毛									(0.513)	
3-11	金属网天棚	素水泥浆 2 mm 混合砂浆1:1:6 8 mm								30.90	(0.152)	(0.882)
3-12		水泥白灰麻刀浆1:5 6 mm 白灰砂浆1:2.5 7.5 mm 混合砂浆1:1:6 6.5 mm						19.54		30.90	(1.302)	(0.923)
3-13		混合砂浆1:1:2 6 mm 混合砂浆1:0.5:4 7 mm 混合砂浆1:3:9 7 mm								30.90	(0.896)	

续前

料											机械	
混合砂浆 1:1:4	素水泥浆	水泥砂浆 1:3	水泥砂浆 1:2.5	混合砂浆 1:0.3:3	混合砂浆 1:3:9	白灰砂浆 1:2.5	水泥白灰麻刀浆 1:5	混合砂浆 1:0.5:4	混合砂浆 1:1:2	纸筋灰浆	灰浆搅拌机 400L	干混砂浆罐式搅拌机
m^3	m^3	m^3	m^3	m^3	m^3	m^3	m^3	m^3	m^3	m^3	台班	台班
											215.11	254.19
(1.033)	(0.223)										0.828	
	(0.223)	(0.886)	(1.029)								0.838	
	(0.223)											0.351
	(0.223)											
	(0.223)			(1.97)							0.838	
(0.052)											0.119	
(0.246)											0.158	
	(0.223)				(2.784)						0.838	
						(0.834)				(0.520)	0.237	
					(0.904)				(0.728)		0.272	
	(0.223)										0.720	
						(0.815)	(0.977)				0.838	
					(0.977)			(0.771)	(1.543)		0.778	

工作内容：1.清理修补基层、调运砂浆、清扫落地灰。2.抹灰、找平、罩面、压光、小圆角抹光、阳台、雨篷包括抹白灰心、刷浆。

编号	项目		单位	预算基价				人工			
				总价	人工费	材料费	机械费	综合工	水泥	砂子	水
				元	元	元	元	工日	kg	t	m^3
								135.00	0.39	87.03	7.62
3-14	矩形梁	素水泥浆 2 mm 水泥砂浆1:3 11 mm 水泥砂浆1:2 7 mm	100m²	**4671.23**	3582.90	818.37	269.96	26.54	1323.52	3.155	0.837
3-15	矩形梁	素水泥浆 2 mm 混合砂浆1:1:6 9 mm 混合砂浆1:1:4 9 mm	100m²	**4580.65**	3615.30	691.95	273.40	26.78	813.92	2.975	1.005
3-16	异型梁	素水泥浆 2 mm 水泥砂浆1:3 11 mm 水泥砂浆1:2 7 mm	100m²	**6384.38**	5296.05	818.37	269.96	39.23	1323.52	3.155	0.837
3-17	异型梁	素水泥浆 2 mm 混合砂浆1:1:6 9 mm 混合砂浆1:1:4 9 mm	100m²	**6295.15**	5329.80	691.95	273.40	39.48	813.92	2.975	1.005
3-18	阳台雨篷	水泥砂浆1:3 5 mm 水泥砂浆1:2 20 mm 混合砂浆1:1:6 10 mm	100m²	**19427.93**	17390.70	1715.00	322.23	128.82	2469.70	6.533	1.956

材								料					机械
白灰	纸筋	大白粉	聚醋酸乙烯乳液	羧甲基纤维素	脚手架周转费	白灰膏	素水泥浆	水泥砂浆 1:2	水泥砂浆 1:3	混合砂浆 1:1:4	混合砂浆 1:1:6	纸筋灰浆	灰浆搅拌机 400L
kg	kg	kg	kg	kg	元	m^3	m^3	m^3	m^3	m^3	m^3	m^3	台班
0.30	3.70	0.91	9.51	11.25									215.11
					21.24		(0.212)	(0.806)	(1.279)				1.255
289.04					21.24	(0.412)	(0.212)			(1.036)	(1.036)		1.271
					21.24		(0.212)	(0.806)	(1.279)				1.255
289.04					21.24	(0.412)	(0.212)			(1.036)	(1.036)		1.271
335.67	11.25	19.87	0.23	0.46	0.58	(0.479)	(0.281)	(2.739)	(0.618)		(1.130)	(0.296)	1.498

2.平面、跌级天棚

(1)天 棚 龙 骨

①对剖圆木楞

工作内容：定位，弹线，选料，下料，制作、安装，刷防腐油。

编号	项目			单位	预算基价				人工	材料							机械
					总价	人工费	材料费	机械费	综合工	杉原木	铁钉	防腐油	锯材	预埋铁件	铁件	电焊条	交流电焊机 30kV•A
					元	元	元	元	工日	m^3	kg	kg	m^3	kg	kg	kg	台班
									153.00	1488.59	6.68	0.52	1632.53	9.49	9.49	7.59	87.97
3-19	对剖圆木天棚龙骨（搁在砖墙上）	单层楞		100m²	**21695.88**	3121.20	18574.68		20.40	12.44	8.21	3.42					
3-20	对剖圆木天棚龙骨（搁在砖墙上）	双层楞 面层规格(mm)	300×300	100m²	**8773.14**	3733.20	5039.94		24.40	1.27	11.65	4.71	1.88				
3-21	对剖圆木天棚龙骨（搁在砖墙上）	双层楞 面层规格(mm)	450×450	100m²	**7537.20**	3427.20	4110.00		22.40	1.27	9.37	3.77	1.32				
3-22	对剖圆木天棚龙骨（搁在砖墙上）	双层楞 面层规格(mm)	600×600	100m²	**6854.15**	3274.20	3579.95		21.40	1.27	8.26	3.33	1.00				
3-23	对剖圆木天棚龙骨（搁在砖墙上）	双层楞 面层规格(mm)	600×600以上	100m²	**6417.62**	3121.20	3296.42		20.40	1.27	7.39	2.97	0.83				
3-24	对剖圆木天棚龙骨（吊在梁下或板下）	单层楞		100m²	**6040.47**	3060.00	2976.07	4.40	20.00		7.36	3.17	1.31	58.47	24.07	0.44	0.05
3-25	对剖圆木天棚龙骨（吊在梁下或板下）	双层楞 面层规格(mm)	300×300	100m²	**11033.43**	3672.00	7357.03	4.40	24.00	1.86	13.34	5.54	1.88	106.07	43.67	0.80	0.05
3-26	对剖圆木天棚龙骨（吊在梁下或板下）	双层楞 面层规格(mm)	450×450	100m²	**9569.09**	3366.00	6198.69	4.40	22.00	1.86	11.20	4.56	1.32	89.03	36.65	0.67	0.05
3-27	对剖圆木天棚龙骨（吊在梁下或板下）	双层楞 面层规格(mm)	600×600	100m²	**8767.59**	3213.00	5550.19	4.40	21.00	1.86	10.09	4.23	1.00	80.22	33.02	0.61	0.05
3-28	对剖圆木天棚龙骨（吊在梁下或板下）	双层楞 面层规格(mm)	600×600以上	100m²	**8248.64**	3060.00	5184.24	4.40	20.00	1.86	9.31	3.91	0.83	74.05	30.48	0.56	0.05

②方　木　楞

工作内容：制作、安装木楞(包括检查孔)，刷防腐油。

编号	项目				单位	预算基价 总价	人工费	材料费	机械费	人工 综合工	材料 锯材
						元	元	元	元	工日 153.00	m³ 1632.53
3-29	方木天棚龙骨（吊在人字架或搁在砖墙上）	单层楞			100m²	**5006.99**	1897.20	3109.79		12.40	1.76
3-30		双层楞	面层规格（mm）	300×300		**6566.81**	2509.20	4057.61		16.40	2.30
3-31				450×450		**5676.65**	2356.20	3320.45		15.40	1.87
3-32				600×600		**4706.52**	2203.20	2503.32		14.40	1.41
3-33				600×600 以上		**4128.03**	2050.20	2077.83		13.40	1.18
3-34	方木天棚龙骨（吊在混凝土板下或梁下）	单层楞				**6110.37**	1989.00	4116.97	4.40	13.00	1.76
3-35		双层楞	面层规格（mm）	300×300		**7952.22**	2601.00	5346.82	4.40	17.00	2.30
3-36				450×450		**6912.45**	2448.00	4460.05	4.40	16.00	1.87
3-37				600×600		**5660.17**	2295.00	3360.77	4.40	15.00	1.41
3-38				600×600 以上		**4868.83**	2142.00	2722.43	4.40	14.00	1.18

续前

编号	项目				单位	材料						机械
						铁件	防腐油	预埋铁件	铁钉	电焊条	镀锌钢丝 $D1.8$	交流电焊机 30kV·A
						kg	kg	kg	kg	kg	kg	台班
						9.49	0.52	9.49	6.68	7.59	7.09	87.97
3-29	方木天棚龙骨（吊在人字架或搁在砖墙上）	单层楞			100m²	24.88	0.81					
3-30		双层楞	面层规格（mm）	300×300		31.85	1.03					
3-31				450×450		28.15	0.91					
3-32				600×600		21.19	0.69					
3-33				600×600 以上		15.93	0.52					
3-34	方木天棚龙骨（吊在混凝土板下或梁下）	单层楞				7.69	0.55	113.02	8.37	0.86	5.00	0.05
3-35		双层楞	面层规格（mm）	300×300		9.84	0.70	144.67	10.72	1.10	6.40	0.05
3-36				450×450		8.70	0.62	127.88	9.47	0.97	5.66	0.05
3-37				600×600		6.54	0.47	96.23	7.13	0.73	4.26	0.05
3-38				600×600 以上		4.92	0.35	72.34	5.36	0.55	3.20	0.05

③轻 钢 龙 骨

工作内容：1.吊件加工、安装。2.定位、弹线、射钉。3.选料、下料、定位杆控制高度、平整、安装龙骨及吊配附件，孔洞预留等。4.临时加固，调整、校正。5.灯箱风口封边、龙骨设置。6.预留位置、整体调整。

编号	项目				单位	预算基价				人工	材料
						总价	人工费	材料费	机械费	综合工	轻钢龙骨不上人型
						元	元	元	元	工日	m^2
										153.00	
3-39	装配式U形轻钢天棚龙骨（不上人型）	面层规格(mm)	300×300	平面	100m^2	**10533.39**	3519.00	7005.59	8.80	23.00	101.50×65.49
3-40				跌级		**11644.00**	3672.00	7963.20	8.80	24.00	101.50×71.17
3-41			450×450	平面		**9810.94**	3213.00	6589.14	8.80	21.00	101.50×61.16
3-42				跌级		**10977.50**	3519.00	7449.70	8.80	23.00	101.50×66.84
3-43			600×600	平面		**8581.14**	2907.00	5665.34	8.80	19.00	101.50×49.79
3-44				跌级		**9689.71**	3213.00	6467.91	8.80	21.00	101.50×55.48
3-45			600×600以上	平面		**8422.40**	2754.00	5659.60	8.80	18.00	101.50×49.79
3-46				跌级		**9528.20**	3060.00	6459.40	8.80	20.00	101.50×55.48
3-47	装配式U形轻钢天棚龙骨（上人型）		300×300	平面		**15131.23**	3519.00	11603.43	8.80	23.00	
3-48				跌级		**16174.98**	3825.00	12341.18	8.80	25.00	
3-49			450×450	平面		**13495.06**	2754.00	10732.26	8.80	18.00	
3-50				跌级		**15216.23**	3672.00	11535.43	8.80	24.00	
3-51			600×600	平面		**12985.00**	3060.00	9916.20	8.80	20.00	
3-52				跌级		**14029.32**	3366.00	10654.52	8.80	22.00	
3-53			600×600以上	平面		**12774.55**	2907.00	9858.75	8.80	19.00	
3-54				跌级		**13827.72**	3213.00	10605.92	8.80	21.00	
3-55	轻钢天棚龙骨	弧形	不上人型			**11843.11**	5661.00	6173.71	8.40	37.00	106.00×51.15
3-56			上人型			**13353.27**	5967.00	7377.87	8.40	39.00	

编号	项目				单位	材				
						轻钢龙骨上人型	吊筋	高强螺栓	螺母	射钉(枪钉)
						m²	kg	kg	个	个
							3.84	15.92	0.09	0.36
3-39	装配式U形轻钢天棚龙骨(不上人型)	面层规格(mm)	300×300	平面	100m²		24.00	1.06	309.00	153.00
3-40				跌级			33.00	0.99	783.00	155.00
3-41			450×450	平面			28.00	1.22	352.00	153.00
3-42				跌级			36.00	1.03	413.00	155.00
3-43			600×600	平面			27.50	1.22	352.00	153.00
3-44				跌级			35.70	1.03	413.00	155.00
3-45			600×600以上	平面			25.98	1.06	374.00	153.00
3-46				跌级			33.90	0.90	413.00	155.00
3-47	装配式U形轻钢天棚龙骨(上人型)		300×300	平面		101.50×93.91	87.00	1.16	316.00	
3-48				跌级		101.50×98.40	100.00	0.99	319.00	
3-49			450×450	平面		101.50×85.25	87.00	1.31	361.00	
3-50				跌级		101.50×90.39	100.00	1.13	361.00	
3-51			600×600	平面		101.50×76.59	100.00	1.34	361.00	
3-52				跌级		101.50×81.73	99.50	1.13	361.00	
3-53			600×600以上	平面		101.50×76.59	87.10	1.16	319.00	
3-54				跌级		101.50×81.73	88.40	0.99	330.00	
3-55	轻钢天棚龙骨	弧形	不上人型				150.00			
3-56			上人型			106.00×62.51	150.00			

续前

料											机械	
垫圈	电焊条	热轧等边角钢	铁件	锯材	热轧扁钢	钢板	方钢管 25×25×2.5	预埋铁件	膨胀螺栓	合金钢钻头	交流电焊机 30kV·A	小型机具
个	kg	t	kg	m^3	t	t	m	kg	套	个	台班	元
0.06	7.59	3685.48	9.49	1632.53	3671.86	4265.90	9.79	9.49	0.82	11.81	87.97	
155.00	1.28	0.04									0.10	
392.00	1.28	0.04	11.40	0.07	0.00154	0.00047	6.12				0.10	
176.00	1.28	0.04									0.10	
207.00	1.28	0.04	7.00	0.07	0.00154	0.00047	6.12				0.10	
176.00	1.28		40.00								0.10	
207.00	1.28		40.70	0.07	0.00154	0.00047	6.12				0.10	
187.00	1.28		40.00								0.10	
215.00	1.28		40.70	0.07	0.00154	0.00047	6.12				0.10	
158.00	1.28		4.40	0.01				170.00			0.10	
160.00	1.28		11.40	0.07	0.00154		6.12	170.47			0.10	
181.00	1.28		4.40	0.01				170.00			0.10	
181.00	1.28		11.40	0.07	0.00154		6.12	170.47			0.10	
181.00	1.28		4.40	0.01			1.28	170.00			0.10	
181.00	1.28		11.40	0.07	0.00154		6.12	170.47			0.10	
160.00	1.28		4.40	0.01			1.28	170.00			0.10	
165.00	1.28		11.40	0.07	0.00154		6.12	170.47			0.10	
									200.00	1.00		8.40
									200.00	1.00		8.40

④铝合

工作内容： 1.定位、弹线、射钉、膨胀螺栓及吊筋安装。2.选料、下料组装。3.安装龙骨及吊配附件、临时固定支撑。4.预留孔洞、安装封边龙骨。5.调

编号	项目				单位	预算基价 总价 元	人工费 元	材料费 元	机械费 元	人工 综合工 工日 153.00	铝合金龙骨不上人型 m²
3-57	装配式T形铝合金天棚龙骨（不上人型）	面层规格(mm)	300×300	平面	100m²	**9581.32**	2601.00	6974.84	5.48	17.00	101.50×61.59
3-58				跌级		**11426.85**	2754.00	8667.37	5.48	18.00	101.50×72.53
3-59			450×450	平面		**11538.45**	2295.00	9237.97	5.48	15.00	101.50×83.89
3-60				跌级		**12866.06**	2601.00	10259.58	5.48	17.00	101.50×88.22
3-61			600×600	平面		**7911.39**	2142.00	5763.91	5.48	14.00	101.50×49.79
3-62				跌级		**9091.28**	2295.00	6790.80	5.48	15.00	101.50×54.12
3-63			600×600以上	平面		**7777.77**	1989.00	5783.29	5.48	13.00	101.50×49.79
3-64				跌级		**8952.92**	2142.00	6805.44	5.48	14.00	101.50×54.12
3-65	装配式T形铝合金天棚龙骨（上人型）		300×300	平面		**13642.14**	2601.00	11026.86	14.28	17.00	
3-66				跌级		**15090.85**	2907.00	12169.57	14.28	19.00	
3-67			450×450	平面		**13050.91**	2448.00	10588.63	14.28	16.00	
3-68				跌级		**14208.27**	2601.00	11592.99	14.28	17.00	
3-69			600×600	平面		**11730.46**	2295.00	9421.18	14.28	15.00	
3-70				跌级		**13033.52**	2448.00	10571.24	14.28	16.00	
3-71			600×600以上	平面		**12172.37**	2142.00	10016.09	14.28	14.00	
3-72				跌级		**12891.98**	2295.00	10582.70	14.28	15.00	

金龙骨

整、校正。

材									料				机	械
铝合金龙骨上人型	吊筋	膨胀螺栓	高强螺栓	螺母	射钉（枪钉）	垫圈	合金钢钻头	预埋铁件	铁件	锯材	热轧等边角钢	电焊条	交流电焊机 30kV·A	小型机具
m^2	kg	套	kg	个	个	个	个	kg	kg	m^3	t	kg	台班	元
	3.84	0.82	15.92	0.09	0.36	0.06	11.81	9.49	9.49	1632.53	3685.48	7.59	87.97	
	31.60	130.00	1.07	304.00	152.00	152.00	0.65	40.00						5.48
	35.60	130.00	0.98	332.00	148.00	166.00	0.65	40.00	5.41	0.04	0.122			5.48
	31.60	130.00	1.05	304.00	152.00	152.00	0.65	40.00						5.48
	35.60	130.00	0.96	332.00	148.00	166.00	0.65	40.00	5.41	0.04	0.122			5.48
	31.60	130.00	1.40	150.00	152.00	75.00	0.65	40.00						5.48
	35.60	130.00	1.40	214.00	148.00	107.00	0.65	40.00	5.36	0.04	0.122			5.48
	31.60	130.00	1.40	314.00	152.00	152.00	0.65	40.00						5.48
	35.60	130.00	1.40	336.00	148.00	168.00	0.65	40.00	5.36	0.04	0.122			5.48
101.50×88.22	57.70	130.00	1.07	321.00		161.00	0.65	170.00	4.40	0.01		1.28	0.10	5.48
101.50×93.91	66.80	130.00	0.98	350.00		175.00	0.65	170.00	5.80	0.05	0.122	1.28	0.10	5.48
101.50×83.89	57.70	130.00	1.15	321.00		161.00	0.65	170.00	4.40	0.01		1.28	0.10	5.48
101.50×88.22	66.80	130.00	1.04	350.00		175.00	0.65	170.00	5.80	0.05	0.122	1.28	0.10	5.48
101.50×72.53	57.70	130.00	1.40	168.00		84.00	0.65	170.00	4.40	0.01		1.28	0.10	5.48
101.50×78.21	66.80	130.00	1.40	232.00		161.00	0.65	170.00	5.80	0.05	0.122	1.28	0.10	5.48
101.50×78.21	57.70	130.00	1.40	321.00		161.00	0.65	170.00	4.40	0.01		1.28	0.10	5.48
101.50×78.21	66.80	130.00	1.40	350.00		175.00	0.65	170.00	5.80	0.05	0.122	1.28	0.10	5.48

工作内容： 1.定位、弹线、射钉、膨胀螺栓及吊筋安装。2.选料、下料组装。3.安装龙骨及吊配附件、临时固定支撑。4.预留孔洞、安装封边龙骨。5.调

编号	项目	面层规格(mm)	单位	预算基价 总价	人工费	材料费	机械费	人工 综合工	材 铝合金大龙骨U形 $h45$	铝合金大龙骨U形 $h60$	铝合金中龙骨T形 $h30$	铝合金小龙骨T形 $h22$	铝合金边龙骨T形 $h22$	铝合金龙骨主接件
				元	元	元	元	工日	m	m	m	m	m	个
								153.00	12.75	12.75	6.55	6.55	6.55	1.40
3-73	嵌入式铝合金方板天棚龙骨(不上人型)	500×500	100m²	**9266.62**	2295.00	6962.82	8.80	15.00	133.76		230.31			59.00
3-74	嵌入式铝合金方板天棚龙骨(不上人型)	600×600	100m²	**8392.25**	2142.00	6241.45	8.80	14.00	133.66		191.66			58.00
3-75	嵌入式铝合金方板天棚龙骨(不上人型)	600×600以上	100m²	**6615.59**	1989.00	4617.79	8.80	13.00	122.60		119.35			57.00
3-76	嵌入式铝合金方板天棚龙骨(上人型)	500×500	100m²	**10660.85**	2448.00	8204.05	8.80	16.00	133.76		230.31			59.00
3-77	嵌入式铝合金方板天棚龙骨(上人型)	600×600	100m²	**9734.91**	2295.00	7431.11	8.80	15.00	133.66		191.66			58.00
3-78	嵌入式铝合金方板天棚龙骨(上人型)	600×600以上	100m²	**7835.24**	2142.00	5684.44	8.80	14.00	122.60		119.35			57.00
3-79	浮搁式铝合金方板天棚龙骨(不上人型)	500×500	100m²	**8720.39**	2142.00	6572.91	5.48	14.00	133.76		227.57	231.00	65.55	59.00
3-80	浮搁式铝合金方板天棚龙骨(不上人型)	600×600	100m²	**7877.33**	1989.00	5882.85	5.48	13.00	124.55		189.52	193.50	66.77	53.00
3-81	浮搁式铝合金方板天棚龙骨(不上人型)	600×600以上	100m²	**6766.10**	1836.00	4927.98	2.12	12.00	122.60		119.35	121.10	68.66	57.00
3-82	浮搁式铝合金方板天棚龙骨(上人型)	500×500	100m²	**10308.14**	2295.00	7998.86	14.28	15.00		133.76	227.57	231.00	65.55	59.00
3-83	浮搁式铝合金方板天棚龙骨(上人型)	600×600	100m²	**9446.48**	2142.00	7290.20	14.28	14.00		124.55	189.52	193.52	66.77	53.00
3-84	浮搁式铝合金方板天棚龙骨(上人型)	600×600以上	100m²	**8327.85**	1989.00	6324.57	14.28	13.00		122.60	119.35	121.00	68.66	57.00

整、校正。

料																机械	
铝合金龙骨次接件	铝合金中龙骨平面连接件	铝合金龙骨小连接件	铝合金大龙骨垂直吊挂件	铝合金中龙骨垂直吊挂件	吊筋	半圆头螺栓	高强螺栓	螺母	射钉(枪钉)	铁件	电焊条	热轧等边角钢	预埋铁件	膨胀螺栓	合金钢钻头	交流电焊机30kV•A	小型机具
个	个	个	个	个	kg	个	kg	个	个	kg	kg	t	kg	套	个	台班	元
1.40	1.40	1.40	1.40	1.40	3.84	3.23	15.92	0.09	0.36	9.49	7.59	3685.48	9.49	0.82	11.81	87.97	
34.00	69.00		156.00	549.00	24.44	549.00	1.08	314.00	156.00	0.01	1.28	0.151				0.10	
28.00	58.00		152.00	456.00	23.73	456.00	1.05	304.00	152.00	0.01	1.28	0.151				0.10	
19.00	37.00		131.00	263.00	20.53	301.00	0.91	268.00	131.00	0.01	1.28	0.113				0.10	
34.00	69.00		156.00	549.00	86.64	549.00	1.19	314.00		0.01	1.28		170.00			0.10	
28.00	58.00		152.00	456.00	72.10	456.00	1.16	305.00		0.01	1.28		170.00			0.10	
19.00	37.00		131.00	263.00	72.79	301.00	1.00	263.00		0.01	1.28		140.00			0.10	
34.00		17.00	149.00	274.00	24.40		1.08	304.00	156.00				40.00	130.00	0.65		5.48
30.00		16.00	142.00	243.00	22.10		0.98	289.00	141.00				40.00	130.00	0.65		5.48
19.00		17.00	131.00	263.00	20.50		0.91	268.00	131.00				40.00	130.00	0.65		2.12
34.00		17.00	149.00	274.00	85.87		1.19	314.00			1.28		170.00	130.00	0.65	0.10	5.48
30.00		16.00	142.00	241.00	78.38		1.07	287.00			1.28		170.00	130.00	0.65	0.10	5.48
19.00		17.00	131.00	263.00	73.00		1.00	263.00			1.07		170.00	130.00	0.65	0.10	5.48

工作内容：1.定位、弹线、射钉、膨胀螺栓及吊筋安装。2.选料、下料组装。3.安装龙骨及吊配附件、临时固定支撑。4.预留孔洞、安装封边龙骨。5.调

编号	项目				单位	预算基价				人工	铝合金中龙骨T形 $h45$	铝合金条板龙骨 $h45$	铝合金条板龙骨 $h35$
						总价	人工费	材料费	机械费	综合工			
						元	元	元	元	工日	m	m	m
										153.00	9.69	6.55	6.55
3-85	铝合金轻型方板天棚龙骨	中龙骨直接吊挂骨架	面层规格（mm）	500×500	$100m^2$	**6773.58**	1836.00	4919.99	17.59	12.00	230.41		
3-86				600×600		**5889.93**	1683.00	4189.34	17.59	11.00	186.63		
3-87				600×600以上		**4273.40**	1530.00	2725.81	17.59	10.00	118.85		
3-88	铝合金条板天棚龙骨	中型				**4319.19**	2142.00	2159.60	17.59	14.00		97.28	94.38
3-89		轻型				**4288.32**	2142.00	2128.73	17.59	14.00		97.28	94.38
3-90	铝合金格片式天棚	龙骨间距（mm）		100		**2925.13**	1224.00	1683.54	17.59	8.00		101.88	101.88
3-91				150		**2904.13**	1224.00	1662.54	17.59	8.00		101.88	101.88

整、校正。

材料														机械
铝合金小龙骨T形$h22$	铝合金边龙骨T形$h22$	铝合金中龙骨垂直吊挂件	铝合金龙骨主接件	铝合金大龙骨垂直吊挂件	铝合金条板龙骨垂直吊挂件	吊筋	铝合金龙骨连接件	射钉（枪钉）	电焊条	热轧等边角钢	半圆头螺栓	螺母	预埋铁件	交流电焊机30kV•A
m	m	个	个	个	个	kg	个	个	kg	t	个	个	kg	台班
6.55	6.55	1.40	1.40	1.40	1.40	3.84	1.40	0.36	7.59	3685.48	3.23	0.09	9.49	87.97
220.91	64.09	262.00				15.53	16.00	262.00	2.56	0.070				0.20
189.41	65.11	232.00				12.58	17.00	212.00	2.56	0.060				0.20
113.81	66.03	122.00				7.21	17.00	122.00	2.56	0.030				0.20
			42.00	83.00	83.00	12.96		83.00	2.56		83.00	412.00	22.00	0.20
			42.00	83.00	83.00	4.92		83.00	2.56		83.00	412.00	22.00	0.20
					75.00	2.00		75.00	2.56				20.00	0.20
					60.00	2.00		75.00	2.56				20.00	0.20

(2)天棚基层

工作内容：安装天棚基层。

编号	项目		单位	预算基价			人工	材料			
				总价	人工费	材料费	综合工	胶合板	石膏板	铁钉	自攻螺钉 M4×15
				元	元	元	工日	m^2	m^2	kg	个
							153.00		10.58	6.68	0.06
3-92	胶合板天棚基层	3 mm	100m^2	**3422.30**	1217.88	2204.42	7.96	105.00×20.88		1.80	
3-93	胶合板天棚基层	5 mm	100m^2	**4436.60**	1217.88	3218.72	7.96	105.00×30.54		1.80	
3-94	胶合板天棚基层	9 mm	100m^2	**7023.80**	1217.88	5805.92	7.96	105.00×55.18		1.80	
3-95	石膏板天棚基层		100m^2	**2931.90**	1683.00	1248.90	11.00		105.00		2300.00

(3) 天 棚 面 层

工作内容：安装天棚面层。

编号	项目	单位	预算基价			人工	材料						
			总价	人工费	材料费	综合工	板条 1000×30×8	松木锯材	胶合板 5mm厚	水泥压木丝板	镀锌薄钢板 0.552	锯材	胶压刨花木屑板
			元	元	元	工日	千根	m^3	m^2	m^2	m^2	m^3	m^2
						153.00	4016.77	1661.90	30.54	49.42	20.08	1632.53	28.60
3-96	板条天棚面层	$100m^2$	**12239.73**	918.00	11321.73	6.00	2.735	0.02					
3-97	漏风条天棚面层		**3966.20**	2142.00	1824.20	14.00		1.07					
3-98	胶合板天棚面层		**4470.40**	1224.00	3246.40	8.00			105.00				
3-99	水泥木丝板天棚面层		**6532.87**	1224.00	5308.87	8.00				103.50	3.70		
3-100	薄板天棚面层 15 mm 厚		**4654.95**	1530.00	3124.95	10.00						1.89	
3-101	胶压刨花木屑板天棚面层		**4317.57**	1224.00	3093.57	8.00					1.64		103.50
3-102	埃特板天棚面层		**5367.12**	1836.00	3531.12	12.00							
3-103	玻璃纤维板(搁放型)天棚面层		**5978.40**	3060.00	2918.40	20.00							
3-104	宝丽板天棚面层		**7102.79**	2454.12	4648.67	16.04							
3-105	塑料板天棚面层		**5518.84**	1836.00	3682.84	12.00							
3-106	钢板网天棚面层		**10640.98**	2448.00	8192.98	16.00	1.600						

续前

编号	项目	单位	材								料		
			埃特板	自攻螺钉 M4×15	玻璃纤维板	宝丽板	胶粘剂	硬塑料板	塑料胶粘剂	扣钉	钢板网	铁钉	零星材料费
			m^2	个	m^2	m^2	kg	m^2	kg	kg	m^2	kg	元
			32.28	0.06	27.26	42.84	3.12	31.95	9.73	5.24	15.92	6.68	
3-96	板条天棚面层	$100m^2$										5.58	265.35
3-97	漏风条天棚面层	$100m^2$										4.66	14.84
3-98	胶合板天棚面层	$100m^2$										1.80	27.68
3-99	水泥木丝板天棚面层	$100m^2$										4.16	91.82
3-100	薄板天棚面层 15 mm 厚	$100m^2$										3.72	14.62
3-101	胶压刨花木屑板天棚面层	$100m^2$										11.42	24.25
3-102	埃特板天棚面层	$100m^2$	105.00	2268.00									5.64
3-103	玻璃纤维板（搁放型）天棚面层	$100m^2$			105.00								56.10
3-104	宝丽板天棚面层	$100m^2$				105.00	32.55					1.80	36.89
3-105	塑料板天棚面层	$100m^2$						105.00	32.55				11.38
3-106	钢板网天棚面层	$100m^2$								3.08	105.00	1.28	69.86

工作内容：安装天棚面层。

编号	项目		单位	预算基价 总价	预算基价 人工费	预算基价 材料费	人工 综合工	材料 铝板网	材料 铝塑板	材料 胶粘剂	材料 矿棉板	材料 钙塑板	材料 石膏板	材料 防火胶板 12.0	材料 半圆竹片 $D24$
				元	元	元	工日	m^2	m^2	kg	m^2	m^2	m^2	m^2	m^2
							153.00	20.27	143.67	3.12	31.15	16.08	10.58	25.23	9.27
3-107	铝板网天棚面层	搁在龙骨上	$100m^2$	**3830.72**	1683.00	2147.72	11.00	105.00							
3-108	铝板网天棚面层	钉在龙骨上	$100m^2$	**3999.79**	1836.00	2163.79	12.00	105.00							
3-109	铝塑板天棚面层	贴在混凝土板下	$100m^2$	**17821.32**	2601.00	15220.32	17.00		105.00	32.55					
3-110	铝塑板天棚面层	贴在胶合板上	$100m^2$	**17821.32**	2601.00	15220.32	17.00		105.00	32.55					
3-111	铝塑板天棚面层	贴在龙骨底	$100m^2$	**17434.70**	2295.00	15139.70	15.00		105.00	5.80					
3-112	矿棉板天棚面层	贴在混凝土板下	$100m^2$	**5986.46**	2601.00	3385.46	17.00			32.55	105.00				
3-113	矿棉板天棚面层	搁在龙骨上	$100m^2$	**4815.80**	1530.00	3285.80	10.00				105.00				
3-114	钙塑板天棚面层	安在U形轻钢龙骨上	$100m^2$	**4050.67**	2142.00	1908.67	14.00					105.00			
3-115	钙塑板天棚面层	安在T形铝合金龙骨上	$100m^2$	**2465.22**	765.00	1700.22	5.00					105.00			
3-116	石膏板天棚面层	安在U形轻钢龙骨上	$100m^2$	**3165.10**	1836.00	1329.10	12.00						105.00		
3-117	石膏板天棚面层	安在T形铝合金龙骨上	$100m^2$	**1885.23**	765.00	1120.23	5.00						105.00		
3-118	防火板天棚面层(贴在木龙骨上)		$100m^2$	**4510.54**	1836.00	2674.54	12.00			1.08				105.00	
3-119	竹片天棚面层		$100m^2$	**4278.84**	3219.12	1059.72	21.04								105.00
3-120	不锈钢板天棚面层		$100m^2$	**24777.37**	3372.12	21405.25	22.04			32.55					
3-121	镜面玲珑胶板天棚面层		$100m^2$	**19519.72**	6585.12	12934.60	43.04			32.55					
3-122	阻燃聚丙烯天棚面层		$100m^2$	**9382.82**	1836.00	7546.82	12.00								
3-123	真空镀膜仿金(仿银)装饰板天棚面层		$100m^2$	**16488.16**	1683.00	14805.16	11.00								
3-124	空腹PVC扣板天棚面层		$100m^2$	**8493.82**	3672.00	4821.82	24.00								

续前

编号	项目		单位	材									料
				镜面不锈钢板0.8	镜面玲珑胶板1mm	阻燃聚丙烯板	真空镀膜仿金(仿银)装饰板	PVC扣板	PVC边条	扣钉	自攻螺钉M4×15	铁钉	零星材料费
				m²	m²	m²	m²	m²	m	kg	个	kg	元
				202.62	122.04	69.22	126.90	36.95	5.64	5.24	0.06	6.68	
3-107	铝板网天棚面层	搁在龙骨上	100m²										19.37
3-108		钉在龙骨上								3.08			19.30
3-109	铝塑板天棚面层	贴在混凝土板下											33.41
3-110		贴在胶合板上											33.41
3-111		贴在龙骨底											36.25
3-112	矿棉板天棚面层	贴在混凝土板下											13.15
3-113		搁在龙骨上											15.05
3-114	钙塑板天棚面层	安在U形轻钢龙骨上									3450.00		13.27
3-115		安在T形铝合金龙骨上											11.82
3-116	石膏板天棚面层	安在U形轻钢龙骨上									3450.00		11.20
3-117		安在T形铝合金龙骨上											9.33
3-118	防火板天棚面层(贴在木龙骨上)												22.02
3-119	竹片天棚面层											8.10	32.26
3-120	不锈钢板天棚面层			105.00								1.08	21.38
3-121	镜面玲珑胶板天棚面层				105.00							1.08	11.63
3-122	阻燃聚丙烯天棚面层					105.00					3400.00		74.72
3-123	真空镀膜仿金(仿银)装饰板天棚面层						115.00				2300.00		73.66
3-124	空腹PVC扣板天棚面层							105.00	145.83		1665.00		19.69

工作内容：安装天棚面层。

编号	项目	单位	预算基价 总价	人工费	材料费	机械费	人工 综合工	材料 胶合板5mm厚	矿棉吸声板	石膏吸声板	铝合金穿孔面板	隔声板	铝合金嵌入式方板	铝合金吸声板	铝合金浮搁式方板	铝板
号			元	元	元	元	工日	m^2	m^2	m^2	m^2	m^2	m^2	m^2	m^2	m^2
							153.00	30.54	34.73	15.88	84.29	15.23	110.18	112.93	117.56	
3-125	胶合装饰板天棚面层 方格式 密铺	$100m^2$	**5391.97**	1530.00	3861.97		10.00	110.00								
3-126	胶合装饰板天棚面层 方格式 分缝	$100m^2$	**5697.97**	1836.00	3861.97		12.00	110.00								
3-127	胶合装饰板天棚面层 花式	$100m^2$	**6549.55**	1836.00	4713.55		12.00	115.00								
3-128	吸声板天棚 矿棉吸声板	$100m^2$	**5996.35**	2295.00	3701.35		15.00		105.00							
3-129	吸声板天棚 石膏吸声板	$100m^2$	**3987.41**	2295.00	1692.41		15.00			105.00						
3-130	吸声板天棚 胶合板穿孔面板	$100m^2$	**7891.24**	4386.51	3504.73		28.67	105.00								
3-131	吸声板天棚 铝合金穿孔面板	$100m^2$	**15125.74**	3213.00	11912.74		21.00				105.00					
3-132	吸声板天棚 隔声板	$100m^2$	**7156.66**	2295.00	4861.66		15.00					105.00				
3-133	铝合金方板天棚 嵌入式平板	$100m^2$	**12803.75**	1377.00	11420.59	6.16	9.00						100.00			
3-134	铝合金方板天棚 吸声板	$100m^2$	**13133.86**	1377.00	11756.86		9.00							102.00		
3-135	铝合金方板天棚 浮搁式平板	$100m^2$	**13371.00**	1377.00	11994.00		9.00								100.00	
3-136	铝板天棚 600×600	$100m^2$	**20876.18**	1836.00	19040.18		12.00									105.00×173.24
3-137	铝板天棚 1200×300	$100m^2$	**18964.92**	1989.00	16975.92		13.00									105.00×153.60
3-138	铝合金条板天棚 闭缝	$100m^2$	**11284.67**	2448.00	8836.67		16.00									
3-139	铝合金条板天棚 开缝	$100m^2$	**8187.36**	1683.00	6504.36		11.00									

续前

编号	项目			单位	材料													机械
					铝合金条板100mm宽	射钉（枪钉）	胶粘剂	硬木锯材	自攻螺钉M4×15	抽芯铝铆钉	双面胶带纸	铝合金靠墙条板	膨胀螺栓M8×75	玻璃胶350g	铝合金插缝板	插接件	零星材料费	小型机具
					m^2	个	kg	m^3	个	个	m^2	m^2	套	支	m^2	个	元	元
					70.34	0.36	3.12	6977.77	0.06	0.36	29.42	47.60	1.51	24.44	51.86	0.91		
3-125	胶合装饰板天棚面层	方格式	密铺	100m²		1100.00	32.55										5.01	
3-126			分缝			1100.00	32.55										5.01	
3-127		花式				1100.00	32.55	0.10									6.12	
3-128	吸声板天棚	矿棉吸声板															54.70	
3-129		石膏吸声板															25.01	
3-130		胶合板穿孔面板					2.00		4000.00								51.79	
3-131		铝合金穿孔面板					2.00			8000.00							176.05	
3-132		隔声板					32.55				105.00						71.85	
3-133	铝合金方板天棚	嵌入式平板										5.00	109.00					6.16
3-134		吸声板										5.00						
3-135		浮搁式平板										5.00						
3-136	铝板天棚	600×600												34.00			19.02	
3-137		1200×300												34.00			16.96	
3-138	铝合金条板天棚	闭缝			87.90								64.00		43.02	339.00	17.64	
3-139		开缝			87.90											339.00	12.98	

工作内容：安装天棚面层。

编号	项目				单位	预算基价 总价	预算基价 人工费	预算基价 材料费	人工 综合工	材料 铝合金挂片	材料 铝扣板银白	材料 铝扣板
						元	元	元	工日	m²	m²	m²
									153.00		101.27	
3-140	铝合金挂片天棚	条形	间距(mm)	100	100m²	**11261.25**	765.00	10496.25	5.00	102.00×102.74		
3-141	铝合金挂片天棚	条形	间距(mm)	150	100m²	**13331.32**	612.00	12719.32	4.00	102.00×124.50		
3-142	铝合金挂片天棚	条形	间距(mm)	200	100m²	**15261.43**	459.00	14802.43	3.00	102.00×144.89		
3-143	铝合金挂片天棚	块形	间距(mm)	200	100m²	**24121.55**	765.00	23356.55	5.00	102.00×228.62		
3-144	铝合金扣板天棚				100m²	**12388.07**	1836.00	10552.07	12.00		103.00	
3-145	方形铝扣板天棚	300×300			100m²	**22058.92**	2295.00	19763.92	15.00			102.00×193.30
3-146	方形铝扣板天棚	600×600			100m²	**25808.32**	1836.00	23972.32	12.00			102.00×234.46
3-147	长条形铝扣板天棚				100m²	**20484.53**	2218.50	18266.03	14.50			102.00×178.65
3-148	铝扣板收边线				100m	**1904.68**	765.00	1139.68	5.00			
3-149	铝合金扣板雨篷	银白铝			100m²	**15669.51**	2754.00	12915.51	18.00			108.00×101.27
3-150	不锈钢镜面板	方形			100m²	**24699.53**	4537.98	20161.55	29.66			

续前

编号	项目	单位	铝收边线	电化角铝	不锈钢镜面板方形	自攻螺钉M4×15	铁钉	锯材	立时得胶	零星材料费
			m	m	m^2	个	kg	m^3	kg	元
			11.00	10.30	179.05	0.06	6.68	1632.53	22.71	
3-140	铝合金挂片天棚 条形 间距(mm) 100	$100m^2$								16.77
3-141	铝合金挂片天棚 条形 间距(mm) 150	$100m^2$								20.32
3-142	铝合金挂片天棚 条形 间距(mm) 200	$100m^2$								23.65
3-143	铝合金挂片天棚 块形 间距(mm) 200	$100m^2$								37.31
3-144	铝合金扣板天棚	$100m^2$				1600.00				25.26
3-145	方形铝扣板天棚 300×300	$100m^2$								47.32
3-146	方形铝扣板天棚 600×600	$100m^2$								57.40
3-147	长条形铝扣板天棚	$100m^2$								43.73
3-148	铝扣板收边线	100m	103.00				1.00			
3-149	铝合金扣板雨篷 银白铝	$100m^2$		180.00		1600.00				28.35
3-150	不锈钢镜面板 方形	$100m^2$			101.00		5.00	0.80	32.50	

工作内容：安装天棚面层。

编号	项目		单位	预算基价			人工	材料						
				总价	人工费	材料费	综合工	镜面玻璃5.0	镜面玻璃异型5.0	镭射玻璃	镭射玻璃异型	有机胶片方格形	金属烤漆板条	电化角铝
号				元	元	元	工日	m^2	m^2	m^2	m^2	m^2	m^2	m
							153.00	55.80	157.98	248.08	521.15	21.20		10.30
3-151	镜面玻璃天棚	平面	100m^2	**28282.25**	5508.00	22774.25	36.00	103.00						
3-152		井格形		**24246.78**	8262.00	15984.78	54.00	103.00						
3-153		锥形		**38616.22**	8812.80	29803.42	57.60		103.00					
3-154	镭射玻璃天棚	平面		**34123.98**	5049.00	29074.98	33.00			103.00				
3-155		异型		**65009.72**	7803.00	57206.72	51.00				103.00			
3-156	有机胶片	方格形		**4001.64**	1836.00	2165.64	12.00					102.00		
3-157	金属板	烤漆板条吊顶		**25792.56**	1836.00	23956.56	12.00						102.00×216.34	180.00
3-158		烤漆异型板条吊顶		**27922.40**	2448.00	25474.40	16.00						105.00×221.65	210.00
3-159	嵌入式不锈钢格栅			**16940.05**	1836.00	15104.05	12.00							
3-160	天棚灯片（搁放型）	乳白胶片		**6222.32**	2448.00	3774.32	16.00							
3-161		分光铝格栅		**15374.86**	2448.00	12926.86	16.00							
3-162		塑料透光片		**3448.60**	2448.00	1000.60	16.00							
3-163		玻璃纤维片		**5313.16**	2448.00	2865.16	16.00							

续前

编号	项目		单位	材料											
				不锈钢格栅	乳白胶片	分光银色铝型格栅	塑料透光片	玻璃纤维板	镜钉	双面胶带纸	玻璃胶350g	铁钉	锯材	镀锌钢丝	零星材料费
				m^2	m^2	m^2	m^2	m^2	个	m^2	支	kg	m^3	kg	元
				147.64	35.91	122.99	9.52	27.26	11.47	29.42	24.44	6.68	1632.53	7.42	
3-151	镜面玻璃天棚	平面	$100m^2$						1300.00	22.50	58.00				36.38
3-152	镜面玻璃天棚	井格形	$100m^2$							22.40		12.60	5.80		25.53
3-153	镜面玻璃天棚	锥形	$100m^2$							23.00		11.00	7.80		47.61
3-154	镭射玻璃天棚	平面	$100m^2$							35.00	100.00	5.60			11.63
3-155	镭射玻璃天棚	异型	$100m^2$							35.00	100.00	5.60			17.16
3-156	有机胶片	方格形	$100m^2$												3.24
3-157	金属板	烤漆板条吊顶	$100m^2$												35.88
3-158	金属板	烤漆异型板条吊顶	$100m^2$												38.15
3-159	嵌入式不锈钢格栅		$100m^2$	102.00										4.00	15.09
3-160	天棚灯片(搁放型)	乳白胶片	$100m^2$		105.00										3.77
3-161	天棚灯片(搁放型)	分光铝格栅	$100m^2$			105.00									12.91
3-162	天棚灯片(搁放型)	塑料透光片	$100m^2$				105.00								1.00
3-163	天棚灯片(搁放型)	玻璃纤维片	$100m^2$					105.00							2.86

3.艺术造型天棚

(1)轻钢龙骨

工作内容: 1.吊件加工、安装。2.定位、弹线、安装膨胀螺栓。3.选料、下料、定位杆控制高度、平整、安装龙骨及调整横支撑附件、孔洞预留等。4.临时加固、调整、校正。5.灯箱风口封边、龙骨设置。6.预留位置、整体调整。

编号	项目			单位	预算基价 总价	人工费	材料费	机械费	人工 综合工	材料 镀锌轻钢大龙骨38系列	镀锌轻钢中小龙骨	大龙骨	中小龙骨
					元	元	元	元	工日	m	m	m	m
									153.00	4.28	4.28	2.27	3.14
3-164	藻井天棚	平面	圆弧形	100m²	**11566.27**	4743.00	6814.87	8.40	31.00	203.00	604.00		
3-165	藻井天棚	平面	矩形	100m²	**10940.35**	4284.00	6647.95	8.40	28.00	193.00	575.00		
3-166	藻井天棚	拱形	圆弧形	100m²	**13114.47**	6120.00	6986.07	8.40	40.00	213.00	634.00		
3-167	藻井天棚	拱形	矩形	100m²	**12331.27**	5508.00	6814.87	8.40	36.00	203.00	604.00		
3-168	吊挂式天棚	弧拱形		100m²	**12459.75**	6426.00	6025.35	8.40	42.00			218.00	647.00
3-169	吊挂式天棚	圆形		100m²	**9736.44**	3825.00	5903.04	8.40	25.00			207.00	616.00
3-170	吊挂式天棚	矩形		100m²	**9163.68**	3366.00	5789.28	8.40	22.00			197.00	587.00
3-171	阶梯形天棚	直线形		100m²	**13337.78**	7038.00	6291.38	8.40	46.00			219.00	731.00
3-172	阶梯形天棚	弧线形		100m²	**14243.93**	7803.00	6432.53	8.40	51.00			230.00	768.00
3-173	锯齿形天棚	直线形		100m²	**13690.22**	7038.00	6643.82	8.40	46.00			247.00	823.00
3-174	锯齿形天棚	弧线形		100m²	**14611.20**	7803.00	6799.80	8.40	51.00			259.00	864.00

续前

编号	项目			单位	材料								机械
					轻钢龙骨主接件	轻钢龙骨平面连接件	紧固件	38吊件	膨胀螺栓	合金钢钻头	吊杆	膨胀螺栓M8×75	小型机具
					个	个	套	件	套	个	kg	套	元
					4.87	1.44	0.87	0.97	0.82	11.81	7.92	1.51	
3-164	藻井天棚	平面	圆弧形	100m²	60.00	760.00	200.00	450.00	200.00	1.00	150.00		8.40
3-165	藻井天棚	平面	矩形	100m²	60.00	760.00	200.00	450.00	200.00	1.00	150.00		8.40
3-166	藻井天棚	拱形	圆弧形	100m²	60.00	760.00	200.00	450.00	200.00	1.00	150.00		8.40
3-167	藻井天棚	拱形	矩形	100m²	60.00	760.00	200.00	450.00	200.00	1.00	150.00		8.40
3-168	吊挂式天棚	弧拱形		100m²	60.00	760.00	200.00	450.00		1.00	150.00	200.00	8.40
3-169	吊挂式天棚	圆形		100m²	60.00	760.00	200.00	450.00		1.00	150.00	200.00	8.40
3-170	吊挂式天棚	矩形		100m²	60.00	760.00	200.00	450.00		1.00	150.00	200.00	8.40
3-171	阶梯形天棚	直线形		100m²	60.00	760.00	200.00	450.00		1.00	150.00	200.00	8.40
3-172	阶梯形天棚	弧线形		100m²	60.00	760.00	200.00	450.00		1.00	150.00	200.00	8.40
3-173	锯齿形天棚	直线形		100m²	60.00	760.00	200.00	450.00		1.00	150.00	200.00	8.40
3-174	锯齿形天棚	弧线形		100m²	60.00	760.00	200.00	450.00		1.00	150.00	200.00	8.40

(2)方 木 龙 骨

工作内容：定位，弹线，选料，下料，制作、安装龙骨等。

编号	项目		单位	预算基价				人工	材料					机械
				总价	人工费	材料费	机械费	综合工	锯材	膨胀螺栓M8×75	合金钢钻头	铁钉	镀锌钢丝	小型机具
				元	元	元	元	工日	m^3	套	个	kg	kg	元
								153.00	1632.53	1.51	11.81	6.68	7.42	
3-175	方木天棚龙骨	圆形	$100m^2$	**6248.28**	2218.50	4022.62	7.16	14.50	2.20	170.00	1.00	21.00	3.00	7.16
3-176	方木天棚龙骨	半圆形	$100m^2$	**5632.77**	1958.40	3667.65	6.72	12.80	2.00	160.00	1.00	19.00	3.00	6.72

(3) 基　层

工作内容： 钉天棚基层板。

编号	项目				单位	预算基价 总价	人工费	材料费	人工 综合工	材料 石膏板	胶合板 5mm厚	胶合板 3mm厚	自攻螺钉 M4×15	铁钉
						元	元	元	工日	m^2	m^2	m^2	个	kg
									153.00	10.58	30.54	20.88	0.06	6.68
3-177	藻井天棚基层	平面	圆弧形	石膏板	$100m^2$	**4350.20**	2754.00	1596.20	18.00	130.00			3680.00	
3-178	藻井天棚基层	平面	圆弧形	胶合板	$100m^2$	**6305.28**	2295.00	4010.28	15.00		130.00			6.00
3-179	藻井天棚基层	平面	矩形	石膏板	$100m^2$	**3885.50**	2448.00	1437.50	16.00	115.00			3680.00	
3-180	藻井天棚基层	平面	矩形	胶合板	$100m^2$	**5694.18**	2142.00	3552.18	14.00		115.00			6.00
3-181	藻井天棚基层	拱形	圆弧形	石膏板	$100m^2$	**5159.60**	3519.00	1640.60	23.00	130.00			4420.00	
3-182	藻井天棚基层	拱形	圆弧形	胶合板	$100m^2$	**7229.96**	3213.00	4016.96	21.00		130.00			7.00
3-183	藻井天棚基层	拱形	矩形	石膏板	$100m^2$	**4235.90**	2754.00	1481.90	18.00	115.00			4420.00	
3-184	藻井天棚基层	拱形	矩形	胶合板	$100m^2$	**5048.96**	2601.00	2447.96	17.00			115.00		7.00
3-185	吊挂式天棚基层	弧拱形	石膏板		$100m^2$	**4700.60**	3060.00	1640.60	20.00	130.00			4420.00	
3-186	吊挂式天棚基层	弧拱形	胶合板		$100m^2$	**5515.16**	2754.00	2761.16	18.00			130.00		7.00
3-187	吊挂式天棚基层	圆形	石膏板		$100m^2$	**4525.40**	2907.00	1618.40	19.00	130.00			4050.00	
3-188	吊挂式天棚基层	圆形	胶合板		$100m^2$	**5359.49**	2601.00	2758.49	17.00			130.00		6.60
3-189	吊挂式天棚基层	矩形	石膏板		$100m^2$	**4039.70**	2601.00	1438.70	17.00	115.00			3700.00	
3-190	吊挂式天棚基层	矩形	胶合板		$100m^2$	**4727.60**	2295.00	2432.60	15.00			115.00		4.70

工作内容：钉天棚基层板。

编号	项目			单位	预算基价			人工	材料			
					总价	人工费	材料费	综合工	石膏板	胶合板 3mm厚	自攻螺钉 M4×15	铁钉
					元	元	元	工日	m^2	m^2	个	kg
								153.00	10.58	20.88	0.06	6.68
3-191	阶梯形天棚基层	直线形	石膏板	$100m^2$	**6349.70**	4743.00	1606.70	31.00	115.00		6500.00	
3-192			胶合板		**6741.18**	4284.00	2457.18	28.00		115.00		8.38
3-193		弧线形	石膏板		**7009.40**	5202.00	1807.40	34.00	130.00		7200.00	
3-194			胶合板		**7677.20**	4896.00	2781.20	32.00		130.00		10.00
3-195	锯齿形天棚基层	直线形	石膏板		**6215.30**	4590.00	1625.30	30.00	115.00		6810.00	
3-196			胶合板		**6590.98**	4131.00	2459.98	27.00		115.00		8.80
3-197		弧线形	石膏板		**6725.00**	4896.00	1829.00	32.00	130.00		7560.00	
3-198			胶合板		**7527.54**	4743.00	2784.54	31.00		130.00		10.50

(4) 面　　层

工作内容：安装天棚面层。

编号	项目				单位	预算基价			人工	材							料
						总价	人工费	材料费	综合工	石膏板	胶合板 3mm厚	金属板	自攻螺钉 M4×15	射钉（枪钉）	胶粘剂	万能胶	零星材料费
号						元	元	元	工日	m^2	m^2	m^2	个	个	kg	kg	元
									153.00	10.58	20.88	328.23	0.06	0.36	3.12	17.95	
3-199	藻井天棚面层	平面	圆弧形	石膏板	$100m^2$	**4499.04**	2907.00	1592.04	19.00	130.00			3400.00				12.64
3-200				胶合板		**5747.17**	2448.00	3299.17	16.00		130.00			1300.00	35.00		7.57
3-201				金属板		**49694.99**	6273.00	43421.99	41.00			130.00				39.00	52.04
3-202			矩形	石膏板		**3996.78**	2601.00	1395.78	17.00	115.00			2800.00				11.08
3-203				胶合板		**5216.74**	2295.00	2921.74	15.00		115.00			1150.00	32.00		6.70
3-204				金属板		**43928.75**	5508.00	38420.75	36.00			115.00				35.00	46.05
3-205		拱形	圆弧形	石膏板		**5447.28**	3825.00	1622.28	25.00	130.00			3900.00				12.88
3-206				胶合板		**6626.68**	3366.00	3260.68	22.00		130.00			1150.00	40.00		7.48
3-207				金属板		**50873.82**	7344.00	43529.82	48.00			130.00				45.00	52.17
3-208			矩形	石膏板		**4498.11**	3060.00	1438.11	20.00	115.00			3500.00				11.41
3-209				胶合板		**5853.76**	2907.00	2946.76	19.00		115.00			1150.00	40.00		6.76
3-210				金属板		**45179.47**	6579.00	38600.47	43.00			115.00				45.00	46.27

工作内容：安装天棚面层。

编号	项目			单位	预算基价			人工	材料							
					总价	人工费	材料费	综合工	石膏板	胶合板3mm厚	金属板	自攻螺钉M4×15	射钉（枪钉）	胶粘剂	万能胶	零星材料费
					元	元	元	工日	m^2	m^2	m^2	个	个	kg	kg	元
								153.00	10.58	20.88	328.23	0.06	0.36	3.12	17.95	
3-211	吊挂式天棚面层	弧拱形	石膏板	$100m^2$	**5129.18**	3519.00	1610.18	23.00	130.00			3700.00				12.78
3-212	吊挂式天棚面层	弧拱形	胶合板	$100m^2$	**6321.64**	3060.00	3261.64	20.00		130.00			1300.00	23.00		7.48
3-213	吊挂式天棚面层	弧拱形	金属板	$100m^2$	**50586.28**	7344.00	43242.28	48.00			130.00				29.00	51.83
3-214	吊挂式天棚面层	圆形	石膏板	$100m^2$	**4645.99**	3060.00	1585.99	20.00	130.00			3300.00				12.59
3-215	吊挂式天棚面层	圆形	胶合板	$100m^2$	**6043.79**	2754.00	3289.79	18.00		130.00			1300.00	32.00		7.55
3-216	吊挂式天棚面层	圆形	金属板	$100m^2$	**49470.11**	6120.00	43350.11	40.00			130.00				35.00	51.96
3-217	吊挂式天棚面层	矩形	石膏板	$100m^2$	**4473.92**	3060.00	1413.92	20.00	115.00			3100.00				11.22
3-218	吊挂式天棚面层	矩形	胶合板	$100m^2$	**5516.49**	2601.00	2915.49	17.00		115.00			1150.00	30.00		6.69
3-219	吊挂式天棚面层	矩形	金属板	$100m^2$	**46183.87**	6120.00	40063.87	40.00			120.00				35.00	48.02

工作内容：安装天棚面层。

编号	项目			单位	预算基价			人工	材料							料
					总价	人工费	材料费	综合工	石膏板	胶合板 3mm厚	金属板	自攻螺钉 M4×15	胶粘剂	万能胶	射钉（枪钉）	零星材料费
					元	元	元	工日	m^2	m^2	m^2	个	kg	kg	个	元
								153.00	10.58	20.88	328.23	0.06	3.12	17.95	0.36	
3-220	阶梯形天棚面层	直线形	石膏板	100m^2	**7379.12**	5814.00	1565.12	38.00	115.00			5600.00				12.42
3-221	阶梯形天棚面层	直线形	胶合板	100m^2	**8504.80**	5508.00	2996.80	36.00		115.00			56.00		1150.00	6.88
3-222	阶梯形天棚面层	直线形	金属板	100m^2	**46051.81**	7038.00	39013.81	46.00			115.00			68.00		46.76
3-223	阶梯形天棚面层	弧线形	石膏板	100m^2	**8799.38**	7038.00	1761.38	46.00	130.00			6200.00				13.98
3-224	阶梯形天棚面层	弧线形	胶合板	100m^2	**9656.60**	6273.00	3383.60	41.00		130.00			62.00		1300.00	7.76
3-225	阶梯形天棚面层	弧线形	金属板	100m^2	**51565.97**	7497.00	44068.97	49.00			130.00			75.00		52.82
3-226	锯齿形天棚面层	直线形	石膏板	100m^2	**7091.27**	5508.00	1583.27	36.00	115.00			5900.00				12.57
3-227	锯齿形天棚面层	直线形	胶合板	100m^2	**8208.18**	5202.00	3006.18	34.00		115.00			59.00		1150.00	6.90
3-228	锯齿形天棚面层	直线形	金属板	100m^2	**45952.73**	6885.00	39067.73	45.00			115.00			71.00		46.83
3-229	锯齿形天棚面层	弧线形	石膏板	100m^2	**8664.52**	6885.00	1779.52	45.00	130.00			6500.00				14.12
3-230	锯齿形天棚面层	弧线形	胶合板	100m^2	**9509.86**	6120.00	3389.86	40.00		130.00			64.00		1300.00	7.78
3-231	锯齿形天棚面层	弧线形	金属板	100m^2	**51448.91**	7344.00	44104.91	48.00			130.00			77.00		52.86

4.其他面层(龙骨和面层)

(1)烤漆龙骨天棚

工作内容：1.吊件加工、安装。2.定位、弹线、射钉。3.选料、下料、定位杆控制高度、平整、安装龙骨及吊配附件、孔洞预留等。4.临时加固、调整、校正。5.灯箱风口封边、龙骨设置。6.预留位置、整体调整。

编号	项目		单位	预算基价				人工	材料				
				总价	人工费	材料费	机械费	综合工	T形复合主龙骨 25×32	UC38主龙骨 12×38	次龙骨 25×24	H龙骨 20×20	边龙骨 22×22
				元	元	元	元	工日	m	m	m	m	m
								153.00	3.98	3.98	3.98	3.98	3.98
3-232	复合式烤漆T形龙骨吊顶	明架式吊顶	100m²	**10041.54**	4284.00	5752.06	5.48	28.00	83.00		280.00		60.00
3-233	H形矿棉吸声板轻钢吊顶	暗架式吊顶	100m²	**11233.32**	4590.00	6637.84	5.48	30.00		80.00		330.00	60.00

续前

编号	项目		单位	材料										机械
				吊筋	矿棉吸声板	膨胀螺栓	合金钢钻头	铁件	插片	38接长件	38吊件	弹簧件	零星材料费	小型机具
				kg	m²	套	个	kg	件	件	件	件	元	元
				3.84	34.73	0.82	11.81	9.49	0.50	0.50	0.97	1.16		
3-232	复合式烤漆T形龙骨吊顶	明架式吊顶	100m²	77.56	103.00	130.00	0.65	7.44					8.62	5.48
3-233	H形矿棉吸声板轻钢吊顶	暗架式吊顶	100m²	77.56	103.00	130.00	0.65	7.44	560.00	30.00	80.00	280.00	9.94	5.48

(2) 铝合金格

工作内容：1.铝合金格栅吊顶天棚：定位、弹线、膨胀螺栓及吊筋安装，选料、下料、组装，安装龙骨及吊配附件、临时固定支撑，孔洞预留、安装封边龙骨，

编号	项		目		单位	预算基价 总价	人工费	材料费	机械费
						元	元	元	元
3-234	铝合金格栅吊顶天棚	铝格栅（包括吊配件）	规格（mm）	100×100×4.5	100m²	**21083.66**	1989.00	19073.30	21.36
3-235	铝合金格栅吊顶天棚	铝格栅（包括吊配件）	规格（mm）	125×125×4.5	100m²	**22217.56**	1989.00	20207.20	21.36
3-236	铝合金格栅吊顶天棚	铝格栅（包括吊配件）	规格（mm）	150×150×4.5	100m²	**20507.51**	1989.00	18497.15	21.36
3-237	铝合金格栅天棚（直接吊在天棚下）	方块形铝合金格栅天棚	规格（mm）	90×90×60	100m²	**36889.32**	2142.00	34733.88	13.44
3-238	铝合金格栅天棚（直接吊在天棚下）	方块形铝合金格栅天棚	规格（mm）	125×125×60	100m²	**43997.46**	2142.00	41842.02	13.44
3-239	铝合金格栅天棚（直接吊在天棚下）	方块形铝合金格栅天棚	规格（mm）	158×158×60	100m²	**45931.54**	1989.00	43929.10	13.44
3-240	铝合金格栅天棚（直接吊在天棚下）	铝合金花片格栅天棚	规格（mm）	25×25×25	100m²	**53504.00**	2142.00	51348.56	13.44
3-241	铝合金格栅天棚（直接吊在天棚下）	铝合金花片格栅天棚	规格（mm）	40×40×40	100m²	**52600.76**	2142.00	50445.32	13.44
3-242	铝合金格栅天棚（直接吊在天棚下）	直条形铝合金格栅天棚	规格（mm）	1260×90×60	100m²	**47552.04**	2142.00	45396.60	13.44
3-243	铝合金格栅天棚（直接吊在天棚下）	直条形铝合金格栅天棚	规格（mm）	630×90×60	100m²	**48426.61**	2142.00	46271.17	13.44
3-244	铝合金格栅天棚（直接吊在天棚下）	直条形铝合金格栅天棚	规格（mm）	1260×60×126	100m²	**46394.83**	2142.00	44239.39	13.44
3-245	铝合金格栅天棚（直接吊在天棚下）	直条形铝合金格栅天棚	规格（mm）	630×60×126	100m²	**50005.74**	2142.00	47850.30	13.44

注：1.铝格栅的配件随铝格栅配套供应，其价格已包含在铝格栅单价内。
2.铝合金格栅的配件随铝合金格栅配套供应，其价格已包含在铝合金格栅单价内。
3.铝合金花片格栅的配件随铝合金花片格栅配套供应，其价格已包含在铝合金花片格栅单价中。

栅吊顶天棚

调整、校正。2.铝合金格栅天棚:电锤打眼,埋膨胀螺,吊装、安装天棚面层。

人工	材						料
综合工	铝格栅	铝合金格栅	铝合金花片格栅	直条形铝合金格栅	膨胀螺栓	合金钢钻头	预埋铁件
工日	m²	m²	m²	m²	套	个	kg
153.00					0.82	11.81	9.49
13.00	102.00×182.13				320.00	0.65	20.00
13.00	102.00×193.12				320.00	1.60	20.00
13.00	102.00×176.38				320.00	1.60	20.00
14.00		102.00×336.05			320.00	1.60	
14.00		102.00×405.46			320.00	1.60	
13.00		102.00×425.84			320.00	1.60	
14.00			102.00×498.29		320.00	1.60	
14.00			102.00×489.47		320.00	1.60	
14.00				102.00×440.17	320.00	1.60	
14.00				102.00×448.71	320.00	1.60	
14.00				102.00×428.87	320.00	1.60	
14.00				102.00×464.13	320.00	1.60	

编号	项目				单位	材料 电焊条 kg 7.59	材料 镀锌钢丝 kg 7.42	材料 零星材料费 元	机械 交流电焊机 30kV•A 台班 87.97	机械 小型机具 元
3-234	铝合金格栅吊顶天棚	铝格栅(包括吊配件)	规格(mm)	100×100×4.5	100m²	1.00		28.57	0.09	13.44
3-235	铝合金格栅吊顶天棚	铝格栅(包括吊配件)	规格(mm)	125×125×4.5	100m²	1.00		30.27	0.09	13.44
3-236	铝合金格栅吊顶天棚	铝格栅(包括吊配件)	规格(mm)	150×150×4.5	100m²	1.00		27.70	0.09	13.44
3-237	铝合金格栅天棚(直接吊在天棚下)	方块形铝合金格栅天棚	规格(mm)	90×90×60	100m²		5.00	138.38		13.44
3-238	铝合金格栅天棚(直接吊在天棚下)	方块形铝合金格栅天棚	规格(mm)	125×125×60	100m²		5.00	166.70		13.44
3-239	铝合金格栅天棚(直接吊在天棚下)	方块形铝合金格栅天棚	规格(mm)	158×158×60	100m²		5.00	175.02		13.44
3-240	铝合金格栅天棚(直接吊在天棚下)	铝合金花片格栅天棚	规格(mm)	25×25×25	100m²		5.00	204.58		13.44
3-241	铝合金格栅天棚(直接吊在天棚下)	铝合金花片格栅天棚	规格(mm)	40×40×40	100m²		5.00	200.98		13.44
3-242	铝合金格栅天棚(直接吊在天棚下)	直条形铝合金格栅天棚	规格(mm)	1260×90×60	100m²		5.00	180.86		13.44
3-243	铝合金格栅天棚(直接吊在天棚下)	直条形铝合金格栅天棚	规格(mm)	630×90×60	100m²		5.00	184.35		13.44
3-244	铝合金格栅天棚(直接吊在天棚下)	直条形铝合金格栅天棚	规格(mm)	1260×60×126	100m²		5.00	176.25		13.44
3-245	铝合金格栅天棚(直接吊在天棚下)	直条形铝合金格栅天棚	规格(mm)	630×60×126	100m²		5.00	190.64		13.44

工作内容：1.铝合金格栅吊顶天棚：定位、弹线、膨胀螺栓及吊筋安装，选料、下料、组装，安装龙骨及吊配附件、临时固定支撑，孔洞预留、安装封边龙骨，调整、校正。2.铝合金格栅天棚：电锤打眼，埋膨胀螺，吊装、安装天棚面层。

编号	项目				单位	预算基价 总价	人工费	材料费	机械费	人工 综合工	材料 条形铝合金空腹格栅（含配件）	方形铝合金空腹格栅（含配件）	多边形铝合金空腹格栅（含配件）	条形铝合金吸声格栅（含配件）
						元	元	元	元	工日	m²	m²	m²	m²
										153.00	498.56	89.80	116.51	538.78
3-246	铝合金格栅天棚（直接吊在天棚下）	铝合金空腹格栅天棚	条形		100m²	**53531.65**	2142.00	51376.21	13.44	14.00	102.00			
3-247			方形			**11671.35**	2142.00	9515.91	13.44	14.00		102.00		
3-248			多边形			**14559.67**	2295.00	12251.23	13.44	15.00			102.00	
3-249		铝合金吸声格栅天棚	条形			**57650.50**	2142.00	55495.06	13.44	14.00				102.00
3-250			方形或三角形			**12190.97**	2295.00	9882.53	13.44	15.00				
3-251	铝合金筒形天棚（直接吊在天棚下）	圆筒形	分组规格（mm）	600×600		**85132.92**	2601.00	82518.48	13.44	17.00				
3-252				800×800		**76912.22**	2448.00	74450.78	13.44	16.00				
3-253		方筒形		600×600		**78097.08**	2448.00	75635.64	13.44	16.00				
3-254				900×900		**80651.74**	2295.00	78343.30	13.44	15.00				
3-255				1200×1200		**76916.51**	2142.00	74761.07	13.44	14.00				

续前

编号	项目				单位	方形或三角形铝合金吸声格栅（含配件）	圆筒形铝合金	方筒形铝合金	膨胀螺栓	镀锌钢丝	合金钢钻头	零星材料费	小型机具
						材料							机械
						m^2	m^2	m^2	套	kg	个	元	元
						93.38			0.82	7.42	11.81		
3-246	铝合金格栅天棚（直接吊在天棚下）	铝合金空腹格栅天棚	条形		100m^2				320.00	5.00	1.60	204.69	13.44
3-247			方形						320.00	5.00	1.60	37.91	13.44
3-248			多边形						320.00	5.00	1.60	48.81	13.44
3-249		铝合金吸声格栅天棚	条形						320.00	5.00	1.60	221.10	13.44
3-250			方形或三角形			102.00			320.00	5.00	1.60	39.37	13.44
3-251	铝合金筒形天棚（直接吊在天棚下）	圆筒形	分组规格（mm）	600×600			102.00×802.66		320.00	5.00	1.60	328.76	13.44
3-252				800×800			102.00×723.88		320.00	5.00	1.60	296.62	13.44
3-253		方筒形		600×600				102.00×735.45	320.00	5.00	1.60	301.34	13.44
3-254				900×900				102.00×761.89	320.00	5.00	1.60	312.12	13.44
3-255				1200×1200				102.00×726.91	320.00	5.00	1.60	297.85	13.44

(3) 玻璃采光天棚

工作内容： 制作、安装骨架，安装天棚面层。

编号	项目		单位	预算基价 总价 元	人工费 元	材料费 元	人工 综合工 工日 153.00	材料 中空玻璃 16.0 m² 125.28	钢化玻璃 6.0 m² 106.12	夹丝玻璃 m² 87.95	夹层玻璃 m² 119.56	镀锌螺栓 套 2.27	耐热胶垫 m 17.74	铝骨架 kg 42.02
3-256	中空玻璃采光天棚	铝骨架	100m²	**56911.03**	15300.00	41611.03	100.00	100.00				1100.00	170.00	502.37
3-257		钢骨架		**45556.14**	18984.24	26571.90	124.08	100.00						
3-258	钢化玻璃采光天棚	铝骨架		**45917.38**	11475.00	34442.38	75.00		100.00			1100.00	170.00	376.78
3-259		钢骨架		**32490.15**	13638.42	18851.73	89.14		100.00					
3-260	夹丝玻璃采光天棚	铝骨架		**44111.23**	11475.00	32636.23	75.00			100.00		1100.00	170.00	376.78
3-261		钢骨架		**30674.83**	13638.42	17036.41	89.14			100.00				
3-262	夹层玻璃采光天棚	铝骨架		**47277.29**	11475.00	35802.29	75.00				100.00	1100.00	170.00	376.78
3-263		钢骨架		**29214.83**	7497.00	21717.83	49.00				100.00			

续前

编号	项目		单位	材料										
				玻璃胶 350g	螺栓 M12	铁钉	铁件	橡胶垫条	橡胶垫片	镀锌薄钢板 0.552	热轧型钢	调和漆	建筑油膏	零星材料费
				支	kg	kg	kg	m	m	m^2	kg	kg	kg	元
				24.44	10.69	6.68	9.49	3.63	7.27	20.08	3.70	14.11	5.07	
3-256	中空玻璃采光天棚	铝骨架	$100m^2$	100.00										16.64
3-257	中空玻璃采光天棚	钢骨架	$100m^2$	100.00	4.50	1.40	74.65	320.00	160.00	1.00	1966.30	38.00	90.00	221.34
3-258	钢化玻璃采光天棚	铝骨架	$100m^2$	100.00										41.28
3-259	钢化玻璃采光天棚	钢骨架	$100m^2$	100.00	3.28			137.72	45.91	1.00	1120.40	13.26	90.00	118.02
3-260	夹丝玻璃采光天棚	铝骨架	$100m^2$	100.00										52.13
3-261	夹丝玻璃采光天棚	钢骨架	$100m^2$	100.00	4.50			137.72	45.91	1.00	1120.40	13.26	90.00	106.66
3-262	夹层玻璃采光天棚	铝骨架	$100m^2$	100.00										57.19
3-263	夹层玻璃采光天棚	钢骨架	$100m^2$	100.00	4.50			320.00	160.00	1.00	1120.40	13.26	90.00	135.97

（4）木格栅天棚

工作内容：定位，放线，下料，制作、安装。

编号	项目	井格规格(mm)	单位	预算基价 总价	预算基价 人工费	预算基价 材料费	预算基价 机械费	人工 综合工	材料 硬木锯材	材料 胶合板12mm厚	材料 38吊件	材料 膨胀螺栓	材料 铁钉	材料 合金钢钻头	材料 热轧扁钢20×3	材料 聚醋酸乙烯乳液	材料 零星材料费	机械 小型机具
号				元	元	元	元	工日	m^3	m^2	件	套	kg	个	t	kg	元	元
								153.00	6977.77	71.97	0.97	0.82	6.68	11.81	3676.67	9.51		
3-264	木格栅天棚	100×100×55	100m²	**21367.51**	7497.00	13864.26	6.25	49.00	1.80		120.00	149.00	2.90	0.75	0.22	22.00	19.38	6.25
3-265	木格栅天棚	150×150×80	100m²	**19857.32**	6732.00	13119.44	5.88	44.00	1.70		120.00	140.00	2.90	0.70	0.22	18.00	18.34	5.88
3-266	木格栅天棚	200×200×100	100m²	**18221.52**	5814.00	12401.64	5.88	38.00	1.60		120.00	140.00	2.90	0.70	0.22	16.00	17.34	5.88
3-267	木格栅天棚	250×250×120	100m²	**16413.67**	4743.00	11664.79	5.88	31.00	1.50		120.00	140.00	2.90	0.70	0.22	12.00	16.31	5.88
3-268	胶合板格栅天棚	100×100×55	100m²	**15425.37**	4743.00	10676.49	5.88	31.00		130.00	120.00	140.00	2.90	0.70	0.22	25.00	14.93	5.88
3-269	胶合板格栅天棚	150×150×80	100m²	**14774.61**	4284.00	10484.73	5.88	28.00		128.00	120.00	140.00	2.90	0.70	0.22	20.00	14.66	5.88
3-270	胶合板格栅天棚	200×200×100	100m²	**13385.43**	3519.00	9860.55	5.88	23.00		120.00	120.00	140.00	2.90	0.70	0.22	15.00	13.79	5.88
3-271	胶合板格栅天棚	250×250×120	100m²	**12518.46**	3060.00	9452.58	5.88	20.00		115.00	120.00	140.00	2.90	0.70	0.22	10.00	13.22	5.88

工作内容：1.网架安装。2.安装天棚面层。

编号	项目	单位	预算基价 总价	人工费	材料费	机械费	人工 综合工	藤条造型（吊挂）	织物软雕	钢网架
			元	元	元	元	工日	m^2	m^2	m^2
							153.00	55.47	69.51	35.70
3-272	藤条造型悬挂吊顶	100m^2	**9380.77**	3060.00	6312.37	8.40	20.00	110.00		
3-273	织物软雕吊顶	100m^2	**22003.59**	2295.00	19700.19	8.40	15.00		280.00	
3-274	钢网架天棚	100m^2	**5498.97**	1683.00	3807.57	8.40	11.00			101.00
3-275	不锈钢钢管网架天棚	100m^2	**24110.32**	2754.00	21345.80	10.52	18.00			
3-276	雨篷底吊铝骨架铝条天棚	100m^2	**17071.48**	3060.00	13994.18	17.30	20.00			

其他天棚

材				料						机　械
不锈钢钢管	铝合金龙骨 60×30×1.5	膨胀螺栓	镀锌钢丝	合金钢钻头	铝合金格片	螺　钉	热轧等边角钢	电化角铝	零星材料费	小型机具
m	m	套	kg	个	m^2	个	t	m	元	元
21.49	11.68	0.82	7.42	11.81	102.74	0.21	3685.48	10.30		
		200.00	3.00	1.00					12.60	8.40
		200.00	3.00	1.00					39.32	8.40
		200.00	3.00	1.00					3.80	8.40
980.00		250.00	6.00	1.25					21.32	10.52
	142.57	412.00		2.06	105.00	1303.00	0.19016	18.51	13.98	17.30

5.其　　他

(1) 天棚设置保温吸声层

工作内容： 玻璃棉装袋、铺设保温吸声材料、固定。

编号	项目			单位	预算基价			人工	材料				
					总价	人工费	材料费	综合工	超细玻璃棉板	矿棉	聚苯乙烯泡沫板	镀锌钢丝	塑料薄膜
					元	元	元	工日	m²	m²	m²	kg	m²
								153.00				7.42	1.90
3-277	天棚板面上铺放吸声材料	超细玻璃棉板(mm)	50	100m²	**4723.82**	550.80	4173.02	3.60	102.00×35.65			16.00	220.00
3-278			75		**6938.24**	841.50	6096.74	5.50	102.00×54.51			16.00	220.00
3-279			100		**9508.64**	1116.90	8391.74	7.30	102.00×77.01			16.00	220.00
3-280			120		**11151.86**	1392.30	9759.56	9.10	102.00×90.42			16.00	220.00
3-281		袋装矿棉(mm)	50		**3450.04**	550.80	2899.24	3.60		102.00×27.26		16.00	
3-282			75		**4918.84**	841.50	4077.34	5.50		102.00×38.81		16.00	
3-283			100		**6332.56**	1116.90	5215.66	7.30		102.00×49.97		16.00	
3-284			120		**7535.14**	1392.30	6142.84	9.10		102.00×59.06		16.00	
3-285		聚苯乙烯泡沫板(mm)	50		**2915.17**	275.40	2639.77	1.80			105.00×24.01	16.00	
3-286			75		**4353.82**	306.00	4047.82	2.00			105.00×37.42	16.00	
3-287			100		**4944.97**	306.00	4638.97	2.00			105.00×43.05	16.00	
3-288			120		**6436.57**	321.30	6115.27	2.10			105.00×57.11	16.00	

(2) 天 棚 灯 槽

工作内容： 定位，弹线，下料，钻孔埋木楔，灯槽制作、安装。

编号	项目			单位	预算基价 总价	预算基价 人工费	预算基价 材料费	人工 综合工	材料 胶合板 5mm厚	材料 大芯板（细木工板）	材料 铁钉
					元	元	元	工日	m^2	m^2	kg
								153.00	30.54	122.10	6.68
3-289	悬挑式灯槽	直形	胶合板面	$100m^2$	**12820.57**	7342.47	5478.10	47.99	175.00		20.00
3-290	悬挑式灯槽	直形	细木工板面	$100m^2$	**29778.40**	8277.30	21501.10	54.10		175.00	20.00
3-291	悬挑式灯槽	弧形	胶合板面	$100m^2$	**15331.31**	9585.45	5745.86	62.65	183.33		22.00
3-292	附加式灯槽			$100m^2$	**27524.95**	17731.17	9793.78	115.89	315.00		26.00

(3) 送(回)风口安装

工作内容：对口、号眼、安装木柜条、过滤网及风口校正、上螺钉、固定。

编号	项目		单位	预算基价			人工	材料				
				总价	人工费	材料费	综合工	硬木送风口（成品）	硬木回风口（成品）	铝合金送风口（成品）	铝合金回风口（成品）	尼龙过滤网
				元	元	元	工日	个	个	个	个	m^2
							153.00	85.09	85.09	167.75	161.96	10.47
3-293	硬木	送风口	个	**109.23**	19.89	89.34	0.13	1.05				
3-294	硬木	回风口	个	**111.33**	19.89	91.44	0.13		1.05			0.20
3-295	铝合金	送风口	个	**196.03**	19.89	176.14	0.13			1.05		
3-296	铝合金	回风口	个	**192.04**	19.89	172.15	0.13				1.05	0.20

(4) 天 棚 开 孔

工作内容：天棚面层开孔。

编号	项目		单位	预算基价 总价	预算基价 人工费	人工 综合工
				元	元	工日
						153.00
3-297	灯光孔、风口开孔（每个面积在m^2以内）	0.02	10个	**61.20**	61.20	0.40
3-298	灯光孔、风口开孔（每个面积在m^2以内）	0.04	10个	**76.50**	76.50	0.50
3-299	灯光孔、风口开孔（每个面积在m^2以内）	0.10	10个	**102.51**	102.51	0.67
3-300	灯光孔、风口开孔（每个面积在m^2以内）	0.50	10个	**126.99**	126.99	0.83
3-301	格栅灯带		10m	**168.30**	168.30	1.10

(5) 嵌　缝

工作内容：贴绷带、刮嵌缝膏等。

编号	项目	单位	预算基价			人工	材料	
			总价	人工费	材料费	综合工	绷带	嵌缝膏
			元	元	元	工日	m	kg
						153.00	0.53	1.57
3-302	天棚石膏板缝贴绷带、刮腻子	100m	**878.43**	783.36	95.07	5.12	105.00	25.11

天津市装饰装修工程预算基价

DBD 29-201-2020

下 册

天津市住房和城乡建设委员会
天津市建筑市场服务中心　主编

中国计划出版社

下 册 目 录

第四章 门 窗 工 程

第五章 油漆、涂料、裱糊工程

第六章 其 他 工 程

第七章　脚手架措施费

第八章　垂直运输费

第九章　超高工程附加费

第十章　成品保护费

第十一章　组织措施费

附　　录

第四章　门 窗 工 程

说　　明

一、本章包括木门、金属门、其他门、金属窗、门窗附属配件5节，共236条基价子目。

二、凡由现场以外的加工厂制作的门窗应另增加场外运费，按本章相应子目执行。

三、铝合金门窗制作兼安装项目指施工企业现场制作或施工企业附属加工厂制作并安装。

四、铝合金地弹门制作型材(框料)消耗量，按101.66 mm×44.5 mm、厚1.5 mm方管确定，单扇平开门、双扇平开窗按38系列确定，推拉窗按90系列确定。如实际采用的型材断面尺寸及厚度与基价规定规格不符合时，按设计图示尺寸乘以线密度加6%的施工损耗率计算型材消耗量。

五、成品门窗安装项目中，门窗附件按包含在成品门窗单价内考虑：铝合金门窗制作、安装和冷藏门项目未含五金配件，五金配件按本章相应项目执行。

六、塑钢门窗安装项目是按单玻考虑的，如实际采用双玻者，人工工日乘以系数1.15。

七、本章中凡包括玻璃安装的项目，玻璃品种及厚度如设计要求与基价不同时，按设计要求调整。

八、本章中窗帘盒展开宽度为430 mm，设计要求不同时，按设计要求调整。

九、本章项目中凡综合刷油者，除已注明者外，均为底油一遍，调和漆二遍。如设计做法与基价不同时，按设计要求调整。

十、木种分类见下表：

木种分类表

木 种 类 别	木 种 名 称
一类	红木、杉木
二类	白松、杉松、杨柳木、椴木、樟子松、云杉
三类	榆木、柏木、樟木、苦栋木、梓木、黄菠萝、青松、水曲柳、黄花松、秋子松、马尾松、槐木、椿木、楠木、美国松
四类	柞木、檀木、色木、红木、荔木、柚木、麻栗木、桦木

十一、基价中的木料断面或厚度均以毛料为准，如设计要求刨光时，板、方材一面刨光加3 mm；两面刨光加5 mm。

十二、本章项目中木材种类均以一、二类木种为准，如采用三、四类木种时，分别乘以下列系数：木门窗制作的人工工日、机械费乘以系数1.30，木门窗安装的人工工日、机械费乘以系数1.16，其他项目的人工工日、机械费乘以系数1.35。

十三、细木工程的木材烘干费(包括烘干损耗在内)已综合考虑在木料单价中。

工程量计算规则

一、木门:

1.成品木门扇安装按设计图示扇面积计算。

2.成品木门框安装按设计图示框的中心线长度计算。

3.木质防火门按设计图示尺寸以框外围面积计算。

二、金属门:

1.铝合金门、塑钢门、断桥隔热铝合金门、彩板组角钢门按设计图示洞口尺寸以面积计算。

2.卷闸门安装按其安装高度乘以门的实际宽度以面积计算,安装高度包括卷闸箱高度。电动装置安装按设计图示数量计算。小门安装按设计图示数量计算,小门面积不扣除。

3.彩板钢门安装按设计图示洞口面积计算,附框按框中心线长度计算。

4.钢质防火门、厂库房钢门按设计图示尺寸以框外围面积计算。

5.防火卷帘门按设计图示尺寸以楼(地)面算至端板顶点高度乘以宽度以面积计算。

6.防盗装饰门安装按设计图示尺寸以框外围面积计算。

7.全板钢门、半截百叶钢门、全百叶钢门、密闭钢门、铁栅门按设计图示尺寸以质量计算。

8.钢射线防护门、棋子门、钢管钢丝网门、普通钢门按设计图示尺寸以框外围面积计算。

三、其他门:

1.电子感应自动门、转门、不锈钢电动伸缩门按设计图示数量计算。

2.不锈钢包门框按设计图示尺寸以展开面积计算。

3.冷藏门按设计图示尺寸以框外围面积计算。

4.冷藏门门樘框架及筒子板按筒子板面积计算。

5.保温隔声门、变电室门按设计图示尺寸以框外围面积计算。

四、金属窗:

1.除钢百叶窗、成品钢窗、塑钢阳台封闭窗、防盗窗按框外围面积计算外,其余金属窗均按设计图示洞口尺寸以面积计算。

2.木材面包镀锌钢板按下表中展开系数以展开面积计算。

木材面积展开系数表

项目名称		展开系数	计算基数
门窗框		0.311	框延长米
门窗扇	单面	1.440	框外围面积
	双面	2.190	框外围面积

五、门窗附属配件：

1.门窗套按设计图示尺寸以展开面积计算。

2.门窗贴脸按设计图示尺寸以长度计算。

3.门窗筒子板按设计图示尺寸以展开面积计算。

4.窗帘盒按设计图示尺寸以长度计算。

5.窗台板按设计图示尺寸以面积计算。图纸未注明尺寸的，窗台板长度可按附框的外围宽度两边共加100 mm计算，窗台板突出墙面的宽度按墙面外加50 mm计算。

6.窗帘轨道按设计图示尺寸以长度计算。

工作内容：门框、门套、门扇安装，五金安装，框周边塞缝等。

编号	项目		单位	预算基价 总价	人工费	材料费	人工 综合工	成品装饰门扇	单扇套装平开实木门	双扇套装平开实木门	双扇套装子母对开实木门
				元	元	元	工日	m^2	樘	樘	樘
							153.00	528.49	1270.41	2134.28	1626.12
4-1	成品木门扇安装		$100m^2$	**56364.59**	1794.69	54569.90	11.73	100.00			
4-2	成品木门框安装		100m	**11411.10**	725.22	10685.88	4.74				
4-3	成品套装木门安装	单扇门	10樘	**13586.52**	563.04	13023.48	3.68		10.00		
4-4	成品套装木门安装	双扇门	10樘	**22789.22**	827.73	21961.49	5.41			10.00	
4-5	成品套装木门安装	子母门	10樘	**17691.83**	817.02	16874.81	5.34				10.00

门

门扇制作、安装

材						料					
成品木门框	防腐油	杉木锯材	不锈钢合页	沉头木螺钉 L32	水砂纸	铁钉	水泥	砂子	水	零星材料费	水泥砂浆 1∶3
m	kg	m^3	副	个	张	kg	kg	t	m^3	元	m^3
101.63	0.52	2596.26	14.46	0.03	1.12	6.68	0.39	87.03	7.62		
		0.003	115.07	724.941	24.51						
102.00	6.71	0.106				1.04	47.29	0.175	0.04		(0.11)
		0.003	20.00	126.000	5.00					13.01	
		0.002	40.00	252.000	5.00					21.94	
		0.002	40.00	252.000	5.00					16.86	

(2) 木质防火门

工作内容：门洞修整、凿洞、成品防火门安装、周边塞缝等。

编号	项目	单位	预算基价			人工	材料
			总价	人工费	材料费	综合工	木质防火门（成品）
			元	元	元	工日	m^2
						153.00	542.04
4-6	木质防火门安装	$100m^2$	**68586.00**	14382.00	54204.00	94.00	100.00

注：防火门安装用的螺栓等价格已包含在防火门单价内。

工作内容：制作、安装门扇，铺钉镀锌薄钢板，铺设石棉板，安放填充保温材料，钉密封条，固定铁脚，装配五金零件，刷油漆。

编号	项目			单位	预算基价				人工	材料			
					总价	人工费	材料费	机械费	综合工	框扇木材	铁钉	防锈漆	调和漆
					元	元	元	元	工日	m^3	kg	kg	kg
									135.00	4294.24	6.68	15.51	14.11
4-7	厂库房防火门	综合		100m²	**82921.79**	34055.10	48518.08	348.61	252.26	5.783	32.27	34.55	36.61
4-8	厂库房防火门	制作		100m²	**59430.45**	23804.55	35277.29	348.61	176.33	5.783	32.27		
4-9	厂库房防火门	安装及油漆	合计	100m²	**23491.34**	10250.55	13240.79		75.93			34.55	36.61
4-10	厂库房防火门	安装及油漆	其中 框扇安装	100m²	**19114.18**	7052.40	12061.78		52.24				
4-11	厂库房防火门	安装及油漆	其中 油漆	100m²	**4377.16**	3198.15	1179.01		23.69			34.55	36.61

编号	项目			单位	材料							机械		
					铁件	稀料	木螺钉 M4×40	石棉板 5.0	镀锌薄钢板 0.46	小五金费	零星材料费	木工圆锯机 *D*500	木工压刨床 三面400	木工裁口机 多面400
					kg	kg	个	m^2	m^2	元	元	台班	台班	台班
					9.49	10.88	0.07	27.69	17.48			26.53	63.21	34.36
4-7	厂库房防火门	综合		100m²	1259.37	7.13	1230.00	212.33	229.36	24.26	388.51	0.67	4.00	2.27
4-8	厂库房防火门	制作		100m²				212.33	229.36		339.51	0.67	4.00	2.27
4-9	厂库房防火门	安装及油漆	合计	100m²	1259.37	7.13	1230.00			24.26	49.00			
4-10	厂库房防火门	安装及油漆	其中 框扇安装	100m²	1259.37		1230.00			24.26				
4-11	厂库房防火门	安装及油漆	其中 油漆	100m²		7.13					49.00			

2.金 属 门

(1)铝 合 金 门

工作内容： 1.制作：型材校正、放样下料、切割断料、钻孔组装、制作搬运。2.安装：现场搬运、安装、校正框扇、安装玻璃及五金配件、周边塞口、清扫等。

编号	项目			单位	预算基价				人工	材料				
					总价	人工费	材料费	机械费	综合工	铝合金型材	密封毛条	平板玻璃6.0	膨胀螺栓	拉杆螺栓
					元	元	元	元	工日	kg	m	m^2	套	kg
									153.00	24.90	4.30	33.40	0.82	17.74
4-12	单扇地弹门制作、安装	无上亮		100m²	**45614.41**	17233.92	28322.97	57.52	112.64	724.42	202.95	84.77	1238.10	13.06
4-13		带上亮			**45340.84**	17042.67	28239.77	58.40	111.39	712.50	159.87	87.98	1259.26	13.09
4-14	双扇地弹门制作、安装	无侧亮	无上亮		**43912.83**	17636.31	26237.58	38.94	115.27	711.34	169.14	90.54	793.65	13.36
4-15			带上亮		**40790.45**	17044.20	23711.21	35.04	111.40	632.75	133.23	83.12	699.59	13.40
4-16		有侧亮	无上亮		**38841.73**	15866.10	22943.27	32.36	103.70	602.91	101.13	97.16	634.92	13.49
4-17			带上亮		**37949.56**	15090.39	22830.68	28.49	98.63	604.37	79.94	99.22	543.21	13.52
4-18	四扇地弹门制作、安装	无上亮			**42179.00**	17893.35	24259.81	25.84	116.95	674.22	216.28	91.60	479.80	13.55
4-19		带上亮			**41388.81**	17044.20	24320.05	24.56	111.40	675.35	169.56	93.99	448.93	13.57
4-20	单扇平开门制作、安装	无上亮			**47496.78**	15041.43	32396.62	58.73	98.31	799.22	620.33	94.88	1269.84	
4-21		带上亮			**46131.55**	15200.55	30877.21	53.79	99.35	767.52	486.80	98.48	1152.26	
4-22	双扇平开门制作、安装	无上亮			**40838.32**	15483.60	25320.31	34.41	101.20	635.16	635.78	93.51	687.83	
4-23		带上亮			**40073.67**	15200.55	24843.35	29.77	99.35	620.55	498.90	99.04	617.28	
4-24	纱门扇制作、安装				**15971.16**	6135.30	9835.86		40.10	268.87	414.00			

续前

编号	项目			单位	材料									机械
					螺钉	合金钢钻头 $D10$	地脚	软填料	玻璃胶 350g	密封油膏	纱门窗压条	窗纱	零星材料费	小型机具
					个	个	个	kg	支	kg	m	m^2	元	元
					0.21	9.20	3.85	19.90	24.44	17.99	2.28	7.46		
4-12	单扇地弹门制作、安装	无上亮		100m²	392.38	7.74	619.05	55.06	35.90	44.07			31.12	57.52
4-13		带上亮			1068.15	7.87	629.63	52.71	42.88	42.19			31.03	58.40
4-14	双扇地弹门制作、安装	无侧亮	无上亮		435.98	4.96	396.83	35.82	39.43	28.67			28.83	38.94
4-15			带上亮		847.74	4.37	349.79	32.94	43.96	26.37			26.05	35.04
4-16		有侧亮	无上亮		915.56	3.97	317.46	25.41	46.77	20.34			25.21	32.36
4-17			带上亮		1322.47	3.37	271.60	23.06	51.90	18.46			25.09	28.49
4-18	四扇地弹门制作、安装	无上亮			416.16	3.00	239.90	22.74	41.05	18.20			26.66	25.84
4-19		带上亮			924.80	2.81	224.47	21.71	47.91	17.38			26.72	24.56
4-20	单扇平开门制作、安装	无上亮			1525.93	7.94	634.92	29.53	52.91	48.03			35.60	58.73
4-21		带上亮			1525.93	7.20	576.13	28.37	57.50	46.14			33.93	53.79
4-22	双扇平开门制作、安装	无上亮			1307.94	4.30	343.92	13.20	26.46	28.25			27.82	34.41
4-23		带上亮			1186.83	3.86	308.64	16.21	46.44	26.37			27.30	29.77
4-24	纱门扇制作、安装										290.00	93.78		

工作内容：1.铝合金门五金配件:定位、安装、调校、清扫。2.铝合金门成品安装:现场搬运、安装、校正框扇、安装玻璃及五金配件、周边塞口、清扫等。

编号	项目		单位	预算基价				人工	材料				
				总价	人工费	材料费	机械费	综合工	铝合金拉手100	全玻地弹门(不含玻璃)	铝合金平开门(不含玻璃)	铝合金推拉门(不含玻璃)	地弹簧
				元	元	元	元	工日	对	m^2	m^2	m^2	个
								153.00	31.32	365.88	382.82	352.33	265.14
4-25	铝合金门(制作)五金配件	单扇地弹门	樘	**311.65**		311.65			1.00				1.00
4-26	铝合金门(制作)五金配件	双扇地弹门	樘	**613.65**		613.65			2.00				2.00
4-27	铝合金门(制作)五金配件	四扇地弹门	樘	**1236.95**		1236.95			4.00				4.00
4-28	铝合金门(制作)五金配件	单扇平开门	樘	**45.39**		45.39							
4-29	地弹门安装		$100m^2$	**49965.32**	8568.00	41366.31	31.01	56.00		96.00			
4-30	平开门安装		$100m^2$	**50923.78**	7650.00	43234.64	39.14	50.00			95.00		
4-31	推拉门安装		$100m^2$	**49067.77**	8721.00	40328.05	18.72	57.00				96.00	

注：门窗含五金配件、附件。

续前

编号	项目		单位	材						料				机械
				门锁（普通）	门插 100	门铰 100（铜质）	螺钉	平板玻璃 6.0	合金钢钻头 $D10$	地脚	玻璃胶 350g	密封油膏	零星材料费	小型机具
				把	个	个	个	m^2	个	个	支	kg	元	元
				15.19	2.77	13.63	0.21	33.40	9.20	3.85	24.44	17.99		
4-25	铝合金门（制作）五金配件	单扇地弹门	樘	1.00										
4-26	铝合金门（制作）五金配件	双扇地弹门	樘	1.00	2.00									
4-27	铝合金门（制作）五金配件	四扇地弹门	樘	3.00	2.00									
4-28	铝合金门（制作）五金配件	单扇平开门	樘	1.00		2.00	14.00							
4-29	地弹门安装		$100m^2$					96.00	4.61	369.00	43.00	26.00	53.71	31.01
4-30	平开门安装		$100m^2$					95.00	5.83	466.00	46.00	37.00	56.13	39.14
4-31	推拉门安装		$100m^2$					96.00	2.86	457.00	42.00	27.00		18.72

(2) 塑钢门及断桥隔热铝合金门

工作内容： 1.塑钢门：现场搬运、安装、校正框扇、安装玻璃及五金配件、周边塞口、清扫等。2.断桥隔热铝合金门：制作：型材校正、放样下料、切割断料、钻孔组装、制作搬运。安装：现场搬运、安装、校正框扇、安装玻璃及五金配件、周边塞口、清扫等。

编号	项目		单位	预算基价				人工	材料							
				总价	人工费	材料费	机械费	综合工	塑钢门（带亮）	塑钢门（不带亮）	塑钢推拉门	塑钢平开门	隔热断桥型材	断桥隔热铝合金平开门 含中空玻璃、五金配件	断桥隔热铝合金推拉门 含中空玻璃、五金配件	平板玻璃 6.0
				元	元	元	元	工日	m^2	m^2	m^2	m^2	kg	m^2	m^2	m^2
								153.00	505.62	556.44	217.71	253.93	61.43	846.93	816.44	33.40
4-32	塑钢门安装（全板）	带亮	100m²	**70011.79**	9792.00	60193.38	26.41	64.00	96.00							7.20
4-33	塑钢门安装（全板）	不带亮	100m²	**74868.43**	9945.00	64895.78	27.65	65.00		96.00						
4-34	塑钢门安装（全玻）	推拉门	100m²	**34671.60**	9945.00	24698.95	27.65	65.00			96.00					72.00
4-35	塑钢门安装（全玻）	平开门	100m²	**38574.51**	9945.00	28601.86	27.65	65.00				96.00				72.00
4-36	断桥隔热铝合金平开门制作、安装		100m²	**123481.69**	24484.59	98997.10		160.03					1200.00			
4-37	断桥隔热铝合金平开门安装		100m²	**95221.45**	7650.00	87571.45		50.00						95.00		
4-38	断桥隔热铝合金推拉门安装		100m²	**93416.79**	8721.00	84695.79		57.00							96.00	

续前

编号	项目		单位	材料																机械
				膨胀螺栓	螺钉	合金钢钻头 *D*10	塑料压条	连接件	氯丁腻子 JN-10	软填料	密封油膏	射钉	泡沫塑料 30.0	塑料薄膜	中空玻璃 16.0	密封胶条	硅铜密封胶	发泡剂	五金配件及附件	小型机具
				套	个	个	m	kg	kg	kg	kg	个	m^2	m^2	m^2	kg	支	支	元	元
				0.82	0.21	9.20	3.23	14.33	13.28	19.90	17.99	0.75	30.93	1.90	125.28	24.23	31.15	42.62		
4-32	塑钢门安装（全板）	带亮	100m^2	629.00	647.00	3.94	103.00	629.00	8.00	26.00	42.00									26.41
4-33		不带亮		658.00	677.00	4.11		658.00		27.00	44.00									27.65
4-34	塑钢门安装（全玻）	推拉门		431.00							30.48	108.00	11.33	32.00						27.65
4-35		平开门		539.00							36.70	161.00	17.33	32.00						27.65
4-36	断桥隔热铝合金平开门制作、安装														100.00	50.00	80.00	80.00	5640.00	
4-37	断桥隔热铝合金平开门安装															50.00	80.00	80.00		
4-38	断桥隔热铝合金推拉门安装															45.45	58.00	80.00		

(3) 铝合金卷闸门、彩板钢门、防盗装饰门、防火门及防火卷帘门

工作内容： 1.铝合金卷闸门：安装导槽、端板及支撑、卷轴及门片、附件、门锁、调试等全部操作过程。2.彩板钢门：校正框扇，安装玻璃，装配五金，焊接、框周边塞缝等。

编号	项目		单位	预算基价				人工	材料				
				总价	人工费	材料费	机械费	综合工	铝合金卷闸门	卷闸门电动装置	卷闸门活动小门	附框	彩板门
				元	元	元	元	工日	m^2	套	扇	m	m^2
								153.00	287.11	2312.14	853.71	45.86	487.84
4-39	铝合金卷闸门安装		$100m^2$	**41368.41**	12240.00	28748.95	379.46	80.00	100.00				
4-40	卷闸门电动装置		套	**2465.14**	153.00	2312.14		1.00		1.00			
4-41	卷闸门活动小门增加费		扇	**1006.71**	153.00	853.71		1.00			1.00		
4-42	彩板钢门安装	附框	100m	**5579.12**	543.15	5026.18	9.79	3.55				103.00	
4-43	彩板钢门安装	门	$100m^2$	**51428.08**	3964.23	47463.85		25.91					94.56

续前

编号	项目		单位	材料							机械	
				密封油膏	低碳钢焊条 J422 ϕ4.0	自攻螺钉 20mm	橡胶密封条	塑料盖	电焊条	铝合金门窗配件固定连接铁件(地脚) 3×30×300	交流电焊机 40kV•A	交流弧焊机 42kV•A
				kg	kg	个	m	个	kg	个	台班	台班
				17.99	6.73	0.03	0.74	0.05	7.59	0.64	114.64	122.40
4-39	铝合金卷闸门安装		100m²						5.00		3.31	
4-40	卷闸门电动装置		套									
4-41	卷闸门活动小门增加费		扇									
4-42	彩板钢门安装	附框	100m	8.90	1.85	4.10				203.00		0.08
4-43		门	100m²	44.90		510.00	655.60	510.00				

工作内容： 1.防盗装饰门：校正门框扇、凿洞、安装门窗、塞缝等。定位、放线、埋铁件、焊接。安装成品。2.防火门及防火卷帘门：门洞修整、凿洞、成品防火门安装、周边塞缝等。卷帘门支架、导槽、附件安装、试开等。

编号	项目	单位	预算基价				人工	材料						
			总价	人工费	材料费	机械费	综合工	钢质防盗门	不锈钢格栅门	铸铁工艺护栏（成品）	铸铁工艺门（成品）	钢质防火门（成品）	防火卷帘门	防火卷帘门手动装置
			元	元	元	元	工日	m^2	m^2	m^2	m^2	m^2	m^2	套
							153.00	1473.67	912.15	199.64	498.00	785.11	494.61	358.25
4-44	钢质防盗门安装	$100m^2$	**151180.72**	5814.00	145339.24	27.48	38.00	97.81						
4-45	不锈钢格栅门安装	$100m^2$	**102163.87**	10251.00	91912.87		67.00		100.00					
4-46	铸铁工艺护栏安装	$100m^2$	**29437.76**	8294.13	20885.37	258.26	54.21			100.00				
4-47	铸铁工艺门安装	$100m^2$	**58462.88**	7775.46	50306.76	380.66	50.82				100.00			
4-48	钢质防火门安装	$100m^2$	**92040.97**	14382.00	77631.49	27.48	94.00					98.25		
4-49	防火卷帘门安装	$100m^2$	**63374.92**	13770.00	49498.95	105.97	90.00						100.00	
4-50	防火卷帘门手动装置安装	套	**511.25**	153.00	358.25		1.00							1.00

注：钢质防火门安装用的螺栓等价格已包含在钢质防火门单价内。

续前

编号	项目	单位	材料										机械		
			低碳钢焊条 J422φ4.0	电焊条	不锈钢焊丝	铁件	膨胀螺栓 M10	水泥	砂子	水	零星材料费	水泥砂浆 1:3	交流弧焊机 42kV•A	直流电焊机 10kV•A	小型机具
			kg	kg	kg	kg	套	kg	t	m^3	元	m^3	台班	台班	元
			6.73	7.59	67.28	9.49	1.53	0.39	87.03	7.62			122.40	44.34	
4-44	钢质防盗门安装	$100m^2$	9.69			95.78		111.78	0.413	0.09	145.19	(0.260)			27.48
4-45	不锈钢格栅门安装	$100m^2$			6.00	31.00									
4-46	铸铁工艺护栏安装	$100m^2$		2.00		31.00	400.00						2.11		
4-47	铸铁工艺门安装	$100m^2$		3.00		51.00							3.11		
4-48	钢质防火门安装	$100m^2$						580.81	2.148	0.45	77.55	(1.351)			27.48
4-49	防火卷帘门安装	$100m^2$		5.00										2.39	
4-50	防火卷帘门手动装置安装	套													

(4) 厂库房钢门

工作内容： 1.制作：放样、画线、截料、平直、钻孔、拼装、焊接、成品矫正、刷防锈漆、成品堆放。2.安装：画线、定位、调直、打砖、剔洞、吊正、埋铁件、堵眼、拼装组合、钉橡皮条、小五金安装、刷油漆等全部操作过程。

编号	项目			单位	预算基价				人工	材料						
					总价	人工费	材料费	机械费	综合工	钢质全板平开式门窗	钢质全板折叠式门窗	钢质全板推拉式门窗	铁件	电焊条 $D3.2$	氧气 $6m^3$	乙炔气 5.5~6.5 kg
					元	元	元	元	工日	t	t	t	kg	kg	m^3	m^3
									135.00	3690.27	3692.67	3692.43	9.49	7.59	2.88	16.13
4-51	全板钢门	平开式	综合	t	**13903.27**	7059.15	6069.92	774.20	52.29	1.06			120.00	34.22	7.00	3.05
4-52			制作		**11769.34**	5621.40	5541.84	606.10	41.64	1.06			120.00	33.00	7.00	3.05
4-53			安装		**1619.93**	1104.30	347.53	168.10	8.18					1.22		
4-54			油漆		**514.00**	333.45	180.55		2.47							
4-55		折叠式	综合		**19852.97**	11836.80	7065.30	950.87	87.68		1.06		184.00	44.00	6.00	2.61
4-56			制作		**16094.70**	8995.05	6311.95	787.70	66.63		1.06		184.00	33.00	6.00	2.61
4-57			安装		**2479.12**	1960.20	355.75	163.17	14.52					11.00		
4-58			油漆		**1279.15**	881.55	397.60		6.53							
4-59		推拉式	综合		**14805.32**	8012.25	5992.40	800.67	59.35			1.06	112.00	44.00	7.00	3.05
4-60			制作		**12090.93**	6003.45	5469.75	617.73	44.47			1.06	112.00	33.00	7.00	3.05
4-61			安装		**2200.39**	1675.35	342.10	182.94	12.41					11.00		
4-62			油漆		**514.00**	333.45	180.55		2.47							

注：钢门制作以不带小门为准，如带小门，制作综合工日乘以系数1.25。

续前

编号	项目			单位	材料									机械				
					松木锯材	防锈漆	调和漆	稀料	带帽螺栓	预拌混凝土AC20	零星材料费	场内运费	场外运费	电焊机制作	电焊机安装	制作吊车	安装吊车	金属结构下料机
					m^3	kg	kg	kg	kg	m^3	元	元	元	台班	台班	台班	台班	台班
					1661.90	15.51	14.11	10.88	7.96	450.56				89.46	74.17	664.97	658.80	366.82
4-51	全板钢门	平开式	综合	t	0.005	6.37	8.66	1.19	0.50	0.50	86.66	54.08	78.10	4.33	2.0	0.18	0.03	0.27
4-52			制作		0.005	6.37		0.33	0.50		29.81	27.04		4.33		0.18		0.27
4-53			安装							0.50	7.85	27.04	78.10		2.0		0.03	
4-54			油漆				8.66	0.86			49.00							
4-55		折叠式	综合		0.005	16.89	22.94	3.17	15.63	0.09	85.98	54.08	78.10	6.36	2.2	0.18		0.27
4-56			制作		0.005	16.89		0.88	0.63		29.81	27.04		6.36		0.18		0.27
4-57			安装						15.00	0.09	7.17	27.04	78.10		2.2			
4-58			油漆				22.94	2.29			49.00							
4-59		推拉式	综合		0.005	6.37	8.66	1.19	15.50	0.06	87.39	54.08	78.10	4.46	2.2	0.18	0.03	0.27
4-60			制作		0.005	6.37		0.33	0.50		31.35	27.04		4.46		0.18		0.27
4-61			安装						15.00	0.06	7.04	27.04	78.10		2.2		0.03	
4-62			油漆				8.66	0.86			49.00							

工作内容： 1.制作：放样、画线、截料、平直、钻孔、拼装、焊接、成品矫正、刷防锈漆、成品堆放。2.安装：画线、定位、调直、打砖、剔洞、吊正、埋铁件、堵眼、拼装组合、钉橡皮条、小五金安装、刷油漆等全部操作过程。

编号	项目		单位	预算基价 总价	人工费	材料费	机械费	人工 综合工	材料 钢质半截百叶门变电室门	钢质全百叶门	钢质射线防护门	铁件	电焊条 D3.2	氧气 6m³	乙炔气 5.5~6.5 kg	松木锯材
				元	元	元	元	工日	t	t	t	kg	kg	m³	m³	m³
								135.00	3691.29	5490.98	3648.32	9.49	7.59	2.88	16.13	1661.90
4-63	半截百叶钢门（变电室门）	综合	t	**18782.80**	11152.35	6757.85	872.60	82.61	1.06			164.00	34.22	4.00	1.74	0.005
4-64		制作	t	**14122.75**	7268.40	6149.85	704.50	53.84	1.06			164.00	33.00	4.00	1.74	0.005
4-65		安装	t	**3254.19**	2924.10	161.99	168.10	21.66					1.22			
4-66		油漆	t	**1405.86**	959.85	446.01		7.11								
4-67	全百叶钢门	综合	t	**26073.94**	16837.20	7970.51	1266.23	124.72		1.06		40.37	56.33	11.69	5.09	
4-68		制作	t	**22503.83**	14145.30	7260.40	1098.13	104.78		1.06		40.37	55.11	11.69	5.09	
4-69		安装	t	**1843.44**	1513.35	161.99	168.10	11.21					1.22			
4-70		油漆	t	**1726.67**	1178.55	548.12		8.73								
4-71	射线防护门	综合	100m²	**204331.34**	53727.30	146611.65	3992.39	397.98			3.268	410.00	133.46	22.00	9.57	0.005
4-72		制作	100m²	**188242.86**	40371.75	144623.69	3247.42	299.05			3.268	410.00	93.00	22.00	9.57	0.005
4-73		安装	100m²	**11054.93**	9435.15	874.81	744.97	69.89					40.46			
4-74		油漆	100m²	**5033.55**	3920.40	1113.15		29.04								

注：钢门制作以不带小门为准，如带小门，制作综合工日乘以系数1.25。

续前

编号	项目		单位	材料									机械				
				铅板5.0	防锈漆	调和漆	带帽螺栓	稀料	预拌混凝土AC20	零星材料费	场内运费	场外运费	电焊机制作	电焊机安装	制作吊车	安装吊车	金属结构下料机
				t	kg	kg	kg	kg	m^3	元	元	元	台班	台班	台班	台班	台班
				21077.52	15.51	14.11	7.96	10.88	450.56				89.46	74.17	664.97	658.80	366.82
4-63	半截百叶钢门（变电室门）	综合	t		18.36	24.96	0.50	3.45	0.09	129.90	54.08	78.10	5.43	2.00	0.18	0.03	0.27
4-64	半截百叶钢门（变电室门）	制作	t		18.36		0.50	0.96		56.13	27.04		5.43		0.18		0.27
4-65	半截百叶钢门（变电室门）	安装	t						0.09	7.04	27.04	78.10		2.00		0.03	
4-66	半截百叶钢门（变电室门）	油漆	t			24.96		2.49		66.73							
4-67	全百叶钢门	综合	t		22.55	30.65	0.84	5.35	0.09	203.80	54.08	78.10	9.83	2.00	0.18	0.03	0.27
4-68	全百叶钢门	制作	t		22.55		0.84	2.29		114.40	27.04		9.83		0.18		0.27
4-69	全百叶钢门	安装	t						0.09	7.04	27.04	78.10		2.00		0.03	
4-70	全百叶钢门	油漆	t			30.65		3.06		82.36							
4-71	射线防护门	综合	$100m^2$	6.021	48.96	67.38	55.17	9.31		268.58	54.08	78.10	31.60	8.09	0.18	0.22	0.82
4-72	射线防护门	制作	$100m^2$	6.021	48.96			2.56		156.17	27.04		31.60		0.18		0.82
4-73	射线防护门	安装	$100m^2$				55.17			23.43	27.04	78.10		8.09		0.22	
4-74	射线防护门	油漆	$100m^2$			67.38		6.75		88.98							

工作内容：1.制作：放样、画线、截料、平直、钻孔、拼装、焊接、成品矫正、刷防锈漆、成品堆放。2.安装：画线、定位、调直、打砖、剔洞、吊正、埋铁件、堵眼、拼装组合、钉橡皮条、小五金安装、刷油漆等全部操作过程。

编号	项目		单位	预算基价				人工	材料					
				总价	人工费	材料费	机械费	综合工	钢质密闭门	钢质棋子门	电焊条 $D3.2$	防锈漆	调和漆	氧气 $6m^3$
				元	元	元	元	工日	t	t	kg	kg	kg	m^3
								135.00	3706.77	3686.61	7.59	15.51	14.11	2.88
4-75	密闭门	综合	t	**21813.87**	14303.25	6706.76	803.86	105.95	1.06		34.22	6.37	8.66	7
4-76	密闭门	制作	t	**18783.11**	11773.35	6404.77	604.99	87.21	1.06		33.00	6.37		7
4-77	密闭门	安装	t	**2516.76**	2196.45	121.44	198.87	16.27			1.22			
4-78	密闭门	油漆	t	**514.00**	333.45	180.55		2.47					8.66	
4-79	棋子门	综合	$100m^2$	**102038.19**	77626.35	18857.53	5554.31	575.01		3.572	148.27	30.87	67.56	48
4-80	棋子门	制作	$100m^2$	**38034.43**	16208.10	16272.02	5554.31	120.06		3.572	111.20			24
4-81	棋子门	安装	$100m^2$	**61702.77**	59803.65	1899.12		442.99			37.07	30.87	25.61	24
4-82	棋子门	油漆	$100m^2$	**2300.99**	1614.60	686.39		11.96					41.95	

续前

编号	项目		单位	材料								机械				
				乙炔气 5.5~6.5 kg	铁件	带帽螺栓	稀料	橡胶板 1.5	零星材料费	场内运费	场外运费	电焊机制作	电焊机安装	制作吊车	安装吊车	金属结构下料机
				m^3	kg	kg	kg	m^2	元	元	元	台班	台班	台班	台班	台班
				16.13	9.49	7.96	10.88	14.62				89.46	74.17	664.97	658.80	366.82
4-75	密闭门	综合	t	3.05	196.31	13.20	1.50	0.77	99.69	54.08	78.10	6.33		0.03	0.18	0.27
4-76	密闭门	制作	t	3.05	196.31	13.20	0.64	0.77	43.65	27.04		4.33			0.18	0.27
4-77	密闭门	安装	t						7.04	27.04	78.10	2.00		0.03		
4-78	密闭门	油漆	t				0.86		49.00							
4-79	棋子门	综合	$100m^2$	10.28	113.36	139.53	7.31		116.11	182.24	263.15	47.72	7.41		0.61	0.91
4-80	棋子门	制作	$100m^2$	10.28	113.36	95.03	3.13		67.11	91.12		47.72	7.41		0.61	0.91
4-81	棋子门	安装	$100m^2$			44.50				91.12	263.15					
4-82	棋子门	油漆	$100m^2$				4.18		49.00							

工作内容： 解捆、画线、定位、调直、打砖、剔洞、吊正、埋铁件、堵眼、安装纱门扇(包括钉纱)、安装纱窗扇、拼装组合、钉橡皮条、小五金安装、刷油漆等全部过程。

编号	项目			单位	预算基价				人工	材料			
					总价	人工费	材料费	机械费	综合工	平板玻璃 3.0	电焊条 $D3.2$	油灰	稀料
					元	元	元	元	工日	m^2	kg	kg	kg
									135.00	19.91	7.59	2.94	10.88
4-83	普通钢门	单层	综合	100m²	**6150.30**	5491.80	569.04	89.46	40.68		3.09		2.25
4-84	普通钢门	单层	安装	100m²	**4472.05**	4185.00	197.59	89.46	31.00		3.09		
4-85	普通钢门	单层	油漆	100m²	**1678.25**	1306.80	371.45		9.68				2.25
4-86	普通钢门	单层带纱扇	综合	100m²	**12851.27**	11065.95	1637.71	147.61	81.97		5.23		3.38
4-87	普通钢门	单层带纱扇	安装	100m²	**10334.44**	9105.75	1081.08	147.61	67.45		5.23		
4-88	普通钢门	单层带纱扇	油漆	100m²	**2516.83**	1960.20	556.63		14.52				3.38
4-89	钢门安玻璃			100m²	**4150.91**	1113.75	3037.16		8.25	106.6		275.5	
4-90	棋子门			100m²	**19587.59**	17822.70	1764.89		132.02		37.07		4.18
4-91	变电室门			100m²	**10295.68**	8596.80	1259.14	439.74	63.68		2.70		5.51

编号	项目			单位	材料								机械	
					带帽螺栓	调和漆	窗纱	氧气 6m³	预拌混凝土 AC20	零星材料费	场内运费	场外运费	电焊机制作	安装吊车
					kg	kg	m^2	m^3	m^3	元	元	元	台班	台班
					7.96	14.11	7.46	2.88	450.56				89.46	658.80
4-83	普通钢门	单层	综合	$100m^2$		22.46			0.20	114.08			1.00	
4-84	普通钢门	单层	安装	$100m^2$					0.20	84.02			1.00	
4-85	普通钢门	单层	油漆	$100m^2$		22.46				30.06				
4-86	普通钢门	单层带纱扇	综合	$100m^2$		33.69	110.00		0.20	175.16			1.65	
4-87	普通钢门	单层带纱扇	安装	$100m^2$			110.00		0.20	130.67			1.65	
4-88	普通钢门	单层带纱扇	油漆	$100m^2$		33.69				44.49				
4-89	钢门安玻璃			$100m^2$						104.78				
4-90	棋子门			$100m^2$	44.5	41.95		24.00		68.53	91.12	263.15		
4-91	变电室门			$100m^2$		55.25			0.20	98.09	38.06	172.86	4.40	0.07

(5) 门特殊五金安装

工作内容： 定位、安装、调校、清扫。

编号	项目		单位	预算基价			人工	材料					料
				总价	人工费	材料费	综合工	门滑轨	压把锁 9141S8	球形锁（碰锁）	地锁	门轧头	防盗门扣
				元	元	元	工日	m	把	把	把	个	副
							153.00	31.58	51.66	19.69	51.05	3.16	11.83
4-92	吊装滑动门轨安装		m	**38.34**	6.12	32.22	0.04	1.01					
4-93	门锁安装	压把锁	10把	**1133.77**	612.00	521.77	4.00		10.10				
4-94	门锁安装	球形锁	10把	**504.87**	306.00	198.87	2.00			10.10			
4-95	地锁安装		10把	**1127.61**	612.00	515.61	4.00				10.10		
4-96	门轧头安装		10副	**108.42**	76.50	31.92	0.50					10.10	
4-97	防盗门扣安装		10副	**195.98**	76.50	119.48	0.50						10.10
4-98	门眼（猫眼）安装		10只	**337.79**	76.50	261.29	0.50						
4-99	门碰珠安装		只	**9.49**	7.65	1.84	0.05						
4-100	电子锁（磁卡锁）安装		把	**551.48**	61.20	490.28	0.40						
4-101	大型拉手安装	管拉手	10副	**591.50**	168.30	423.20	1.10						
4-102	大型拉手安装	底板拉手	10副	**130.11**	12.24	117.87	0.08						
4-103	地弹簧安装		10个	**3596.52**	913.41	2683.11	5.97						
4-104	闭门器安装	明装	10副	**2329.59**	229.50	2100.09	1.50						
4-105	闭门器安装	暗装	10副	**2712.09**	612.00	2100.09	4.00						

编号	项目		单位	材料									
				门眼(猫眼)	门碰珠	电子锁	管拉手600镀铬	木螺钉M4×40	底板拉手150镀铬螺丝	地弹簧	闭门器	镀锌螺钉	木螺钉M5
				只	只	把	个	个	个	个	套	个	个
				25.87	1.82	485.43	41.57	0.07	11.34	265.14	207.93	0.16	0.08
4-92	吊装滑动门轨安装		m									2.00	
4-93	门锁安装	压把锁	10把										
4-94		球形锁											
4-95	地锁安装												
4-96	门轧头安装		10副										
4-97	防盗门扣安装												
4-98	门眼(猫眼)安装		10只	10.10									
4-99	门碰珠安装		只		1.01								
4-100	电子锁(磁卡锁)安装		把			1.01							
4-101	大型拉手安装	管拉手	10副				10.10	47.69					
4-102		底板拉手						47.69	10.10				
4-103	地弹簧安装		10个							10.10			64.93
4-104	闭门器安装	明装	10副								10.10		
4-105		暗装									10.10		

3.其　他　门

(1) 电子感应自动门、全玻转门、不锈钢电动伸缩门、不锈钢板包门框及无框全玻门

工作内容： 1.电子感应自动门及全玻转门：安装、调试等全部操作过程。2.不锈钢电动伸缩门：定位、画线、安轨道、门安装、电动装置安装、调试等。3.不锈钢板包门框及无框全玻门：不锈钢板包门框包括定位放线、安装龙骨、钉木基层、粘贴不锈钢板面层、清理。无框全玻门包括不锈钢门夹、拉手、地弹簧安装。

编号	项目		单位	预算基价			人工	材						料		
				总价	人工费	材料费	综合工	电子感应自动门	玻璃胶 350g	电磁感应装置	全玻璃转门（含玻璃转轴全套）	不锈钢电动伸缩门	自动装置	钢轨 6#	不锈钢卡口槽	镜面不锈钢片 1.0
				元	元	元	工日	樘	支	套	樘	m	套	m	m	m²
							153.00	15219.46	24.44	263.92	15498.95	1148.45	22786.21	109.83	19.16	329.70
4-106	电子感应自动门安装	玻璃门	樘	**17272.53**	1866.60	15405.93	12.20	1.00	7.00							
4-107	电子感应自动门安装	电磁感应装置	套	**551.82**	287.64	264.18	1.88			1.00						
4-108	全玻转门安装	直径2m不锈钢柱 玻璃12mm	樘	**17809.45**	2295.00	15514.45	15.00				1.00					
4-109	不锈钢电动伸缩门安装		樘	**30268.39**	612.00	29656.39	4.00					5.00	1.00	10.00		
4-110	不锈钢板包门框安装	木龙骨	100m²	**71224.70**	14841.00	56383.70	97.00								225.00	102.00
4-111	不锈钢板包门框安装	钢龙骨	100m²	**73840.06**	14841.00	58999.06	97.00								225.00	102.00
4-112	无框全玻门安装		100m²	**67799.26**	22950.00	44849.26	150.00		22.00							

注：1.电动伸缩门含量不同时，其伸缩门及钢轨按设计要求换算。打凿混凝土工程量另行计算。
2.地弹簧、门拉手设计用量与基价不同时按设计要求调整。

续前

编号	项目	单位	材料												
			带帽螺栓	自攻螺钉 M4×15	预埋铁件	杉木锯材	大芯板（细木工板）	万能胶	电焊条	钢骨架	不锈钢上下帮	钢化玻璃 12.0	地弹簧	高档门拉手 不锈钢$D50\times25$	零星材料费
			个	个	kg	m^3	m^2	kg	kg	t	m	m^2	个	套	元
			3.30	0.06	9.49	2596.26	122.10	17.95	7.59	6743.07	89.32	177.64	265.14	57.76	
4-106	电子感应自动门安装 玻璃门	樘													15.39
4-107	电子感应自动门安装 电磁感应装置	套													0.26
4-108	全玻转门安装 直径2m不锈钢柱 玻璃12mm	樘													15.50
4-109	不锈钢电动伸缩门安装	樘													29.63
4-110	不锈钢板包门框安装 木龙骨	100m²	427.00	519.00	61.00	1.30	102.00	30.00							56.33
4-111	不锈钢板包门框安装 钢龙骨	100m²		5770.00	145.00		102.00	30.00	56.00	0.869					58.94
4-112	无框全玻门安装	100m²									63.00	103.00	63.00	63.00	44.80

(2)冷 藏 门

工作内容：1.门扇制作及安装，铺钉镀锌薄钢板，安装保温材料，钉密封条，装配五金零件，刷油漆。2.门樘框架及筒子板制作，安装净樘、毛樘、框架和筒子板，刷防腐油及油漆。

编号	项目			单位	预算基价 总价	人工费	材料费	机械费	人工 综合工	材料 扇木材	框扇木材	钢骨架	镀锌薄钢板 0.25	镀锌薄钢板 0.89	铁件	防锈漆	调和漆
					元	元	元	元	工日	m^3	m^3	t	m^2	m^2	kg	kg	kg
									135.00	4294.24	4294.24	7293.05	12.22	34.69	9.49	15.51	14.11
4-113	冷藏门	综合		100m²	**100090.52**	63026.10	37037.31	27.11	466.86	3.593		1.02	24.00	233.71		26.93	36.61
4-114	冷藏门	制作		100m²	**69355.15**	34624.80	34703.24	27.11	256.48	3.593		1.02	24.00	233.71			
4-115	冷藏门	安装及油漆	合计	100m²	**30735.37**	28401.30	2334.07		210.38							26.93	36.61
4-116	冷藏门	安装及油漆	其中 框扇安装	100m²	**26662.14**	25420.50	1241.64		188.30								
4-117	冷藏门	安装及油漆	其中 油漆	100m²	**4073.23**	2980.80	1092.43		22.08							26.93	36.61
4-118	冷藏门门樘框架及筒子板	综合		100m²	**66771.82**	21431.25	45094.24	246.33	158.75		10.152				96.46	0.58	20.88
4-119	冷藏门门樘框架及筒子板	制作		100m²	**61316.29**	16468.65	44601.31	246.33	121.99		10.152				96.46		
4-120	冷藏门门樘框架及筒子板	安装		100m²	**3466.51**	3442.50	24.01		25.50								
4-121	冷藏门门樘框架及筒子板	油漆		100m²	**1989.02**	1520.10	468.92		11.26							0.58	20.88

续前

编号	项目	单位	材料：稀料	材料：聚苯乙烯塑料板40	材料：橡胶板3.0	材料：橡胶密封条	材料：木螺钉M4×40	材料：铁钉	材料：防腐油	材料：清油	材料：油腻子	材料：零星材料费	机械：木工圆锯机*D*500	机械：木工压刨床三面400	机械：木工裁口机多面400
			kg	m^2	m^2	m	个	kg	kg	kg	kg	元	台班	台班	台班
			10.88	13.41	32.88	0.74	0.07	6.68	0.52	15.06	6.05		26.53	63.21	34.36
4-113	冷藏门 综合	$100m^2$	6.36	156.19	4.68	461.67	20634.00	6.87				684.77	0.05	0.31	0.18
4-114	冷藏门 制作	$100m^2$		156.19			11247.00					552.65	0.05	0.31	0.18
4-115	冷藏门 安装及油漆 合计	$100m^2$	6.36		4.68	461.67	9387.00	6.87				132.12			
4-116	冷藏门 安装及油漆 其中 框扇安装	$100m^2$			4.68	461.67	9387.00	6.87				43.14			
4-117	冷藏门 安装及油漆 其中 油漆	$100m^2$	6.36									88.98			
4-118	冷藏门门樘框架及筒子板 综合	$100m^2$	2.15					13.59	46.18	4.90	3.16	49.00	0.47	2.83	1.60
4-119	冷藏门门樘框架及筒子板 制作	$100m^2$						13.59					0.47	2.83	1.60
4-120	冷藏门门樘框架及筒子板 安装	$100m^2$							46.18						
4-121	冷藏门门樘框架及筒子板 油漆	$100m^2$	2.15							4.90	3.16	49.00			

(3) 保温隔声门

工作内容：门扇制作及安装，铺钉镀锌薄钢板，铺设石棉板，安放填充保温材料，钉密封条，固定铁脚，装配五金零件，刷油漆。

编号	项目	单位	预算基价 总价	人工费	材料费	机械费	人工 综合工	材料 框扇木材	胶合板3mm厚	胶合板5mm厚	铁件	调和漆	铁钉	防腐油	稀料	熟桐油	清油
			元	元	元	元	工日	m^3	m^2	m^2	kg	kg	kg	kg	kg	kg	kg
							135.00	4294.24	20.88	30.54	9.49	14.11	6.68	0.52	10.88	14.96	15.06
4-122	保温隔声门 综合	100m²	**71422.47**	38674.80	32484.53	263.14	286.48	4.867	64.68	141.37	124.27	54.98	3.01	15.28	5.50	1.92	10.96
4-123	保温隔声门 制作	100m²	**51934.09**	24889.95	26781.00	263.14	184.37	4.867	64.68	141.37							
4-124	保温隔声门 安装及油漆 合计	100m²	**19488.38**	13784.85	5703.53		102.11				124.27	54.98	3.01	15.28	5.50	1.92	10.96
4-125	保温隔声门 安装及油漆 其中 框扇安装	100m²	**15234.99**	10693.35	4541.64		79.21				124.27		3.01	15.28			
4-126	保温隔声门 安装及油漆 其中 油漆	100m²	**4253.39**	3091.50	1161.89		22.90					54.98			5.50	1.92	10.96

编号	项目				单位	材料										机械				
						油腻子	橡胶板 3.0	橡胶密封条	木螺钉 M4×40	石油沥青 10#	麻丝	矿渣棉	煤	小五金费	零星材料费	木工圆锯机 *D*500	木工压刨床 四面300	木工打眼机 MK212	木工开榫机 160	木工裁口机 多面400
						kg	m^2	m	个	kg	kg	m^3	kg	元	元	台班	台班	台班	台班	台班
						6.05	32.88	0.74	0.07	4.04	14.54	82.25	0.53			26.53	84.89	9.04	50.40	34.36
4-122	保温隔声门	综合			$100m^2$	8.32	3.26	239.63	3171.00	273.40	73.27	2.03	16.40	556.88	220.51	0.59	1.96	1.97	1.14	0.17
4-123	保温隔声门	制作			$100m^2$							2.03			46.01	0.59	1.96	1.97	1.14	0.17
4-124	保温隔声门	安装及油漆	合计		$100m^2$	8.32	3.26	239.63	3171.00	273.40	73.27		16.40	556.88	174.50					
4-125	保温隔声门	安装及油漆	其中	框扇安装	$100m^2$		3.26	239.63	3171.00	273.40	73.27		16.40	556.88	92.33					
4-126	保温隔声门	安装及油漆	其中	油漆	$100m^2$	8.32									82.17					

(4)变 电 室 门

工作内容：门扇制作及安装，铺钉镀锌薄钢板，铺设石棉板，安放填充保温材料，钉密封条，固定铁脚，装配五金零件，刷油漆。

编号	项目				单位	预算基价 总价	人工费	材料费	机械费	人工 综合工	材料 扇木材	铁百叶变电室门	铁钉	窗纱	铁件	防锈漆
						元	元	元	元	工日	m^3	t	kg	m^2	kg	kg
										135.00	4294.24	4231.27	6.68	7.46	9.49	15.51
4-127	变电室门	综合			100m²	**62134.14**	29311.20	32784.68	38.26	217.12	3.538	2.374	11.93	57.51	554.63	20.65
4-128	变电室门	制作			100m²	**33970.78**	18613.80	15318.72	38.26	137.88	3.538		11.93			
4-129	变电室门	安装及油漆	合计		100m²	**28163.36**	10697.40	17465.96		79.24		2.374		57.51	554.63	20.65
4-130	变电室门	安装及油漆	其中	框扇安装	100m²	**22591.08**	6631.20	15959.88		49.12		2.374		57.51	554.63	
4-131	变电室门	安装及油漆	其中	油漆	100m²	**5572.28**	4066.20	1506.08		30.12						20.65

续前

编号	项目				单位	材料								机械		
						调和漆	熟桐油	清油	稀料	油腻子	木螺钉 M4×40	小五金费	零星材料费	木工圆锯机 *D*500	木工压刨床 三面400	木工裁口机 多面400
						kg	kg	kg	kg	kg	个	元	元	台班	台班	台班
						14.11	14.96	15.06	10.88	6.05	0.07			26.53	63.21	34.36
4-127	变电室门	综合			100m²	56.67	1.92	10.96	7.74	4.27	1583.00	75.62	164.32	0.07	0.44	0.25
4-128		制作											46.01	0.07	0.44	0.25
4-129		安装及油漆	合计			56.67	1.92	10.96	7.74	4.27	1583.00	75.62	118.31			
4-130			其中	框扇安装							1583.00	75.62	35.95			
4-131				油漆		56.67	1.92	10.96	7.74	4.27			82.36			

(5) 围墙钢丝门

工作内容： 1.制作：放样、画线、截料、平直、钻孔、拼装、焊接、成品矫正、刷防锈漆、成品堆放。2.安装：画线、定位、调直、打砖、剔洞、吊正、埋铁件、堵眼、拼装组合、钉橡皮条、小五金安装、刷油漆等全部操作过程。

编号	项目		单位	预算基价				人工	材料					
				总价	人工费	材料费	机械费	综合工	钢质钢管钢丝网门	钢质铁栅门	铁件	镀锌拧花铅丝网 914×900×13	电焊条	氧气 6m³
				元	元	元	元	工日	t	t	kg	m²	kg	m³
								135.00	3842.27	3754.49	9.49	7.16	7.59	2.88
4-132	钢管钢丝网门	综合	100m²	**20956.15**	11271.15	9010.51	674.49	83.49	1.188		272.00	105.00	36.90	1.00
4-133		制作		**13099.56**	4120.20	8416.13	563.23	30.52	1.188		272.00	105.00	27.00	1.00
4-134		安装		**6514.20**	6106.05	296.89	111.26	45.23					9.90	
4-135		油漆		**1342.39**	1044.90	297.49		7.74						
4-136	铁栅门	综合	t	**18819.45**	10825.65	7268.61	725.19	80.19		1.06	259.33		19.90	0.70
4-137		制作		**11389.90**	4982.85	5681.86	725.19	36.91		1.06	142.00		19.90	0.70
4-138		安装		**6704.08**	5370.30	1333.78		39.78			117.33			
4-139		油漆		**725.47**	472.50	252.97		3.50						

续前

编号	项目		单位	材料									机械			
				乙炔气 5.5~6.5 kg	松木锯材	防锈漆	稀料	调和漆	预拌混凝土AC20	零星材料费	场内运费	场外运费	电焊机制作	电焊机安装	制作吊车	安装吊车
				m^3	m^3	kg	kg	kg	m^3	元	元	元	台班	台班	台班	台班
				16.13	1661.90	15.51	10.88	14.11	450.56				89.46	74.17	664.97	658.80
4-132	钢管钢丝网门	综合	$100m^2$	0.44	0.005	13.46	2.50	17.97	0.24	84.62	54.08	78.10	2.60	1.50	0.20	0.30
4-133	钢管钢丝网门	制作	$100m^2$	0.44	0.005	13.46	0.70			51.80	27.04		2.60		0.20	0.30
4-134	钢管钢丝网门	安装	$100m^2$						0.24	8.47	27.04	78.10		1.50		
4-135	钢管钢丝网门	油漆	$100m^2$				1.80	17.97		24.35						
4-136	铁栅门	综合	t	0.30	0.005	8.67	2.67	11.77	0.24	91.69	54.08	78.10	4.78		0.18	0.27
4-137	铁栅门	制作	t	0.30	0.005	7.96	0.42			33.25	27.04		4.78		0.18	0.27
4-138	铁栅门	安装	t						0.24	7.04	27.04	78.10				
4-139	铁栅门	油漆	t			0.71	2.25	11.77		51.40						

4.金 属 窗

(1)铝 合 金 窗

工作内容：1.制作：型材校正、放样下料、切割断料、钻孔组装、制作搬运。2.安装：现场搬运、安装、校正框扇、安装玻璃及五金配件、周边塞口、清扫等。

编号	项目			单位	预算基价				人工	材料				料
					总价	人工费	材料费	机械费	综合工	铝合金型材	平板玻璃 4.0	平板玻璃 5.0	密封毛条	膨胀螺栓
号					元	元	元	元	工日	kg	m^2	m^2	m	套
									153.00	24.90	24.50	28.62	4.30	0.82
4-140	单扇平开窗制作、安装	无上亮		100m²	**46170.64**	14112.72	31935.89	122.03	92.24	512.57		84.66	933.33	2777.78
4-141	单扇平开窗制作、安装	带上亮			**45893.54**	14877.72	30898.42	117.40	97.24	522.19		88.50	676.67	2666.67
4-142	单扇平开窗制作、安装	带顶窗			**50027.84**	15064.38	34846.06	117.40	98.46	602.63		82.35	1096.67	2666.67
4-143	双扇平开窗制作、安装	无上亮			**42661.27**	14753.79	27832.22	75.26	96.43	513.51		89.76	904.17	1666.67
4-144	双扇平开窗制作、安装	带上亮			**39956.18**	14877.72	25007.70	70.76	97.24	457.10		92.19	653.33	1555.56
4-145	双扇平开窗制作、安装	带顶窗			**44195.02**	14882.31	29241.95	70.76	97.27	562.84		89.90	1003.33	1555.56
4-146	推拉窗制作、安装	双扇	不带亮		**49239.16**	15010.83	34163.11	65.22	98.11	867.48		87.90	605.83	1422.22
4-147	推拉窗制作、安装	双扇	带亮		**45548.02**	14862.42	30633.42	52.18	97.14	810.98		93.15	410.86	1111.11
4-148	推拉窗制作、安装	三扇	不带亮		**43435.29**	15270.93	28117.72	46.64	99.81	718.27		91.74	501.67	977.78
4-149	推拉窗制作、安装	三扇	带亮		**41479.14**	15038.37	26403.17	37.60	98.29	698.55		97.04	365.00	761.90
4-150	推拉窗制作、安装	四扇	不带亮		**46225.57**	15270.93	30909.85	44.79	99.81	804.59		91.32	616.84	933.33
4-151	推拉窗制作、安装	四扇	带亮		**43407.58**	15038.37	28331.61	37.60	98.29	753.20		96.74	450.60	761.90
4-152	固定窗(矩形)制作、安装	38系列			**30214.13**	11338.83	18806.74	68.56	74.11	321.60		92.64		1555.56
4-153	固定窗(矩形)制作、安装	25.4×101.5 (1′×4′)方管			**34081.42**	11338.83	22674.03	68.56	74.11	452.00		92.64		1555.56
4-154	异型固定窗制作、安装				**37822.10**	12472.56	25271.64	77.90	81.52	519.80	101.90			1777.78
4-155	纱窗扇制作、安装				**14628.08**	6135.30	8492.78		40.10	223.58			339.43	

续前

编号	项目			单位	螺钉	合金钢钻头 D10	地脚	软填料	玻璃胶 350g	密封油膏	纱门窗压条	窗纱	零星材料费	小型机具
					材料									机械
					个	个	个	kg	支	kg	m	m^2	元	元
					0.21	9.20	3.85	19.90	24.44	17.99	2.28	7.46		
4-140	单扇平开窗制作、安装	无上亮		100m²	4577.78	17.36	1388.89	43.78	59.52	88.99			63.74	122.03
4-141		带上亮			4120.00	16.67	1333.33	40.86	71.43	83.06			61.67	117.40
4-142		带顶窗			5951.11	16.67	1333.33	40.86	68.25	83.06			69.55	117.40
4-143	双扇平开窗制作、安装	无上亮			3433.33	10.42	833.33	29.18	61.11	59.33			55.55	75.26
4-144		带上亮			2975.56	9.72	777.78	26.27	67.94	53.40			49.92	70.76
4-145		带顶窗			3891.11	9.72	777.78	26.27	66.35	53.40			58.37	70.76
4-146	推拉窗制作、安装	双扇	不带亮		1464.89	8.88	711.11	52.53	48.34	47.46			68.19	65.22
4-147			带亮		1017.28	6.94	555.56	43.78	42.39	39.55			61.14	52.18
4-148		三扇	不带亮		1007.11	6.11	488.89	39.40	41.64	35.60			56.12	46.64
4-149			带亮		719.37	4.76	380.95	31.89	47.89	28.82			52.70	37.60
4-150		四扇	不带亮		1464.89	5.84	466.67	39.40	49.10	35.60			61.70	44.79
4-151			带亮		1046.35	4.76	380.95	31.89	53.44	28.82			56.55	37.60
4-152	固定窗(矩形)制作、安装	38系列			2288.89	9.72	777.78	25.00	74.13	53.40			37.54	68.56
4-153		25.4×101.5 (1′×4′)方管			2288.89	9.72	777.78	59.10	71.43	53.40			45.26	68.56
4-154	异型固定窗制作、安装				2517.78	11.11	888.89	65.01	78.57	58.74			50.44	77.90
4-155	纱窗扇制作、安装										344.00	91.39		

工作内容： 1.制作：型材校正、放样下料、切割断料、钻孔组装、制作搬运。2.安装：现场搬运、安装、校正框扇、安装玻璃及五金配件、周边塞口、清扫等。

编号	项目			单位	预算基价		材									料
					总价	材料费	滑轮	铰拉	门锁（普通）	风撑 90°	拉把 100	执手 150mm	拉手 100	角码	风撑 60°	牛角制
					元	元	套	套	把	支	支	套	个	个	支	套
							12.29	20.93	15.19	13.63	12.24	17.52	15.71	1.94	8.22	8.37
4-156	铝合金窗（制作）五金配件	推拉窗	双扇	樘	**100.47**	100.47	4.00	1.00	2.00							
4-157			三扇		**125.05**	125.05	6.00	1.00	2.00							
4-158			四扇		**149.63**	149.63	8.00	1.00	2.00							
4-159		单扇平开窗	不带顶窗		**80.49**	80.49				2.00	1.00	1.00	1.00	4.00		
4-160			带顶窗		**113.06**	113.06				2.00	1.00	1.00	1.00	8.00	2.00	1.00
4-161		双扇平开窗	不带顶窗		**160.98**	160.98				4.00	2.00	2.00	2.00	8.00		
4-162			带顶窗		**193.55**	193.55				4.00	2.00	2.00	2.00	12.00	2.00	1.00

工作内容：现场搬运、安装、校正框扇、安装玻璃及五金配件、周边塞口、清扫等。

编号	项目	单位	预算基价				人工	材											料	机械
			总价	人工费	材料费	机械费	综合工	铝合金推拉窗(不含玻璃)	铝合金固定窗(不含玻璃)	铝合金平开窗(不含玻璃)	铝合金防盗窗	铝合金百叶窗	平板玻璃5.0	合金钢钻头 $D10$	地脚	玻璃胶350g	密封油膏	零星材料费	小型机具
			元	元	元	元	工日	m²	m²	m²	m²	m²	m²	个	个	支	kg	元	元
							153.00	299.04	268.96	319.44	331.39	352.55	28.62	9.20	3.85	24.44	17.99		
4-163	铝合金推拉窗安装	100m²	**43006.11**	7497.00	35467.31	41.80	49.00	95.00					95.00	62.20	500.00	47.00	36.00	46.05	41.80
4-164	铝合金固定窗安装	100m²	**39485.49**	5661.00	33759.14	65.35	37.00		93.00				93.00	92.30	778.00	73.00	22.89	43.83	65.35
4-165	铝合金平开窗安装	100m²	**45939.76**	7344.00	38506.28	89.48	48.00			90.00			90.00	13.44	1074.00	66.00	70.00	49.99	89.48
4-166	铝合金防盗窗安装	100m²	**43263.10**	5661.00	37531.84	70.26	37.00				100.00			10.46	837.00		57.00	48.73	70.26
4-167	铝合金百叶窗安装	100m²	**45070.72**	5661.00	39344.37	65.35	37.00					100.00		9.73	778.00		53.00	51.08	65.35

注：门窗含五金配件、附件。

(2)塑 钢 窗

工作内容：现场搬运、安装、校正框扇、安装玻璃及五金配件、周边塞口、清扫等。

编号	项目		单位	预算基价				人工	材料				
				总价	人工费	材料费	机械费	综合工	单层塑钢窗	塑钢窗带纱窗	塑钢阳台封闭窗	铝合金门窗配件固定连接铁件(地脚) 3×30×300	平板玻璃 6.0
				元	元	元	元	工日	m²	m²	m²	个	m²
								153.00	255.43	217.82	452.26	0.64	33.40
4-168	塑钢窗安装	单层	100m²	**47732.77**	8568.00	39138.13	26.64	56.00	95.00				73.00
4-169	塑钢窗安装	带纱	100m²	**46607.82**	11016.00	35565.18	26.64	72.00		95.00			73.00
4-170	塑钢窗安装	阳台封闭	100m²	**53878.50**	3509.82	50351.88	16.80	22.94			100.00	452.662	

续前

编号	项目		单位	材							料			机械
				膨胀螺栓	螺钉	合金钢钻头 *D*10	塑料压条	连接件	软填料	聚氨酯发泡密封胶 750mL	硅酮耐候密封胶	密封油膏	零星材料费	小型机具
				套	个	个	m	kg	kg	支	kg	kg	元	元
				0.82	0.21	9.20	3.23	14.33	19.90	20.16	35.94	17.99		
4-168	塑钢窗安装	单层	100m²	634.00	653.00	3.96	428.00	634.00	26.00			42.00		26.64
4-169	塑钢窗安装	带纱	100m²	634.00	653.00	3.96	428.00	634.00	26.00			42.00		26.64
4-170	塑钢窗安装	阳台封闭	100m²	457.14						98.894	65.863		100.50	16.80

(3) 断桥隔热铝合金窗

工作内容： 1.断桥隔热铝合金窗制作、安装：制作：型材校正、放样下料、切割断料、钻孔组装、制作搬运。安装：现场搬运、安装、校正框扇、安装玻璃及五金配件、周边塞口、清扫等。2.断桥隔热铝合金窗成品安装：现场搬运、安装、校正框扇、安装玻璃及五金配件、周边塞口、清扫等。

编号	项目	单位	预算基价 总价	人工费	材料费	人工 综合工	材料 隔热断桥型材	隐形纱窗	断桥隔热铝合金平开窗 含中空玻璃、五金配件	断桥隔热铝合金推拉窗 含中空玻璃、五金配件
			元	元	元	工日	kg	m^2	m^2	m^2
						153.00	61.43	271.87	660.61	740.90
4-171	断桥隔热铝合金平开窗制作、安装	100m²	**112719.17**	24463.17	88256.00	159.89	1050.00			
4-172	断桥隔热铝合金内平开窗制作、安装	100m²	**108254.07**	24463.17	83790.90	159.89	1050.00			
4-173	断桥隔热铝合金窗成品隐形纱窗扇安装	100m²	**29016.69**	1791.63	27225.06	11.71		100.00		
4-174	断桥隔热铝合金平开窗安装	100m²	**72782.90**	7344.00	65438.90	48.00			90.00	
4-175	断桥隔热铝合金推拉窗安装	100m²	**82664.59**	7497.00	75167.59	49.00				95.00
4-176	断桥隔热铝合金固定窗安装	100m²	**63332.66**	5661.00	57671.66	37.00				

续前

编号	项目	单位	材							料		
			断桥隔热铝合金固定窗 含中空玻璃、五金配件	中空玻璃 16.0	钢副框	三元乙丙胶条	硅铜密封胶	发泡剂	防水密封胶	密封胶条	五金配件及附件	零星材料费
			m^2	m^2	kg	kg	支	支	支	kg	元	元
			597.09	125.28	8.17	26.18	31.15	42.62	12.98	24.23		
4-171	断桥隔热铝合金平开窗制作、安装	100m²		100.00	250.00	50.00	40.00	50.00	100.00		3200.00	
4-172	断桥隔热铝合金内平开窗制作、安装	100m²		100.00			80.00	40.00		20.00	2080.00	
4-173	断桥隔热铝合金窗成品隐形纱窗扇安装	100m²										38.06
4-174	断桥隔热铝合金平开窗安装	100m²				50.00	40.00	50.00	100.00			
4-175	断桥隔热铝合金推拉窗安装	100m²				50.00	21.00	50.00	53.00			
4-176	断桥隔热铝合金固定窗安装	100m²	93.00			50.00	13.00		33.00			

(4) 彩板组角钢窗、无框全玻窗及防盗窗

工作内容： 1.彩板组角钢窗：现场搬运、安装、校正框扇、安装玻璃及五金配件、焊接铁件、周边塞口、清扫等。无框全玻窗：安装玻璃及五金配件、焊接铁件、周边塞口、清扫等。2.防盗窗：校正框扇、凿洞、安装窗、塞缝等。护窗栏杆制作、安装、油漆等全部操作过程。

编号	项目		单位	预算基价				人工	材料							
				总价	人工费	材料费	机械费	综合工	彩板窗	钢化玻璃 12.0	不锈钢防盗窗	钢质护窗栏杆	平板玻璃 5.0	膨胀螺栓	合金钢钻头 *D*10	塑料盖
				元	元	元	元	工日	m^2	m^2	m^2	t	m^2	套	个	个
								153.00	238.84	177.64	309.98	3819.29	28.62	0.82	9.20	0.05
4-177	彩板窗安装		100m²	**32083.68**	5508.00	26545.17	30.51	36.00	92.00				96.00	726.00	4.54	748.00
4-178	固定无框玻璃窗安装		100m²	**24037.18**	5355.00	18682.18		35.00		103.00						
4-179	不锈钢防盗窗安装		100m²	**38905.96**	6426.00	32430.80	49.16	42.00			100.00					
4-180	护窗栏杆	综合	100m²	**24732.36**	18448.74	6283.62		120.58				0.68				
4-181	护窗栏杆	制作	100m²	**21362.30**	15505.02	5857.28		101.34				0.68				
4-182	护窗栏杆	安装	100m²	**2213.58**	2011.95	201.63		13.15								
4-183	护窗栏杆	油漆	100m²	**1156.48**	931.77	224.71		6.09								

续前

编号	项目		单位	材料													机械
				建筑密封膏	玻璃胶 350g	软填料	钢筋 *D*10以外	电焊条	防锈漆	调和漆	氧气 6m³	乙炔气 5.5~6.5 kg	稀料	场外运费	场内运费	零星材料费	小型机具
				kg	支	kg	t	kg	kg	kg	m³	m³	kg	元	元	元	元
				19.04	24.44	19.90	3799.94	7.59	15.51	14.11	2.88	16.13	10.88				
4-177	彩板窗安装		100m²	59.00												26.52	30.51
4-178	固定无框玻璃窗安装		100m²		15.00											18.66	
4-179	不锈钢防盗窗安装		100m²			72.00											49.16
4-180	护窗栏杆	综合	100m²				0.63	30.08	34.86	14.15	0.86	0.39	4.90	93.66	64.88	103.28	
4-181	护窗栏杆	制作	100m²				0.63	20.91	34.86		0.86	0.39	3.48		32.44	87.75	
4-182	护窗栏杆	安装	100m²					9.17						93.66	32.44	5.93	
4-183	护窗栏杆	油漆	100m²							14.15			1.42			9.60	

(5)厂库房钢窗

工作内容： 1.制作:放样、画线、截料、平直、钻孔、拼装、焊接、成品矫正、刷防锈漆、成品堆放。2.安装:画线、定位、调直、打砖剔洞、吊正、埋铁件、堵眼、拼装组合、钉橡皮条、小五金安装,刷油漆等全部操作过程。

编号	项目			单位	预算基价				人工	材料					
					总价	人工费	材料费	机械费	综合工	热轧薄钢板≥1.2	热轧等边角钢40×3	热轧扁钢20×3	热轧扁钢35×4	电焊条D3.2	防锈漆
					元	元	元	元	工日	t	t	t	t	kg	kg
									135.00	3687.19	3752.49	3676.67	3639.10	7.59	15.51
4-184	钢百叶窗	无网	综合	100m²	**74810.08**	49495.05	19073.84	6241.19	366.63	2.586	1.752	0.042	0.124	4.00	36.34
4-185			制作		**61621.40**	37986.30	17393.91	6241.19	281.38	2.586	1.752		0.124	4.00	36.34
4-186			安装		**9510.75**	8633.25	877.50		63.95			0.042			
4-187			油漆		**3677.93**	2875.50	802.43		21.30						
4-188		有网	综合		**98284.32**	68975.55	23019.51	6289.26	510.93	2.586	1.752	0.366	0.124	4.00	42.95
4-189			制作		**84094.74**	56667.60	21137.88	6289.26	419.76	2.586	1.752	0.324	0.124	4.00	42.95
4-190			安装		**9821.60**	8910.00	911.60		66.00			0.042			
4-191			油漆		**4367.98**	3397.95	970.03		25.17						

续前

编号	项目			单位	材料								机械			
					调和漆	稀料	带帽螺栓M4×16	带帽螺栓M6×20	钢板网	零星材料费	场内运费	场外运费	电焊机制作	电焊机安装	台式钻床 *D*16	金属结构下料机
					kg	kg	套	套	m²	元	元	元	台班	台班	台班	台班
					14.11	10.88	0.16	0.26	15.92				89.46	74.17	4.27	366.82
4-184	钢百叶窗	无网	综合	100m²	49.41	8.58	34.00	800.00		171.01	241.32	348.45	63.70	0.74	18.00	1.12
4-185			制作			3.63				79.08	120.66		63.70	0.74	18.00	1.12
4-186			安装				34.00	800.00		40.53	120.66	348.45				
4-187			油漆		49.41	4.95				51.40						
4-188		有网	综合		58.40	10.14	34.00	800.00	152.00	216.37	258.88	373.77	63.72	0.82	18.00	1.23
4-189			制作			4.29			152.00	93.48	129.44		63.72	0.82	18.00	1.23
4-190			安装				34.00	800.00		40.53	129.44	373.77				
4-191			油漆		58.40	5.85				82.36						

工作内容： 解捆、画线、定位、调直、打砖、剔洞、吊正、埋铁件、堵眼、安装纱门扇(包括钉纱)、安装纱窗扇、拼装组合、钉橡皮条、小五金安装、刷油漆等全部过程。

编号	项目			单位	预算基价				人工	材料								机械
					总价	人工费	材料费	机械费	综合工	平板玻璃3.0	电焊条 $D3.2$	稀料	调和漆	油灰	预拌混凝土AC20	钢模零件损耗费	零星材料费	电焊机制作
					元	元	元	元	工日	m^2	kg	kg	kg	kg	m^3	元	元	台班
									135.00	19.91	7.59	10.88	14.11	2.94	450.56			89.46
4-192	普通钢窗	单层	综合	100m²	**10574.91**	6093.90	4382.60	98.41	45.14	106.60	3.09	2.25	22.46	275.50	0.20	776.40	218.86	1.10
4-193			安装		**4745.75**	3673.35	973.99	98.41	27.21		3.09				0.20	776.40	84.02	1.10
4-194			玻璃安装		**4150.91**	1113.75	3037.16		8.25	106.60				275.50			104.78	
4-195			油漆		**1678.25**	1306.80	371.45		9.68			2.25	22.46				30.06	
4-196		双层玻璃窗	综合		**20270.19**	11614.05	8557.73	98.41	86.03	213.20	6.70	4.05	40.43	551.00	0.20	1552.78	384.70	1.10
4-197			安装		**8957.68**	7034.85	1824.42	98.41	52.11		6.70				0.20	1552.78	130.67	1.10
4-198			玻璃安装		**8301.79**	2227.50	6074.29		16.50	213.20				551.00			209.54	
4-199			油漆		**3010.72**	2351.70	659.02		17.42			4.05	40.43				44.49	

(6) 厂库房保温窗

工作内容： 解捆、画线、定位、调直、打砖、剔洞、吊正、埋铁件、堵眼、安装纱门扇（包括钉纱）、安装纱窗扇、拼装组合、钉橡皮条、小五金安装、刷油漆等全部过程。

编号	项目			单位	预算基价 总价	人工费	材料费	机械费	人工 综合工	材料 平板玻璃3.0	电焊条D3.2	窗纱	油灰	热轧等边角钢50×5	调和漆	稀料	预拌混凝土AC20	钢模零件损耗费	零星材料费	机械 电焊机制作
					元	元	元	元	工日	m^2	kg	m^2	kg	t	kg	kg	m^3	元	元	台班
									135.00	19.91	7.59	7.46	2.94	3751.83	14.11	10.88	450.56			89.46
4-200	钢天窗	综合		100m²	23625.41	10956.60	12344.07	324.74	81.16	106.60	12.00		275.50	2.15	22.46	2.25		776.40	136.39	3.63
4-201	钢天窗	安装		100m²	17796.25	8536.05	8935.46	324.74	63.23		12.00			2.15				776.40	1.55	3.63
4-202	钢天窗	玻璃安装		100m²	4150.91	1113.75	3037.16		8.25	106.60			275.50						104.78	
4-203	钢天窗	油漆		100m²	1678.25	1306.80	371.45		9.68						22.46	2.25			30.06	
4-204	单框双玻保温窗	单层	综合	100m²	15300.81	7882.65	7319.75	98.41	58.39	213.20	3.09		551.00		22.46	2.25	0.20	776.40	223.64	1.10
4-205	单框双玻保温窗	单层	安装	100m²	4745.75	3673.35	973.99	98.41	27.21		3.09						0.20	776.40	84.02	1.10
4-206	单框双玻保温窗	单层	玻璃安装	100m²	8876.81	2902.50	5974.31		21.50	213.20			551.00						109.56	
4-207	单框双玻保温窗	单层	油漆	100m²	1678.25	1306.80	371.45		9.68						22.46	2.25			30.06	
4-208	单框双玻保温窗	一玻一纱	综合	100m²	22164.63	13633.65	8432.57	98.41	100.99	213.20	3.09	99.00	551.00		36.61	3.67	0.20	874.96	284.25	1.10
4-209	单框双玻保温窗	一玻一纱	安装	100m²	10556.53	8600.85	1857.27	98.41	63.71		3.09	99.00					0.20	874.96	130.20	1.10
4-210	单框双玻保温窗	一玻一纱	玻璃安装	100m²	9393.38	2902.50	6490.88		21.50	213.20			551.00		36.61				109.56	
4-211	单框双玻保温窗	一玻一纱	油漆	100m²	2214.72	2130.30	84.42		15.78							3.67			44.49	

(7) 门窗钉防寒条、木材面包镀锌薄钢板、门窗场外运费

工作内容：1.剪裁、咬口、铺钉镀锌薄钢板、刷油漆及衬毛毡或石棉板。2.制作压条、钉橡皮条或压条。3.剪裁铺钉毛毡。

编号	项目		单位	预算基价				人工	材料									机械
				总价	人工费	材料费	机械费	综合工	镀锌薄钢板0.46	防锈漆	调和漆	铁钉	稀料	松木锯材	橡皮条九字形2型	毛毡	零星材料费	载重汽车6t
				元	元	元	元	工日	m^2	kg	kg	kg	kg	m^3	m	m^2	元	台班
								135.00	17.48	15.51	14.11	6.68	10.88	1661.90	3.61	24.66		461.82
4-212	木材面包镀锌薄钢板	综合	$100m^2$	**6724.44**	3773.25	2951.19		27.95	107.00	13.79	18.75	1.80	3.25				555.00	
4-213	木材面包镀锌薄钢板	制作	$100m^2$	**4634.78**	2246.40	2388.38		16.64	107.00			1.80					506.00	
4-214	木材面包镀锌薄钢板	油漆	$100m^2$	**2089.66**	1526.85	562.81		11.31		13.79	18.75		3.25				49.00	
4-215	门窗	钉橡胶密封条	100m	**1009.64**	492.75	516.89		3.65				1.40		0.086	101.00			
4-216	门窗	钉防寒毛毡	100m	**965.97**	494.10	471.87		3.66				1.40		0.086		12.96		
4-217	门窗场外运费		$100m^2$	**632.50**	429.30		203.20	3.18										0.44

5.门窗附

(1)门

工作内容：1.制作、安装、剔砖打洞、下木砖、立木筋、起缝、钉木装饰条等。2.清理基层、找平、镶嵌、固定、调运砂浆、灌浆、养护、插缝等。

编号	项目		单位	预算基价			人工	材					
				总价	人工费	材料费	综合工	杉木锯材	胶合板 9mm厚	红榉木夹板	大芯板(细木工板)	花岗岩门套	收口线
				元	元	元	工日	m^3	m^2	m^2	m^2	m^2	m
							153.00	2596.26	55.18	28.12	122.10	286.11	8.06
4-218	木门窗套	带木筋	100m²	**27663.16**	6747.30	20915.86	44.10	0.70	148.00	110.00			802.00
4-219	木门窗套	不带木筋	100m²	**23098.46**	4054.50	19043.96	26.50		148.00	110.00			802.00
4-220	不锈钢窗套		100m²	**69013.23**	9180.00	59833.23	60.00				105.00		
4-221	大理石花岗岩门窗套(成品)		100m²	**39140.18**	5093.37	34046.81	33.29					102.00	

注：采用夹板代替木筋者，扣减杉木锯材用量，增加夹板用量（损耗5%）。

属配件

窗　套

料														
松木锯材	聚醋酸乙烯乳液	不锈钢片 8K	锯　材	玻璃胶 350g	电焊条	钢　筋 *D6*	铜　丝	石材(云石)胶	水　泥	砂　子	水	零星材料费	水泥砂浆 1∶2.5
m^3	kg	m^2	m^3	支	kg	t	kg	kg	kg	t	m^3	元	m^3
1661.90	9.51	359.91	1632.53	24.44	7.59	3970.73	73.55	19.69	0.39	87.03	7.62		
0.10	63.00											609.20	
0.10	63.00											554.68	
		110.00	1.64	100.00								2301.28	
				40.00	2.00	0.127	8.00	20.00	2099.30	6.467	1.46	991.65	(4.30)

(2)门窗贴脸、门窗筒子板及窗帘盒

工作内容： 1.门窗贴脸：钉基层、安装等。2.门窗筒子板：制作、安装、剔砖打洞、下木砖、立木筋、起缝、对缝、钉压条等。3.窗帘盒：制作、安装、剔砖打洞、铁件制作等。

编号	项目			单位	预算基价				人工	材料											机械
					总价	人工费	材料费	机械费	综合工	贴脸	杉木锯材	松木锯材	硬木锯材	大芯板(细木工板)	红榉木夹板	铁钉	聚醋酸乙烯乳液	膨胀螺栓	合金钢钻头 $D10$	零星材料费	小型机具
					元	元	元	元	工日	m	m^3	m^3	m^3	m^2	m^2	kg	kg	套	个	元	元
									153.00		2596.26	1661.90	6977.77	122.10	28.12	6.68	9.51	0.82	9.20		
4-222	门窗贴脸	宽度60mm以外80mm以内		100m	1252.73	306.00	946.73		2.00	106.00×8.50						6.00				5.65	
4-223	门窗贴脸	宽度80mm以外100mm以内		100m	1819.56	612.00	1207.56		4.00	106.00×10.82						8.00				7.20	
4-224	门窗贴脸	宽度100mm以外120mm以内		100m	2414.68	765.00	1649.68		5.00	106.00×14.84						10.00				9.84	
4-225	筒子板	硬木	带木筋	$100m^2$	26724.20	8323.20	18401.00		54.40		1.30	0.10	2.12			10.00					
4-226	筒子板	硬木	不带木筋	$100m^2$	20642.90	5630.40	15012.50		36.80			0.10	2.12			8.00					
4-227	筒子板	榉木装饰面层木工板基层	不带木筋	$100m^2$	21674.68	4865.40	16809.28		31.80			0.10		105.00	110.00	23.00	50.00			100.25	
4-228	窗帘盒	细木工板		100m	6836.46	1224.00	5607.82	4.64	8.00					45.00				110.00	0.69	16.77	4.64
4-229	窗帘盒	榉木饰面板细木工板基层		100m	10026.68	3060.00	6962.04	4.64	20.00					45.00	47.00		3.00	110.00	0.69	20.82	4.64
4-230	窗帘盒	硬木		100m	7930.31	1530.00	6395.67	4.64	10.00				0.90					110.00	0.69	19.13	4.64

注：窗帘盒展开宽度为430 mm，设计要求宽度不同时，材料用量可按设计要求换算。

(3) 窗台板及窗帘轨道

工作内容： 1.窗台板：制作、安装、剔砖打洞、下木砖、立木筋、起缝、对缝、钉压条、调制砂浆等。2.窗帘轨道：铁件制作、安装、固定，硬木窗帘杆制作、安装等。

编号	项目		单位	预算基价				人工	材料					
				总价	人工费	材料费	机械费	综合工	杉木锯材	硬木锯材	大芯板(细木工板)	红榉木夹板	大理石板	不锈钢钢管 $D20\times0.8$
				元	元	元	元	工日	m^3	m^3	m^2	m^2	m^2	m
								153.00	2596.26	6977.77	122.10	28.12	299.93	27.45
4-231	窗台板(厚度25 mm)	硬木	100m^2	**7157.54**	3672.00	3485.54		24.00	0.60	0.26				
4-232	窗台板(厚度25 mm)	装饰板面层木工板基层	100m^2	**23431.93**	5508.00	17923.93		36.00	0.60		105.00	110.00		
4-233	窗台板(厚度25 mm)	大理石	100m^2	**41539.63**	10251.00	31282.95	5.68	67.00					102.00	
4-234	不锈钢管		100m	**5507.90**	612.00	4895.90		4.00						100.00
4-235	铝合金		100m	**3521.00**	612.00	2909.00		4.00						
4-236	硬木		100m	**5562.00**	612.00	4950.00		4.00						

续前

编号	项目		单位	材料											机械
				铝合金窗帘轨道	硬木窗帘轨道(成品)	铁钉	聚醋酸乙烯乳液	石料切割锯片	水泥	砂子	水	法兰盘D58	零星材料费	水泥砂浆1:2.5	小型机具
				m	m	kg	kg	片	kg	t	m^3	个	元	m^3	元
				29.09	49.50	6.68	9.51	28.55	0.39	87.03	7.62	38.72			
4-231	窗台板(厚度25 mm)	硬木	$100m^2$			17.00									
4-232		装饰板面层木工板基层				17.00	30.00						53.61		
4-233		大理石						0.35	1025.24	3.158	0.71			(2.10)	5.68
4-234	不锈钢管											55.55			
4-235	铝合金		100m	100.00											
4-236	硬木				100.00										

第五章　油漆、涂料、裱糊工程

说　明

一、本章包括木材面油漆，金属面油漆，抹灰面油漆，涂料、裱糊 4 节，共 291 条基价子目。

二、本基价中刷涂、刷油系采用手工操作，喷塑、喷涂、喷油系采用机械操作，如采用操作方法不同时均按基价项目执行。

三、油漆工、料中已综合浅、中、深等各种颜色在内，不论采用何种颜色均按本基价执行。

四、本基价已综合考虑了在同一平面上的分色及门窗内外分色，如需做美术图案者另行计算。

五、基价中的单层木门刷油是按双面刷油考虑的，如采用单面刷油，其基价乘以系数 0.49。

六、喷塑（一塑三油）：底油、装饰漆、面漆，其规格划分如下：

1. 大压花：喷点压平，点面积在 1.2 cm^2 以外。

2. 中压花：喷点压平，点面积在 1.0 cm^2 以外、1.2 cm^2 以内。

3. 喷中点、幼点：喷点面积在 1.0 cm^2 以内。

七、本章基价项目中当主料品种与设计要求不同时，可按设计要求对主要材料进行补充、换算，但人工费、机械费不变。

工程量计算规则

一、木材面油漆：

1.木材面油漆工程量分别按附表相应的计算规则计算。

2.木材面油漆、烫硬蜡按设计图示尺寸以面积计算，门洞、空圈、暖气包槽、壁龛的开口部分并入相应的工程量内。

3.基价中的隔墙、护壁、柱、天棚木龙骨及木地板中木龙骨带毛地板，刷防火涂料工程量计算规则如下：

(1)隔墙、护壁木龙骨按设计图示尺寸以其面层正立面投影面积计算。

(2)柱木龙骨按设计图示尺寸以其面层外围面积计算。

(3)天棚木龙骨按设计图示尺寸以其水平投影面积计算。

(4)木地板中木龙骨及木龙骨带毛地板按地板面积计算。

4.隔墙、护壁、柱、天棚面层及木地板刷防火涂料，按本章其他木材面刷防火涂料相应项目执行。

5.木楼梯(不包括底面)油漆，按设计图示尺寸以水平投影面积乘以系数2.30计算，按本章木地板相应项目执行。

二、金属面油漆：

金属构件油漆工程量按设计图示尺寸以构件质量计算。

三、抹灰面油漆、涂料、裱糊：

1.木材面油漆：

木材面油漆按下列表格相应计算规则计算。

执行单层木门基价工程量系数表

项 目 名 称	系 数	工程量计算规则 (按设计图示尺寸)
单层木门	1.00	单面洞口面积
单层半玻门	0.85	
单层全玻门	0.75	
半截百叶门	1.50	
全百叶门	1.70	
纱门扇	0.80	
装饰门扇	0.90	扇外围面积

执行单层木窗基价工程量系数表

项目名称	系数	工程量计算规则（按设计图示尺寸）
单层玻璃窗	1.00	单面洞口面积
双层（一玻一纱）木窗	1.36	
双层框扇（单裁口）木窗	2.00	
双层框三层（二玻一纱）木窗	2.60	
单层组合窗	0.83	
双层组合窗	1.13	
木百叶窗	1.50	

执行木扶手（不带托板）基价工程量系数表

项目名称	系数	工程量计算规则（按设计图示尺寸）	项目名称		系数	工程量计算规则（按设计图示尺寸）
木扶手（不带托板）	1.00	长度	封檐板、顺水板		1.74	长度
木扶手（带托板）	2.60		挂衣板、黑板框、单独木线条	宽度在100 mm以外	0.52	
窗帘盒	2.04			宽度在100 mm以内	0.35	

执行其他木材面基价工程量系数表

项目名称	系数	工程量计算规则（按设计图示尺寸）	项目名称	系数	工程量计算规则（按设计图示尺寸）
木板、纤维板、胶合板天棚	1.00	面积	木间壁、木隔断	1.90	单面外围面积
木护墙、木墙裙	1.00		玻璃间壁露明墙筋	1.65	
窗台板、筒子板、盖板、门窗套、踢脚线	1.00		木栅栏、木栏杆（带扶手）	1.82	
清水板条天棚、檐口	1.07		衣柜、壁柜	1.00	展开面积
木方格吊顶天棚	1.20		零星木装修	1.10	
吸声板墙面、天棚面	0.87		梁柱饰面	1.00	
暖气罩	1.28				

2.抹灰面油漆、涂料、裱糊：

(1)楼地面、天棚、墙、柱、梁面的油漆、涂料、裱糊按展开面积计算。

(2)楼梯底面刷油漆、涂料按设计图示尺寸以水平投影面积计算,执行天棚涂料相应项目,板式楼梯乘以系数1.15,锯齿形楼梯乘以系数1.37。

(3)混凝土花格窗、栏杆花饰、石膏饰物刷油漆按单面外围面积计算。

(4)墙腰线、檐口线、门窗套、窗台板等刷油漆按展开面积计算。

1.木材面油漆

工作内容：基层清扫、磨砂纸、刷底油一遍、刮腻子、刷调和漆二遍、磁漆一至二遍。

编号	项目		单位	预算基价			人工	材料				
				总价	人工费	材料费	综合工	醇酸磁漆	无光调和漆	石膏粉	砂纸	豆包布(白布)0.9m宽
				元	元	元	工日	kg	kg	kg	张	m
							153.00	16.86	16.79	0.94	0.87	3.88
5-1	底油一遍、刮腻子、调和漆二遍、磁漆一遍	单层木门	100m²	**5289.24**	3825.00	1464.24	25.00	21.43	50.93	5.40	48.00	0.40
5-2		单层木窗		**5046.37**	3825.00	1221.37	25.00	17.90	42.44	4.22	40.00	0.40
5-3		木扶手(不带托板)	100m	**1129.76**	994.50	135.26	6.50	2.10	4.90	0.50	5.00	0.10
5-4		其他木材面		**3432.23**	2692.80	739.43	17.60	10.81	25.70	2.54	24.00	0.30
5-5	润油粉、刮腻子、调和漆二遍、磁漆一遍	单层木门	100m²	**8171.87**	6579.00	1592.87	43.00	21.43	50.93	5.30	48.00	0.60
5-6		单层木窗		**7907.29**	6579.00	1328.29	43.00	17.90	42.44	4.42	40.00	0.60
5-7		木扶手(不带托板)	100m	**1947.06**	1790.10	156.96	11.70	2.10	4.90	0.51	5.00	0.20
5-8		其他木材面		**5424.75**	4620.60	804.15	30.20	10.80	25.70	2.70	24.00	0.40
5-9	润油粉、刮腻子、调和漆一遍、磁漆二遍	单层木门	100m²	**8388.94**	6885.00	1503.94	45.00	40.70	25.50	5.30	48.00	0.60
5-10		单层木窗		**8138.07**	6885.00	1253.07	45.00	33.92	21.22	4.42	40.00	0.60
5-11		木扶手(不带托板)	100m	**2014.02**	1866.60	147.42	12.20	3.90	2.44	0.51	5.00	0.20
5-12		其他木材面	100m²	**5578.32**	4819.50	758.82	31.50	20.52	12.84	2.70	24.00	0.40

续前

编号	项目		单位	材						料		
				清油	醇酸漆稀释剂	熟桐油	催干剂	油漆溶剂油	乙醇	漆片	大白粉	棉纱
				kg	kg	kg	kg	kg	kg	kg	kg	kg
				15.06	8.29	14.96	12.76	6.90	9.69	42.65	0.91	16.11
5-1	底油一遍、刮腻子、调和漆二遍、磁漆一遍	单层木门	100m²	1.80	1.10	4.30	1.10	11.30	0.40	0.07		
5-2		单层木窗		1.50	0.90	3.60	0.90	9.40	0.40	0.06		
5-3		木扶手（不带托板）	100m	0.17	0.10	0.41	0.10	0.11	0.04	0.01		
5-4		其他木材面		0.90	0.50	2.20	0.60	5.70	0.20	0.04		
5-5	润油粉、刮腻子、调和漆二遍、磁漆一遍	单层木门	100m²	3.62	1.10	7.00	1.10	10.00	0.10		18.70	3.60
5-6		单层木窗		3.02	0.90	5.80	0.90	8.40	0.10		15.60	3.00
5-7		木扶手（不带托板）	100m	0.40	0.10	0.70	0.10	1.00	0.01		1.80	0.40
5-8		其他木材面		1.83	0.50	3.51	0.60	5.10	0.10		9.41	1.80
5-9	润油粉、刮腻子、调和漆一遍、磁漆二遍	单层木门	100m²	3.62	4.30	7.00	0.70	8.80	0.10		18.70	3.60
5-10		单层木窗		3.02	3.60	5.80	0.60	7.30	0.10		15.60	3.00
5-11		木扶手（不带托板）	100m	0.40	0.40	0.70	0.07	0.90	0.01		1.80	0.40
5-12		其他木材面	100m²	1.83	2.20	3.51	0.40	4.40	0.10		9.41	1.80

工作内容：基层清扫、磨砂纸、刷润油粉一遍、刮腻子、刷调和漆、磁漆三遍(罩面)。

编号	项目		单位	预算基价			人工	材料					
				总价	人工费	材料费	综合工	醇酸磁漆	无光调和漆	石膏粉	大白粉	砂纸	水砂纸
				元	元	元	工日	kg	kg	kg	kg	张	张
							153.00	16.86	16.79	0.94	0.91	0.87	1.12
5-13	润油粉、刮腻子、调和漆一遍、磁漆三遍	单层木门	100m^2	**10045.07**	8063.10	1981.97	52.70	60.00	25.50	5.30	18.70	48.00	36.00
5-14		单层木窗		**9713.73**	8063.10	1650.63	52.70	50.00	21.22	4.42	15.60	40.00	30.00
5-15		木扶手(不带托板)	100m	**2366.84**	2172.60	194.24	14.20	5.80	2.44	0.51	1.80	5.00	3.00
5-16		其他木材面		**6660.15**	5661.00	999.15	37.00	30.24	12.84	2.70	9.41	24.00	18.00
5-17	润油粉、刮腻子、调和漆三遍、磁漆罩面	单层木门	100m^2	**11288.79**	9409.50	1879.29	61.50	21.43	76.40	9.07		60.00	
5-18		单层木窗		**10977.13**	9409.50	1567.63	61.50	17.90	63.70	7.60		50.00	
5-19		木扶手(不带托板)	100m	**2763.50**	2570.40	193.10	16.80	2.10	7.32	0.90		6.00	
5-20		其他木材面	100m^2	**7545.71**	6609.60	936.11	43.20	10.81	38.51	4.60		30.00	

续前

编号	项目		单位	材料										
				豆包布(白布)0.9m宽	棉纱	清油	醇酸漆稀释剂	熟桐油	催干剂	煤油	油漆溶剂油	乙醇	砂蜡	上光蜡
				m	kg	kg	kg	kg	kg	kg	kg	kg	kg	kg
				3.88	16.11	15.06	8.29	14.96	12.76	7.49	6.90	9.69	14.42	20.40
5-13	润油粉、刮腻子、调和漆一遍、磁漆三遍	单层木门	100m²	0.70	3.60	3.62	7.60	7.20	0.70	0.50	8.80	0.10	3.70	1.20
5-14		单层木窗		0.70	3.00	3.02	6.25	5.96	0.60	0.40	7.30	0.10	3.10	1.00
5-15		木扶手(不带托板)	100m	0.20	0.40	0.40	0.70	0.70	0.10	0.10	0.90	0.01	0.40	0.10
5-16		其他木材面		0.50	1.80	1.83	3.80	3.61	0.40	0.20	4.40	0.10	1.90	0.60
5-17	润油粉、刮腻子、调和漆三遍、磁漆罩面	单层木门	100m²	0.90		1.80	1.10	1.75	1.60		12.50	0.20		
5-18		单层木窗		0.90		1.50	0.90	1.46	1.30		10.40	0.20		
5-19		木扶手(不带托板)	100m	0.20		0.90	0.10	0.17	0.20		1.20	0.02		
5-20		其他木材面	100m²	0.60		0.17	0.50	0.88	0.80		6.30	0.10		

工作内容：刷清漆、醇酸磁漆、醇酸清漆一遍。

编号	项目		单位	预算基价			人工	材料							料
				总价	人工费	材料费	综合工	酚醛清漆	醇酸磁漆	醇酸清漆	砂纸	豆包布(白布)0.9m宽	催干剂	油漆溶剂油	醇酸漆稀释剂
				元	元	元	工日	kg	kg	kg	张	m	kg	kg	kg
							153.00	14.12	16.86	13.59	0.87	3.88	12.76	6.90	8.29
5-21	每增加一遍清漆	单层木门	100m²	**684.11**	520.20	163.91	3.40	10.20			6.00	0.10	0.20	1.70	
5-22		单层木窗		**657.17**	520.20	136.97	3.40	8.50			5.00	0.10	0.20	1.40	
5-23		木扶手(不带托板)	100m	**158.50**	137.70	20.80	0.90	1.00			3.00	0.01	0.10	0.40	
5-24		其他木材面		**555.44**	474.30	81.14	3.10	5.20			1.00	0.04	0.20	0.60	
5-25	每增加一遍醇酸磁漆	单层木门	100m²	**1551.38**	1193.40	357.98	7.80		19.30		6.00				3.30
5-26		单层木窗		**1491.58**	1193.40	298.18	7.80		16.10		5.00				2.70
5-27		木扶手(不带托板)	100m	**341.39**	306.00	35.39	2.00		1.90		1.00				0.30
5-28		其他木材面		**1020.92**	841.50	179.42	5.50		9.70		3.00				1.60
5-29	每增加一遍醇酸清漆	单层木门	100m²	**776.17**	520.20	255.97	3.40			16.09	6.00				3.87
5-30		单层木窗		**734.05**	520.20	213.85	3.40			13.40	6.00				3.20
5-31		木扶手(不带托板)	100m	**162.27**	137.70	24.57	0.90			1.50	1.00				0.40
5-32		其他木材面	100m²	**603.57**	474.30	129.27	3.10			8.10	3.00				2.00

工作内容：基层清扫、磨砂纸、刷润油粉、刮腻子、刷聚氨酯漆二至三遍。

编号	项目		单位	预算基价			人工	材料											料
				总价	人工费	材料费	综合工	聚氨酯漆	石膏粉	大白粉	砂纸	豆包布（白布）0.9m宽	棉纱	清油	熟桐油	催干剂	油漆溶剂油	乙醇	二甲苯
				元	元	元	工日	kg	kg	kg	张	m	kg	kg	kg	kg	kg	kg	kg
							153.00	21.70	0.94	0.91	0.87	3.88	16.11	15.06	14.96	12.76	6.90	9.69	5.21
5-33	润油粉、刮腻子、聚氨酯漆二遍	单层木门	100m²	**7233.27**	5951.70	1281.57	38.90	42.20	5.30	18.70	54.00	0.50	3.60	3.60	6.90	0.30	7.50	0.10	4.40
5-34		单层木窗	100m²	**7020.01**	5951.70	1068.31	38.90	35.20	4.40	15.60	45.00	0.50	3.00	3.00	5.70	0.20	6.30	0.10	3.70
5-35		木扶手（不带托板）	100m	**1761.43**	1637.10	124.33	10.70	4.10	0.50	1.80	5.00	0.02	0.40	0.30	0.70	0.03	0.70	0.01	0.40
5-36		其他木材面	100m²	**4915.24**	4268.70	646.54	27.90	21.30	2.70	9.40	27.00	0.40	1.80	1.80	3.50	0.13	3.80	0.04	2.20
5-37	润油粉、刮腻子、聚氨酯漆三遍	单层木门	100m²	**8347.90**	6579.00	1768.90	43.00	63.50	5.30	18.70	60.00	0.60	3.60	3.62	7.00	0.30	7.50	0.10	7.80
5-38		单层木窗	100m²	**8053.40**	6579.00	1474.40	43.00	52.94	4.41	15.60	50.00	0.60	3.00	3.02	5.80	0.20	6.30	0.10	6.50
5-39		木扶手（不带托板）	100m	**2008.90**	1836.00	172.90	12.00	6.10	0.51	1.80	6.00	0.20	0.40	0.40	0.70	0.03	0.70	0.01	0.80
5-40		其他木材面	100m²	**5649.37**	4758.30	891.07	31.10	32.03	2.70	9.41	30.00	0.40	1.80	1.83	3.51	0.10	3.80	0.04	3.90
5-41	每增加一遍聚氨酯漆	单层木门	100m²	**1552.22**	1086.30	465.92	7.10	20.42			6.00	0.10							3.30
5-42		单层木窗	100m²	**1474.74**	1086.30	388.44	7.10	17.01			5.00	0.10							2.80
5-43		木扶手（不带托板）	100m	**335.78**	290.70	45.08	1.90	1.96			1.00	0.03							0.30
5-44		其他木材面	100m²	**1015.55**	780.30	235.25	5.10	10.30			3.00	0.07							1.70

工作内容：基层清扫、磨砂纸、刷底油一遍、刮腻子、刷色聚氨酯漆二至三遍。

编号	项目		单位	预算基价			人工	材料		
				总价	人工费	材料费	综合工	色聚氨酯漆	石膏粉	砂纸
				元	元	元	工日	kg	kg	张
							153.00	26.20	0.94	0.87
5-45	底油一遍、刮腻子、色聚氨酯漆二遍	单层木门	100m^2	**5073.11**	3702.60	1370.51	24.20	43.11	5.04	54.00
5-46		单层木窗	100m^2	**4842.35**	3702.60	1139.75	24.20	35.92	4.20	45.00
5-47		木扶手（不带托板）	100m	**1016.71**	801.72	214.99	5.24	4.13	0.50	5.00
5-48		其他木材面	100m^2	**3451.21**	2463.30	987.91	16.10	21.70	2.54	27.00
5-49	底油一遍、刮腻子、色聚氨酯漆三遍	单层木门	100m^2	**6244.81**	4345.20	1899.61	28.40	62.53	5.04	54.00
5-50		单层木窗	100m^2	**5947.28**	4345.20	1602.08	28.40	52.94	4.20	45.00
5-51		木扶手（不带托板）	100m	**1272.25**	1086.30	185.95	7.10	6.10	0.50	5.00
5-52		其他木材面	100m^2	**3922.85**	2952.90	969.95	19.30	32.03	2.54	27.00
5-53	每增加一遍色聚氨酯漆	单层木门	100m^2	**1643.72**	1086.30	557.42	7.10	20.42		6.00
5-54		单层木窗	100m^2	**1550.90**	1086.30	464.60	7.10	17.01		5.00
5-55		木扶手（不带托板）	100m	**345.53**	290.70	54.83	1.90	2.00		1.00
5-56		其他木材面	100m^2	**1058.50**	780.30	278.20	5.10	10.30		3.00

续前

编号	项目		单位	材料							
				豆包布(白布)0.9m宽	清油	熟桐油	催干剂	油漆溶剂油	乙醇	二甲苯	漆片
				m	kg	kg	kg	kg	kg	kg	kg
				3.88	15.06	14.96	12.76	6.90	9.69	5.21	42.65
5-45	底油一遍、刮腻子、色聚氨酯漆二遍	单层木门	100m²	0.54	1.80	4.30	0.26	8.80	0.03	4.40	0.20
5-46		单层木窗		0.54	1.50	3.60	0.22	7.30	0.03	3.70	0.10
5-47		木扶手(不带托板)	100m	0.15	2.00	4.10	0.03	0.90	0.03	0.42	0.02
5-48		其他木材面		0.39	1.00	22.00	0.13	4.40	0.04	2.30	0.08
5-49	底油一遍、刮腻子、色聚氨酯漆三遍	单层木门	100m²	0.40	1.80	4.30	0.30	8.80	0.30	7.80	0.20
5-50		单层木窗		0.40	1.50	3.60	0.20	7.30	0.30	6.50	0.10
5-51		木扶手(不带托板)	100m	0.10	0.20	0.41	0.02	0.90	0.03	0.80	0.02
5-52		其他木材面		0.30	1.00	2.20	0.10	4.40	0.04	3.90	0.08
5-53	每增加一遍色聚氨酯漆	单层木门	100m²							3.30	
5-54		单层木窗								2.80	
5-55		木扶手(不带托板)	100m							0.30	
5-56		其他木材面	100m²							1.10	

工作内容：基层清扫、磨砂纸、润油粉一遍、刮腻子、刷底油、油色、刷清漆二至三遍。

编号	项 目		单位	预算基价 总价	预算基价 人工费	预算基价 材料费	人工 综合工	材料 酚醛清漆	材料 色调和漆	材料 石膏粉	材料 砂纸
				元	元	元	工日	kg	kg	kg	张
							153.00	14.12	19.26	0.94	0.87
5-57	底油一遍、刮腻子、油色、清漆二遍	单层木门	100m²	**3697.68**	3075.30	622.38	20.10	23.60	0.92	5.04	42.00
5-58		单层木窗	100m²	**3592.85**	3075.30	517.55	20.10	19.60	0.80	4.20	35.00
5-59		木扶手（不带托板）	100m	**886.64**	826.20	60.44	5.40	2.30	0.10	0.50	4.00
5-60		其他木材面	100m²	**2548.93**	2233.80	315.13	14.60	11.90	0.50	2.54	21.00
5-61	润油粉、刮腻子、油色、清漆二遍	单层木门	100m²	**6532.40**	5630.40	902.00	36.80	23.60	3.43	5.30	60.00
5-62		单层木窗	100m²	**6378.47**	5630.40	748.07	36.80	19.36	2.90	4.42	50.00
5-63		木扶手（不带托板）	100m	**1665.64**	1575.90	89.74	10.30	2.30	0.33	0.51	6.00
5-64		其他木材面	100m²	**4713.13**	4284.00	429.13	28.00	11.90	1.73	2.70	30.00
5-65	润油粉、刮腻子、油色、清漆三遍	单层木门	100m²	**7110.39**	6165.90	944.49	40.30	33.80	3.43	5.30	60.00
5-66		单层木窗	100m²	**6960.11**	6165.90	794.21	40.30	28.14	3.00	4.42	50.00
5-67		木扶手（不带托板）	100m	**1806.17**	1713.60	92.57	11.20	3.24	0.33	0.51	6.00
5-68		其他木材面	100m²	**5112.46**	4635.90	476.56	30.30	17.02	1.73	2.70	30.00

续前

编号	项目		单位	材料							
				豆包布(白布)0.9m宽	清油	熟桐油	催干剂	油漆溶剂油	乙醇	大白粉	棉纱
				m	kg	kg	kg	kg	kg	kg	kg
				3.88	15.06	14.96	12.76	6.90	9.69	0.91	16.11
5-57	底油一遍、刮腻子、油色、清漆二遍	单层木门	100m²	0.30	2.54	4.30	0.80	16.70	0.10		
5-58		单层木窗		0.30	2.12	3.58	0.60	13.90	0.08		
5-59		木扶手(不带托板)	100m	0.08	0.24	0.41	0.07	1.60	0.01		
5-60		其他木材面		0.20	1.30	2.20	0.40	8.40	0.05		
5-61	润油粉、刮腻子、油色、清漆二遍	单层木门	100m²	0.50	4.70	7.82	1.00	24.20	0.10	18.80	3.60
5-62		单层木窗		0.50	3.90	6.52	0.80	20.20	0.08	15.70	3.00
5-63		木扶手(不带托板)	100m	0.10	0.50	0.80	0.10	2.30	0.01	1.80	0.40
5-64		其他木材面	100m²	0.40	2.40	3.94	0.50	12.20	0.05	9.41	0.18
5-65	润油粉、刮腻子、油色、清漆三遍	单层木门		0.60	2.90	6.10	1.00	17.10	0.10	18.70	3.60
5-66		单层木窗		0.60	2.40	5.40	0.80	14.30	0.08	15.60	3.00
5-67		木扶手(不带托板)	100m	0.20	0.30	0.60	0.10	1.60	0.01	1.80	0.40
5-68		其他木材面	100m²	0.40	1.50	3.10	0.50	8.60	0.05	9.41	1.80

工作内容： 基层清扫、磨砂纸、润油粉一遍、刮腻子、油色、刷清漆、硝基清漆四遍、磨退出亮。

编号	项目		单位	预算基价			人工	材料										
				总价	人工费	材料费	综合工	醇酸清漆	酚醛清漆	色调和漆	硝基清漆	石膏粉	大白粉	砂纸	水砂纸	豆包布（白布）0.9m宽	棉纱	清油
				元	元	元	工日	kg	kg	kg	kg	kg	kg	张	张	m	kg	kg
							153.00	13.59	14.12	19.26	16.09	0.94	0.91	0.87	1.12	3.88	16.11	15.06
5-69	润油粉、刮腻子、油色、清漆四遍、磨退出亮	单层木门	100m^2	**13618.54**	12056.40	1562.14	78.80	65.21	0.80	1.01		5.30	18.70	60.00	36.00	1.10	3.60	4.40
5-70		单层木窗		**13358.38**	12056.40	1301.98	78.80	54.34	0.63	0.84		4.42	15.60	50.00	30.00	1.10	3.00	3.70
5-71		木扶手（不带托板）	100m	**3456.28**	3320.10	136.18	21.70	6.20	0.07	0.10		0.51	1.80	6.00	3.00	0.30	0.40	0.04
5-72		其他木材面		**9424.38**	8705.70	718.68	56.90	32.88	0.40	0.51		2.70	9.41	30.00	18.00	0.80	1.80	0.22
5-73	润油粉、刮腻子、硝基清漆、磨退出亮	单层木门	100m^2	**26938.11**	20823.30	6114.81	136.10				117.43	0.84	56.00	48.00	48.00	9.60	3.60	
5-74		单层木窗		**25928.41**	20823.30	5105.11	136.10				97.86	0.70	46.70	40.00	40.00	8.00	3.00	
5-75		木扶手（不带托板）	100m	**6343.50**	5729.85	613.65	37.45				11.25	0.08	5.40	5.00	5.00	0.90	0.40	
5-76		其他木材面		**18121.17**	15039.90	3081.27	98.30				59.21	0.42	28.23	24.00	24.00	4.80	1.80	
5-77	润油粉、刮腻子、漆片、硝基清漆、磨退出亮	单层木门	100m^2	**18176.85**	14473.80	3703.05	94.60				49.40	0.80	56.00	48.00	48.00	9.60	3.60	
5-78		单层木窗		**17480.58**	14473.80	3006.78	94.60				41.20	0.70	46.70	40.00	40.00	0.80	0.30	
5-79		木扶手（不带托板）	100m	**4383.20**	4008.60	374.60	26.20				4.70	0.10	5.40	5.00	5.00	1.00	0.40	
5-80		其他木材面	100m^2	**12303.41**	10449.90	1853.51	68.30				24.90	0.40	28.20	24.00	24.00	4.80	2.00	

编号	项目		单位	材料														
				醇酸漆稀释剂	熟桐油	催干剂	煤油	油漆溶剂油	乙醇	砂蜡	上光蜡	泡沫塑料30.0	棉花	滑石粉	色粉	硝基漆稀释剂	漆片	骨胶
				kg	kg	kg	kg	kg	kg	kg	kg	m^2	kg	kg	kg	kg	kg	kg
				8.29	14.96	12.76	7.49	6.90	9.69	14.42	20.40	30.93	28.34	0.59	4.47	13.67	42.65	4.93
5-69	润油粉、刮腻子、油色、清漆四遍、磨退出亮	单层木门	$100m^2$	14.40	7.00	0.40	0.50	13.10	0.10	3.70	1.20							
5-70		单层木窗		12.00	5.82	0.30	0.40	10.90	0.10	3.10	1.00							
5-71		木扶手(不带托板)	100m	1.40	0.07	0.04	0.10	1.20	0.01	0.40	0.10							
5-72		其他木材面		7.30	0.40	0.20	0.20	7.60	0.10	1.90	0.60							
5-73	润油粉、刮腻子、硝基清漆、磨退出亮	单层木门	$100m^2$				0.50		1.40	3.70	1.20	2.00	1.00	0.20	4.20	274.80	0.31	1.80
5-74		单层木窗					0.40		1.14	3.10	1.00	2.00	0.80	0.30	3.50	229.00	0.26	1.50
5-75		木扶手(不带托板)	100m				0.10		0.13	0.40	0.10	1.00	0.10	0.10	0.40	26.34	0.03	0.20
5-76		其他木材面					0.20		0.70	1.90	0.60	1.00	0.50	0.10	2.12	138.50	0.16	0.90
5-77	润油粉、刮腻子、漆片、硝基清漆、磨退出亮	单层木门	$100m^2$				0.50		38.30	3.70	1.20	5.00	1.00	0.20	4.20	121.20	8.10	1.80
5-78		单层木窗					0.40		31.90	3.10	1.00	4.00	0.80	0.20	3.50	101.00	6.70	1.50
5-79		木扶手(不带托板)	100m				0.10		3.70	0.40	0.10	1.00	0.10	0.10	0.40	11.60	0.80	0.20
5-80		其他木材面	$100m^2$				0.20		19.30	1.90	0.60	2.00	0.50	0.20	2.10	61.10	4.10	0.90

工作内容：基层清扫、磨砂纸、润油粉、刮腻子、刷漆片、刷硝基清漆（醇酸清漆一遍、丙烯酸清漆三遍）、磨退出亮。

编号	项目		单位	预算基价			人工	材料									料
				总价	人工费	材料费	综合工	硝基清漆	丙烯酸清漆	醇酸清漆	石膏粉	大白粉	砂纸	水砂纸	泡沫塑料30.0	豆包布（白布）0.9m宽	棉花
				元	元	元	工日	kg	kg	kg	kg	kg	张	张	m^2	m	kg
							153.00	16.09	27.19	13.59	0.94	0.91	0.87	1.12	30.93	3.88	28.34
5-81	润油粉二遍、刮腻子、漆片、硝基清漆、磨退出亮	单层木门	$100m^2$	**20123.84**	16034.40	4089.44	104.80	50.40			4.63	37.32	54.00	48.00	5.00	9.60	1.00
5-82		单层木窗		**19437.16**	16034.40	3402.76	104.80	42.00			3.90	31.10	45.00	40.00	4.00	8.00	0.80
5-83		木扶手（不带托板）	100m	**4862.61**	4452.30	410.31	29.10	4.83			0.44	3.60	5.00	5.00	1.00	0.90	0.10
5-84		其他木材面		**13629.15**	11582.10	2047.05	75.70	25.41			2.34	18.82	27.00	24.00	2.00	4.80	0.50
5-85	润油粉、刮腻子、醇酸清漆一遍、丙烯酸清漆三遍、磨退出亮	单层木门	$100m^2$	**13982.06**	10817.10	3164.96	70.70		78.62	15.12	5.30	18.70	60.00	36.00		1.00	
5-86		单层木窗		**13454.97**	10817.10	2637.87	70.70		65.52	12.60	4.42	15.60	50.00	30.00		1.00	
5-87		木扶手（不带托板）	100m	**3321.49**	3014.10	307.39	19.70		7.54	1.50	0.51	1.80	6.00	3.00		0.30	
5-88		其他木材面	$100m^2$	**9414.14**	7818.30	1595.84	51.10		39.64	7.62	2.70	9.41	30.00	18.00		0.70	

编号	项目		单位	棉纱	清油	滑石粉	色粉	熟桐油	硝基漆稀释剂	催干剂	煤油	油漆溶剂油	乙醇	漆片	砂蜡	上光蜡	丙烯酸稀释剂	醇酸漆稀释剂
				kg	kg	kg	kg	kg	kg	kg	kg	kg	kg	kg	kg	kg	kg	kg
				16.11	15.06	0.59	4.47	14.96	13.67	12.76	7.49	6.90	9.69	42.65	14.42	20.40	18.24	8.29
5-81		单层木门	100m²	7.20	7.30	0.20	0.40	8.46	121.20	0.40	0.50	15.10	38.40	8.09	3.70	1.20		
5-82	润油粉二遍、刮腻子、漆片、硝基清漆、磨退出亮	单层木窗		6.00	6.04	0.20	0.40	7.20	101.00	0.30	0.40	12.50	32.00	6.74	3.10	1.00		
5-83		木扶手（不带托板）	100m	0.70	0.70	0.02	0.04	0.83	11.60	0.04	0.10	1.40	3.70	0.80	0.40	0.10		
5-84		其他木材面		3.60	3.70	0.10	0.20	4.40	61.10	0.20	0.20	7.60	19.40	4.08	1.90	0.60		
5-85		单层木门	100m²	3.60	3.62			7.00		0.30	0.50	7.50	0.10		3.70	1.20	16.90	4.80
5-86	润油粉、刮腻子、醇酸清漆一遍、丙烯酸清漆三遍、磨退出亮	单层木窗		3.00	3.02			5.80		0.20	0.40	6.30	0.08		3.10	1.00	14.10	4.00
5-87		木扶手（不带托板）	100m	0.40	0.40			0.70		0.03	0.10	0.70	0.01		0.40	0.10	1.60	0.50
5-88		其他木材面	100m²	1.80	1.83			3.51		0.20	0.20	3.80	0.05		1.90	0.60	8.50	2.40

工作内容： 基层清扫、磨砂纸、刮腻子、底油一遍、磁漆二遍、清漆二遍。

编号	项目			单位	预算基价			人工	材料						
					总价	人工费	材料费	综合工	过氯乙烯磁漆	过氯乙烯底漆	过氯乙烯清漆	过氯乙烯漆稀释剂	砂纸	豆包布(白布)0.9m宽	过氯乙烯腻子
					元	元	元	工日	kg	kg	kg	kg	张	m	kg
								153.00	18.22	13.87	15.56	13.66	0.87	3.88	8.65
5-89	单层木门过氯乙烯漆	五遍成活		100m²	**11679.59**	7497.00	4182.59	49.00	65.50	32.50	88.20	76.30	66.00	0.60	7.40
5-90		每增加一遍	底漆		**1698.02**	1086.30	611.72	7.10		32.50		11.40	6.00		
5-91			磁漆		**1831.20**	1086.30	744.90	7.10	32.80			10.40	6.00		
5-92			清漆		**2079.60**	1086.30	993.30	7.10			44.10	22.10	6.00		
5-93	单层木窗过氯乙烯漆	五遍成活			**10983.93**	7497.00	3486.93	49.00	54.60	27.10	73.50	63.60	55.00	0.60	6.20
5-94		每增加一遍	底漆		**1596.30**	1086.30	510.00	7.10		27.10		9.50	5.00		
5-95			磁漆		**1706.90**	1086.30	620.60	7.10	27.30			8.70	5.00		
5-96			清漆		**1914.60**	1086.30	828.30	7.10			36.80	18.40	5.00		
5-97	木扶手(不带托板)过氯乙烯漆	五遍成活		100m	**2436.71**	2034.90	401.81	13.30	6.30	3.10	8.50	7.30	6.00	0.20	0.70
5-98		每增加一遍	底漆		**349.59**	290.70	58.89	1.90		3.10		1.10	1.00		
5-99			磁漆		**361.71**	290.70	71.01	1.90	3.10			1.00	1.00		
5-100			清漆		**385.61**	290.70	94.91	1.90			4.20	2.10	1.00		
5-101	其他木材面过氯乙烯漆	五遍成活		100m²	**6714.63**	4605.30	2109.33	30.10	33.00	16.40	44.50	38.50	33.00	0.40	3.70
5-102		每增加一遍	底漆		**1089.61**	780.30	309.31	5.10		16.40		5.80	3.00		
5-103			磁漆		**1154.57**	780.30	374.27	5.10	16.50			5.20	3.00		
5-104			清漆		**1279.97**	780.30	499.67	5.10			22.20	11.10	3.00		

工作内容：基层清扫、涂熟桐油一遍、嵌腻子、磨光、刷底油、补嵌腻子、磨光、刷广(生)漆二遍、碾颜料、过筛、调色等。

编号	项目		单位	预算基价			人工	材料							
				总价	人工费	材料费	综合工	广(生)漆	石膏粉	豆包布(白布)0.9m宽	颜料	熟桐油	煤油	油漆溶剂油	亚麻仁油
				元	元	元	工日	kg	kg	m	kg	kg	kg	kg	kg
							153.00	68.36	0.94	3.88	9.09	14.96	7.49	6.90	10.52
5-105	熟桐油、色底油、广(生)漆二遍	单层木门	100m^2	**21200.58**	18926.10	2274.48	123.70	26.20	7.80	1.70	5.50	20.73	7.74	4.10	2.20
5-106	熟桐油、色底油、广(生)漆二遍	单层木窗	100m^2	**20821.58**	18926.10	1895.48	123.70	21.81	6.50	1.70	4.60	17.30	6.50	3.42	1.80
5-107	熟桐油、色底油、广(生)漆二遍	木扶手(不带托板)	100m	**3568.20**	3350.70	217.50	21.90	2.50	0.60	0.30	0.50	2.00	0.74	0.40	0.20
5-108	熟桐油、色底油、广(生)漆二遍	其他木材面	100m^2	**9173.97**	8262.00	911.97	54.00	10.50	3.10	0.80	2.20	8.30	3.10	1.64	0.90

工作内容：1.手扫漆:基层清扫、磨砂纸、润油粉、刮腻子、刷底漆、面漆。2.素色家具面漆:基层清扫、磨砂纸、刮腻子、刷底油、修色、打磨、面漆等。

编号	项目			单位	预算基价			人工	材料				
					总价	人工费	材料费	综合工	手扫漆	手扫漆底漆	素色家具面漆	素色家具底漆	石膏粉
					元	元	元	工日	L	L	L	L	kg
								153.00	27.17	26.31	48.41	44.35	0.94
5-109	手扫漆刷面二遍	单层木门		100m²	**8700.65**	5997.60	2703.05	39.20	46.10	27.50			3.90
5-110	手扫漆刷面二遍	单层木窗		100m²	**8248.46**	5997.60	2250.86	39.20	38.40	22.90			3.20
5-111	手扫漆刷面二遍	木扶手(不带托板)		100m	**1895.02**	1637.10	257.92	10.70	4.40	2.60			0.40
5-112	手扫漆刷面二遍	其他木材面			**5710.18**	4345.20	1364.98	28.40	23.30	13.90			2.00
5-113	手扫漆刷面三遍	单层木门		100m²	**9835.72**	6395.40	3440.32	41.80	69.17	27.45			3.89
5-114	手扫漆刷面三遍	单层木窗			**9263.05**	6395.40	2867.65	41.80	57.64	22.90			3.24
5-115	手扫漆刷面三遍	木扶手(不带托板)		100m	**2123.34**	1790.10	333.24	11.70	6.63	2.63			0.37
5-116	手扫漆刷面三遍	其他木材面			**6411.20**	4681.80	1729.40	30.60	34.87	13.85			1.83
5-117	素色家具面漆二遍	底油、刮腻子、修色、刷油、打磨、面漆二遍	单层木门	100m²	**10072.07**	5171.40	4900.67	33.80			54.42	24.12	15.12
5-118	素色家具面漆二遍	底油、刮腻子、修色、刷油、打磨、面漆二遍	单层木窗		**9260.61**	5171.40	4089.21	33.80			45.36	20.10	12.60
5-119	素色家具面漆二遍	底油、刮腻子、修色、刷油、打磨、面漆二遍	木扶手(不带托板)	100m	**1862.90**	1392.30	470.60	9.10			5.22	2.31	1.45
5-120	素色家具面漆二遍	底油、刮腻子、修色、刷油、打磨、面漆二遍	其他木材面		**6269.34**	3779.10	2490.24	24.70			27.44	12.61	7.62
5-121	素色家具面漆三遍	底油、刮腻子、修色、刷油、打磨、面漆三遍	单层木门	100m²	**12236.18**	5645.70	6590.48	36.90			81.65	24.12	15.12
5-122	素色家具面漆三遍	底油、刮腻子、修色、刷油、打磨、面漆三遍	单层木窗		**11137.54**	5645.70	5491.84	36.90			68.04	20.10	12.60
5-123	素色家具面漆三遍	底油、刮腻子、修色、刷油、打磨、面漆三遍	木扶手(不带托板)	100m	**2192.97**	1560.60	632.37	10.20			7.82	2.31	1.50
5-124	素色家具面漆三遍	底油、刮腻子、修色、刷油、打磨、面漆三遍	其他木材面	100m²	**7428.34**	4115.70	3312.64	26.90			41.20	12.61	7.62

续前

编号	项目			单位	材料									
					大白粉	砂纸	豆包布（白布）0.9m宽	棉纱	清油	天那水	熟桐油	催干剂	油漆溶剂油	乙醇
					kg	张	m	kg	kg	L	kg	kg	kg	kg
					0.91	0.87	3.88	16.11	15.06	13.63	14.96	12.76	6.90	9.69
5-109	手扫漆刷面二遍	单层木门		100m²	18.70	65.00	0.60	3.60	3.60	27.50	7.00	0.30	7.50	0.01
5-110		单层木窗			15.60	54.00	0.60	3.00	3.00	22.90	5.80	0.20	6.30	0.01
5-111		木扶手（不带托板）		100m	1.80	6.00	0.30	0.40	0.20	2.60	0.70	0.10	0.70	0.01
5-112		其他木材面			9.40	33.00	0.40	1.80	1.80	13.90	3.50	0.10	3.80	0.01
5-113	手扫漆刷面三遍	单层木门		100m²	18.70	74.00	0.60	3.60	3.62	35.04	7.00	0.30	7.50	0.10
5-114		单层木窗			15.60	62.00	0.60	3.00	3.02	29.20	5.80	0.20	6.30	0.10
5-115		木扶手（不带托板）		100m	1.80	7.00	0.20	0.40	0.35	3.36	0.70	0.10	0.70	0.10
5-116		其他木材面			9.40	38.00	0.40	1.80	1.83	17.67	3.50	0.10	3.00	0.10
5-117	素色家具面漆二遍	底油、刮腻子、修色、刷油、打磨、面漆二遍	单层木门	100m²	11.88	46.00	0.50	3.60	2.00	66.48	4.20	0.30	9.80	0.10
5-118			单层木窗		9.90	38.00	0.50	3.00	1.70	55.40	3.48	0.20	8.20	0.60
5-119			木扶手（不带托板）	100m	1.39	4.00	0.10	0.40	0.20	6.37	0.40	0.03	0.90	0.01
5-120			其他木材面		5.99	23.00	0.30	1.80	1.00	33.50	2.10	0.20	4.90	0.04
5-121	素色家具面漆三遍	底油、刮腻子、修色、刷油、打磨、面漆三遍	单层木门	100m²	11.88	46.00	0.50	3.60	2.04	93.70	4.20	0.30	9.80	0.10
5-122			单层木窗		9.90	38.00	0.50	3.00	1.70	78.11	3.48	0.20	8.20	0.10
5-123			木扶手（不带托板）	100m	1.40	4.00	0.10	0.40	0.20	9.00	0.40	0.03	0.90	0.01
5-124			其他木材面	100m²	6.00	23.00	0.40	1.80	1.03	47.24	2.10	0.20	0.20	0.10

工作内容： 1.水清木器面漆：基层清扫、磨砂纸、刮腻子、刷底油、修色、打磨、面漆等。2.水清木器面漆磨退：基层清扫、磨砂纸、刮腻子、刷底油、点漆片、打磨、刷油、磨退、上蜡等。

编号	项目			单位	预算基价			人工	材								料
					总价	人工费	材料费	综合工	水清木器面漆	水清木器底漆	石膏粉	大白粉	砂纸	豆包布(白布)0.9m宽	棉纱	清油	天那水
					元	元	元	工日	L	L	kg	kg	张	m	kg	kg	L
号								153.00	42.79	39.33	0.94	0.91	0.87	3.88	16.11	15.06	13.63
5-125	水清木器面漆二遍	底油、刮腻子、修色、刷油、打磨、面漆二遍	单层木门	100m²	**10129.56**	5171.40	4958.16	33.80	63.00	24.12	15.12	11.88	46.00	0.50	3.60	2.04	75.04
5-126			单层木窗		**9303.07**	5171.40	4131.67	33.80	52.50	20.10	12.60	9.90	38.00	0.50	3.00	1.70	62.54
5-127			木扶手(不带托板)	100m	**1868.19**	1392.30	475.89	9.10	6.04	2.31	1.50	1.14	4.00	0.10	0.40	0.20	7.20
5-128			其他木材面		**6299.07**	3779.10	2519.97	24.70	31.80	12.61	7.62	5.99	23.00	0.40	1.80	1.03	37.84
5-129	水清木器面漆三遍	底油、刮腻子、修色、刷油、打磨、面漆三遍	单层木门	100m²	**12860.13**	6043.50	6816.63	39.50	94.51	24.12	15.12	11.80	46.00	0.60	3.60	2.04	106.30
5-130			单层木窗		**11660.14**	6043.50	5616.64	39.50	78.80	20.10	12.60	9.90	38.00	0.60	3.00	1.70	88.80
5-131			木扶手(不带托板)	100m	**2315.94**	1667.70	648.24	10.90	9.10	2.31	1.50	1.14	4.00	0.20	0.40	0.20	10.21
5-132			其他木材面		**7823.77**	4406.40	3417.37	28.80	47.70	12.61	7.62	6.00	23.00	0.40	1.80	1.03	53.72
5-133	水清木器面漆五遍磨退	底油、刮腻子、漆片、修色、刷油、磨退	单层木门	100m²	**31289.00**	15085.80	16203.20	98.60	137.50	42.84	7.37	35.00	96.00	1.40			159.17
5-134			单层木窗		**28595.92**	15085.80	13510.12	98.60	114.62	35.70	6.14	29.16	80.00	1.40			132.64
5-135			木扶手(不带托板)	100m	**5733.51**	4161.60	1571.91	27.20	13.18	4.11	0.71	3.35	10.00	0.40			15.25
5-136			其他木材面	100m²	**18720.11**	10557.00	8163.11	69.00	69.35	21.59	3.71	17.46	54.00	1.00			80.25

续前

编号	项目			单位	材料													
					熟桐油	催干剂	油漆溶剂油	乙醇	水砂纸	泡沫塑料30.0	棉花	滑石粉	色粉	煤油	漆片	砂蜡	上光蜡	骨胶
					kg	kg	kg	kg	张	m^2	kg	kg	kg	kg	kg	kg	kg	kg
					14.96	12.76	6.90	9.69	1.12	30.93	28.34	0.59	4.47	7.49	42.65	14.42	20.40	4.93
5-125	水清木器面漆二遍	底油、刮腻子、修色、刷油、打磨、面漆二遍	单层木门	$100m^2$	4.20	0.30	9.80	0.10										
5-126			单层木窗		3.50	0.20	8.20	0.10										
5-127			木扶手(不带托板)	100m	0.40	0.03	0.90	0.01										
5-128			其他木材面	$100m^2$	2.10	0.20	5.00	0.04										
5-129	水清木器面漆三遍	底油、刮腻子、修色、刷油、打磨、面漆三遍	单层木门		9.80	0.30	9.80	0.10										
5-130			单层木窗		3.50	0.30	8.20	0.10										
5-131			木扶手(不带托板)	100m	0.40	0.03	0.90	0.01										
5-132			其他木材面	$100m^2$	2.10	0.20	5.00	0.10										
5-133	水清木器面漆五遍磨退	底油、刮腻子、漆片、修色、刷油、磨退	单层木门				28.70	12.20	108.00	5.00	3.10	0.20	2.10	0.50	3.90	122.40	181.80	0.90
5-134			单层木窗				23.90	10.20	90.00	4.00	3.00	0.20	1.70	0.40	3.22	102.00	151.50	0.70
5-135			木扶手(不带托板)	100m			2.80	1.20	10.00	1.00	0.30	0.02	0.20	0.10	0.40	11.70	17.40	0.10
5-136			其他木材面	$100m^2$			14.50	6.20	54.00	2.00	1.60	0.10	1.10	0.20	2.00	61.70	91.70	0.50

工作内容：基层清扫、磨砂纸、刮腻子、刷底油、修色、打磨、面漆等。

编号	项目			单位	预算基价 总价	预算基价 人工费	预算基价 材料费	人工 综合工	材料 聚氨酯清漆	材料 亚光漆	材料 石膏粉	材料 大白粉	材料 砂纸
					元	元	元	工日	kg	kg	kg	kg	张
								153.00	16.57	33.66	0.94	0.91	0.87
5-137	亚光面漆	底油、刮腻子、漆片二遍、聚氨酯清漆二遍、亚光面漆二遍	单层木门	100m²	**13068.60**	8047.80	5020.80	52.60	45.36	50.69	15.12	11.88	89.00
5-138			单层木窗		**12232.03**	8047.80	4184.23	52.60	37.80	42.24	12.60	9.90	74.00
5-139			木扶手（不带托板）	100m	**2595.53**	2111.40	484.13	13.80	4.35	4.86	1.50	1.14	9.00
5-140			其他木材面		**8407.67**	5875.20	2532.47	38.40	22.87	25.56	7.62	6.01	45.00
5-141		底油、刮腻子、漆片二遍、聚氨酯清漆二遍、亚光面漆三遍	单层木门	100m²	**14827.47**	8522.10	6305.37	55.70	45.36	74.69	15.12	11.88	89.00
5-142			单层木窗		**13781.06**	8522.10	5258.96	55.70	37.80	62.24	12.60	9.90	74.00
5-143			木扶手（不带托板）	100m	**2917.51**	2310.30	607.21	15.10	4.35	7.16	1.50	1.14	9.00
5-144			其他木材面	100m²	**9405.81**	6227.10	3178.71	40.70	22.87	37.66	7.60	6.00	45.00

续前

编号	项目			单位	材料									
					豆包布(白布)0.9m宽	棉纱	清油	天那水	清漆稀释剂	熟桐油	催干剂	油漆溶剂油	乙醇	漆片
					m	kg	kg	L	kg	kg	kg	kg	kg	kg
					3.88	16.11	15.06	13.63	8.93	14.96	12.76	6.90	9.69	42.65
5-137	亚光面漆	底油、刮腻子、漆片二遍、聚氨酯清漆二遍、亚光面漆二遍	单层木门	$100m^2$	0.70	3.60	2.04	75.12	4.54	4.20	0.30	9.80	8.50	25.51
5-138			单层木窗		0.70	3.00	1.70	62.60	3.80	3.50	0.20	8.20	7.10	21.26
5-139			木扶手(不带托板)	100m	0.20	0.40	0.20	7.20	0.43	0.40	0.10	1.00	0.80	2.44
5-140			其他木材面		0.50	1.80	1.03	37.87	2.30	2.11	0.10	5.00	4.20	12.90
5-141		底油、刮腻子、漆片二遍、聚氨酯清漆二遍、亚光面漆三遍	单层木门	$100m^2$	0.80	3.60	2.04	110.09	4.54	4.18	0.30	9.80	8.50	25.51
5-142			单层木窗		0.80	3.00	1.70	91.74	3.80	3.48	0.20	8.20	7.10	21.36
5-143			木扶手(不带托板)	100m	0.20	0.40	0.20	10.55	0.43	0.40	0.10	1.00	0.80	2.44
5-144			其他木材面	$100m^2$	0.60	1.80	1.03	55.50	2.30	2.11	0.10	5.00	4.20	12.86

工作内容：基层清扫、磨砂纸、刮腻子、润油粉、油色、漆片、刷地板漆（清漆）、烫硬蜡（擦蜡）等。

编号	项目		单位	预算基价 总价	人工费	材料费	人工 综合工	材料 地板漆	色调和漆	酚醛清漆	水晶地板漆	石膏粉	砂纸	豆包布（白布）0.9m宽	熟桐油
				元	元	元	工日	kg	kg	kg	kg	kg	张	m	kg
							153.00	18.30	19.26	14.12	58.84	0.94	0.87	3.88	14.96
5-145	木地板	满刮腻子地板漆三遍	100m²	**1173.28**	841.50	331.78	5.50	15.00				2.20	18.00	0.10	1.90
5-146	木地板	底油地板漆三遍	100m²	**1221.10**	841.50	379.60	5.50	15.00				2.20	18.00	0.10	2.60
5-147	木地板	润油粉 烫硬蜡	100m²	**2898.82**	2509.20	389.62	16.40						20.00		
5-148	木地板	本色 烫硬蜡	100m²	**3327.11**	2509.20	817.91	16.40						15.00		
5-149	木地板	润油粉一遍、漆片二遍擦蜡	100m²	**1777.92**	1468.80	309.12	9.60		1.00				20.00	0.10	0.60
5-150	木地板	润油粉一遍油色、漆片二遍擦软蜡	100m²	**2404.02**	1973.70	430.32	12.90		2.30				28.00	0.20	1.30
5-151	木地板	润油粉一遍油色、清漆二遍	100m²	**1879.49**	1514.70	364.79	9.90		1.40	9.60		2.20	23.00	0.14	2.60
5-152	木地板	底油、油色、清漆二遍	100m²	**1418.95**	1162.80	256.15	7.60		0.38	9.60		2.10	18.00		1.80
5-153	木地板	底油、刮腻子、油色、漆片二遍、水晶地板漆二遍	100m²	**2985.10**	1637.10	1348.00	10.70		0.40	0.30	18.10	8.90	40.00	0.10	1.80
5-154	木地板	每增加一遍水晶地板漆	100m²	**852.16**	351.90	500.26	2.30				8.50			0.03	

编号	项目			单位	材料												
					油漆溶剂油	乙醇	清油	催干剂	大白粉	棉纱	木炭	色粉	硬白蜡	骨胶	地板蜡	漆片	软蜡
					kg	kg	kg	kg	kg	kg	kg	kg	kg	kg	kg	kg	kg
					6.90	9.69	15.06	12.76	0.91	16.11	4.76	4.47	18.46	4.93	20.69	42.65	9.23
5-145	木地板	满刮腻子地板漆三遍		100m²	1.50	0.04											
5-146	木地板	底油地板漆三遍		100m²	5.20	0.04	0.70	0.10									
5-147	木地板	润油粉	烫硬蜡	100m²	0.30				11.70	1.70	30.80	1.00	9.70	0.40			
5-148	木地板	本色	烫硬蜡	100m²	0.70					0.60	74.50	0.02	23.60				
5-149	木地板	润油粉一遍、漆片二遍擦蜡		100m²	3.40	8.50	0.90	0.08	7.80	1.50					2.50	1.40	
5-150	木地板	润油粉一遍油色、漆片二遍擦软蜡		100m²	8.90	8.40	2.10	1.70	15.60	3.00						1.40	2.50
5-151	木地板	润油粉一遍油色、清漆二遍		100m²	6.40	0.40	1.20	3.40	7.80	1.50							
5-152	木地板	底油、油色、清漆二遍		100m²	6.96	0.40	1.10	0.02									
5-153	木地板	底油、刮腻子、油色、漆片二遍、水晶地板漆二遍		100m²	5.90	8.60	1.10	0.02								1.40	
5-154	木地板	每增加一遍水晶地板漆		100m²													

工作内容：基层清扫、刷防火涂料。

编号	项目				单位	总价（元）	人工费（元）	材料费（元）	综合工（工日）	防火涂料（kg）	豆包布（白布）0.9m宽（m）	催干剂（kg）	油漆溶剂油（kg）
						预算基价			人工	材料			
									153.00	13.63	3.88	12.76	6.90
5-155	防火涂料二遍	单层木门			100m²	**3018.12**	2452.59	565.53	16.03	35.23	0.30	0.86	10.61
5-156	防火涂料二遍	单层木窗			100m²	**2927.84**	2452.59	475.25	16.03	29.36	0.30	0.72	9.38
5-157	防火涂料二遍	木扶手（不带托板）			100m	**554.50**	494.19	60.31	3.23	3.78	0.10	0.08	1.07
5-158	防火涂料二遍	其他木材面			100m²	**1660.06**	1372.41	287.65	8.97	17.76	0.20	0.44	5.68
5-159	防火涂料	二遍	隔墙、隔断（间壁）、护壁木龙骨	双向	100m²	**1545.14**	1285.20	259.94	8.40	17.80	0.10	0.30	1.90
5-160	防火涂料	二遍	隔墙、隔断（间壁）、护壁木龙骨	单向	100m²	**792.98**	657.90	135.08	4.30	9.20	0.06	0.20	1.00
5-161	防火涂料	每增加一遍	隔墙、隔断（间壁）、护壁木龙骨	双向	100m²	**654.32**	520.20	134.12	3.40	9.40		0.20	0.50
5-162	防火涂料	每增加一遍	隔墙、隔断（间壁）、护壁木龙骨	单向	100m²	**329.90**	260.10	69.80	1.70	4.80		0.30	0.08
5-163	防火涂料	二遍	基层板面	双面	100m²	**2362.70**	1787.04	575.66	11.68	38.90	2.30	0.70	4.00
5-164	防火涂料	二遍	基层板面	单面	100m²	**1183.12**	895.05	288.07	5.85	19.50	1.20	0.30	2.00
5-165	防火涂料	每增加一遍	基层板面	双面	100m²	**1071.81**	780.30	291.51	5.10	20.60		0.30	1.00
5-166	防火涂料	每增加一遍	基层板面	单面	100m²	**536.54**	390.15	146.39	2.55	10.30		0.20	0.50

工作内容：1.防火涂料：基层清扫、刷防火涂料。2.木材面刷臭油水：清刷、刷臭油水一遍。

编号	项目				单位	预算基价 总价	人工费	材料费	人工 综合工	材料 防火涂料	豆包布(白布)0.9m宽	催干剂	油漆溶剂油	煤油	臭油水
						元	元	元	工日	kg	m	kg	kg	kg	kg
									153.00	13.63	3.88	12.76	6.90	7.49	0.86
5-167	防火涂料	二遍	木龙骨	圆柱	100m^2	**1258.74**	1040.40	218.34	6.80	14.90	0.10	0.30	1.60		
5-168				方柱		**1712.76**	1422.90	289.86	9.30	19.80	0.10	0.40	2.10		
5-169		每增加一遍		圆柱		**576.91**	428.40	148.51	2.80	10.60		0.10	0.40		
5-170				方柱		**679.78**	566.10	113.68	3.70	7.90		0.20	0.50		
5-171		二遍	木地板	木龙骨		**1468.95**	1112.31	356.64	7.27	24.50	0.09	0.40	2.50		
5-172				木龙骨带毛地板		**2548.82**	1906.38	642.44	12.46	44.00	0.20	0.80	4.60		
5-173		每增加一遍		木龙骨		**669.06**	486.54	182.52	3.18	12.90		0.20	0.60		
5-174				木龙骨带毛地板		**1164.29**	835.38	328.91	5.46	23.20		0.40	1.10		
5-175		二遍	天棚	圆木骨架		**4533.61**	3818.88	714.73	24.96	48.90	0.40	0.90	5.10		
5-176				方木骨架		**2814.40**	2371.50	442.90	15.50	30.40	0.20	0.50	3.10		
5-177		每增加一遍		圆木骨架		**1879.90**	1522.35	357.55	9.95	25.20		0.40	1.30		
5-178				方木骨架		**1175.86**	947.07	228.79	6.19	16.10		0.30	0.80		
5-179	木材面刷臭油水一遍					**433.75**	393.21	40.54	2.57					2.60	24.50

2.金属面油漆

工作内容：1.红丹防锈漆、调和漆：除锈、清扫、刷漆等。2.醇酸磁漆：除锈、清扫、磨光、刷醇酸磁漆等。3.过氯乙烯清漆及沥青漆：基层清扫、补缝、刮腻子、刷漆等。

编号	项目			单位	预算基价 总价	预算基价 人工费	预算基价 材料费	人工 综合工	材料 醇酸磁漆	材料 过氯乙烯磁漆	材料 过氯乙烯底漆	材料 过氯乙烯清漆	材料 红丹醇酸防锈漆	材料 酚醛调和漆
					元	元	元	工日	kg	kg	kg	kg	kg	kg
								153.00	16.86	18.22	13.87	15.56	8.53	10.67
5-180	红丹防锈漆一遍			100m²	**425.66**	315.18	110.48	2.06					12.18	
5-181	调和漆	二遍			**747.41**	553.86	193.55	3.62						16.55
5-182		每增加一遍			**353.37**	260.10	93.27	1.70						8.28
5-183	醇酸磁漆	二遍			**1189.10**	1022.04	167.06	6.68	9.26					
5-184		每增加一遍			**484.88**	400.86	84.02	2.62	4.63					
5-185	过氯乙烯漆	五遍成活		t	**3963.79**	2616.30	1347.49	17.10		22.62	11.22	30.45		
5-186		每增加一遍	底漆		**711.42**	501.84	209.58	3.28			11.22			
5-187			磁漆		**756.81**	501.84	254.97	3.28		11.31				
5-188			清漆		**803.13**	462.06	341.07	3.02				15.23		
5-189	沥青漆	三遍			**1814.77**	1640.16	174.61	10.72						
5-190		每增加一遍			**687.18**	628.83	58.35	4.11						

续前

编号	项目			单位	材料									
					砂纸	豆包布（白布）0.9m宽	醇酸漆稀释剂	过氯乙烯漆稀释剂	过氯乙烯腻子	木柴	清油	石油沥青10#	油漆溶剂油	零星材料费
					张	m	kg	kg	kg	kg	kg	kg	kg	元
					0.87	3.88	8.29	13.66	8.65	1.03	15.06	4.04	6.90	
5-180	红丹防锈漆一遍			100m²									0.64	2.17
5-181	调和漆	二遍		100m²	8.15								0.88	3.80
5-182	调和漆	每增加一遍		100m²	0.06								0.44	1.83
5-183	醇酸磁漆	二遍		t	3.00	0.03	0.99							
5-184	醇酸磁漆	每增加一遍		t	2.00	0.02	0.50							
5-185	过氯乙烯漆	五遍成活		t				22.01	0.61					
5-186	过氯乙烯漆	每增加一遍	底漆	t				3.95						
5-187	过氯乙烯漆	每增加一遍	磁漆	t				3.58						
5-188	过氯乙烯漆	每增加一遍	清漆	t				7.62						
5-189	沥青漆	三遍		t		0.05				11.31	1.28	11.52	14.05	
5-190	沥青漆	每增加一遍		t		0.03				3.77	0.43	3.84	4.69	

工作内容： 1.环氧富锌防锈漆：清扫、打磨、清锈除污、刷漆等。2.银粉漆、防火漆及臭油水：基层清扫、清除铁锈、擦油污、磨砂纸、刷油漆、清洗刷油。3.天棚金属龙骨：基层清扫、刷防火涂料等。

编号	项目			单位	预算基价 总价	预算基价 人工费	预算基价 材料费	人工 综合工	材料 环氧富锌漆	材料 银粉	材料 防火漆	材料 臭油水
					元	元	元	工日	kg	kg	kg	kg
								153.00	28.43	22.81	19.65	0.86
5-191	环氧富锌防锈漆一遍			100m²	**493.48**	255.51	237.97	1.67	7.83			
5-192	银粉漆二遍			t	**1147.20**	966.96	180.24	6.32		1.10		
5-193	防火漆二遍			t	**1470.19**	1256.13	214.06	8.21			8.99	
5-194	刷臭油水一遍			t	**424.00**	414.63	9.37	2.71				10.89
5-195	天棚金属龙骨防火涂料	面层龙骨间距(mm)	300×300	100m²	**1525.64**	1142.91	382.73	7.47				
5-196	天棚金属龙骨防火涂料	面层龙骨间距(mm)	450×450	100m²	**1374.53**	1029.69	344.84	6.73				
5-197	天棚金属龙骨防火涂料	面层龙骨间距(mm)	600×600	100m²	**1233.66**	924.12	309.54	6.04				
5-198	天棚金属龙骨防火涂料	面层龙骨间距(mm)	600×600 以外	100m²	**927.28**	694.62	232.66	4.54				

续前

编号	项目	单位	材料							
			防火涂料	环氧富锌漆稀释剂	砂纸	豆包布(白布)0.9m宽	清油	油漆溶剂油	催干剂	零星材料费
			kg	kg	张	m	kg	kg	kg	元
			13.63	27.43	0.87	3.88	15.06	6.90	12.76	
5-191	环氧富锌防锈漆一遍	100m²		0.39						4.67
5-192	银粉漆二遍	t			3.00	0.03	4.45	11.86	0.28	
5-193	防火漆二遍	t			2.00	0.06	0.99	2.42	0.30	
5-194	刷臭油水一遍	t								
5-195	天棚金属龙骨防火涂料 面层龙骨间距(mm) 300×300	100m²	28.08							
5-196	天棚金属龙骨防火涂料 面层龙骨间距(mm) 450×450	100m²	25.30							
5-197	天棚金属龙骨防火涂料 面层龙骨间距(mm) 600×600	100m²	22.71							
5-198	天棚金属龙骨防火涂料 面层龙骨间距(mm) 600×600以外	100m²	17.07							

3.抹灰面油漆

工作内容：1.室内外：清扫、满刮腻子二遍、打磨、刷底漆一遍、乳胶漆二遍等。2.每增加一遍：刷乳胶漆一遍等。

编号	项目				单位	预算基价			人工	材料							
						总价	人工费	材料费	综合工	苯丙清漆	苯丙乳胶漆外墙用	苯丙乳胶漆内墙用	砂纸	水	油漆溶剂油	成品腻子粉	零星材料费
						元	元	元	工日	kg	kg	kg	张	m^3	kg	kg	元
									153.00	10.64	10.64	6.92	0.87	7.62	6.90	0.61	
5-199	乳胶漆	室外	墙面	二遍	$100m^2$	**2357.51**	1787.04	570.47	11.68	11.62	28.08		10.10	0.100	1.291	204.12	5.09
5-200	乳胶漆	室内	墙面	二遍	$100m^2$	**1977.88**	1514.70	463.18	9.90	11.62		27.81	10.10	0.100	1.291	204.12	4.13
5-201	乳胶漆	室内	天棚面	二遍	$100m^2$	**2357.32**	1894.14	463.18	12.38	11.62		27.81	10.10	0.100	1.291	204.12	4.13
5-202	乳胶漆	每增加一遍			$100m^2$	**453.97**	364.14	89.83	2.38			12.36	4.00	0.002			0.80

工作内容： 1.室内拉毛面、石膏饰物：清理、打磨、补嵌腻子、刷乳胶漆二遍等。2.混凝土花格窗、栏杆、花饰、墙腰线、檐口线、门窗套、窗台板等：清扫、配浆、打磨、刷乳胶漆等。3.线条：清扫、配浆、满刮腻子二遍、打磨、刷乳胶漆等。

编号	项目			单位	预算基价 总价	预算基价 人工费	预算基价 材料费	人工 综合工	材料 苯丙清漆	苯丙乳胶漆外墙用	苯丙乳胶漆内墙用	水	砂纸	油漆溶剂油	成品腻子粉	零星材料费
					元	元	元	工日	kg	kg	kg	m^3	张	kg	kg	元
								153.00	10.64	10.64	6.92	7.62	0.87	6.90	0.61	
5-203	乳胶漆	室内拉毛面	二遍	100m²	**1663.39**	1002.15	661.24	6.55	23.24		55.620	0.020	6.000	2.580		5.90
5-204	乳胶漆	石膏饰物	二遍	100m²	**4929.42**	4590.00	339.42	30.00	11.62		27.810	0.010	6.262	1.290	10.206	2.69
5-205	乳胶漆	混凝土花格窗、栏杆、花饰	二遍	100m²	**2009.00**	1250.01	758.99	8.17		70.20		0.010	6.000			6.77
5-206	乳胶漆	墙腰线、檐口线、门窗套、窗台板等	二遍	100m²	**1235.48**	928.71	306.77	6.07		28.08		0.005	6.000			2.74
5-207	乳胶漆	线条（宽度mm）	≤50	100m	**404.83**	364.14	40.69	2.38	1.39		3.333	0.001	0.747	0.150	1.220	0.40
5-208	乳胶漆	线条（宽度mm）	≤100	100m	**558.48**	497.25	61.23	3.25	2.09		5.010	0.002	1.131	0.230	1.840	0.61
5-209	乳胶漆	线条（宽度mm）	≤150	100m	**769.29**	680.85	88.44	4.45	3.02		7.229	0.003	1.626	0.340	2.650	0.88

工作内容： 基层清扫、涂熟桐油、补嵌腻子、磨光、刷底油、做花纹、刷漆等。

编号	项目	单位	预算基价			人工	材							料
			总价	人工费	材料费	综合工	水性水泥漆	调和漆	无光调和漆	醇酸清漆	过氯乙烯磁漆	过氯乙烯底漆	过氯乙烯清漆	石膏粉
			元	元	元	工日	kg	kg	kg	kg	kg	kg	kg	kg
						153.00	17.22	14.11	16.79	13.59	18.22	13.87	15.56	0.94
5-210	水性水泥漆二遍	100m^2	**1308.32**	612.00	696.32	4.00	39.38							13.60
5-211	油漆画石纹	100m^2	**2774.34**	2295.00	479.34	15.00		17.50	4.30					2.10
5-212	抹灰面做假木纹	100m^2	**3916.06**	3350.70	565.36	21.90		17.50	4.30	5.20				2.10
5-213	抹灰面过氯乙烯漆 五遍成活	100m^2	**4659.08**	2034.90	2624.18	13.30					39.00	29.03	52.50	
5-214	抹灰面过氯乙烯漆 每增减一遍 底漆	100m^2	**826.20**	287.64	538.56	1.88						29.03		
5-215	抹灰面过氯乙烯漆 每增减一遍 磁漆	100m^2	**712.38**	275.40	436.98	1.80					19.50			
5-216	抹灰面过氯乙烯漆 每增减一遍 清漆	100m^2	**858.70**	275.40	583.30	1.80							26.25	

编号	项目	单位	材料												
			砂纸	豆包布（白布）0.9m宽	大白粉	清油	醇酸漆稀释剂	熟桐油	油漆溶剂油	聚醋酸乙烯乳液	羧甲基纤维素	色粉	滑石粉	过氯乙烯漆稀释剂	过氯乙烯腻子
			张	m	kg	kg	kg	kg	kg	kg	kg	kg	kg	kg	kg
			0.87	3.88	0.91	15.06	8.29	14.96	6.90	9.51	11.25	4.47	0.59	13.66	8.65
5-210	水性水泥漆二遍	$100m^2$	6.00	0.05											
5-211	油漆画石纹	$100m^2$			23.50	3.10	2.20	2.30	5.00	0.20	0.10				
5-212	抹灰面做假木纹	$100m^2$			23.50	3.10	3.30	2.30	5.00	0.15	0.10	1.50			
5-213	抹灰面过氯乙烯漆 五遍成活	$100m^2$	10.00	0.16						1.58	0.32		13.86	47.50	1.05
5-214	抹灰面过氯乙烯漆 每增减一遍 底漆	$100m^2$												9.95	
5-215	抹灰面过氯乙烯漆 每增减一遍 磁漆	$100m^2$												5.98	
5-216	抹灰面过氯乙烯漆 每增减一遍 清漆	$100m^2$												12.80	

工作内容：1.基层清扫、熬油、刷底油、补嵌腻子、刷漆等。2.清除墙面杂物、浮灰、油污、刮胶、补嵌腻子、滚(刷)底涂、放线分格、喷涂真石主骨料一至二遍、滚涂配套罩面漆二遍。

编号	项目		单位	预算基价				人工	材料				
				总价	人工费	材料费	机械费	综合工	广(生)漆	H型真石涂料	透明底漆	防水漆(配套罩面漆)	石膏粉
				元	元	元	元	工日	kg	kg	kg	kg	kg
								153.00	68.36	23.36	53.00	54.51	0.94
5-217	生漆黑板		100m^2	**2281.79**	1377.00	904.79		9.00	10.26				3.10
5-218	外墙真石漆	胶带条分格	100m^2	**17353.41**	1239.30	16058.44	55.67	8.10		500.00	35.00	40.00	
5-219	外墙真石漆	木嵌条分格	100m^2	**18204.42**	1958.40	16190.35	55.67	12.80		500.00	35.00	40.00	

编号	项目		单位	材料										机械	
				颜料	熟桐油	煤油	油漆溶剂油	亚麻仁油	白水泥	二甲苯稀释剂	108胶	锯材	零星材料费	电动空气压缩机 $1m^3$	小型机具
				kg	kg	kg	kg	kg	kg	kg	kg	m^3	元	台班	元
				9.09	14.96	7.49	6.90	10.52	0.64	10.87	4.45	1632.53		52.31	
5-217	生漆黑板		100m²	2.20	8.21	3.08	1.64	0.86					14.25		
5-218	外墙真石漆	胶带条分格	100m²						50.00	5.80	20.00		158.99	1.00	3.36
5-219	外墙真石漆	木嵌条分格	100m²						50.00	5.80	20.00	0.08	160.30	1.00	3.36

4.涂料、裱糊

(1)喷　塑

工作内容：基层清扫、清铲、找补墙面、门窗框贴粘合带、遮盖门窗口、调制、刷底油、喷塑、胶辘、压平、刷面油等。

编号	项目			单位	预算基价				人工	材料					机械	
					总价	人工费	材料费	机械费	综合工	底层巩固剂	中层涂料	面层高光面油	水	零星材料费	挤压式灰浆输送泵 $3m^3/h$	电动空气压缩机 $1m^3$
					元	元	元	元	工日	kg	kg	kg	m^3	元	台班	台班
									153.00	11.38	21.49	31.67	7.62		222.95	52.31
5-220	墙、柱、梁面	一塑三油	大压花	100m²	**6709.32**	1744.20	4692.61	272.51	11.40	21.75	142.50	43.20	0.20	13.10	0.99	0.99
5-221	墙、柱、梁面	一塑三油	中压花	100m²	**5324.00**	1575.90	3503.12	244.98	10.30	17.10	93.10	40.85	0.20	12.56	0.89	0.89
5-222	墙、柱、梁面	一塑三油	喷中点、幼点	100m²	**4507.81**	1422.90	2861.95	222.96	9.30	15.07	65.61	40.00	0.20	12.17	0.81	0.81
5-223	墙、柱、梁面	一塑三油	平面	100m²	**2030.49**	810.90	1219.59		5.30	8.70		35.19	0.10	5.35		
5-224	天棚	一塑三油	大压花	100m²	**6942.25**	1943.10	4696.36	302.79	12.70	21.75	142.50	43.20	0.20	16.85	1.10	1.10
5-225	天棚	一塑三油	中压花	100m²	**5524.02**	1744.20	3507.31	272.51	11.40	17.10	93.10	40.85	0.20	16.75	0.99	0.99
5-226	天棚	一塑三油	喷中点、幼点	100m²	**4689.98**	1575.90	2866.35	247.73	10.30	15.07	65.61	40.01	0.20	16.25	0.90	0.90
5-227	天棚	一塑三油	平面	100m²	**2122.65**	902.70	1219.95		5.90	8.70		35.19	0.10	5.71		

(2) 喷(刷)刮

工作内容：1.墙面涂料:基层清扫、补嵌腻子、磨砂纸、刮涂料等。2.外墙JH801涂料:基层清扫、补小孔洞、调配料、遮盖、喷(刮)涂料、压平、清理喷污处

编号	项目		单位	预算基价				人工	材					
				总价	人工费	材料费	机械费	综合工	钙塑涂料	水泥	抗碱底涂料	多彩花纹涂料	封闭乳胶底涂料	罩光乳胶涂料
				元	元	元	元	工日	kg	kg	kg	kg	kg	kg
								153.00	13.63	0.39	8.18	20.94	9.09	18.60
5-228	墙面钙塑涂料(成品)	内墙及天棚面	100m²	**2107.29**	428.40	1678.89		2.80	120.00					
5-229		外墙面		**2410.50**	459.00	1951.50		3.00	140.00					
5-230	墙面抗碱封底涂料			**1218.00**	428.40	789.60		2.80		300.00	30.00			
5-231	内墙	多彩花纹涂料		**3007.72**	867.51	2078.97	61.24	5.67				60.00	25.00	25.00
5-232		彩绒涂料		**6071.80**	867.51	5143.05	61.24	5.67					20.00	
5-233	外墙JH801涂料	清水墙		**1686.22**	1006.74	650.71	28.77	6.58						
5-234		抹灰面		**1852.87**	1006.74	817.36	28.77	6.58						
5-235	仿瓷涂料二遍			**2524.80**	1713.60	811.20		11.20						

等。3.仿瓷涂料:清理、补小孔洞、调配料、刮腻子、磨砂纸、刮仿瓷涂料。

料														机械	
水性绒面涂料面漆	水性绒面涂料中涂层	117 胶	JH801 涂料	108 胶	砂纸	豆包布(白布)0.9m宽	大白粉	聚醋酸乙烯乳液	羧甲基纤维素	水	色粉	双(白)灰粉	零星材料费	电动空气压缩机 1m³	小型机具
kg	kg	kg	kg	kg	张	m	kg	kg	kg	m³	kg	kg	元	台班	元
33.18	9.09	8.44	6.36	4.45	0.87	3.88	0.91	9.51	11.25	7.62	4.47	0.68		52.31	
													43.29		
													43.30		
				96.00											
					9.00	1.00	52.80	6.00	1.20					1.10	3.70
120.00	100.00				6.00	1.00	52.80		1.20					1.10	3.70
			100.00							0.70			9.38	0.55	
			100.00	34.60						0.14	3.40		11.13	0.55	
		80.00										200.00			

工作内容：1.基层清扫、补小孔洞、调配料、遮盖、喷涂料、压平、清理喷污处等。2.清除墙面杂物、浮灰、油污、涂胶、白水泥涂料，滚刷一道抗碱底涂料，喷

编号	项目		单位	预算基价				人工	
				总价	人工费	材料费	机械费	综合工	封闭乳胶底涂料
				元	元	元	元	工日	kg
								153.00	9.09
5-236	外墙多彩花纹涂料	清水墙	100m²	**3491.85**	1031.22	2393.83	66.80	6.74	23.00
5-237		抹灰面		**3197.37**	859.86	2281.84	55.67	5.62	20.00
5-238	外墙喷硬质复层凹凸花纹涂料(浮雕型)	清水墙		**3223.03**	1254.60	1901.63	66.80	8.20	
5-239		抹灰面		**2614.56**	979.20	1579.69	55.67	6.40	
5-240	外墙喷银光涂料	清水墙		**2657.28**	1040.40	1550.08	66.80	6.80	24.00
5-241		抹灰面		**2080.47**	612.00	1407.23	61.24	4.00	20.00
5-242	外墙喷丙烯酸有光外用乳胶漆	清水墙		**3310.10**	1040.40	2202.90	66.80	6.80	24.00
5-243		抹灰面		**2731.83**	612.00	2058.59	61.24	4.00	20.00
5-244	外墙喷丙烯酸无光外用乳胶漆	清水墙		**2948.47**	1040.40	1841.27	66.80	6.80	24.00
5-245		抹灰面		**2371.05**	612.00	1697.81	61.24	4.00	20.00

涂凹凸形状花纹,滚刷二道罩面涂料。

材料											机械	
罩光乳胶涂料	多彩外墙乳胶涂料	抗碱底涂料	复层罩面涂料	外墙银光涂料	丙烯酸有光外墙乳胶漆	丙烯酸无光外墙乳胶漆	白水泥	108 胶	二甲苯稀释剂	零星材料费	电动空气压缩机 $1m^3$	小型机具
kg	kg	kg	kg	kg	kg	kg	kg	kg	kg	元	台班	元
18.60	18.17	8.18	11.25	18.17	16.74	17.22	0.64	4.45	10.87		52.31	
25.00	60.00						288.00	92.00		35.84	1.20	4.03
25.00	60.00						250.00	80.00		28.84	1.00	3.36
		30.00	84.00				300.00	96.00	6.00	26.81	1.20	4.03
		25.00	70.00				250.00	80.00	5.00	17.34	1.00	3.36
				38.33			300.00	96.00		16.26	1.20	4.03
				38.33			250.00	80.00		12.97	1.10	3.70
					80.00		300.00	96.00		26.34	1.20	4.03
					80.00		250.00	80.00		21.59	1.10	3.70
						57.00	300.00	96.00		22.37	1.20	4.03
						57.00	250.00	80.00		18.47	1.10	3.70

工作内容： 1.外墙喷丙烯酸凹凸复层装饰涂料：清除墙面杂物、浮灰、油污、涂胶、白水泥涂料，滚刷一遍抗碱底涂料，喷涂凹凸复层涂料，滚刷二遍罩面涂

编号	项目		单位	预算基价				人工		
				总价	人工费	材料费	机械费	综合工	抗碱底涂料	凹凸复层涂料
				元	元	元	元	工日	kg	kg
								153.00	8.18	8.18
5-246	外墙喷丙烯酸凹凸复层装饰涂料	清水墙	100m²	**2952.42**	1254.60	1635.05	62.77	8.20	30.00	84.00
5-247	外墙喷丙烯酸凹凸复层装饰涂料	抹灰面	100m²	**2391.63**	979.20	1360.12	52.31	6.40	25.00	70.00
5-248	外墙 AC-97 弹性涂料	清水墙	100m²	**3894.16**	1040.40	2849.73	4.03	6.80		
5-249	外墙 AC-97 弹性涂料	抹灰面	100m²	**3184.34**	612.00	2568.98	3.36	4.00		
5-250	彩砂喷涂	抹灰面	100m²	**6065.76**	1836.00	4192.62	37.14	12.00		
5-251	彩砂喷涂	混凝土面	100m²	**7895.48**	2019.60	5825.66	50.22	13.20		
5-252	砂胶涂料	墙柱面	100m²	**2677.61**	2065.50	549.34	62.77	13.50		
5-253	砂胶涂料	天棚	100m²	**2907.11**	2295.00	549.34	62.77	15.00		

料。2.外墙AC-97弹性涂料:清扫、打底、刷涂墙面等。

材									料	机	械
封闭乳胶底涂料	弹性外墙涂料AC-97	丙烯酸彩砂涂料	砂胶料	白水泥	二甲苯稀释剂	108胶	水泥	水	零星材料费	电动空气压缩机1m^3	小型机具
kg	kg	kg	kg	kg	kg	kg	kg	m^3	元	台班	元
9.09	47.33	10.95	4.82	0.64	10.87	4.45	0.39	7.62		52.31	
				300.00	6.00	96.00			18.11	1.20	
				250.00	5.00	80.00			12.67	1.00	
21.00	55.00			40.32					29.89		4.03
17.50	50.00			33.60					21.90		3.36
		380.00					30.00	0.64	15.04	0.71	
		510.00				32.80	197.00	0.20	16.85	0.96	
			110.00						19.14	1.20	
			110.00						19.14	1.20	

工作内容：1.抹灰面:基层清扫、配浆、刮腻子、磨砂纸、刷涂料等。2.楼地面:基层清扫、找平、配浆、刮腻子、磨砂纸、打蜡、擦光、养护等。

编号	项目			单位	预算基价			人工				
					总价	人工费	材料费	综合工	106涂料	803涂料	防霉涂料	777乳液涂料
					元	元	元	工日	kg	kg	kg	kg
								153.00	3.90	1.90	22.71	17.30
5-254	抹灰面	106涂料	二遍	100m^2	**798.98**	612.00	186.98	4.00	38.85			
5-255	抹灰面	106涂料	三遍	100m^2	**1035.70**	765.00	270.70	5.00	59.85			
5-256	抹灰面	803涂料	二遍	100m^2	**717.59**	612.00	105.59	4.00		36.91		
5-257	抹灰面	803涂料	三遍	100m^2	**910.32**	765.00	145.32	5.00		56.86		
5-258	防霉涂料			100m^2	**1239.76**	198.90	1040.86	1.30			45.00	
5-259	楼地面	777涂料席纹地面		100m^2	**4040.45**	2555.10	1485.35	16.70				59.80
5-260	楼地面	177涂料乳液罩面		100m^2	**2002.13**	1438.20	563.93	9.40				

材							料						
177 乳液涂料	石膏粉	大白粉	砂纸	豆包布（白布）0.9m宽	血料	熟桐油	白水泥	水	色粉	软蜡	108 胶	107 氯偏乳液	零星材料费
kg	kg	kg	张	m	kg	kg	kg	m^3	kg	kg	kg	kg	元
16.82	0.94	0.91	0.87	3.88	5.25	14.96	0.64	7.62	4.47	9.23	4.45	6.36	
	2.05	1.51	6.00	0.05	3.30	0.63							
	2.05	1.51	8.00	0.07	3.30	0.63							
	2.05	1.51	6.00	0.05	3.30	0.63							
	2.05	1.51	8.00	0.07	3.30	0.63							
													18.91
							214.00	0.32	15.20	4.20	44.50		6.68
7.26							106.00	0.28	1.09	4.22	52.80	13.21	9.04

工作内容：基层清扫、配浆、刷涂料等。

编号	项目			单位	预算基价			人工	材料								
					总价	人工费	材料费	综合工	白水泥	石灰	豆包布(白布)0.9m宽	色粉	108胶	清油	工业盐	红土粉	血料
					元	元	元	工日	kg	kg	m	kg	kg	kg	kg	kg	kg
								153.00	0.64	0.30	3.88	4.47	4.45	15.06	0.91	5.93	5.25
5-261	白水泥浆二遍	抹灰面	光面	100m²	**367.68**	306.00	61.68	2.00	37.60		0.03	1.28	7.14				
5-262			毛面		**459.59**	382.50	77.09	2.50	47.00		0.03	1.60	8.93				
5-263		混凝土栏杆花饰			**1292.45**	1162.80	129.65	7.60	78.96		0.10	2.69	14.99				
5-264		阳台、雨篷、窗间墙、隔板、栏板等小面积			**517.75**	443.70	74.05	2.90	45.12		0.04	1.54	8.57				
5-265	石灰油浆二遍	抹灰面	光面		**344.90**	306.00	38.90	2.00		7.39	0.03	0.33		2.33			
5-266			毛面		**431.05**	382.50	48.55	2.50		9.24	0.03	0.41		2.91			
5-267		混凝土栏杆花饰			**1279.57**	1162.80	116.77	7.60		22.17	0.11	0.99		6.99			
5-268		阳台、雨篷、窗间墙、隔板、栏板等小面积			**490.47**	443.70	46.77	2.90		8.87	0.04	0.40		2.80			
5-269	抹灰面	喷刷石灰浆三遍			**296.28**	290.70	5.58	1.90		17.13	0.02				0.40		
5-270	清水墙腰线、檐口线、门窗套、窗台板	刷白水泥浆二遍			**502.16**	474.30	27.86	3.10	16.92		0.04	0.58	3.21				
5-271		刷石灰油浆二遍			**491.94**	474.30	17.64	3.10		3.33	0.04	0.15		1.05			
5-272		刷红土子浆一遍			**294.56**	244.80	49.76	1.60			0.02					7.21	1.32

工作内容：基层清扫、打磨、配浆(料)、满刮腻子一至二遍、磨砂纸、刷涂料等。

编号	项目	单位	预算基价 总价	人工费	材料费	人工 综合工	材料 水泥	可赛银	双(白)灰粉	177乳液涂料	505涂料	成品腻子粉	石灰	血料
			元	元	元	工日	kg	kg	kg	kg	kg	kg	kg	kg
						153.00	0.39	2.51	0.68	16.82	6.92	0.61	0.30	5.25
5-273	抹灰面 刷普通水泥浆	100m²	**338.04**	306.00	32.04	2.00	21.00						2.50	4.40
5-274	抹灰面 刮腻子刷可赛银浆三遍	100m²	**945.34**	856.80	88.54	5.60		23.65						
5-275	花格手工刮仿瓷涂料	100m²	**3452.49**	2448.00	1004.49	16.00			240.00					
5-276	抹灰面 喷刷177胶罩面一遍	100m²	**416.10**	315.18	100.92	2.06				6.00				
5-277	抹灰面 喷刷505涂料醇酸清漆单色台度光面	100m²	**3681.35**	3090.60	590.75	20.20					44.11			
5-278	抹灰面 喷刷505涂料醇酸清漆单色台度毛面	100m²	**4416.04**	3707.19	708.85	24.23					52.93			
5-279	抹灰面 乳胶漆墙面滚花	100m²	**1371.68**	1234.71	136.97	8.07				6.30				
5-280	抹灰面 106涂料墙面滚花	100m²	**1308.95**	1171.98	136.97	7.66				6.30				
5-281	刮腻子 墙面 满刮二遍	100m²	**1077.32**	948.60	128.72	6.20						204.12		
5-282	刮腻子 天棚面 满刮二遍	100m²	**1314.47**	1185.75	128.72	7.75						204.12		
5-283	刮腻子 每增减一遍	100m²	**452.97**	388.62	64.35	2.54						102.06		

续前

编号	项目			单位	材料												
					大白粉	砂纸	聚醋酸乙烯乳液	羧甲基纤维素	骨胶	117胶	石膏粉	棉纱	醇酸清漆	熟桐油	松节油	水	零星材料费
					kg	张	kg	kg	kg	kg	kg	kg	kg	kg	kg	m^3	元
					0.91	0.87	9.51	11.25	4.93	8.44	0.94	16.11	13.59	14.96	7.93	7.62	
5-273	抹灰面	刷普通水泥浆		100m²													
5-274	抹灰面	刮腻子刷可赛银浆三遍		100m²	13.93	5.00	0.54	0.51	0.26								
5-275	花格手工刮仿瓷涂料			100m²						96.00							31.05
5-276	抹灰面	喷刷177胶罩面一遍		100m²													
5-277	抹灰面	喷刷505涂料醇酸清漆单色台度光面		100m²		12.00	0.24				4.01	0.25	11.32	4.26	5.98		
5-278	抹灰面	喷刷505涂料醇酸清漆单色台度毛面		100m²		14.40	0.29				4.81	0.30	13.58	5.11	7.18		
5-279	抹灰面	乳胶漆墙面滚花		100m²		17.00	1.10	0.34			2.05						
5-280	抹灰面	106涂料墙面滚花		100m²		17.00	1.10	0.34			2.05						
5-281	刮腻子	墙面	满刮二遍	100m²		4.00										0.095	
5-282	刮腻子	天棚面	满刮二遍	100m²		4.00										0.095	
5-283	刮腻子	每增减一遍		100m²		2.00										0.047	

(3) 裱 糊

工作内容：1.清扫、找补腻子、刷底胶、刷胶粘剂、铺贴壁纸等。2.清扫基层、找补、刷底油、配置贴面材料、裱糊刷胶、裁帖墙纸布等。

编号	项目			单位	预算基价			人工	材						料		
					总价	人工费	材料费	综合工	壁纸	金属壁纸	织锦缎	成品腻子粉	羧甲基纤维素	建筑胶	壁纸专用胶粘剂	水	零星材料费
					元	元	元	工日	m^2	m^2	m^2	kg	kg	kg	kg	m^3	元
								153.00	18.34	8.09	47.81	0.61	11.25	2.38	25.73	7.62	
5-284	墙面	普通壁纸	对花	$100m^2$	**4132.14**	1182.69	2949.45	7.73	116.00			52.92	0.113	6.237	27.81	0.03	57.83
5-285	墙面	普通壁纸	不对花	$100m^2$	**3678.71**	841.50	2837.21	5.50	110.00			52.92	0.113	6.237	27.81	0.03	55.63
5-286	墙面	金属壁纸		$100m^2$	**3656.22**	1927.80	1728.42	12.60		115.00		52.92	0.113	6.237	27.81	0.03	33.89
5-287	天棚面	普通壁纸	对花	$100m^2$	**4733.43**	1783.98	2949.45	11.66	116.00			52.92	0.113	6.237	27.81	0.03	57.83
5-288	天棚面	普通壁纸	不对花	$100m^2$	**4137.71**	1300.50	2837.21	8.50	110.00			52.92	0.113	6.237	27.81	0.03	55.63
5-289	天棚面	金属壁纸		$100m^2$	**4399.80**	2671.38	1728.42	17.46		115.00		52.92	0.113	6.237	27.81	0.03	33.89
5-290	墙面	贴织锦缎		$100m^2$	**8589.05**	2152.71	6436.34	14.07			116.00	52.92	0.113	6.237	27.81	0.03	126.20
5-291	天棚面	贴织锦缎		$100m^2$	**9880.37**	3444.03	6436.34	22.51			116.00	52.92	0.113	6.237	27.81	0.03	126.20

第六章　其 他 工 程

说　明

一、本章包括招牌、灯箱，美术字安装，压条、装饰线，石材、瓷砖加工，暖气罩，镜面玻璃，旗杆、雨篷，车库标线、标志，其他9节，共158条基价子目。

二、主材品种如设计要求与基价不同时，可按设计要求对主要材料进行补充、换算，但人工费、机械费不变。

三、铁件已包括刷防锈漆一遍，如设计需涂刷油漆、防火涂料，按第五章相应项目执行。

四、招牌基层：

1.平面招牌是指安装在门前墙面上者；箱体招牌、竖式标箱是指六面体固定在墙面上者；沿雨篷、檐口、阳台走向立式招牌，按平面招牌复杂项目执行。

2.一般招牌和矩形招牌是指正立面平整无凸面者，复杂招牌和异型招牌是指正立面有凹凸造型者。

3.招牌的灯饰均未包括在基价内。

4.招牌面层执行天棚面层项目，其人工工日乘以系数0.80，其他不变。

五、美术字安装：

1.美术字安装均以成品安装固定为准。

2.美术字安装不分字体均执行本基价。

六、压条、装饰线条：

1.木装饰线、石膏装饰线、欧式装饰线基价均以成品安装为准，如采用现场制作，每10 m增加0.25工日，其他不变。

2.石材装饰线条基价均以成品安装为准。石材装饰线条磨边、磨圆角均包括在成品的单价中，不再另计。

3.装饰线条基价以墙面上安装直线条为准，如墙面上安装圆弧线条或天棚安装直线形、圆弧形线条或安装其他图案者，按以下规定计算：

(1)天棚面安装直线装饰线条者，人工工日乘以系数1.34，其他不变。

(2)天棚面安装圆弧装饰线条者，人工工日乘以系数1.60，材料费乘以系数1.10，其他不变。

(3)墙面安装圆弧装饰线条者，人工工日乘以系数1.20，材料费乘以系数1.10，其他不变。

(4)装饰线条做艺术图案者，人工工日乘以系数1.80，材料费乘以系数1.10，其他不变。

七、石材瓷砖倒角、磨制圆边、开槽、开孔等项目均按现场加工考虑。

八、挂板式暖气罩是指钩挂在暖气片上者，平墙式是指凹入墙内者，明式是指凸出墙面者，半凹半凸式按明式基价项目执行。

九、雨篷：

1.托架式雨篷项目中未含斜拉杆费用。设计要求斜拉杆者，费用另行计算。

2.铝塑板、不锈钢面层雨篷项目按平面雨棚考虑，未包括雨篷侧面工料。

工程量计算规则

一、招牌、灯箱：

1.招牌基层：

(1)平面招牌基层按设计图示尺寸以正立面边框外围面积计算,复杂型的凹凸造型部分不增加面积。

(2)沿雨篷、檐口或阳台走向的立式招牌基层,按平面招牌复杂型执行时,按边框外围展开面积计算。

(3)箱体招牌和竖式标箱的基层,按设计图示尺寸以边框外围体积计算。突出箱外的灯饰、店徽及其他艺术装璜等均另行计算。

(4)广告牌钢骨架按设计图示尺寸以质量计算。

2.灯箱的面层按设计图示尺寸以面层的展开面积计算。

二、美术字安装：

美术字安装按字的最大外围矩形面积划分,分别以设计图示个数计算。

三、压条、装饰线：

1.压条工程量按设计图示长度计算。

2.装饰线条工程量按设计图示长度或安装数量计算。

四、石材、瓷砖加工：

1.石材、瓷砖倒角按块料设计倒角长度计算。

2.石材磨边按成型圆边长度计算。

3.石材开槽按块料成型开槽长度计算。

4.石材、瓷砖开孔按成型孔洞数量计算。

五、暖气罩：

暖气罩(包括脚的高度在内)按设计图示尺寸以边框外围垂直投影面积计算。

六、镜面玻璃：

镜面玻璃安装、盥洗室木镜箱按设计图示尺寸以正立面面积计算。塑料镜箱按设计图示数量计算。

七、旗杆、雨篷：

1.不锈钢旗杆按设计图示长度计算。

2.旗杆基础：

(1)人工挖地槽按体积计算：地槽长度按槽底中心线长度计算,槽宽按设计图示基础垫层底面尺寸加工作面的宽度计算,槽深按自然地坪标高至槽底标高计算。当需要放坡时,应将放坡的土方量合并于总土方量中。

(2)地槽的放坡坡度及起始深度按下表规定执行：

放坡系数表

土　质	起始深度 (m)	人 工 挖 土
一般土	1.40	1∶0.43
砂砾坚土	2.00	1∶0.25

(3)挖地槽时应留出下步施工工序必需的工作面，工作面的宽度应按施工组织设计所确定的宽度计算，如无施工组织设计时可参照下表数据计算：

工作面宽度计算表

基 础 工 程 施 工 项 目	每 边 增 加 工 作 面 (cm)
毛石砌筑	15
混凝土基础或基础垫层需要支模板时	30

(4)挖地槽原土回填的工程量，可按地槽挖土工程量乘以系数0.60计算。

(5)现浇混凝土零星构件按设计图示尺寸以体积计算。

(6)砌砖台阶按设计图示尺寸以体积计算。

3.雨篷按设计图示尺寸以水平投影面积计算。

八、车库标线、标志：

1.标线按设计图示尺寸以面积计算。

2.广角镜安装按安装数量计算。

3.标志制作、安装按设计图示尺寸以面积计算。

九、其他：

1.毛巾环、肥皂盒、金属帘子杆、浴缸拉手、毛巾架安装按设计图示数量计算。

2.大理石洗漱台按设计图示尺寸以台面水平投影面积计算(不扣除孔洞面积)。

1.招牌、

(1) 招 牌

工作内容：下料、刨光、放样、组装、焊接成品、刷防锈漆、矫正、安装成型、清理等。

编号	项目				单位	预算基价 总价	人工费	材料费	机械费	人工 综合工	材 镀锌薄钢板 0.7	杉木锯材	热轧等边角钢 40×3	镀锌薄钢板 0.46	热轧等边角钢
						元	元	元	元	工日	m^2	m^3	t	m^2	t
										153.00	25.82	2596.26	3752.49	17.48	3685.48
6-1	平面招牌	木结构	一般		100m²	**14662.09**	6149.07	8338.43	174.59	40.19	19.93	2.67			
6-2	平面招牌	木结构	复杂		100m²	**19121.67**	7532.19	11392.74	196.74	49.23	19.91	3.62			
6-3	平面招牌	钢结构	一般		100m²	**20326.04**	10007.73	9286.98	1031.33	65.41	19.82	1.17	1.078		
6-4	平面招牌	钢结构	复杂		100m²	**23179.81**	11025.18	11113.53	1041.10	72.06	19.82	1.44	1.185		
6-5	箱式招牌	钢结构	厚度 500 mm 以内	矩形	100m³	**88125.94**	48768.75	34317.78	5039.41	318.75				179.19	4.432
6-6	箱式招牌	钢结构	厚度 500 mm 以内	异型	100m³	**95709.33**	53533.17	37136.75	5039.41	349.89				197.11	4.876
6-7	箱式招牌	钢结构	厚度 500 mm 以外	矩形	100m³	**64691.11**	35041.59	26332.82	3316.70	229.03				149.28	3.116
6-8	箱式招牌	钢结构	厚度 500 mm 以外	异型	100m³	**70846.82**	38429.01	28780.11	3637.70	251.17				164.26	3.428

灯箱

基层

料														机械			
膨胀螺栓 M8×80	铁钉	防锈漆	油漆溶剂油	玻璃钢瓦	瓦楞勾钉带垫	木螺钉	铁件	镀锌钢丝 *D*0.7	镀锌钢丝 *D*2.8	电焊条	锯材	钢筋 *D*6	零星材料费	木工圆锯机 *D*600	木工压刨床四面300	交流电焊机 40kV·A	小型机具
套	kg	kg	kg	m^2	个	个	kg	kg	kg	kg	m^3	t	元	台班	台班	台班	元
1.16	6.68	15.51	6.90	11.30	0.39	0.16	9.49	7.42	6.91	7.59	1632.53	3970.73		35.46	84.89	114.64	
526.32	37.74	0.33	0.03										23.86	0.35	1.65		22.11
526.20	40.80	0.33	0.03	49.30	11.50								30.37	0.40	1.89		22.11
327.32		5.53	0.57			2346.12	52.24	5.50	5.50	29.85			46.51	0.20	1.10	8.00	13.74
357.92		6.21	0.64	49.30	11.50	2580.73	57.69	5.50	5.50	32.84			50.50	0.20	1.20	8.00	15.02
1052.37	5.50	27.63	2.86			3577.64	154.21		8.73	144.57	3.79	0.934	56.29	0.56		43.40	44.18
1052.37	6.05	31.51	3.13			3935.39	154.21		8.79	159.04	3.95	1.027	61.99	0.56		43.40	44.18
839.88	3.97	19.94	2.06			3548.67	138.64		6.00	102.47	3.33	0.687	48.28	0.40		28.50	35.28
839.88	4.33	22.72	2.26			3903.57	138.64		6.60	112.72	3.68	0.756	52.86	0.40		31.30	35.28

工作内容： 1.竖式标箱：下料、刨光、放样、组装、焊接成品、刷防锈漆、矫正、安装成型、清理等。2.广告牌钢骨架：放样、裁制、组装、焊接、刷防锈漆、安装、

编号	项目				单位	预算基价				人工	材		
						总价	人工费	材料费	机械费	综合工	热轧等边角钢	钢筋 *D*6	钢骨架
						元	元	元	元	工日	t	t	t
										153.00	3685.48	3970.73	7293.05
6-9	竖式标箱	钢结构	矩形	厚度400 mm以内	100m³	**108911.85**	68439.96	34341.45	6130.44	447.32	7.139	0.935	
6-10	竖式标箱	钢结构	异型	厚度400 mm以内	100m³	**122357.40**	77090.58	38516.11	6750.71	503.86	8.058	1.029	
6-11	竖式标箱	钢结构	矩形	厚度400 mm以外	100m³	**77536.34**	48764.16	24368.06	4404.12	318.72	5.128	0.624	
6-12	竖式标箱	钢结构	异型	厚度400 mm以外	100m³	**87061.88**	54956.07	27266.06	4839.75	359.19	5.790	0.686	
6-13	广告牌钢骨架				t	**13186.75**	3105.90	8968.27	1112.58	20.30			1.06

固定等。

料										机				械
膨胀螺栓 M16	电焊条	防锈漆	油漆溶剂油	膨胀螺栓 M8×80	铁钉	锯材	乙炔气 5.5～6.5 kg	氧气 6m³	零星材料费	交流电焊机 40kV•A	木工圆锯机 *D*600	木工压刨床 四面300	交流电焊机 30kV•A	小型机具
套	kg	kg	kg	套	kg	m³	kg	m³	元	台班	台班	台班	台班	元
4.09	7.59	15.51	6.90	1.16	6.68	1632.53	14.66	2.88		114.64	35.46	84.89	87.97	
478.97	223.94	37.20	3.84						56.02	53.30				20.13
507.71	252.03	41.85	4.32						64.29	58.70				21.34
319.31	159.53	26.49	2.73						44.68	38.30				13.41
319.31	179.61	29.83	3.08						50.08	42.10				13.41
	47.36	12.18	1.88	112.20	4.56	0.27	2.84	6.468	14.63		0.032	0.07	7.21	471.24

(2)灯 箱 面 层

工作内容：下料、涂胶、安装面层等。

编号	项目		单位	预算基价			人工	材									料		
				总价	人工费	材料费	综合工	有机玻璃 3.0	镜面玻璃 6.0	金属板	玻璃钢	胶合板 5mm厚	铝塑板	木螺钉	双面强力弹性胶带 7.0宽	玻璃胶 350g	装饰螺钉	钢钉	202胶 FSC-2
				元	元	元	工日	m^2	m^2	m^2	m^2	m^2	m^2	个	m	支	个	kg	kg
							153.00	68.91	67.98	328.23	19.34	30.54	143.67	0.16	2.08	24.44	2.54	10.51	7.79
6-14	灯箱	有机玻璃面层	$100m^2$	**13893.83**	2359.26	11534.57	15.42	106.00						3576.39	489.60	108.00			
6-15	灯箱	玻璃面层	$100m^2$	**19424.33**	2359.26	17065.07	15.42		121.00						489.60	108.00	2040.00		
6-16	灯箱	金属板面层	$100m^2$	**39255.95**	4085.10	35170.85	26.70			106.00								20.89	20.40
6-17	灯箱	玻璃钢面层	$100m^2$	**4737.27**	2134.35	2602.92	13.95				105.00			3576.39					
6-18	灯箱	胶合板面层	$100m^2$	**5653.17**	1874.25	3778.92	12.25					105.00		3576.39					
6-19	灯箱	铝塑板面层	$100m^2$	**18175.75**	2359.26	15816.49	15.42						105.00	3576.39					20.40

2.美术字安装

工作内容：复纸字、字样排列、凿墙眼、斩木楔、拼装字样、成品矫正、安装、清理等。

编号	项目				单位	预算基价				人工	材料							机械
						总价	人工费	材料费	机械费	综合工	泡沫塑料、有机玻璃字 400×400	泡沫塑料、有机玻璃字 600×600	泡沫塑料、有机玻璃字 900×1000	202胶 FSC-2	铁钉	膨胀螺栓 M8×80	零星材料费	小型机具
						元	元	元	元	工日	个	个	个	kg	kg	套	元	元
										153.00	54.30	77.66	198.37	7.79	6.68	1.16		
6-20	泡沫塑料有机玻璃字（m²以内）	0.2	粘贴在	大理石面	100个	**11535.32**	5982.30	5553.02		39.10	101.00			2.35	4.83		18.15	
6-21				混凝土面		**13046.76**	7259.85	5770.01	16.90	47.45	101.00			2.35	2.41	202.00	16.98	16.90
6-22				砖墙面		**10357.22**	4804.20	5553.02		31.40	101.00			2.35	4.83		18.15	
6-23				其他面		**10022.15**	4469.13	5553.02		29.21	101.00			2.35	4.83		18.15	
6-24		0.5		大理石面		**16939.37**	8973.45	7965.92		58.65		101.00		7.06	7.25		18.83	
6-25				混凝土面		**18653.36**	10205.10	8431.36	16.90	66.70		101.00		7.06	7.25	402.00	17.95	16.90
6-26				砖墙面		**15707.72**	7741.80	7965.92		50.60		101.00		7.06	7.25		18.83	
6-27				其他面		**15531.77**	7565.85	7965.92		49.45		101.00		7.06	7.25		18.83	
6-28		1		大理石面		**32928.05**	11964.60	20937.98	25.47	78.20			101.00	13.23	9.67	606.00	31.99	25.47
6-29				混凝土面		**34156.50**	13196.25	20934.78	25.47	86.25			101.00	13.23	9.67	606.00	28.79	25.47
6-30				砖墙面		**32035.44**	11436.75	20585.96	12.73	74.75			101.00	13.23	9.67	303.00	31.45	12.73
6-31				其他面		**29572.14**	8973.45	20585.96	12.73	58.65			101.00	13.23	9.67	303.00	31.45	12.73

工作内容：复纸字、字样排列、凿墙眼、斩木楔、拼装字样、成品矫正、安装、清理等。

编号	项目				单位	预算基价				人工	材料							机械
						总价	人工费	材料费	机械费	综合工	木质字 400×400	木质字 600×800	木质字 900×1000	木螺钉	铁件	膨胀螺栓 M6×22	零星材料费	小型机具
						元	元	元	元	工日	m²	m²	m²	个	kg	套	元	元
										153.00	63.17	127.63	305.02	0.16	9.49	0.50		
6-32	木质字（m²以内）	0.2	粘贴在	大理石面	100个	**14137.04**	7038.00	7099.04		46.00	101.00			2040.00	40.28		10.21	
6-33				混凝土面		**15544.64**	8445.60	7099.04		55.20	101.00			2040.00	40.28		10.21	
6-34				砖墙面		**12729.44**	5630.40	7099.04		36.80	101.00			2040.00	40.28		10.21	
6-35				其他面		**12377.54**	5278.50	7099.04		34.50	101.00			2040.00	40.28		10.21	
6-36		0.5		大理石面		**24693.13**	10557.00	14123.40	12.73	69.00		101.00		3060.00	60.42	303.00	18.28	12.73
6-37				混凝土面		**26100.73**	11964.60	14123.40	12.73	78.20		101.00		3060.00	60.42	303.00	18.28	12.73
6-38				砖墙面		**23123.11**	9149.40	13973.71		59.80		101.00		3060.00	60.42		20.09	
6-39				其他面		**22771.21**	8797.50	13973.71		57.50		101.00		3060.00	60.42		20.09	
6-40		1		大理石面		**46536.13**	14076.00	32443.16	16.97	92.00			101.00	4080.00	78.44	404.00	36.94	16.97
6-41				混凝土面		**47943.73**	15483.60	32443.16	16.97	101.20			101.00	4080.00	78.44	404.00	36.94	16.97
6-42				砖墙面		**45767.62**	13372.20	32378.45	16.97	87.40			101.00	3676.00	78.44	404.00	36.87	16.97
6-43				其他面		**42952.42**	10557.00	32378.45	16.97	69.00			101.00	3676.00	78.44	404.00	36.87	16.97

工作内容：复纸字、字样排列、凿墙眼、斩木楔、拼装字样、成品矫正、安装、清理等。

编号	项目				单位	预算基价 总价	预算基价 人工费	预算基价 材料费	预算基价 机械费	人工 综合工	材料 金属字 400×400	材料 金属字 600×800	材料 金属字 900×1000	材料 金属字 1000×1250	材料 膨胀螺栓 M8×80	材料 木螺钉	材料 铁件	材料 零星材料费	机械 小型机具
						元	元	元	元	工日	个	个	个	个	套	个	kg	元	元
										153.00	88.69	199.02	281.87	518.75	1.16	0.16	9.49		
6-44	金属字(m²)	0.2 以内	粘贴在	大理石面	100个	**16168.73**	6334.20	9821.80	12.73	41.40	101.00				303.00	1530.00	26.50	16.34	12.73
6-45				混凝土面		**16766.96**	6932.43	9821.80	12.73	45.31	101.00				303.00	1530.00	26.50	16.34	12.73
6-46				砖墙面		**14749.71**	5067.36	9673.85	8.50	33.12	101.00				202.00	1328.00	26.50	17.87	8.50
6-47				其他面		**14433.00**	4750.65	9673.85	8.50	31.05	101.00				202.00	1328.00	26.50	17.87	8.50
6-48		0.5 以内		大理石面		**31006.50**	9501.30	21484.00	21.20	62.10		101.00			505.00	2550.00	37.10	37.10	21.20
6-49				混凝土面		**32273.34**	10768.14	21484.00	21.20	70.38		101.00			505.00	2550.00	37.10	37.10	21.20
6-50				砖墙面		**29451.97**	8234.46	21204.78	12.73	53.82		101.00			303.00	2247.00	37.10	40.68	12.73
6-51				其他面		**29205.64**	7988.13	21204.78	12.73	52.21		101.00			303.00	2247.00	37.10	40.68	12.73
6-52		1 以内		大理石面		**43222.59**	12668.40	30520.25	33.94	82.80			101.00		808.00	3570.00	53.00	39.93	33.94
6-53				混凝土面		**44489.43**	13935.24	30520.25	33.94	91.08			101.00		808.00	3570.00	53.00	39.93	33.94
6-54				砖墙面		**42623.09**	12194.10	30395.05	33.94	79.70			101.00		808.00	2762.00	53.00	44.01	33.94
6-55				其他面		**39930.29**	9501.30	30395.05	33.94	62.10			101.00		808.00	2762.00	53.00	44.01	33.94
6-56		1 以外		大理石面		**69218.25**	13935.24	55232.11	50.90	91.08				101.00	1212.00	3876.00	79.50	57.82	50.90
6-57				混凝土面		**70609.02**	15326.01	55232.11	50.90	100.17				101.00	1212.00	3876.00	79.50	57.82	50.90
6-58				砖墙面		**68507.30**	13411.98	55044.42	50.90	87.66				101.00	1212.00	2664.00	79.50	64.05	50.90
6-59				其他面		**65546.75**	10451.43	55044.42	50.90	68.31				101.00	1212.00	2664.00	79.50	64.05	50.90

3.压条、装饰线

(1)金属装饰线条

工作内容：定位、弹线、下料、加楔、涂胶、安装、固定等。

编号	项目			单位	预算基价 总价	人工费	材料费	人工 综合工	材料 金属压条 10×2.5	金属角线 30×30×1.5	金属槽线 50.8×12.7×1.2	铜条 15×2	镜面不锈钢板 6K	自攻螺钉 M4×15	202胶 FSC-2	胶合板 3mm厚
					元	元	元	工日	m	m	m	m	m²	个	kg	m²
								153.00	3.44	10.96	14.99	11.22	305.06	0.06	7.79	20.88
6-60	金属装饰条	压条		100m	**684.44**	304.47	379.97	1.99	103.00					408.00	0.15	
6-61	金属装饰条	角线		100m	**1707.04**	546.21	1160.83	3.57		103.00				418.20	0.88	
6-62	金属装饰条	槽线		100m	**2122.13**	546.21	1575.92	3.57			103.00			418.20	0.88	
6-63	金属装饰条	铜嵌条	2×15	100m	**2043.53**	887.40	1156.13	5.80				103.00			0.06	
6-64	镜面不锈钢装饰线(mm)	60以内		100m	**2559.01**	852.21	1706.80	5.57					5.30		0.16	4.25
6-65	镜面不锈钢装饰线(mm)	100以内		100m	**3248.78**	852.21	2396.57	5.57					7.42		0.19	6.30
6-66	镜面不锈钢装饰线(mm)	100以外		100m	**4975.76**	852.21	4123.55	5.57					12.72		0.26	11.55

(2) 木质装饰线条

工作内容：定位、弹线、下料、加楔、涂胶、安装、固定等。

编号	项目			单位	预算基价			人工	材料			
					总价	人工费	材料费	综合工	202胶 FSC-2	木质装饰线	铁钉	锯材
					元	元	元	工日	kg	m	kg	m^3
								153.00	7.79		6.68	1632.53
6-67	木质装饰线条	宽度(mm)	15以内	100m	**1055.29**	365.67	689.62	2.39	0.19	105.00×6.52(13×6)	0.53	
6-68			25以内		**1055.99**	365.67	690.32	2.39	0.28	105.00×6.52(19×6)	0.53	
6-69			50以内		**1579.54**	457.47	1122.07	2.99	0.76	105.00×10.43(50×20)	0.70	0.01
6-70			80以内		**1965.76**	503.37	1462.39	3.29	1.18	105.00×13.64(80×20)	0.70	0.01
6-71			100以内		**2012.65**	549.27	1463.38	3.59	1.47	105.00×13.57(100×12)	1.61	0.01
6-72			150以内		**2400.02**	641.07	1758.95	4.19	2.21	105.00×16.33(150×15)	1.61	0.01
6-73			200以内		**2594.67**	731.34	1863.33	4.78	2.94	105.00×17.27(200×15)	1.61	0.01
6-74			200以外		**2710.57**	824.67	1885.90	5.39	3.68	105.00×17.43(250×20)	1.61	0.01
6-75		顶角线(mm以内)	25		**1623.19**	370.26	1252.93	2.42	0.71	105.00×11.68(25×25)	0.70	0.01
6-76			50		**2240.18**	370.26	1869.92	2.42	1.36	105.00×17.45(44×51)	1.61	0.01
6-77			80		**3109.83**	406.98	2702.85	2.66	1.80	105.00×25.35(41×85)	1.61	0.01
6-78			100		**2436.05**	406.98	2029.07	2.66	1.80	105.00×18.83(25×101)	3.23	0.01

(3) 石材

工作内容： 1.粘贴及干挂：弹线、砂浆调制、镶贴石材线、固定安装等。2.挂贴：定位、弹线、预埋铁件、成槽、穿丝、镶贴擦缝等。

编号	项目			单位	预算基价				人工	
					总价	人工费	材料费	机械费	综合工	石材装饰线
					元	元	元	元	工日	m
									153.00	
6-79	石材装饰线 (mm)	粘贴	50 以内	100m	**5974.27**	1425.96	4547.63	0.68	9.32	101.00×44.56(50)
6-80			80 以内		**7727.50**	1673.82	6052.60	1.08	10.94	101.00×59.17(80)
6-81			100 以内		**9822.37**	1889.55	7931.50	1.32	12.35	101.00×77.60(100)
6-82			150 以内		**12005.20**	2007.36	9996.12	1.72	13.12	101.00×97.76(150)
6-83			200 以内		**15967.16**	2242.98	13721.78	2.40	14.66	101.00×134.17(175)
6-84			200 以外		**20265.83**	2597.94	17664.44	3.45	16.98	101.00×172.53(>200)
6-85		干挂	200 以内		**17952.16**	3546.54	14397.81	7.81	23.18	101.00×134.17(175)
6-86			200 以外		**23246.76**	4593.06	18642.49	11.21	30.02	101.00×172.53(>200)
6-87		挂贴	100 以内		**10381.78**	2804.49	7573.89	3.40	18.33	101.00×72.83(95)
6-88			150 以外		**12163.72**	2922.30	9236.94	4.48	19.10	101.00×88.65(125)
6-89			200 以内		**17114.20**	3157.92	13950.02	6.26	20.64	101.00×134.17(175)
6-90			200 以外		**21512.71**	3514.41	17989.34	8.96	22.97	101.00×172.53(>200)

装饰线

材												料	机　械
白水泥	水　泥	砂　子	水	石料切割锯片	棉　纱	不锈钢连接件	大力胶	合金钢钻　头	膨胀螺栓	铜　丝	水泥砂浆 1∶2.5	素水泥浆	小型机具
kg	kg	t	m^3	片	kg	个	kg	个	套	kg	m^3	m^3	元
0.64	0.39	87.03	7.62	28.55	16.11	2.36	19.04	11.81	0.82	73.55			
0.77	63.47	0.195	0.044	0.13	0.05						(0.13)		0.68
1.24	102.52	0.316	0.071	0.21	0.10						(0.21)		1.08
1.47	126.93	0.391	0.089	0.25	0.10						(0.26)		1.32
1.94	165.99	0.511	0.115	0.33	0.10						(0.34)		1.72
2.71	229.46	0.707	0.160	0.47	0.20						(0.47)		2.40
3.86	322.22	0.993	0.225	0.68	0.20						(0.66)		3.45
			0.003	0.75	0.20	146.88	24.06	1.46					7.81
			0.004	1.06	0.20	210.00	34.83	2.09					11.21
1.47	161.48	0.451	0.108	0.25	0.10			0.63	50.30	0.77	(0.30)	(0.01)	3.40
1.94	205.42	0.586	0.139	0.33	0.13			0.83	66.18	1.01	(0.39)	(0.01)	4.48
2.71	293.67	0.812	0.195	0.47	0.18			1.16	92.65	1.42	(0.54)	(0.02)	6.26
3.86	420.98	1.158	0.280	0.68	0.25			1.16	132.35	2.02	(0.77)	(0.03)	8.96

(4) 其他装饰线

工作内容：定位、弹线、下料、加楔、涂胶、安装、固定等。

编号	项目		单位	预算基价 总价	人工费	材料费	人工 综合工	材料 石膏装饰条 50×10	石膏顶角线 80×30	石膏顶角线 120×30	石膏艺术浮雕角花 280×280	石膏艺术浮雕灯盘 D900	镜面玻璃 5.0	铝塑线条 50×10	聚醋酸乙烯乳液	202胶 FSC-2
				元	元	元	工日	m	m	m	只	只	m^2	m	kg	kg
							153.00	5.07	5.88	17.11	155.58	159.15	55.80	17.60	9.51	7.79
6-91	石膏条装饰线		100m	**865.19**	327.42	537.77	2.14	105.00							0.57	
6-92	石膏顶角线(mm)	100以内	100m	**1167.98**	546.21	621.77	3.57		105.00						0.46	
6-93	石膏顶角线(mm)	100以外	100m	**2277.60**	474.30	1803.30	3.10			105.00					0.71	
6-94	石膏艺术浮雕	角花	100m	**17435.92**	1539.18	15896.74	10.06				102.00				2.90	
6-95	石膏艺术浮雕	灯盘	100m	**21134.38**	4781.25	16353.13	31.25					102.00			12.60	
6-96	镜面玻璃条		100m	**575.00**	365.67	209.33	2.39						3.69			0.44
6-97	铝塑装饰线		100m	**2126.10**	272.34	1853.76	1.78							105.00		0.74

工作内容：清理基层、定位、焊接预埋铁件、安装线条、嵌缝清理等。

编号	项目				单位	预算基价				人工	材料			
						总价	人工费	材料费	机械费	综合工	GRC欧式外挂檐口线板 550×550	欧式GRC装饰线条 400×400	GRC山花浮雕 1200×400	GRC拱型雕刻门窗头装饰 1500×540
						元	元	元	元	工日	m	m	件	件
										153.00	260.00	158.00	380.00	450.00
6-98	欧式装饰线	外挂檐口板	宽×高(mm)	≤550×550	100m	**34779.42**	2861.10	31856.80	61.52	18.70	102.00			
6-99	欧式装饰线	外挂檐口板	宽×高(mm)	>550×550	100m	**39280.85**	4574.70	34590.78	115.37	29.90	102.00			
6-100	欧式装饰线	外挂腰线板	宽×高(mm)	≤400×400	100m	**21342.41**	2187.90	19111.83	42.68	14.30		102.00		
6-101	欧式装饰线	外挂腰线板	宽×高(mm)	>400×400	100m	**24160.31**	2830.50	21268.29	61.52	18.50		102.00		
6-102	欧式装饰线	山花浮雕	宽×高(mm)	≤1200×400	100件	**42459.17**	1361.70	41059.07	38.40	8.90			102.00	
6-103	欧式装饰线	山花浮雕	宽×高(mm)	>1200×400	100件	**43894.61**	2233.80	41609.74	51.07	14.60			102.00	
6-104	欧式装饰线	门窗头拱型雕刻	宽×高(mm)	≤1500×540	100件	**55300.96**	5385.60	49825.95	89.41	35.20				102.00
6-105	欧式装饰线	门窗头拱型雕刻	宽×高(mm)	>1500×540	100件	**60551.19**	8216.10	52168.89	166.20	53.70				102.00

续前

编号	项目				单位	材料										机械
						预埋铁件	铁件	低碳钢焊条 J422φ4.0	膨胀螺栓 M10	108胶	水泥	砂子	水	零星材料费	水泥砂浆 1:2.5	交流弧焊机 21kV·A
						kg	kg	kg	套	kg	kg	t	m^3	元	m^3	台班
						9.49	9.49	6.73	1.53	4.45	0.39	87.03	7.62			60.37
6-98	欧式装饰线	外挂檐口板	宽×高（mm）	≤550×550	100m	476.10		24.20		27.00	97.64	0.301	0.07	470.79	(0.20)	1.019
6-99	欧式装饰线	外挂檐口板	宽×高（mm）	>550×550	100m	740.80		45.40		37.20	87.88	0.271	0.06	511.19	(0.18)	1.911
6-100	欧式装饰线	外挂腰线板	宽×高（mm）	≤400×400	100m	261.23		16.79		20.00	48.82	0.150	0.03	282.44	(0.10)	0.707
6-101	欧式装饰线	外挂腰线板	宽×高（mm）	>400×400	100m	476.10		24.20		25.80	63.47	0.196	0.04	314.31	(0.13)	1.019
6-102	欧式装饰线	山花浮雕	宽×高（mm）	≤1200×400	100件		42.00	15.10	612.00	40.00	117.17	0.361	0.08	606.78	(0.24)	0.636
6-103	欧式装饰线	山花浮雕	宽×高（mm）	>1200×400	100件		56.00	20.10	816.00	50.00	146.46	0.451	0.10	614.92	(0.30)	0.846
6-104	欧式装饰线	门窗头拱型雕刻	宽×高（mm）	≤1500×540	100件		9.80	35.20	1428.00	108.00	292.93	0.902	0.20	736.34	(0.60)	1.481
6-105	欧式装饰线	门窗头拱型雕刻	宽×高（mm）	>1500×540	100件		18.20	65.40	2652.00	135.00	341.75	1.053	0.24	770.97	(0.70)	2.753

4.石材、瓷砖加工

(1)石材倒角、磨边

工作内容：1.倒角:切割、抛光等。2.磨圆边:粘板、磨边、成型、抛光等。

编号	项目		单位	预算基价				人工	材料				机械
				总价	人工费	材料费	机械费	综合工	水	石料切割锯片	石材抛光片	砂轮片 *D*20	小型机具
				元	元	元	元	工日	m³	片	片	片	元
								153.00	7.62	28.55	3.89	8.65	
6-106	倒角、抛光（宽度 mm）	≤10	100m	**1009.19**	933.30	62.27	13.62	6.10	0.23	1.76	2.64		13.62
6-107	倒角、抛光（宽度 mm）	＞10	100m	**1460.11**	1363.23	83.26	13.62	8.91	0.23	2.37	3.56		13.62
6-108	磨制、抛光	半圆边	100m	**2726.93**	2685.15	28.16	13.62	17.55	0.35		2.64	1.76	13.62
6-109	磨制、抛光	加厚半圆边	100m	**4345.35**	4294.71	37.02	13.62	28.07	0.35		3.56	2.37	13.62

(2) 石材开槽、开孔

工作内容：1.石材开槽:开槽(抛光)、清理等。2.石材开孔:切割等。

编号	项目		单位	预算基价				人工	材料		机械	
				总价	人工费	材料费	机械费	综合工	水	石料切割锯片	开槽机	小型机具
				元	元	元	元	工日	m^3	片	台班	元
								153.00	7.62	28.55	223.12	
6-110	开槽(断面面积 mm^2)	≤30	100m	**727.87**	612.00	102.25	13.62	4.00	0.23	3.52		13.62
6-111	开槽(断面面积 mm^2)	≤100	100m	**2283.99**	1836.00	1.75	446.24	12.00	0.23		2.00	
6-112	开槽(断面面积 mm^2)	≤200	100m	**2589.99**	2142.00	1.75	446.24	14.00	0.23		2.00	
6-113	开孔(周长 mm)	≤400	100个	**461.20**	426.87	28.88	5.45	2.79	0.23	0.95		5.45
6-114	开孔(周长 mm)	≤800	100个	**920.63**	853.74	56.00	10.89	5.58	0.23	1.90		10.89
6-115	开孔(周长 mm)	≤1000	100个	**1150.98**	1067.94	69.42	13.62	6.98	0.23	2.37		13.62

(3) 瓷砖倒角、开孔

工作内容： 切割、抛光等。

编号	项目		单位	预算基价 总价	预算基价 人工费	预算基价 材料费	预算基价 机械费	人工 综合工	材料 水	材料 石料切割锯片	材料 石材抛光片	机械 小型机具
				元	元	元	元	工日	m^3	片	片	元
								153.00	7.62	28.55	3.89	
6-116	倒角、抛光		100m	**635.87**	559.98	62.27	13.62	3.66	0.23	1.76	2.64	13.62
6-117	开孔（周长 mm）	≤400	100个	**284.23**	257.04	21.74	5.45	1.68	0.23	0.70		5.45
6-118	开孔（周长 mm）	≤800	100个	**565.45**	512.55	42.01	10.89	3.35	0.23	1.41		10.89
6-119	开孔（周长 mm）	≤1000	100个	**706.69**	641.07	52.00	13.62	4.19	0.23	1.76		13.62

5.暖

工作内容：1.木质暖气罩：下料、裁口、成型、安装、清理等。2.金属暖气罩：放样、截料、平直、焊接、铁件制作安装、铝合金面板(框)装配、成品固定矫正

编号	项目			单位	预算基价				人工	材						
					总价	人工费	材料费	机械费	综合工	铝合金压条	胶合板5mm厚	铝合金装饰板	穿孔钢板1.5	膨胀螺栓	电焊条	柚木企口板125×12
					元	元	元	元	工日	m	m^2	m^2	t	套	kg	m^3
									153.00	8.10	30.54	25.38	4578.49	0.82	7.59	18405.45
6-120	暖气罩	柚木板	挂板式	$100m^2$	**65048.33**	8739.36	55802.02	506.95	57.12	811.85				1254.60	13.26	2.44
6-121	暖气罩	塑板面	挂板式	$100m^2$	**40554.70**	6900.30	33287.55	366.85	45.10	811.85				1254.60	13.26	
6-122	暖气罩	胶合板	平墙式	$100m^2$	**20312.01**	9053.01	8660.11	2598.89	59.17		53.35					
6-123	暖气罩	胶合板	明式	$100m^2$	**19675.70**	9544.14	9716.94	414.62	62.38		70.29			657.90		
6-124	暖气罩	铝合金	平墙式	$100m^2$	**20239.20**	8242.11	11595.85	401.24	53.87			105.00			14.43	
6-125	暖气罩	铝合金	明式	$100m^2$	**32211.94**	10552.41	20868.51	791.02	68.97			157.48			29.48	
6-126	暖气罩	钢板	平墙式	$100m^2$	**10408.12**	4043.79	5195.00	1169.33	26.43				0.995		15.48	
6-127	暖气罩	钢板	明式	$100m^2$	**18096.77**	7088.49	8830.12	2178.16	46.33				1.720		31.49	

等。

料															机械			
热轧等边角钢 40×3	钢筋 *D*6	调和漆	防锈漆	202胶 FSC-2	塑面板	木螺钉	门轧头	杉木锯材	热轧扁钢	铝板网	镀锌钢管 *DN*25	镀锌螺钉	铝合金框料 25×2	膨胀螺栓 M6×22	木工圆锯机 *D*600	木工压刨床 四面300	木工裁口机 多面400	交流电焊机 40kV·A
t	t	kg	kg	kg	m^2	个	个	m^3	t	m^2	kg	个	m	套	台班	台班	台班	台班
3752.49	3970.73	14.11	15.51	7.79	190.37	0.16	3.16	2596.26	3671.86	20.27	4.89	0.16	13.89	0.50	35.46	84.89	34.36	114.64
0.38181	0.116	42.00	42.00	6.41											0.40	1.20	0.70	3.20
0.38181	0.116	42.00	42.00	7.35	117.60													3.20
						1316.21	163.20	2.04	0.030	27.10	71.30				5.00	28.00	1.30	
						1316.21	163.20	2.04	0.030	27.10	71.30				0.80	3.70	2.10	
0.50800		2.93	2.93			1981.35			0.028			780.33	452.39					3.50
1.07600		5.96	5.96			4586.94			0.018			1561.66	819.57					6.90
		9.07	9.07						0.057					87.92				10.20
		16.70	16.07						0.051					87.92				19.00

6.镜 面

工作内容：1.镜面玻璃:刷防火涂料,木筋制作、安装,钉胶合板,镜面玻璃裁制安装,固定角铝,嵌缝,清理等。2.盥洗室镜箱:下料,制作、安装,固定,清

编号	项目			单位	预算基价 总价	人工费	材料费	机械费	人工 综合工	镜面玻璃 6.0	镜面车边玻璃 6.0	镜面玻璃 3.0	塑料镜箱 320×560×130
					元	元	元	元	工日	m^2	m^2	m^2	个
									153.00	67.98	140.21	68.15	114.65
6-128	镜面玻璃（m^2）	1以内	带框	100m^2	**39796.18**	8548.11	31199.93	48.14	55.87	118.00			
6-129	镜面玻璃（m^2）	1以内	不带框	100m^2	**31756.11**	4606.83	27101.14	48.14	30.11		103.00		
6-130	镜面玻璃（m^2）	1以外	带框	100m^2	**30833.93**	6545.34	24188.12	100.47	42.78	118.00			
6-131	镜面玻璃（m^2）	1以外	不带框	100m^2	**28447.43**	4178.43	24168.53	100.47	27.31		103.00		
6-132	盥洗室镜箱	木质镜箱		100个	**46662.88**	30641.31	16021.57		200.27			92.39	
6-133	盥洗室镜箱	塑料镜箱		100个	**12091.69**	446.76	11644.93		2.92				101.00

理等。

材料												机械	
防火涂料	木螺钉	自攻螺钉 M4×15	铁钉	双面强力弹性胶带	锯材	胶合板 3mm厚	铝合金型材 25.4×25.4	油漆溶剂油	玻璃胶 350g	装饰螺钉	胶合板 5mm厚	木工圆锯机 *D*600	木工压刨床 四面300
kg	个	个	kg	m	m^3	m^2	m	kg	支	个	m^2	台班	台班
13.63	0.16	0.06	6.68	5.52	1632.53	20.88	19.72	6.90	24.44	2.54	30.54	35.46	84.89
3.73	3213.00	2833.56	2.49	991.73	1.20	105.00	588.94	3.93	47.46			0.40	0.40
3.73	3213.00		2.32	991.73	0.80	105.00		3.93	47.46	755.62		0.40	0.40
3.73	2111.40	2264.40	1.54	770.39	0.90	105.00	355.10	3.93	28.14			0.20	1.10
3.73	2111.40		1.54	770.39	0.90	105.00		3.93	28.14	275.14		0.20	1.10
37.30	3398.64		46.19		1.18			3.93			209.92		
	408.00												

7.旗杆、雨篷

(1)不锈钢旗杆

工作内容：下料,制作、安装,固定,清理等。

编号	项目	单位	预算基价				人工	材料						机械
			总价	人工费	材料费	机械费	综合工	不锈钢无缝钢管	螺栓 M5×30	旗杆球珠	定滑轮	铁件	电焊条	交流电焊机 40kV·A
			元	元	元	元	工日	kg	kg	只	个	kg	kg	台班
							153.00	47.82	14.58	72.37	15.40	9.49	7.59	114.64
6-134	不锈钢旗杆	100m	**86631.32**	13081.50	72174.14	1375.68	85.50	1450.54	27.20	6.80	6.80	156.71	43.31	12.00

(2)旗杆基础

工作内容：1.挖、装、运土和修理底边。2.混凝土浇筑、振捣、养护等全部操作过程。

编号	项目			单位	预算基价			人工	机械
					总价	人工费	机械费	综合工	电动夯实机 20～62N·m
					元	元	元	工日	台班
								113.00	27.11
6-135	人工挖地槽	深度4m以内	一般土	$10m^3$	**592.12**	592.12		5.24	
6-136	人工挖地槽	深度4m以内	砂砾坚土	$10m^3$	**951.46**	951.46		8.42	
6-137	挖地槽原土回填			$10m^3$	**264.59**	248.60	15.99	2.20	0.59

工作内容：砌砖台阶包括调制砂浆,运、砌页岩标砖。

编号	项目	单位	预算基价 总价	预算基价 人工费	预算基价 材料费	预算基价 机械费	人工 综合工	材料 阻燃防火保温草袋片	材料 水	材料 预拌混凝土AC30	材料 干拌砌筑砂浆M7.5	材料 页岩标砖240×115×53	材料 湿拌砌筑砂浆M7.5	机械 灰浆搅拌机400L	机械 小型机具
号		位	元	元	元	元	工日	m^2	m^3	m^3	t	千块	m^3	台班	元
							135.00	3.34	7.62	472.89	318.16	513.60	343.43	215.11	
6-138	现浇混凝土零星构件	10m³	**8876.88**	3646.35	5217.09	13.44	27.01	67.39	25.22	10.15					13.44
6-139	砌页岩标砖台阶 干拌砌筑砂浆	10m³	**5930.32**	1644.30	4066.61	219.41	12.18		1.99		3.92	5.46		1.02	
6-140	砌页岩标砖台阶 湿拌砌筑砂浆	10m³	**5035.49**	1506.60	3528.89		11.16					5.46	2.11		

(3) 雨 篷

工作内容： 1.简支式：定位、划线、打眼、安螺栓及预埋件；选配料，简支梁制作、安装；临时固定校正；安装连接件及钢爪，安玻璃、打胶等。2.托架式：定位、划线、选料、下料、安装骨架或龙骨、拼装或安装面层等。

编号	项目		单位	预算基价				人工	材料							
				总价	人工费	材料费	机械费	综合工	夹胶玻璃（采光天棚用）8+0.76+8	不锈钢型材	四爪挂件	二爪挂件	单爪挂件	型钢	铁件	钢丝绳 6×19φ14
				元	元	元	元	工日	m^2	kg	套	套	套	t	kg	m
								153.00	240.00	16.30	1178.11	224.11	15.00	3699.72	9.49	7.60
6-141	雨篷	夹胶玻璃简支式（点支式）	$100m^2$	**156679.40**	12412.89	142032.89	2233.62	81.13	103.00	1095.87	66.993	44.662	17.18		389.089	72.112
6-142	雨篷	夹层玻璃托架式	$100m^2$	**68822.90**	12169.62	56165.49	487.79	79.54	103.00					5.334		

续前

编号	项目		单位	材料													机械	
				地脚螺栓 M24×500	镀锌双头螺栓 M12×350	低碳钢焊条 J422φ4.0	不锈钢焊丝	氩气	铈钨棒	结构胶 DC995	玻璃胶 310g	垫胶	防锈漆	油漆溶剂油	氧气 $6m^3$	乙炔气 5.5~6.5 kg	交流弧焊机 21kV·A	氩弧焊机 500A
				套	套	kg	kg	m^3	g	L	支	kg	kg	kg	m^3	m^3	台班	台班
				9.40	2.73	6.73	67.28	18.60	16.37	63.82	23.15	18.00	15.51	6.90	2.88	16.13	60.37	96.11
6-141	雨篷	夹胶玻璃简支式（点支式）	$100m^2$	131.835	131.835	1.968	20.877	58.447	116.894								0.08	23.19
6-142	雨篷	夹层玻璃托架式	$100m^2$			192.440				85.72	76.65	85.72	60.00	3.10	68.33	29.71	8.08	

工作内容：基层龙骨安装、面层安装、刷防护涂料等。

编号	项目			单位	预算基价			人工	材料										
					总价	人工费	材料费	综合工	铝塑板	不锈钢板	不锈钢压条 20×20×1.2	立时得胶	玻璃胶 310g	木螺钉 M3.5×25	SY-19粘胶	木龙骨 30×40	钢钉	防腐油	胶合板 9mm厚
					元	元	元	工日	m^2	m^2	m	kg	支	个	kg	m	kg	kg	m^2
								153.00	143.67	99.72	12.00	22.71	23.15	0.07	17.74	2.63	10.51	0.52	55.18
6-143	雨棚吊顶	木龙骨	铝塑板	$100m^2$	**29429.43**	6866.64	22562.79	44.88	110.00			33.35	15.16			1.04	6.32	10.89	101.05
6-144	雨棚吊顶	木龙骨	不锈钢板	$100m^2$	**26128.85**	6961.50	19167.35	45.50		118.00	100.59		15.16	2481.10	1.01	1.04	6.32	10.89	101.05

8.车库标线、标志

工作内容：清扫地面、定位放线、涂料制备、涂敷、漆划、养护。广角镜安装。标志制作、安装。

编号	项目		单位	预算基价				人工	材料					料
				总价	人工费	材料费	机械费	综合工	常温涂料	热熔标线涂料	底漆	反光材料（玻璃珠）	广角镜	反光膜
				元	元	元	元	工日	kg	kg	kg	kg	个	m^2
								153.00	10.25	18.00	16.00	4.50	108.25	20.28
6-145	地下车库标线	常温涂料	$100m^2$	**1929.37**	1093.95	543.25	292.17	7.15	53.00					
6-146	地下车库标线	热熔涂料	$100m^2$	**7485.81**	1150.56	5866.00	469.25	7.52		300.00	23.50	20.00		
6-147	广角镜安装		个	**198.21**	35.19	108.25	54.77	0.23					1.00	
6-148	标志制作、安装		m^2	**764.78**	39.78	486.89	238.11	0.26						1.60

编号	项目		单位	材料			机械							
				粗制六角螺栓 M18×(40~100)	角铝	纯铝板 δ3	路面喷涂机	热熔釜溶解车	热熔划线车手推式	平台作业升降机 9m	手提式砂轮机	砂轮切割机 φ500	立式钻床 D25	载重汽车 4t
				套	m	m^2	台班	台班	台班	台班	台班	台班	台班	台班
				1.60	38.92	152.14	35.57	238.01	66.50	293.94	5.55	38.08	6.78	417.41
6-145	地下车库标线	常温涂料	$100m^2$				0.645							0.645
6-146	地下车库标线	热熔涂料	$100m^2$					0.650	0.650					0.650
6-147	广角镜安装		个							0.077				0.077
6-148	标志制作、安装		m^2	81.60	4.10	1.08				0.670	0.009	0.011	0.277	0.093

9.其　他

工作内容：1.钻孔、加楔、拧螺钉、固定、清理等。2.铁件制作、安装，木料下料，铺钢板网，加楔，水泥砂浆打底，镶贴大理石，清理等。

编号	项目		单位	预算基价				人工	材料									
				总价	人工费	材料费	机械费	综合工	不锈钢毛巾环	不锈钢卫生纸盒	不锈钢肥皂盒	肥皂盒（瓷）	不锈钢窗帘杆	浴缸拉手	不锈钢毛巾架	塑料毛巾架	大理石板	木螺钉M4×35
				元	元	元	元	工日	只	个	个	个	套	套	套	套	m^2	个
								153.00	85.67	46.46	25.16	7.70	90.66	28.34	64.14	14.28	299.93	0.07
6-149	不锈钢毛巾环		100只	**8943.88**	276.93	8666.95		1.81	101.00									204.00
6-150	卫生纸盒		100只	**5247.34**	526.32	4721.02		3.44		101.00								408.00
6-151	肥皂盒	搁放式	100只	**2852.26**	296.82	2555.44		1.94			101.00							204.00
6-152	肥皂盒	嵌入式	100只	**5786.76**	4960.26	826.50		32.42				101.00						
6-153	帘子杆	金属	100副	**9617.70**	330.48	9287.22		2.16					101.00					
6-154	浴缸拉手	金属	100副	**3433.54**	440.64	2992.90		2.88						101.00				
6-155	毛巾架	不锈钢	100副	**7269.66**	660.96	6608.70		4.32							101.00			
6-156	毛巾架	塑料	100副	**1838.04**	330.48	1507.56		2.16								101.00		
6-157	大理石洗漱台	$1m^2$以内	$100m^2$	**111738.52**	38825.28	71206.29	1706.95	253.76									180.47	
6-158	大理石洗漱台	$1m^2$以外	$100m^2$	**103860.30**	35543.43	66693.30	1623.57	232.31									170.34	

续前

编号	项目		单位	材料													机械	
				白水泥	水泥	砂子	水	木螺钉	锯材	膨胀螺栓M8×80	钢板网	电焊条	热轧等边角钢40×3	防锈漆	油漆溶剂油	水泥砂浆1:2.5	交流电焊机40kV·A	小型机具
				kg	kg	t	m^3	个	m^3	套	m^2	kg	t	kg	kg	m^3	台班	元
				0.64	0.39	87.03	7.62	0.16	1632.53	1.16	15.92	7.59	3752.49	15.51	6.90		114.64	
6-149	不锈钢毛巾环		100只															
6-150	卫生纸盒		100只															
6-151	肥皂盒	搁放式	100只															
6-152	肥皂盒	嵌入式	100只	15.45	58.585	0.181	0.041									(0.12)		
6-153	帘子杆	金属	100副					816.00										
6-154	浴缸拉手	金属	100副					816.00										
6-155	毛巾架	不锈钢	100副					816.00										
6-156	毛巾架	塑料	100副					408.00										
6-157	大理石洗漱台	1 m^2 以内	100m^2		2211.590	6.813	1.540		1.58	927.28	133.63	65.50	2.43159	12.74	1.31	(4.53)	14.55	38.94
6-158	大理石洗漱台	1 m^2 以外	100m^2		2089.540	6.437	1.455		1.58	816.00	105.00	60.65	2.25105	6.91	0.71	(4.28)	13.81	40.39

第七章　脚手架措施费

说　　明

一、本章包括装饰装修脚手架1节,共20条基价子目。

二、建筑物檐高以设计室外地坪至檐口滴水高度(平屋顶系指屋面板底高度,斜屋面系指外墙外边线与斜屋面板底的交点)为准。突出主体建筑屋顶的楼梯间、电梯间、水箱间、屋面天窗等不计入檐口高度内。

三、同一建筑物有不同檐高时,按建筑物的不同檐高纵向分割,按各自的檐高执行相应项目。

四、本章脚手架措施项目是指施工需要的脚手架搭设、拆除、运输及脚手架摊销的工料消耗。

五、本章脚手架措施项目材料均按钢管式脚手架编制。

六、各项脚手架消耗量中未包括脚手架基础加固,基础加固是指脚手架立杆下端以下或脚手架底座下皮以下的一切做法。

七、清水外檐墙的挑檐、腰线等装饰线抹灰所需的脚手架如无外脚手架可利用时,应按装饰线长度计算,执行挑脚手架项目。

八、室内净高超过3.6 m的内墙抹灰所需的脚手架按本章内墙面粉饰脚手架相应项目执行;室内净高超过3.6 m的天棚抹灰所需的脚手架,按本章满堂脚手架项目执行。室内凡计算了满堂脚手架者,其内墙面抹灰不再计算内墙面粉饰脚手架,只按每100 m^2 墙面垂直投影面积增加改架工1.28工日。

九、吊篮脚手架按外檐粉饰做法考虑,如幕墙施工使用吊篮脚手架乘以系数1.70。

十、悬空脚手架适用于有露明屋架的屋面板勾缝、油漆或喷浆等部位。

十一、独立砖石柱的装饰装修用脚手架按装饰装修双排外脚手架项目乘以系数0.30。

十二、如建筑工程和装饰装修工程为同一施工企业施工,脚手架、安全网及整体提升架措施费应按不同专业分别计取,装饰装修外脚手架、安全网及整体提升架人工工日乘以系数0.20计算。

工程量计算规则

一、装饰装修外脚手架按设计图示外墙的外边线长度乘以墙高以面积计算,不扣除门窗洞口的面积。同一建筑物各面墙的高度不同,且不在同一子目高度范围内时,应分别计算工程量。基价中所指的高度系指建筑物自设计室外地坪至外墙顶点或构筑物顶面的高度。

二、挑脚手架按搭设长度乘以层数以累计总长度计算。

三、内墙面粉饰脚手架按设计图示尺寸以内墙面垂直投影面积计算,不扣除门窗洞口所占面积。

四、吊篮脚手架按设计图示尺寸以外墙垂直投影面积计算,不扣除门窗洞口所占面积。

五、满堂脚手架按室内净面积计算,其高度在3.6～5.2 m之间时计算基本层,5.2 m以外,每增加1.2 m计算一个增加层,不足0.6 m按一个增加层乘以系数0.50计算。计算公式如下:

满堂脚手架增加层＝(室内净高-5.2)/1.2

六、活动脚手架和悬空脚手架按设计图示尺寸以室内地面净面积计算,不扣除垛、柱、间壁墙、烟囱所占的面积。

七、水平防护架按建筑物临街长度另加10 m乘以搭设宽度以面积计算。

八、垂直防护架按建筑物临街长度乘以建筑物檐高以面积计算。

九、立挂式安全网按架网部分的实挂长度乘以实挂高度以面积计算,挑出式安全网按挑出的水平投影面积计算,垂直封闭按封闭范围垂直投影面积计算。

十、独立砖石柱装饰装修脚手架按设计图示尺寸以柱截面的周长另加3.6 m,再乘以柱高以面积计算,执行装饰装修双排外脚手架项目乘以相应系数。

十一、整体提升架按设计图示外墙的外边线乘以墙高以面积计算。

装饰装修脚手架

工作内容：场内外材料搬运，搭设、拆除脚手架，上下翻板子和拆除后的材料堆放。

编号	项目			单位	预算基价 总价	人工费	材料费	机械费	人工 综合工	材料 镀锌钢丝 $D4.0$	铁钉
					元	元	元	元	工日	kg	kg
									135.00	7.08	6.68
7-1	装饰装修单排外脚手架	檐高（m以内）	15	100m²	**1198.28**	889.65	262.45	46.18	6.59	8.62	1.08
7-2	装饰装修双排外脚手架	檐高（m以内）	15	100m²	**1522.71**	1119.15	343.52	60.04	8.29	8.85	1.24
7-3	装饰装修双排外脚手架	檐高（m以内）	20	100m²	**1598.33**	1179.90	358.39	60.04	8.74	9.02	1.32
7-4	装饰装修双排外脚手架	檐高（m以内）	30	100m²	**1785.33**	1306.80	418.49	60.04	9.68	10.20	1.38
7-5	装饰装修双排外脚手架	檐高（m以内）	50	100m²	**4150.97**	3192.75	898.18	60.04	23.65	10.37	1.39

续前

编号	项目			单位	材料					机械
					防锈漆	油漆溶剂油	垫木 60×60×60	挡脚板	脚手架周转费	载重汽车 6t
					kg	kg	块	m^3	元	台班
					15.51	6.90	0.64	2141.22		461.82
7-1	装饰装修单排外脚手架	檐高（m以内）	15	100m²	1.57	0.18	0.800	0.003	161.68	0.10
7-2	装饰装修双排外脚手架	檐高（m以内）	15	100m²	2.18	0.25	0.800	0.003	230.11	0.13
7-3	装饰装修双排外脚手架	檐高（m以内）	20	100m²	2.97	0.25	0.580	0.003	231.13	0.13
7-4	装饰装修双排外脚手架	檐高（m以内）	30	100m²	2.63	0.30	0.610	0.003	287.38	0.13
7-5	装饰装修双排外脚手架	檐高（m以内）	50	100m²	3.42	0.39	0.690	0.005	748.59	0.13

工作内容：场内外材料搬运，搭设、拆除脚手架，上下翻板子和拆除后的材料堆放。

编号	项目		单位	总价	人工费	材料费	机械费	综合工	镀锌钢丝 $D4.0$	铁钉	防锈漆
				预算基价				人工	材料		
				元	元	元	元	工日	kg	kg	kg
								135.00	7.08	6.68	15.51
7-6	挑脚手架		100m	**2675.47**	2581.20	85.03	9.24	19.12	5.39		0.17
7-7	内墙面粉饰脚手架（高在m以内）	3.6～6	100m²	**530.38**	317.25	203.89	9.24	2.35			0.10
7-8		10		**551.28**	334.80	207.24	9.24	2.48			0.17
7-9		20		**833.12**	480.60	343.28	9.24	3.56			0.31
7-10	吊篮脚手架			**481.10**	214.65		266.45	1.59			
7-11	满堂脚手架	基本层（室内净高3.6～5.2m）		**1348.12**	916.65	413.00	18.47	6.79	29.34	2.85	0.64
7-12		每增加1.2m		**212.15**	187.65	19.88	4.62	1.39			0.22
7-13	活动脚手架			**1275.65**	845.10	384.37	46.18	6.26	9.00		0.39
7-14	悬空脚手架			**446.00**	388.80	47.96	9.24	2.88	2.10		0.14
7-15	水平防护架			**3015.38**	932.85	1953.22	129.31	6.91	0.01	5.57	0.25
7-16	垂直防护架			**691.97**	378.00	281.64	32.33	2.80			
7-17	安全网	立挂式		**436.94**	27.00	409.94		0.20	9.69		
7-18		挑出式		**881.59**	228.15	634.97	18.47	1.69	22.95		2.04
7-19		建筑物垂直封闭		**819.21**	287.55	531.66		2.13	9.69		
7-20	整体提升架			**2833.43**	996.30	1777.09	60.04	7.38	2.99		

续前

编号	项目		单位	材料						机械	
				油漆溶剂油	挡脚板	安全网 3m×6m	尼龙布	零星材料费	脚手架周转费	电动吊篮	载重汽车 6t
				kg	m^3	m^2	m^2	元	元	台班	台班
				6.90	2141.22	10.64	4.41			48.80	461.82
7-6	挑脚手架		100m	0.005					44.20		0.02
7-7	内墙面粉饰脚手架（高在m以内）	3.6～6	$100m^2$					178.00	24.34		0.02
7-8		10						178.00	26.60		0.02
7-9		20						204.00	134.47		0.02
7-10	吊篮脚手架									5.460	
7-11	满堂脚手架	基本层（室内净高3.6～5.2 m）		0.073	0.002				171.52		0.04
7-12		每增加 1.2 m		0.025					16.30		0.01
7-13	活动脚手架			0.050				244.00	70.26		0.10
7-14	悬空脚手架			0.010				2.60	28.25		0.02
7-15	水平防护架			0.030					1911.86		0.28
7-16	垂直防护架						10.00		237.54		0.07
7-17	安全网	立挂式				32.08					
7-18		挑出式		0.230		32.08			97.93		0.04
7-19		建筑物垂直封闭					105.00				
7-20	整体提升架								1755.92		0.13

第八章　垂直运输费

说　明

一、本章包括多层建筑物、单层建筑物2节,共23条基价子目。

二、垂直运输费是指工程施工时为完成工作人员和材料的垂直运输以及施工部位的工作人员与地面联系所采取措施发生的费用。

三、建筑物垂直运输:

1.垂直运输高度:设计室外地坪以上部分指室外地坪至相应楼地面的高度。设计室外地坪以下部分指室外地坪至相应地(楼)面的高度。

2.檐高3.60 m以内的单层建筑物,不计算垂直运输费。

3.带有一层地下室的建筑物,若地下室垂直运输高度小于3.60 m,则地下层不计算垂直运输费。

4.再次装饰装修利用电梯进行垂直运输或通过楼梯人力进行垂直运输的,其费用另行计算。

工程量计算规则

一、装饰装修楼层(包括该楼层所有装饰装修工程量)的垂直运输费,区别不同垂直运输高度(单层建筑物系檐口高度)按基价中人工工日分别计算。

二、地下部分垂直运输费计取:当地上有建筑物,且其地下层数超过二层或层高超过3.60 m时,根据地上建筑物檐高,按相应垂直运输高度在20 m以内基价乘以系数0.50计算。当地上无建筑物时,按多层建筑物檐高20 m以内基价乘以系数0.50计算。

1.多层建筑物

工作内容：1.各种材料垂直运输。2.施工人员上下班使用外用电梯。

编号	项		目		单位	预算基价		机械
						总价	机械费	综合机械
						元	元	元
8-1	多层建筑物檐高（m以内）	20	垂直运输高度（m）	20 以 内	100工日	**561.60**	561.60	561.60
8-2		40		20 以 内		**741.71**	741.71	741.71
8-3				20～40		**822.99**	822.99	822.99
8-4		60		20 以 内		**921.81**	921.81	921.81
8-5				20～40		**1022.84**	1022.84	1022.84
8-6				40～60		**1089.13**	1089.13	1089.13
8-7		80		20 以 内		**954.05**	954.05	954.05
8-8				20～40		**1058.61**	1058.61	1058.61
8-9				40～60		**1127.22**	1127.22	1127.22
8-10				60～80		**1192.56**	1192.56	1192.56

工作内容：1.各种材料垂直运输。2.施工人员上下班使用外用电梯。

编号	项目				单位	预算基价		机械
						总价	机械费	综合机械
						元	元	元
8-11	多层建筑物檐高（m以内）	100	垂直运输高度（m）	20以内	100工日	**1039.87**	1039.87	1039.87
8-12				20～40		**1153.83**	1153.83	1153.83
8-13				40～60		**1228.61**	1228.61	1228.61
8-14				60～80		**1299.84**	1299.84	1299.84
8-15				80～100		**1381.75**	1381.75	1381.75
8-16		120		20以内		**1093.45**	1093.45	1093.45
8-17				20～40		**1213.28**	1213.28	1213.28
8-18				40～60		**1291.92**	1291.92	1291.92
8-19				60～80		**1366.82**	1366.82	1366.82
8-20				80～100		**1452.94**	1452.94	1452.94
8-21				100～120		**1542.82**	1542.82	1542.82

2.单层建筑物

工作内容：各种材料垂直运输。

编号	项目		单位	预算基价		机械
				总价	机械费	综合机械
				元	元	元
8-22	单层建筑物檐高（m）	20 以内	100工日	**1160.85**	1160.85	1160.85
8-23		20 以外		**1289.36**	1289.36	1289.36

第九章　超高工程附加费

说　明

一、本章包括单层建筑物超高工程附加费和多层建筑物超高工程附加费。

二、超高工程附加费是指建筑物檐高超过 20 m 施工时，由于人工、机械降效所增加的费用。

三、多跨建筑物檐高不同者，应分别计算，前后檐高度不同时，以较高的檐高为准。

计 算 规 则

装饰装修楼层(包括该楼层所有装饰装修工程)的超高工程附加费区别不同的垂直运输高度(单层建筑物按檐口高度),以分部分项工程费中的人工费、机械费及可以计量的措施项目费中的人工费、机械费之和乘以下表降效系数分别计算。

超高工程附加费系数表

<table>
<tr><th colspan="3">项　　目</th><th>降 效 系 数</th></tr>
<tr><td rowspan="3">单层建筑物</td><td rowspan="3">建筑物檐高
(m以内)</td><td>30</td><td>0.0312</td></tr>
<tr><td>40</td><td>0.0468</td></tr>
<tr><td>50</td><td>0.0680</td></tr>
<tr><td rowspan="5">多层建筑物</td><td rowspan="5">垂直运输高度
(m)</td><td>20～40</td><td>0.0935</td></tr>
<tr><td>40～60</td><td>0.1530</td></tr>
<tr><td>60～80</td><td>0.2125</td></tr>
<tr><td>80～100</td><td>0.2805</td></tr>
<tr><td>100～120</td><td>0.3485</td></tr>
</table>

第十章　成品保护费

说　明

一、本章包括楼地面成品保护,楼梯、台阶成品保护,独立柱成品保护,内墙面成品保护4节,共4条基价子目。

二、本章中各项成品保护所用遮盖材料如下:

1.楼地面用胶合板遮盖。

2.楼梯、台阶用麻袋遮盖。

3.独立柱用彩条纤维布遮盖。

4.内墙面用彩条纤维布遮盖。

三、遮盖物的消耗量均考虑了周转使用因素。

四、如因装饰表面需要,遮盖材料品种与基价所选品种不同时,按施工组织设计要求调整。

工程量计算规则

一、楼地面成品保护：

楼地面成品保护按设计图示尺寸以饰面的净面积计算，不扣除单个面积0.1 m^2 以内的孔洞所占面积。

二、楼梯、台阶成品保护：

1.楼梯成品保护（包括踏步、休息平台、小于500 mm宽的楼梯井）按设计图示尺寸以水平投影面积计算。

2.台阶面层（包括踏步，最上一层踏步宽度按300 mm计算）按水平投影面积计算。

三、独立柱成品保护：

独立柱成品保护按设计图示饰面外围周长乘以高度以面积计算。

四、内墙面成品保护：

1.内墙面成品保护面积按主墙间的净长乘以高度以面积计算，应扣除门、窗洞口和空圈所占的面积，不扣除踢脚线、挂镜线、单个面积0.3 m^2 以内的孔洞和墙与构件交接处的面积，洞口侧壁和顶面面积不增加，但垛的侧面所做保护应与内墙面所做保护的工程量合并计算。

内墙面高度确定如下：

（1）保护高度不扣除踢脚线高度。

（2）有墙裙者，其高度按墙裙顶点至天棚底面另增加10 cm计算。

（3）有吊顶者，其高度按楼地面至天棚下皮另加10 cm计算。

2.内墙裙成品保护按设计图示墙裙长度乘以高度以面积计算，应扣除门、窗洞口和空圈所占的面积，并增加门、窗洞口和空圈的侧壁和顶面的面积，垛的侧面面积并入墙裙面积内计算。

1.楼地面成品保护

工作内容：清理表面、铺设、拆除、成品保护、材料清理、清洁表面。

编号	项目	单位	预算基价			人工	材料
			总价	人工费	材料费	综合工	胶合板 3mm厚
			元	元	元	工日	m^2
						135.00	20.88
10-1	楼地面成品保护	$100m^2$	**709.20**	135.00	574.20	1.00	27.50

2.楼梯、台阶成品保护

工作内容：清理表面、铺设、拆除、成品保护、材料清理、清洁表面。

编号	项目	单位	预算基价			人工	材料
			总价	人工费	材料费	综合工	麻袋
			元	元	元	工日	只
						135.00	9.23
10-2	楼梯、台阶成品保护	100m²	**501.43**	225.45	275.98	1.67	29.90

3.独立柱成品保护

工作内容：清理表面、铺设、拆除、成品保护、材料清理、清洁表面。

编号	项目	单位	预算基价			人工	材料	
			总价	人工费	材料费	综合工	彩条纤维布	零星材料费
			元	元	元	工日	m^2	元
						135.00	7.22	
10-3	独立柱成品保护	$100m^2$	**446.75**	168.75	278.00	1.25	36.67	13.24

4.内墙面成品保护

工作内容：清理表面、铺设、拆除、成品保护、材料清理、清洁表面。

编号	项目	单位	预算基价			人工	材料	
			总价	人工费	材料费	综合工	彩条纤维布	零星材料费
			元	元	元	工日	m^2	元
						135.00	7.22	
10-4	内墙面成品保护	$100m^2$	**329.69**	225.45	104.24	1.67	13.75	4.96

第十一章　组织措施费

说　明

一、本章包括安全文明施工措施费(含环境保护、文明施工、安全施工、临时设施)、冬雨季施工增加费、非夜间施工照明费、竣工验收存档资料编制费、室内空气污染测试费5项。

二、安全文明施工措施费(含环境保护、文明施工、安全施工、临时设施)是指现场文明施工、安全施工所需要的各项费用和为达到环保部门要求所需要的环境保护费用以及施工企业为进行建筑安装工程施工所必须搭设的生活和生产用的临时建筑物、构筑物和其他临时设施等的费用。

三、冬雨季施工增加费是指在冬期或雨期施工需增加的临时设施、防滑、排除雨雪,人工及施工机械效率降低等费用。

四、非夜间施工照明费是指为保证工程施工正常进行,在地下室等特殊施工部位施工时所采用的照明设备的安拆、维护、摊销、照明用电及人工降效等费用。

五、竣工验收存档资料编制费是指按城建档案管理规定,在竣工验收后应提交的档案资料所发生的编制费用。

六、室内空气污染测试费是指检测因装饰装修工程而可能造成室内空气污染所需要的费用。

计 算 规 则

一、安全文明施工措施费、冬雨季施工增加费、非夜间施工照明费、竣工验收存档资料编制费按分部分项工程费及可计量措施项目费中的人工费、机械费合计乘以相应费率计算。措施项目费率见下表。

措施项目费率表

序号	项目名称	计算基数	费率		人工费占比
			一般计税	简易计税	
1	安全文明施工措施费	人工费＋机械费 （分部分项工程项目＋可计量的措施项目）	7.15%	7.26%	16%
2	冬雨季施工增加费		0.73%	0.78%	60%
3	非夜间施工照明费		0.23%	0.24%	10%
4	竣工验收存档资料编制费		0.20%	0.22%	

二、室内空气污染测试费按检测部门的收费标准计取。

附　　录

附录一　砂浆及特种混凝土配合比

说　　明

一、本附录中各项配合比是预算基价子目中砂浆及特种混凝土配合比的基础数据。

二、各项配合比中均未包括制作、运输所需人工和机械。

三、各项配合比中已包括了各种材料在配制过程中的操作和场内运输损耗。

四、砌筑砂浆为综合取定者，使用时不可换算。

五、非砌筑砂浆的主料品种不同时，可按设计要求换算。

六、特种混凝土的配合比或主料品种不同，可按设计要求换算。

1.砌 筑 砂 浆

单位：m^3

编号			1	2	3	4	5
材料名称	单位	单价（元）	砖墙砂浆	砌块砂浆	空心砖砂浆	单砖墙砂浆	基础砂浆
水泥	kg	0.39	225.58	166.49	187.00	243.46	266.56
白灰	kg	0.30	61.78	63.70	63.70	53.27	
白灰膏	m^3		(0.088)	(0.091)	(0.091)	(0.076)	
砂子	t	87.03	1.419	1.486	1.460	1.420	1.531
水	m^3	7.62	0.37	0.47	0.40	0.31	0.22
材料合价	元		232.83	216.95	222.15	236.88	238.88

单位：m³

编号			6	7	8	9	10	11	12
材料名称	单位	单价（元）	混合砂浆			水泥砂浆			水泥黏土砂浆
			M2.5	M5	M7.5	M5	M7.5	M10	1∶1∶4
水泥	kg	0.39	131.00	187.00	253.00	213.00	263.00	303.00	271.00
白灰	kg	0.30	63.70	63.70	50.40				
白灰膏	m³		（0.091）	（0.091）	（0.072）				
砂子	t	87.03	1.528	1.460	1.413	1.596	1.534	1.486	1.109
黄土	m³	77.65							0.248
水	m³	7.62	0.60	0.40	0.40	0.22	0.22	0.22	0.60
材料合价	元		207.75	222.15	239.81	223.65	237.75	249.17	226.04

2.抹 灰 砂 浆

单位：m^3

编号			13	14	15	16	17	18	19	20
材料名称	单位	单价（元）	混合砂浆							
			1∶0.2∶1.5	1∶0.2∶2	1∶0.3∶2.5	1∶0.3∶3	1∶0.5∶1	1∶0.5∶2	1∶0.5∶3	1∶0.5∶4
水泥	kg	0.39	603.82	517.09	436.04	388.93	615.97	458.93	365.69	303.94
白灰	kg	0.30	70.45	60.33	76.31	68.06	179.66	133.85	106.66	88.65
白灰膏	m^3		(0.101)	(0.086)	(0.109)	(0.097)	(0.257)	(0.191)	(0.152)	(0.127)
砂子	t	87.03	1.116	1.275	1.344	1.438	0.759	1.131	1.352	1.498
水	m^3	7.62	0.83	0.74	0.65	0.61	0.81	0.66	0.57	0.51
材料合价	元		360.07	336.37	314.87	301.90	366.35	322.60	296.63	279.39

单位：m^3

编号			21	22	23	24	25	26	27
材料名称	单位	单价（元）	混合砂浆						
			1:1:2	1:1:3	1:1:4	1:1:6	1:2:1	1:2:6	1:3:9
水泥	kg	0.39	386.47	318.16	270.37	207.91	351.01	177.72	123.30
白灰	kg	0.30	225.44	185.59	157.72	121.28	409.51	207.34	215.77
白灰膏	m^3		(0.322)	(0.265)	(0.225)	(0.173)	(0.585)	(0.296)	(0.308)
砂子	t	87.03	0.953	1.176	1.333	1.538	0.433	1.314	1.368
水	m^3	7.62	0.56	0.50	0.45	0.40	0.46	0.34	0.28
材料合价	元		305.56	285.92	272.20	254.37	300.94	248.46	234.01

单位：m^3

编号			28	29	30	31	32	33	34	35	36	37
材料名称	单位	单价（元）	水泥砂浆							水泥细砂浆		素水泥浆
			1:0.5	1:1	1:1.5	1:2	1:2.5	1:3	1:4	1:1	1:1.5	
水泥	kg	0.39	1067.04	823.08	669.92	564.81	488.21	429.91	361.08	742.00	595.00	1502.00
砂子	t	87.03	0.658	1.014	1.239	1.392	1.504	1.590	1.780			
细砂	t	87.33								0.838	1.018	
水	m^3	7.62	0.49	0.43	0.39	0.36	0.34	0.33	0.18	0.50	0.48	0.59
材料合价	元		477.15	412.53	372.07	344.16	323.89	308.56	297.11	366.37	324.61	590.28

单位：m³

编号			38	39	40	41	42	43	44	45	46
材料名称	单位	单价（元）	水泥白灰浆	白灰砂浆		白灰麻刀浆	白灰麻刀砂浆		水泥白灰麻刀浆	纸筋灰浆	小豆浆
			1∶0.5	1∶2.5	1∶3		1∶2.5	1∶3	1∶5		1∶1.25
水泥	kg	0.39	927.00						245.00		783.00
白灰	kg	0.30	273.00	298.00	267.00	685.00	298.00	267.00	571.00	671.00	
白灰膏	m³		(0.390)	(0.425)	(0.381)	(0.978)	(0.425)	(0.381)	(0.815)	(0.958)	
砂子	t	87.03		1.543	1.659		1.543	1.659			
豆粒石	t	139.19									1.247
麻刀	kg	3.92				20.00	16.60	16.60	20.00		
纸筋	kg	3.70								38.00	
水	m³	7.62	0.71	0.68	0.68	0.50	0.68	0.68	0.50	0.50	0.35
材料合价	元		448.84	228.87	229.66	287.71	293.94	294.74	349.06	345.71	481.61

单位：m³

编号			47	48	49	50	51	52	53	54	55	56
材料名称	单位	单价（元）	水泥TG胶浆	水泥TG胶砂浆	乳胶水泥浆	乳胶水泥砂浆	水泥白石子浆（刷水磨石用）					水泥石屑浆（剁斧石用）
					1:0.3	1:2:0.35	1:1.2	1:1.5	1:2	1:2.5	1:1.25	1:2
水泥	kg	0.39	209.00	242.00	1314.00	164.00	814.00	731.00	624.00	544.00	799.00	610.00
砂子	t	87.03		1.759		0.602						
白石子	kg	0.19					1307.00	1465.00	1669.00	1819.00	1335.00	
石屑	t	82.88										1.482
TG胶	kg	4.41	156.00	54.00								
氯丁乳胶	kg	14.99			441.00	64.00						
水	m³	7.62	0.86	0.26	0.51	0.80	0.31	0.28	0.25	0.22	0.34	0.25
材料合价	元		776.02	487.59	7126.94	1081.81	568.15	565.57	562.38	559.45	567.85	362.63

单位：m³

编号			57	58	59	60	61	62	63
材料名称	单位	单价(元)	白水泥浆	白水泥白石子浆	白水泥彩色石子浆			石膏砂浆	素石膏浆
					1:1.5	1:2	1:2.5	1:3	
白水泥	kg	0.64	1502.00	731.00	731.00	624.00	544.00		
石膏粉	kg	0.94						405.00	879.00
砂子	t	87.03						1.205	
白石子	kg	0.19		1465.00					
彩色石子	kg	0.31			1465.00	1669.00	1819.00		
色粉	kg	4.47		20.00	20.00	20.00	20.00		
水	m³	7.62	0.59	0.28	0.28	0.25	0.22	0.31	0.78
材料合价	元		965.78	837.72	1013.52	1008.06	1003.13	487.93	832.20

单位：m^3

编号			64	65	66	67	68
材料名称	单位	单价（元）	水泥石英混合砂浆	水泥珍珠岩砂浆	水泥玻璃碴浆	108胶混合砂浆	108胶素水泥砂浆
			1∶0.2∶1∶0.5	1∶8	1∶1.25	1∶0.5∶2	
水泥	kg	0.39	565.00	189.00	799.00	459.00	1471.00
108胶	kg	4.45				16.80	21.42
白灰	kg	0.30	66.00			134.00	
白灰膏	m^3		(0.094)			(0.191)	
砂子	t	87.03	0.684			1.108	
石英砂	kg	0.28	380.00				
珍珠岩	m^3	98.63		1.30			
玻璃碴	kg	0.65			1335.00		
水	m^3	7.62	0.45	0.22	0.34	0.40	0.58
材料合价	元		409.51	203.61	1181.95	393.45	673.43

3.特 种 砂 浆

单位：m^3

编号			69	70	71	72	73
材料名称	单位	单价(元)	重晶石砂浆	钢屑砂浆	冷底子油		不发火沥青砂浆
			1:4:0.8	1:0.3:1.5:3.121	3:7 (kg)	1:1 (kg)	1:0.533:0.533:3.121
水泥	kg	0.39	490.00	1085.00			
砂子	t	87.03		0.300			
重晶石砂	kg	1.00	2467.00				
铁屑	kg	2.37		1650.00			
石油沥青 10#	kg	4.04			0.315	0.525	408.000
汽油 90#	kg	7.16			0.77	0.55	
硅藻土	kg	1.76					224.00
石棉粉	kg	2.14					219.00
白云石砂	kg	0.47					1320.00
水	m^3	7.62	0.40	0.40			
材料合价	元		2661.15	4362.81	6.79	6.06	3131.62

单位：m³

编号			74	75	76	77	78	79
材料名称	单位	单价(元)	石油沥青砂浆	耐酸沥青砂浆	沥青胶泥(不带填充料)	耐酸沥青胶泥		
						铺砌平面块料	铺砌立面块料	隔离层用
			1:2:7	1.3:2.6:7.4		1:1:0.05	1:1.5:0.05	1:0.3:0.05
砂子	t	87.03	1.816					
石油沥青 10#	kg	4.04	240.00	280.00	1155.00	810.00	710.00	1013.00
石英砂	kg	0.28		1547.00				
石英粉	kg	0.42		543.00		783.00	1029.00	293.00
石棉 6级	kg	3.76				39.00	36.00	49.00
滑石粉	kg	0.59	458.00					
材料合价	元		1397.87	1792.42	4666.20	3747.90	3435.94	4399.82

单位：m^3

编号			80	81	82	83	84
材料名称	单位	单价（元）	水玻璃砂浆		水玻璃稀胶泥	水玻璃胶泥	
			1∶0.17∶1.1∶1∶2.6	1∶0.12∶0.8∶1.5	1∶0.15∶0.5∶0.5	1∶0.18∶1.2∶1.1	1∶0.15∶1
水玻璃	kg	2.38	412.00	504.00	911.00	636.00	852.00
氟硅酸钠	kg	7.99	70.00	75.30	137.00	115.00	126.00
铸石粉	kg	1.11	416.00		460.00	708.00	
石英粉	kg	0.42	458.00	630.00	460.00	770.00	852.00
石英砂	kg	0.28	1082.00	954.00			
材料合价	元		2496.94	2332.89	3966.61	3541.81	3392.34

单位：m^3

编号			85	86	87	88	89
材料名称	单位	单价（元）	环氧树脂胶泥	酚醛树脂胶泥	环氧酚醛胶泥	环氧呋喃胶泥	环氧树脂底料
			1∶0.1∶0.08∶2	1∶0.06∶0.08∶1.8	0.7∶0.3∶0.06∶0.05∶1.7		1∶1∶0.07∶0.15
石英粉	kg	0.42	1294.00	1158.00	1231.00	1190.00	175.00
环氧树脂	kg	28.33	652.00		479.00	495.00	1174.00
酚醛树脂	kg	24.09		649.00	205.00		
糠醇树脂	kg	7.74				212.00	
丙酮	kg	9.89	65.00		29.00	30.00	1174.00
乙醇	kg	9.69		39.00			
乙二胺	kg	21.96	52.00		34.00	35.00	82.00
苯磺酰氯	kg	14.49		52.00			
材料合价	元		20799.41	17252.16	20058.99	17229.33	46744.50

单位：m^3

编号			90	91	92	93	94
材料名称	单位	单价（元）	硫黄胶泥	硫黄砂浆	环氧砂浆	环氧呋喃树脂砂浆	环氧煤焦油砂浆
			6∶4∶0.2	1∶0.35∶0.6∶0.06	1∶0.2∶0.07∶2∶4	70∶30∶5∶200∶400	0.5∶0.5∶0.04∶0.1∶2∶4∶0.04
硫黄	kg	1.93	1909.00	1129.00			
石英粉	kg	0.42	864.00	391.00	667.00	663.28	655.00
聚硫橡胶	kg	14.80	45.00	68.00			
石英砂	kg	0.28		672.00	1336.30	1324.00	1310.00
环氧树脂	kg	28.33			337.00	233.49	165.00
糠醇树脂	kg	7.74				108.00	
丙酮	kg	9.89			67.00	46.70	14.00
乙二胺	kg	21.96			167.00	17.00	14.00
防腐油	kg	0.52					166.00
二甲苯	kg	5.21					33.00
材料合价	元		4713.25	3537.75	14531.46	8935.17	6020.50

附录二　现场搅拌混凝土基价

说　　明

一、本附录各项配合比,仅供编制计价文件使用。

二、各项基价中已包括制作、运输所需人工和机械。

三、各项基价中已包括各种材料在配制过程中的操作和场内运输损耗。

1.现浇混凝土

编号	项目			单位	预算基价				人工	材料					机械	
					总价	人工费	材料费	机械费	综合工	水泥 42.5级	粉煤灰	砂子	碴石 20	水	滚筒式混凝土搅拌机 500L	机动翻斗车 1t
					元	元	元	元	工日	kg	kg	t	t	m^3	台班	台班
									135.00	0.41	0.10	87.03	85.61	7.62	273.53	207.17
1	石子粒径 20mm	混凝土强度等级	C10	m^3	**349.24**	41.58	271.96	35.70	0.308	243.27	27.295	0.798	1.149	0.22	0.051	0.105
2			C15		**357.19**	41.58	279.91	35.70	0.308	268.06	30.076	0.729	1.190	0.22	0.051	0.105
3			C20		**367.02**	41.58	289.74	35.70	0.308	298.35	33.475	0.716	1.169	0.22	0.051	0.105
4			C25		**372.26**	41.58	294.98	35.70	0.308	314.87	35.329	0.653	1.213	0.22	0.051	0.105
5			C30		**377.37**	41.58	300.09	35.70	0.308	330.48	37.080	0.647	1.202	0.22	0.051	0.105

2.细石混凝土

编号	项目			单位	预算基价				人工	材料					机械	
					总价	人工费	材料费	机械费	综合工	水泥 42.5级	粉煤灰	砂子	碴石 10	水	滚筒式混凝土搅拌机 500L	机动翻斗车 1t
					元	元	元	元	工日	kg	kg	t	t	m^3	台班	台班
									135.00	0.41	0.10	87.03	85.25	7.62	273.53	207.17
6	石子粒径 10mm	混凝土强度等级	C20	m^3	**372.93**	41.58	295.65	35.70	0.308	321.30	36.050	0.719	1.125	0.24	0.051	0.105
7	石子粒径 10mm	混凝土强度等级	C25	m^3	**378.32**	41.58	301.04	35.70	0.308	338.21	37.947	0.657	1.168	0.24	0.051	0.105
8	石子粒径 10mm	混凝土强度等级	C30	m^3	**384.35**	41.58	307.07	35.70	0.308	357.00	40.056	0.649	1.154	0.24	0.051	0.105

3.泵送混凝土

编号	项目			单位	预算基价				人工	材料					机械
					总价	人工费	材料费	机械费	综合工	水泥 42.5级	粉煤灰	砂子	碴石 20	水	滚筒式混凝土搅拌机 500L
					元	元	元	元	工日	kg	kg	t	t	m^3	台班
									135.00	0.41	0.10	87.03	85.61	7.62	273.53
9	石子粒径 20mm	混凝土强度等级	C10	m^3	**336.70**	41.58	281.17	13.95	0.308	275.40	30.900	0.777	1.118	0.24	0.051
10			C15		**344.04**	41.58	288.51	13.95	0.308	298.35	33.475	0.710	1.159	0.24	0.051
11			C20		**351.56**	41.58	296.03	13.95	0.308	321.30	36.050	0.701	1.143	0.24	0.051
12			C25		**356.97**	41.58	301.44	13.95	0.308	338.21	37.947	0.639	1.186	0.24	0.051
13			C30		**362.99**	41.58	307.46	13.95	0.308	357.00	40.056	0.631	1.172	0.24	0.051

附录三　材 料 价 格

说　明

一、本附录材料价格为不含税价格,是确定预算基价子目中材料费的基期价格。

二、材料价格由材料采购价、运杂费、运输损耗费和采购及保管费组成。计算公式如下:

采购价为供货地点交货价格:

材料价格 =(采购价 + 运杂费)×(1+ 运输损耗率)×(1+ 采购及保管费费率)

采购价为施工现场交货价格:

材料价格 = 采购价 ×(1+ 采购及保管费费率)

三、运杂费指材料由供货地点运至工地仓库(或现场指定堆放地点)所发生的全部费用。运输损耗指材料在运输装卸过程中不可避免的损耗,材料损耗率如下表:

材料损耗率表

材　　料　　类　　别	损　耗　率
页岩标砖、空心砖、砂、水泥、陶粒、耐火土、水泥地面砖、白瓷砖、卫生洁具、玻璃灯罩	1.0%
机制瓦、脊瓦、水泥瓦	3.0%
石棉瓦、石子、黄土、耐火砖、玻璃、色石子、大理石板、水磨石板、混凝土管、缸瓦管	0.5%
砌块、白灰	1.5%

注:表中未列的材料类别,不计损耗。

四、采购及保管费是指为组织采购、供应和保管材料、工程设备的过程中所需要的各项费用。采购及保管费费率按0.42%计取。

五、附录中材料价格是编制期天津市建筑材料市场综合取定的施工现场交货价格,并考虑了采购及保管费。

六、采用简易计税方法计取增值税时,材料的含税价格按照税务部门有关规定计算,以“元”为单位的材料费按系数1.1086调整。

材料价格表

序号	材料名称	规格	单位	单位质量(kg)	单价(元)	附注
1	水泥		kg		0.39	
2	水泥	42.5级	kg		0.41	
3	白水泥		kg		0.64	
4	麻丝快硬水泥		m^3		551.03	
5	页岩标砖	240×115×53	千块		513.60	
6	水泥花砖	200×200	m^2		32.90	
7	黄土		m^3	1250.00	77.65	
8	炉渣		m^3		108.30	
9	混碴	2～80	t		83.93	
10	白灰		kg		0.30	
11	石灰		kg		0.30	
12	生石灰		kg		0.30	
13	粉煤灰		kg		0.10	
14	砂子		t		87.03	
15	细砂		t		87.33	
16	碴石	19～25	t		87.81	
17	碴石	10	t		85.25	
18	碴石	20	t		85.61	
19	豆粒石		t		139.19	
20	白石子	大、中、小八厘	kg		0.19	
21	彩色石子	山东绿	kg		0.31	
22	石屑		t		82.88	
23	油石		块		6.65	
24	凹凸假麻石块	197×76	m^2		80.41	
25	大理石板	(综合)	m^2		299.93	
26	大理石板	400×150	m^2		299.93	

续表

序号	材料名称	规格	单位	单位质量(kg)	单价(元)	附注
27	大理石板	500×500	m^2		299.93	
28	大理石板	1000×1000	m^2		299.93	
29	大理石板弧形	(成品)	m^2		728.48	
30	大理石板拼花	(成品)	m^2		633.85	
31	大理石栏板	直形	m^2		305.19	
32	大理石栏板	弧形	m^2		475.97	
33	大理石弧形	踢脚线	m^2		290.51	
34	大理石踢脚线	15cm宽	m		28.96	
35	大理石碎块		m^2		86.85	
36	大理石点缀		个		180.39	
37	大理石扶手	直形	m		246.57	
38	大理石扶手	弧形	m		654.62	
39	大理石扶手弯头		只		194.93	
40	大理石柱帽	250mm高	m		416.77	
41	大理石柱墩	400mm高	m		381.86	
42	大理石圆弧腰线	80mm	m		130.92	
43	大理石圆弧阴角线	180mm	m		244.39	
44	人造大理石板	500×500	m^2		206.88	
45	花岗岩板	400×150	m^2		306.34	
46	花岗岩板	500×500	m^2		300.57	
47	花岗岩板	1000×1000	m^2		318.63	
48	花岗岩板	(综合)	m^2		355.92	
49	花岗岩板弧形	(成品)	m^2		867.01	
50	花岗岩板拼花	(成品)	m^2		801.98	
51	花岗岩踢脚线	15cm宽	m		39.91	
52	花岗岩弧形踢脚线		m^2		86.70	

续表

序号	材料名称	规格	单位	单位质量(kg)	单价(元)	附注
53	花岗岩门套		m^2		286.11	
54	花岗岩碎块		m^2		44.22	
55	花岗岩点缀		个		173.40	
56	预制水磨石踏步板		m^2		73.48	
57	平板玻璃	3.0	m^2		19.91	
58	平板玻璃	4.0	m^2		24.50	
59	平板玻璃	5.0	m^2		28.62	
60	平板玻璃	6.0	m^2		33.40	
61	平板玻璃	12.0	m^2		109.67	
62	磨砂玻璃	5.0	m^2		46.68	
63	镜面玻璃	3.0	m^2		68.15	
64	镜面玻璃	5.0	m^2		55.80	
65	镜面玻璃	6.0	m^2		67.98	
66	镜面玻璃	异型5.0	m^2		157.98	
67	有机玻璃	3.0	m^2		68.91	
68	有机玻璃	10.0	m^2		136.63	
69	钢化玻璃	6.0	m^2		106.12	
70	钢化玻璃	10.0	m^2		110.66	
71	钢化玻璃	12.0	m^2		177.64	
72	钢化玻璃	15.0	m^2		258.39	
73	镭射玻璃	400×400×8	m^2		220.97	
74	镭射玻璃	500×500×8	m^2		229.31	
75	镭射玻璃	800×800×8	m^2		277.25	
76	镭射玻璃		m^2		248.08	
77	镭射玻璃	异型	m^2		521.15	
78	镭射夹层玻璃	400×400×(8+5)	m^2		314.78	

续表

序号	材料名称	规格	单位	单位质量(kg)	单价(元)	附注
79	镭射夹层玻璃	500×500×(8+5)	m^2		362.72	
80	镭射夹层玻璃	800×800×(8+5)	m^2		379.40	
81	夹胶玻璃(采光天棚用)	8+0.76+8	m^2		240.00	
82	幻影玻璃	500×500×8	m^2		63.94	
83	幻影玻璃	600×600×8	m^2		73.11	
84	幻影玻璃	800×800×8	m^2		110.39	
85	幻影夹层玻璃	400×400×(8+5)	m^2		127.59	
86	幻影夹层玻璃	500×500×(8+5)	m^2		134.76	
87	幻影夹层玻璃	800×800×(8+5)	m^2		151.97	
88	中空玻璃	16.0	m^2		125.28	
89	夹层玻璃		m^2		119.56	
90	夹丝玻璃		m^2		87.95	
91	热反射玻璃(镀膜玻璃)	6.0	m^2		237.41	
92	镜面车边玻璃	6.0	m^2		140.21	
93	茶色玻璃	10.0	m^2		110.51	
94	防弹玻璃	19.0	m^2		1462.29	
95	白玻	12	m^2		118.27	
96	陶瓷锦砖		m^2		39.71	
97	玻璃陶瓷锦砖		m^2		44.92	
98	玻璃砖	190×190×80	块		24.78	双层空心
99	广场砖	(综合)	m^2		33.78	
100	玻璃碴		kg		0.65	
101	玻璃钢		m^2		19.34	
102	玻璃钢瓦		m^2		11.30	
103	半玻塑钢隔断		m^2		292.55	
104	全玻塑钢隔断		m^2		248.21	

续表

序号	材料名称	规格	单位	单位质量(kg)	单价(元)	附注
105	瓷板	152×152	m^2		38.54	
106	瓷板	200×150	m^2		51.86	
107	瓷板	200×200	m^2		43.76	
108	瓷板	200×250	m^2		47.23	
109	瓷板	200×300	m^2		53.03	
110	墙面砖	200×150	m^2		47.18	
111	墙面砖	300×300	m^2		49.97	
112	墙面砖	400×400	m^2		75.92	
113	墙面砖	450×450	m^2		90.29	
114	墙面砖	500×500	m^2		118.60	
115	墙面砖	800×800	m^2		143.69	
116	墙面砖	1000×800	m^2		189.16	
117	墙面砖	1200×1000	m^2		211.46	
118	墙面砖	95×95	m^2		31.74	
119	墙面砖	150×75	m^2		39.03	
120	墙面砖	194×94	m^2		52.97	
121	墙面砖	240×60	m^2		48.47	
122	凹凸假麻石墙面砖		m^2		80.41	
123	面砖腰线	200×65	千块		17170.68	
124	陶瓷地砖		m^2		59.77	
125	陶瓷地面砖	200×200	m^2		59.34	
126	陶瓷地面砖	300×300	m^2		62.81	
127	陶瓷地面砖	400×400	m^2		68.47	
128	陶瓷地面砖	500×500	m^2		74.12	
129	陶瓷地面砖	600×600	m^2		83.25	
130	陶瓷地面砖	800×800	m^2		93.46	

续表

序号	材料名称	规格	单位	单位质量(kg)	单价(元)	附注
131	陶瓷地面砖	1000×1000	m^2		120.85	
132	缸砖	150×150	m^2		29.77	
133	FC板		m^2		25.92	
134	GRC轻质墙板	60厚	m^2		56.02	
135	GRC轻质墙板	90厚	m^2		94.07	
136	GRC轻质墙板	120厚	m^2		100.64	
137	GRC拱型雕刻门窗头装饰	1500×540	件		450.00	
138	GRC欧式外挂檐口线板	550×550	m		260.00	
139	GRC山花浮雕	1200×400	件		380.00	
140	彩钢夹芯板	0.4mm板芯厚75mm V220/880	m^2		76.09	
141	塑钢门	（不带亮）	m^2		556.44	
142	塑钢门	（带亮）	m^2		505.62	
143	塑钢平开门		m^2		253.93	
144	塑钢推拉门		m^2		217.71	
145	铝合金平开门	（不含玻璃）	m^2		382.82	
146	铝合金推拉门	（不含玻璃）	m^2		352.33	
147	全玻璃转门	（含玻璃转轴全套）	樘		15498.95	
148	全玻地弹门	（不含玻璃）	m^2		365.88	
149	不锈钢格栅门		m^2		912.15	
150	不锈钢电动伸缩门		m		1148.45	
151	铝合金卷闸门		m^2		287.11	
152	卷闸门活动小门		扇		853.71	
153	卷闸门电动装置		套		2312.14	
154	钢质防火门	（成品）	m^2		785.11	
155	木质防火门	（成品）	m^2		542.04	
156	防火卷帘门		m^2		494.61	

续表

序号	材料名称	规格	单位	单位质量(kg)	单价(元)	附注
157	防火卷帘门手动装置		套		358.25	
158	成品木门框		m		101.63	
159	单扇套装平开实木门		樘		1270.41	
160	双扇套装平开实木门		樘		2134.28	
161	双扇套装子母对开实木门		樘		1626.12	
162	钢质防盗门		m^2		1473.67	
163	防盗门扣		副		11.83	
164	电子感应自动门		樘		15219.46	
165	成品装饰门扇		m^2		528.49	
166	铸铁工艺门	(成品)	m^2		498.00	
167	彩板门		m^2		487.84	
168	断桥隔热铝合金平开门	含中空玻璃、五金配件	m^2		846.93	
169	断桥隔热铝合金推拉门	含中空玻璃、五金配件	m^2		816.44	
170	断桥隔热铝合金平开窗	含中空玻璃、五金配件	m^2		660.61	
171	断桥隔热铝合金推拉窗	含中空玻璃、五金配件	m^2		740.90	
172	断桥隔热铝合金固定窗	含中空玻璃、五金配件	m^2		597.09	
173	单层塑钢窗		m^2		255.43	
174	塑钢窗带纱窗		m^2		217.82	
175	铝合金固定窗	(不含玻璃)	m^2		268.96	
176	铝合金平开窗	(不含玻璃)	m^2		319.44	
177	铝合金推拉窗	(不含玻璃)	m^2		299.04	
178	铝合金百叶窗		m^2		352.55	
179	铝合金防盗窗		m^2		331.39	
180	不锈钢防盗窗		m^2		309.98	
181	彩板窗		m^2		238.84	
182	隐形纱窗		m^2		271.87	

续表

序号	材料名称	规格	单位	单位质量(kg)	单价(元)	附注
183	双层玻璃夹百叶帘		m^2		206.65	
184	连接件		kg		14.33	
185	塑料盖		个		0.05	
186	铝合金门窗配件固定连接铁件(地脚)	3×30×300	个		0.64	
187	铝合金窗帘轨道		m		29.09	
188	硬木窗帘轨道	(成品)	m		49.50	
189	汉白玉	400×400	m^2		286.14	
190	文化石		m^2		114.52	
191	石材装饰线	50	m		44.56	
192	石材装饰线	80	m		59.17	
193	石材装饰线	95	m		72.83	
194	石材装饰线	100	m		77.60	
195	石材装饰线	125	m		88.65	
196	石材装饰线	150	m		97.76	
197	石材装饰线	175	m		134.17	
198	石材装饰线	＞200	m		172.53	
199	石膏粉		kg		0.94	
200	石膏板		m^2		10.58	
201	石膏顶角线	80×30	m		5.88	
202	石膏顶角线	120×30	m		17.11	
203	石膏装饰条	50×10	m		5.07	
204	石膏艺术浮雕灯盘	$D900$	只		159.15	
205	石膏艺术浮雕角花	280×280	只		155.58	
206	石膏龙骨	70×50	m		12.98	
207	宝丽板		m^2		42.84	
208	防火板	5.0	m^2		153.76	

续表

序号	材料名称	规格	单位	单位质量(kg)	单价(元)	附注
209	防火胶板	12.0	m^2		25.23	
210	铝塑板		m^2		143.67	
211	铝塑线条	50×10	m		17.60	
212	钙塑板		m^2		16.08	
213	塑料板		m^2		31.95	
214	欧式GRC装饰线条	400×400	m		158.00	
215	镜面玲珑胶板	1mm	m^2		122.04	
216	真空镀膜仿金（仿银）装饰		m^2		126.90	
217	PVC边条		m		5.64	
218	PVC扣板		m^2		36.95	
219	石油沥青	10#	kg		4.04	
220	石油沥青	30#	kg		6.00	
221	乳化沥青		kg		4.81	
222	防水油		kg		4.30	
223	建筑油膏		kg		5.07	
224	防腐油		kg		0.52	
225	嵌缝膏		kg		1.57	
226	CSPE嵌缝油膏	330mL	支		8.52	
227	JG-1防水涂料		kg		22.41	
228	聚氨酯防水涂膜甲料		kg		15.28	
229	聚氨酯防水涂膜乙料		kg		14.85	
230	油毡		m^2		3.83	
231	沥青油毡	350#	m^2		3.83	
232	SBS弹性沥青防水胶		kg		30.29	
233	塑料地板卷材	1.5mm厚	m^2		75.51	
234	再生橡胶卷材		m^2		20.25	

续表

序号	材料名称	规格	单位	单位质量(kg)	单价(元)	附注
235	三元乙丙橡胶卷材	1.0	m^2		41.22	
236	SBS改性沥青防水卷材	3mm	m^2		34.20	
237	橡胶止水带	400～500mm宽	m		202.95	
238	塑料止水带		m		62.30	
239	氯丁橡胶片	2mm	m^2		24.43	
240	氯丁橡胶浆		kg		21.90	
241	铸石粉		kg		1.11	
242	金刚砂		kg		2.53	
243	金刚石	三角形	块		8.31	
244	金刚石	200×75×50	块		12.54	
245	金刚石	(综合)	块		8.72	
246	重晶石砂		kg		1.00	
247	白云石砂		kg		0.47	
248	珍珠岩		m^3		98.63	
249	硅藻土		kg		1.76	
250	岩棉		m^2		7.96	
251	石棉	6级	kg		3.76	
252	石英粉		kg		0.42	
253	石英砂	5# ～20#	kg		0.28	
254	石棉粉	温石棉	kg		2.14	
255	岩棉板		m^3		562.44	
256	石棉板		m^2		17.19	
257	石棉板	5.0	m^2		27.69	
258	矿棉板		m^2		31.15	
259	埃特板		m^2		32.28	
260	波音板		m^2		67.06	

续表

序号	材料名称	规格	单位	单位质量(kg)	单价(元)	附注
261	隔声板		m^2		15.23	
262	波音软片		m^2		58.32	
263	石膏吸声板		m^2		15.88	
264	玻璃纤维板		m^2		27.26	
265	岩棉吸声板		m^2		11.94	
266	矿棉吸声板		m^2		34.73	
267	矿棉	50.0	m^2		27.26	袋装
268	矿棉	75.0	m^2		38.81	袋装
269	矿棉	100.0	m^2		49.97	袋装
270	矿棉	120.0	m^2		59.06	袋装
271	矿渣棉		m^3		82.25	
272	玻璃棉毡		m^2		30.42	
273	超细玻璃棉		kg		21.33	
274	超细玻璃棉板	50.0	m^2		35.65	
275	超细玻璃棉板	75.0	m^2		54.51	
276	超细玻璃棉板	100.0	m^2		77.01	
277	超细玻璃棉板	120.0	m^2		90.42	
278	阻燃聚丙烯板		m^2		69.22	
279	湿拌砌筑砂浆	M5.0	m^3		330.94	
280	湿拌砌筑砂浆	M7.5	m^3		343.43	
281	湿拌砌筑砂浆	M10	m^3		352.38	
282	湿拌砌筑砂浆	M15	m^3		362.24	
283	湿拌砌筑砂浆	M20	m^3		385.81	
284	湿拌抹灰砂浆	M5.0	m^3		380.98	
285	湿拌抹灰砂浆	M10	m^3		403.95	
286	湿拌抹灰砂浆	M15	m^3		422.75	

续表

序号	材料名称	规格	单位	单位质量(kg)	单价(元)	附注
287	湿拌抹灰砂浆	M20	m^3		446.76	
288	湿拌地面砂浆	M15	m^3		387.58	
289	湿拌地面砂浆	M20	m^3		447.74	
290	干拌砌筑砂浆	M5.0	t		314.04	
291	干拌砌筑砂浆	M7.5	t		318.16	
292	干拌砌筑砂浆	M10	t		325.68	
293	干拌砌筑砂浆	M15	t		338.94	
294	干拌砌筑砂浆	M20	t		354.29	
295	干拌抹灰砂浆	M5.0	t		317.43	
296	干拌抹灰砂浆	M10	t		329.07	
297	干拌抹灰砂浆	M15	t		342.18	
298	干拌抹灰砂浆	M20	t		352.17	
299	干拌地面砂浆	M15	t		346.58	
300	干拌地面砂浆	M20	t		357.51	
301	水泥基自流平砂浆		m^3		5252.03	
302	预拌混凝土	AC10	m^3		430.17	
303	预拌混凝土	AC15	m^3		439.88	
304	预拌混凝土	AC20	m^3		450.56	
305	预拌混凝土	AC25	m^3		461.24	
306	预拌混凝土	AC30	m^3		472.89	
307	预拌混凝土	AC35	m^3		487.45	
308	预拌混凝土	AC40	m^3		504.93	
309	预拌混凝土	AC45	m^3		533.08	
310	预拌混凝土	AC50	m^3		565.12	
311	预拌混凝土	BC55	m^3		600.07	
312	预拌混凝土	BC60	m^3		640.85	

续表

序号	材料名称	规格	单位	单位质量(kg)	单价(元)	附注
313	预拌混凝土	BC20 P6	m^3		466.09	
314	预拌混凝土	BC25 P8	m^3		477.74	
315	预拌混凝土	BC30 P8	m^3		490.36	
316	预拌混凝土	BC35 P8	m^3		504.93	
317	预拌混凝土	BC40 P8	m^3		519.49	
318	细石混凝土	C20	m^3		465.56	
319	锯材		m^3		1632.53	
320	硬木锯材		m^3		6977.77	
321	杉木锯材		m^3		2596.26	
322	松木锯材		m^3		1661.90	
323	红白松锯材	二类	m^3	600.00	3266.74	
324	硬杂木锯材	一类	m^3	1000.00	5987.71	
325	框扇木材		m^3		4294.24	
326	红白松口扇料	烘干	m^3		4151.56	
327	扇木材		m^3		4294.24	
328	杉原木		m^3		1488.59	
329	垫木	60×60×60	块		0.64	
330	木模板		m^3		1982.88	
331	木脚手板		m^3		1930.95	
332	防滑木条		m^3		1196.07	
333	木卡条		m		3.19	
334	柚木皮		m^2		46.03	
335	柚木企口板	125×12	m^3		18405.45	
336	一等木板	19～35	m^3		1939.92	
337	硬木地板	平口(成品)	m^2		299.55	
338	硬木地板	企口(成品)	m^2		279.86	

续表

序号	材料名称	规格	单位	单位质量(kg)	单价(元)	附注
339	硬木地板砖	平口(成品)	m^2		279.86	
340	硬木地板砖	企口(成品)	m^2		279.86	
341	硬木拼花地板	平口(成品)	m^2		283.38	
342	硬木拼花地板	企口(成品)	m^2		309.53	
343	竹地板	(成品)	m^2		329.03	
344	复合地板	(成品)	m^2		180.77	
345	企口地板		m^2		437.43	
346	实木地板		m^2		80.83	
347	松木地板	平口	m^2		145.97	
348	松木地板	企口	m^2		146.44	
349	杉木地板	平口	m^2		142.17	
350	杉木地板	企口	m^2		145.26	
351	杉木踢脚板	(直形)	m^2		150.72	
352	木质活动地板	600×600×25(含配件)	m^2		240.43	
353	软木橡胶地板		m^2		200.65	
354	树脂软木地板		m^2		229.18	
355	刨花板	12mm厚	m^2		27.28	
356	胶压刨花木屑板		m^2		28.60	
357	水泥压木丝板		m^2		49.42	
358	大芯板	(细木工板)	m^2		122.10	
359	胶合板	3mm厚	m^2		20.88	
360	胶合板	5mm厚	m^2		30.54	
361	胶合板	9mm厚	m^2		55.18	
362	胶合板	12mm厚	m^2		71.97	
363	中密度板	15mm厚	m^2		41.81	
364	柚木夹板	3.0	m^2		42.20	

续表

序号	材料名称	规格	单位	单位质量(kg)	单价(元)	附注
365	饰面夹板		m^2		26.59	
366	橡木夹板	3mm厚	m^2		49.16	
367	榉木夹板	3mm厚	m^2		28.70	
368	红榉木夹板		m^2		28.12	
369	板条	1000×30×8	千根		4016.77	
370	贴脸	80.0	m		8.50	
371	贴脸	100.0	m		10.82	
372	贴脸	120.0	m		14.84	
373	硬木扶手	直形60×60	m		64.92	
374	硬木扶手	直形100×60	m		111.29	
375	硬木扶手	直形150×60	m		184.25	
376	硬木扶手	弧形60×60	m		241.13	
377	硬木扶手	弧形100×60	m		380.25	
378	硬木扶手	弧形150×60	m		677.03	
379	螺旋形木扶手		m		296.78	
380	硬木弯头	60×65	个		69.25	
381	硬木弯头	100×60	个		118.71	
382	硬木弯头	150×60	个		178.07	
383	硬木送风口	(成品)	个		85.09	
384	硬木回风口	(成品)	个		85.09	
385	车花木栏杆	$D40$	m		22.56	
386	不车花木栏杆	$D40$	m		16.39	
387	半圆竹片	$D20$	m^2		9.27	
388	半圆竹片	$D24$	m^2		9.27	
389	木质装饰线	13×6	m		6.52	
390	木质装饰线	19×6	m		6.52	

续表

序号	材料名称	规格	单位	单位质量(kg)	单价(元)	附注
391	木质装饰线	25×25	m		11.68	
392	木质装饰线	25×101	m		18.83	
393	木质装饰线	44×51	m		17.45	
394	木质装饰线	41×85	m		25.35	
395	木质装饰线	50×20	m		10.43	
396	木质装饰线	80×20	m		13.64	
397	木质装饰线	100×12	m		13.57	
398	木质装饰线	150×15	m		16.33	
399	木质装饰线	200×15	m		17.27	
400	木质装饰线	250×20	m		17.43	
401	榉木线	50×10	m		9.95	
402	榉木围边		m^3		15443.25	
403	榉木实木踢脚板	（直形）	m^2		273.84	
404	收口线		m		8.06	
405	木踢脚线	（成品）	m		19.64	
406	金属踢脚线		m^2		375.45	
407	防静电踢脚线		m^2		384.39	
408	铸铁支架		套		35.46	
409	铁花带铁框		m^2		327.78	
410	铸铁工艺护栏	（成品）	m^2		199.64	
411	铁百叶	变电室门	t		4231.27	
412	镀锌钢丝		kg		7.42	
413	镀锌钢丝	$D4.0$	kg		7.08	
414	镀锌钢丝	$D3.5$	kg		6.99	
415	镀锌钢丝	$D2.8$	kg		6.91	
416	镀锌钢丝	$D1.8$	kg		7.09	

续表

序号	材料名称	规格	单位	单位质量(kg)	单价(元)	附注
417	镀锌钢丝	D0.7	kg		7.42	
418	钢丝绳	ϕ7.5	kg		6.66	
419	钢丝绳	6×19ϕ14	m		7.60	
420	镀锌钢丝绳	ϕ12.5	kg		6.67	
421	冷拔钢丝	D4.0	t		3907.95	
422	冷拔低碳钢丝	D3.0	t		4681.28	
423	钢筋	D6	t		3970.73	
424	钢筋	D10以内	t		3970.73	
425	钢筋	D10以外	t		3799.94	
426	吊筋		kg		3.84	
427	圆钢	D16	t		3908.96	
428	圆钢	D18	kg		3.91	
429	圆钢	D20	kg		3.89	
430	扁钢	(综合)	kg		3.67	
431	热轧扁钢		t		3671.86	
432	热轧扁钢	20×3	t		3676.67	
433	热轧扁钢	35×4	t		3639.10	
434	热轧扁钢	65×5	t		3639.62	
435	镀锌角钢	5#	kg		4.60	
436	镀锌角钢	(综合)	kg		7.31	
437	热轧等边角钢		t		3685.48	
438	热轧等边角钢	40×3	t		3752.49	
439	热轧等边角钢	45×4	t		3751.83	
440	热轧等边角钢	50×5	t		3751.83	
441	型钢		t		3699.72	
442	热轧型钢		kg		3.70	

续表

序号	材料名称	规格	单位	单位质量(kg)	单价(元)	附注
443	热轧槽钢		t		3622.52	
444	热轧槽钢	20#	t		3580.42	
445	热轧槽钢	60	t		3689.01	
446	方钢	20×20	t		3901.87	
447	方钢弯头	100×60	个		85.28	
448	钢板		t		4265.90	
449	穿孔钢板	1.5	t		4578.49	
450	磨砂钢板		m^2		65.65	
451	钛金钢板		m^2		632.72	
452	镀锌薄钢板	0.25	m^2		12.22	
453	镀锌薄钢板	0.46	m^2		17.48	
454	镀锌薄钢板	0.552	m^2		20.08	
455	镀锌薄钢板	0.56	m^2		20.08	
456	镀锌薄钢板	0.7	m^2		25.82	
457	镀锌薄钢板	0.89	m^2		34.69	
458	镀锌薄钢板	1.2	m^2		43.75	
459	热轧薄钢板	≥1.2	t		3687.19	
460	钢管		kg		3.81	
461	钢管	60	m		5.32	
462	方钢管	100×60	m		12.60	
463	方钢管	25×25×2.5	m		9.79	
464	镀锌钢管	*DN*25	kg		4.89	
465	焊接钢管	*DN*50	m		18.68	
466	钢管弯头	*DN*50	个		12.64	
467	钢管弯头	*DN*60	个		12.64	
468	钢管弯头	*DN*75	个		18.84	

序号	材料名称	规格	单位	单位质量(kg)	单价(元)	附注
469	钢轨	6#	m		109.83	
470	钢质钢管钢丝网门		t		3842.27	
471	钢质全板平开式门窗		t		3690.27	
472	钢质全板折叠式门窗		t		3692.67	
473	钢质全板推拉式门窗		t		3692.43	
474	钢质半截百叶门变电室门		t		3691.29	
475	钢质密闭门		t		3706.77	
476	钢质棋子门		t		3686.61	
477	钢质铁栅门		t		3754.49	
478	钢质护窗栏杆		t		3819.29	
479	钢质全百叶门		t		5490.98	
480	钢质射线防护门		t		3648.32	
481	钢网架		m^2		35.70	
482	钢骨架	墙、柱面石材	t		7293.05	
483	钢骨架	无框全玻门窗	t		6743.07	
484	铁件	(含制作费)	kg		9.49	
485	镀锌铁件		kg		7.37	
486	吊杆		kg		7.92	
487	钢副框		kg		8.17	
488	单爪挂件		套		15.00	
489	成套挂件	幕墙专用	套		306.35	
490	二爪挂件	幕墙专用	套		224.11	
491	四爪挂件	幕墙专用	套		1178.11	
492	藤条造型	(吊挂)	m^2		55.47	
493	滑轮		套		12.29	
494	铰拉		套		20.93	

续表

序号	材料名称	规格	单位	单位质量(kg)	单价(元)	附注
495	旗杆球珠		只		72.37	
496	全塑钢板隔断		m^2		355.70	
497	镀锌钢板横梁		根		8.18	
498	铝单板		m^2		584.06	
499	铝骨架		kg		42.02	
500	铝板	600×600	m^2		173.24	
501	铝板	1200×300	m^2		153.60	
502	纯铝板	$\delta 3$	m^2		152.14	
503	微孔铝板		m^2		68.98	
504	38吊件		件		0.97	
505	角码		个		1.94	
506	角铝		m		38.92	
507	电化角铝		m		10.30	
508	电化角铝	25.4×1	m		19.47	
509	槽铝		m		19.47	
510	地槽铝	75mm	m		37.63	
511	工字铝		m		5.78	
512	铝扣板	300×300	m^2		193.30	
513	铝扣板	600×600	m^2		234.46	
514	铝扣板	条形	m^2		178.65	
515	铝扣板	银白	m^2		101.27	
516	铝合金靠墙条板		m^2		47.60	
517	铝合金嵌入式方板		m^2		110.18	
518	铝合金浮搁式方板		m^2		117.56	
519	铝收边线		m		11.00	
520	铝收口条压条		m		11.00	

续表

序号	材料名称	规格	单位	单位质量(kg)	单价(元)	附注
521	铝质防静电地板		m^2		885.00	
522	铝格栅	100×100×4.5(含配件)	m^2		182.13	
523	铝格栅	125×125×4.5(含配件)	m^2		193.12	
524	铝格栅	150×150×4.5(含配件)	m^2		176.38	
525	分光银色铝型格栅		m^2		122.99	
526	铜丝		kg		73.55	
527	铜管	$D25\times0.8$	m		31.48	
528	铜管	$DN50$	m		150.17	
529	铜管	$DN20$	m		117.50	
530	铜管扶手	直形$DN60$	m		321.92	
531	铜管扶手	直形$DN75$	m		428.02	
532	铜管扶手	弧形$DN60$	m		377.67	
533	铜管扶手	弧形$DN75$	m		481.38	
534	铜条		m		46.37	
535	铜条	4×6	m		45.86	
536	铜条	4×10	m		52.45	
537	铜条	15×2	m		11.22	
538	铜条	T形5×10	m		23.98	
539	铸铜条板	6×110	m		235.89	
540	铜压板	5×40	m		107.60	
541	铜压棍	$D18\times1.2$	m		41.07	
542	青铜板		m		104.01	
543	紫铜板	2mm	kg		120.50	
544	装饰铜板		m^2		327.31	
545	金属板		m^2		328.23	
546	金属槽线	50.8×12.7×1.2	m		14.99	

续表

序号	材料名称	规格	单位	单位质量(kg)	单价(元)	附注
547	金属角线	30×30×1.5	m		10.96	
548	金属烤漆板条		m^2		216.34	
549	金属烤漆板条	异型	m^2		221.65	
550	金属压条	10×2.5	m		3.44	
551	钛金板		m^2		419.95	
552	铅板	5.0	t		21077.52	
553	不锈钢板		m^2		99.72	
554	镜面不锈钢板	6K	m^2		305.06	
555	镜面不锈钢板	8K成型	m^2		324.10	
556	镜面不锈钢板	0.8	m^2		202.62	
557	脚手架钢管		t		4163.67	
558	不锈钢钢管		m		21.49	
559	不锈钢钢管	*D*20×0.8	m		27.45	
560	不锈钢钢管	*D*32×1.5	m		42.12	
561	不锈钢钢管	*DN*50	m		52.26	
562	不锈钢钢管	*D*76×2	m		41.25	
563	不锈钢无缝钢管		kg		47.82	
564	不锈钢方管	35×38×1	m		97.23	
565	不锈钢方管	37×37	m		143.01	
566	不锈钢扶手	弧形*DN*60	m		41.48	
567	不锈钢扶手	弧形*DN*75	m		51.00	
568	不锈钢扶手	直形*DN*50	m		35.31	
569	不锈钢扶手	直形*DN*60	m		35.31	
570	不锈钢扶手	直形*DN*75	m		41.48	
571	螺旋形不锈钢扶手		m		91.02	
572	不锈钢弯头	*DN*75	个		11.09	

续表

序号	材料名称	规格	单位	单位质量(kg)	单价(元)	附注
573	不锈钢弯头	*DN*60	个		11.09	
574	不锈钢片	8K	m^2		359.91	
575	镜面不锈钢片	1.0	m^2		329.70	
576	不锈钢槽钢	10×20×1	m		40.89	
577	不锈钢上下帮		m		89.32	
578	不锈钢格栅		m^2		147.64	
579	不锈钢压板		m		19.49	
580	不锈钢压棍		m		22.37	
581	不锈钢卡口槽		m		19.16	门窗用
582	不锈钢连接件		个		2.36	
583	不锈钢球	*D*63	个		95.96	
584	不锈钢干挂件		套		3.74	钢骨架干挂材专用
585	不锈钢型材骨架		t		16318.46	
586	不锈钢管U形卡	3mm	只		1.74	
587	不锈钢合页		副		14.46	
588	不锈钢压条	6.5×15	m		11.77	
589	不锈钢压条	2mm	m		34.89	
590	不锈钢压条	20×20×1.2	m		12.00	
591	不锈钢毛巾环		只		85.67	
592	不锈钢毛巾架		套		64.14	
593	不锈钢肥皂盒		个		25.16	
594	不锈钢卫生纸盒		个		46.46	
595	不锈钢镜面板	方形	m^2		179.05	
596	不锈钢窗帘杆		套		90.66	
597	铝合金型材		kg		24.90	
598	铝合金型材	104系列	kg		41.76	

续表

序号	材料名称	规格	单位	单位质量(kg)	单价(元)	附注
599	铝合金型材		m		29.45	
600	铝合金型材	25.4×25.4	m		19.72	
601	铝合金型材	L形30×12×1	m		11.05	
602	铝合金型材	U形80×13×1.2	m		20.00	
603	铝合金装饰板		m^2		25.38	暖气罩
604	不锈钢型材		kg		16.30	
605	铝合金插缝板		m^2		51.86	
606	铝合金条板	100mm宽	m^2		70.34	
607	铝合金穿孔面板		m^2		84.29	
608	铝合金吸声板		m^2		112.93	
609	铝合金挂片	100间距	m^2		102.74	
610	铝合金挂片	150间距	m^2		124.50	
611	铝合金挂片	200间距	m^2		144.89	
612	铝合金挂片	块型	m^2		228.62	
613	铝合金格片		m^2		102.74	
614	电化铝装饰板	100mm宽	m^2		51.99	
615	铝合金扁管	100×44×1.8	m		33.36	
616	铝合金方管	20×20	m		12.04	
617	铝合金方管	25×25×1.2	m		13.31	
618	圆筒形铝合金	600×600(含配件)	m^2		802.66	
619	圆筒形铝合金	800×800(含配件)	m^2		723.88	
620	方筒形铝合金	600×600(含配件)	m^2		735.45	
621	方筒形铝合金	900×900(含配件)	m^2		761.89	
622	方筒形铝合金	1200×1200(含配件)	m^2		726.91	
623	铝合金格栅	90×90×60(含配件)	m^2		336.05	
624	铝合金格栅	125×125×60(含配件)	m^2		405.46	

续表

序号	材料名称	规格	单位	单位质量(kg)	单价(元)	附注
625	铝合金格栅	158×158×60(含配件)	m^2		425.84	
626	铝合金花片格栅	25×25×25(含配件)	m^2		498.29	
627	铝合金花片格栅	40×40×40(含配件)	m^2		489.47	
628	直条形铝合金格栅	630×60×90(含配件)	m^2		448.71	
629	直条形铝合金格栅	630×60×126(含配件)	m^2		464.13	
630	直条形铝合金格栅	1260×90×60(含配件)	m^2		440.17	
631	直条形铝合金格栅	1260×60×126(含配件)	m^2		428.87	
632	条形铝合金空腹格栅	(含配件)	m^2		498.56	
633	条形铝合金吸声格栅	(含配件)	m^2		538.78	
634	多边形铝合金空腹格栅	(含配件)	m^2		116.51	
635	方形铝合金空腹格栅	(含配件)	m^2		89.80	
636	方形或三角形铝合金吸声格栅	(含配件)	m^2		93.38	
637	铝合金送风口	(成品)	个		167.75	
638	铝合金回风口	(成品)	个		161.96	
639	铝合金压条	16×1.5	m		6.34	
640	铝合金压条		m		8.10	
641	电化角铝	25.4×2	m		10.30	
642	铝合金框料	25×2	m		13.89	
643	隔热断桥型材		kg		61.43	
644	铁钉		kg		6.68	
645	扣钉		kg		5.24	
646	不锈钢钉		kg		30.55	
647	钢钉		kg		10.51	
648	射钉	RD62S8×M8×62	个		0.75	
649	射钉	M8-35-35	100个		92.15	
650	射钉(枪钉)		个		0.36	

续表

序号	材料名称	规格	单位	单位质量(kg)	单价(元)	附注
651	水泥钉		kg		7.36	
652	水泥钉		个		0.34	
653	镀锌半圆头钉		kg		8.70	
654	镜钉		个		11.47	
655	瓦楞勾钉	带垫	个		0.39	
656	V形卡子	20mm	个		0.36	
657	钢丝网		m^2		16.93	
658	钢板网	2000×600×(0.7～0.9)	m^2		15.92	
659	钢板网		m^2		24.95	
660	铝板网		m^2		20.27	
661	镀锌拧花铅丝网	914×900×13	m^2		7.16	
662	插销	100	个		7.27	
663	门插	100	个		2.77	
664	门铰	100(铜质)	个		13.63	
665	拉把	100	支		12.24	
666	拉手	100	个		15.71	
667	管拉手	600镀铬	个		41.57	
668	花篮螺栓	M6×250	个		4.76	
669	底板拉手	150镀铬螺丝	个		11.34	
670	高档门拉手	不锈钢D50×25	套		57.76	
671	铝合金拉手	100	对		31.32	
672	浴缸拉手		套		28.34	
673	球形锁(碰锁)		把		19.69	
674	地锁		把		51.05	
675	门锁	(普通)	把		15.19	
676	压把锁	9141S8	把		51.66	

续表

序号	材料名称	规格	单位	单位质量(kg)	单价(元)	附注
677	闭门器		套		207.93	
678	电子锁		把		485.43	
679	窗纱		m^2		7.46	
680	电焊条		kg		7.59	
681	电焊条	$D3.2$	kg		7.59	
682	铝焊条		kg		37.42	
683	铜焊条		kg		45.64	
684	低碳钢焊条	J422ϕ4.0	kg		6.73	
685	低合金钢焊条	E43系列	kg		12.29	
686	不锈钢焊丝		kg		67.28	
687	铜焊丝		kg		66.41	
688	铝焊粉		kg		41.32	
689	焊锡		kg		59.85	
690	螺钉		个		0.21	
691	木螺钉		个		0.16	
692	木螺钉	M3.5×25	个		0.07	
693	木螺钉	M4×35	个		0.07	
694	木螺钉	M4×40	个		0.07	
695	木螺钉	M4×50	个		0.10	
696	木螺钉	M5	个		0.08	
697	沉头木螺钉	L32	个		0.03	
698	自攻螺钉	M4×15	个		0.06	
699	自攻螺钉	M4×25	个		0.06	
700	自攻螺钉	M4×35	个		0.06	
701	自攻螺钉	20mm	个		0.03	
702	自攻螺钉	30mm	个		0.05	

续表

序号	材料名称	规格	单位	单位质量(kg)	单价(元)	附注
703	装饰螺钉		个		2.54	
704	定位螺钉	M6×10	只		0.22	
705	镀锌螺钉		个		0.16	
706	平头机螺钉	M8×40	个		0.24	
707	不锈钢螺钉	4×12	个		3.71	
708	螺钉带垫圈	50mm	个		1.61	
709	螺栓	M5×30	kg		14.58	
710	螺栓	M12	kg		10.69	
711	膨胀螺栓		套		0.82	
712	膨胀螺栓	M6×22	套		0.50	
713	膨胀螺栓	M8×75	套		1.51	
714	膨胀螺栓	M8×80	套		1.16	
715	膨胀螺栓	M10	套		1.53	
716	膨胀螺栓	M16	套		4.09	
717	带帽螺栓		个		3.30	
718	带帽螺栓		kg		7.96	
719	带帽螺栓	M4×16	套		0.16	
720	带帽螺栓	M6×20	套		0.26	
721	拉杆螺栓		kg		17.74	
722	镀锌螺栓		套		2.27	
723	高强螺栓		kg		15.92	
724	穿墙螺栓	M16	套		4.33	
725	地脚螺栓	M24×500	套		9.40	
726	铜带帽螺栓	M6×25	只		13.20	
727	半圆头螺栓	M18	只		4.42	
728	半圆头螺栓		个		3.23	

续表

序号	材料名称	规格	单位	单位质量(kg)	单价(元)	附注
729	镀锌双头螺栓	M12×350	套		2.73	
730	粗制六角螺栓	M18×(40～100)	套		1.60	
731	不锈钢螺栓	M12×110	套		4.33	
732	不锈钢带帽螺栓	M6×25	个		3.98	
733	不锈钢带帽螺栓	M12×450	套		10.47	
734	螺母		个		0.09	
735	螺杆	M8	只		1.54	
736	垫圈		个		0.06	
737	紧固件		套		0.87	
738	膨胀管		只		0.63	干挂石材专用
739	铆钉		个		0.44	
740	铝拉铆钉	4×10	个		0.03	
741	铝拉铆钉		只		0.13	
742	抽芯铝铆钉		个		0.36	
743	铝合金龙骨	60×30×1.5	m		11.68	
744	铝合金龙骨不上人型	300×300(平面)	m^2		61.59	
745	铝合金龙骨不上人型	300×300(跌级)	m^2		72.53	
746	铝合金龙骨不上人型	450×450(平面)	m^2		83.89	
747	铝合金龙骨不上人型	450×450(跌级)	m^2		88.22	
748	铝合金龙骨不上人型	600×600(平面)	m^2		49.79	
749	铝合金龙骨不上人型	600×600(跌级)	m^2		54.12	
750	铝合金龙骨不上人型	＞600×600(平面)	m^2		49.79	
751	铝合金龙骨不上人型	＞600×600(跌级)	m^2		54.12	
752	铝合金龙骨上人型	300×300(平面)	m^2		88.22	
753	铝合金龙骨上人型	300×300(跌级)	m^2		93.91	
754	铝合金龙骨上人型	450×450(平面)	m^2		83.89	

续表

序号	材料名称	规格	单位	单位质量(kg)	单价(元)	附注
755	铝合金龙骨上人型	450×450(跌级)	m^2		88.22	
756	铝合金龙骨上人型	600×600(平面)	m^2		72.53	
757	铝合金龙骨上人型	600×600(跌级)	m^2		78.21	
758	铝合金龙骨上人型	>600×600(平面)	m^2		78.21	
759	铝合金龙骨上人型	>600×600(跌级)	m^2		78.21	
760	铝合金大龙骨	U形 h45	m		12.75	
761	铝合金大龙骨	U形 h60	m		12.75	
762	铝合金中龙骨	T形 h30	m		6.55	
763	铝合金中龙骨	T形 h45	m		9.69	
764	铝合金小龙骨	T形 h22	m		6.55	
765	铝合金边龙骨	T形 h22	m		6.55	
766	铝合金条板龙骨	h45	m		6.55	
767	铝合金条板龙骨	h35	m		6.55	
768	铝合金龙骨连接件		个		1.40	
769	铝合金龙骨主接件		个		1.40	
770	铝合金龙骨次接件		个		1.40	
771	铝合金龙骨小连接件		个		1.40	
772	铝合金大龙骨垂直吊挂件		个		1.40	
773	铝合金中龙骨垂直吊挂件		个		1.40	
774	铝合金中龙骨平面连接件		个		1.40	
775	铝合金条板龙骨垂直吊挂件		个		1.40	
776	轻钢龙骨	75×40×0.63	m		5.56	
777	轻钢龙骨	75×50×0.63	m		6.82	
778	轻钢龙骨不上人型	300×300(平面)	m^2		65.49	
779	轻钢龙骨不上人型	300×300(跌级)	m^2		71.17	
780	轻钢龙骨不上人型	450×450(平面)	m^2		61.16	

续表

序号	材料名称	规格	单位	单位质量(kg)	单价(元)	附注
781	轻钢龙骨不上人型	450×450(跌级)	m^2		66.84	
782	轻钢龙骨不上人型	600×600(平面)	m^2		49.79	
783	轻钢龙骨不上人型	600×600(跌级)	m^2		55.48	
784	轻钢龙骨不上人型	>600×600(平面)	m^2		49.79	
785	轻钢龙骨不上人型	>600×600(跌级)	m^2		55.48	
786	轻钢龙骨上人型	300×300(平面)	m^2		93.91	
787	轻钢龙骨上人型	300×300(跌级)	m^2		98.40	
788	轻钢龙骨上人型	450×450(平面)	m^2		85.25	
789	轻钢龙骨上人型	450×450(跌级)	m^2		90.39	
790	轻钢龙骨上人型	600×600(平面)	m^2		76.59	
791	轻钢龙骨上人型	600×600(跌级)	m^2		81.73	
792	轻钢龙骨上人型	>600×600(平面)	m^2		76.59	
793	轻钢龙骨上人型	>600×600(跌级)	m^2		81.73	
794	轻钢龙骨不上人型	圆弧形	m^2		51.15	
795	轻钢龙骨上人型	圆弧形	m^2		62.51	
796	轻钢龙骨主接件		个		4.87	
797	轻钢龙骨平面连接件		个		1.44	
798	镀锌轻钢中小龙骨		m		4.28	
799	镀锌轻钢大龙骨	38系列	m		4.28	
800	木龙骨	30×40	m		2.63	
801	木龙骨	25×15	m		1.97	
802	T形复合主龙骨	25×32	m		3.98	
803	UC38主龙骨	12×38	m		3.98	
804	次龙骨	25×24	m		3.98	
805	边龙骨	22×22	m		3.98	
806	H龙骨	20×20	m		3.98	

续表

序号	材料名称	规格	单位	单位质量(kg)	单价(元)	附注
807	大龙骨		m		2.27	
808	中小龙骨		m		3.14	
809	直角扣件		个		6.42	
810	对接扣件		个		6.58	
811	回转扣件		个		6.34	
812	挡脚板		m^3		2141.22	
813	钢脚手板		kg		76.97	
814	底座		个		6.71	
815	合金钢钻头		个		11.81	
816	合金钢钻头	*D*10	个		9.20	
817	合金钢钻头	*D*20	个		35.69	
818	地弹簧		个		265.14	
819	弹簧件		件		1.16	
820	石材抛光片		片		3.89	
821	石料切割锯片		片		28.55	
822	铜U形卡		只		13.63	
823	镀锌瓦钩		个		1.16	
824	地脚		个		3.85	
825	门眼(猫眼)		只		25.87	
826	门滑轨		m		31.58	
827	执手	150mm	套		17.52	
828	门碰珠		只		1.82	
829	门轧头		个		3.16	
830	定滑轮		个		15.40	
831	插接件		个		0.91	
832	插片		件		0.50	

续表

序号	材料名称	规格	单位	单位质量(kg)	单价(元)	附注
833	38接长件		件		0.50	
834	铰链	65型	副		9.30	
835	壁纸		m^2		18.34	
836	金属壁纸		m^2		8.09	
837	壁纸专用胶粘剂		kg		25.73	
838	调和漆		kg		14.11	
839	色调和漆		kg		19.26	
840	无光调和漆		kg		16.79	
841	酚醛调和漆		kg		10.67	
842	醇酸磁漆		kg		16.86	
843	过氯乙烯磁漆		kg		18.22	
844	丙烯酸无光外墙乳胶漆		kg		17.22	
845	丙烯酸有光外墙乳胶漆		kg		16.74	
846	红丹醇酸防锈漆		kg		8.53	
847	苯丙清漆		kg		10.64	
848	苯丙乳胶漆	内墙用	kg		6.92	
849	苯丙乳胶漆	外墙用	kg		10.64	
850	地板漆		kg		18.30	
851	地板蜡		kg		20.69	
852	水晶地板漆		kg		58.84	
853	漆片		kg		42.65	
854	酚醛清漆		kg		14.12	
855	醇酸清漆		kg		13.59	
856	硝基清漆		kg		16.09	
857	丙烯酸清漆		kg		27.19	
858	过氯乙烯清漆		kg		15.56	

续表

序号	材料名称	规格	单位	单位质量(kg)	单价(元)	附注
859	聚氨酯清漆		kg		16.57	
860	清漆稀释剂		kg		8.93	
861	醇酸漆稀释剂		kg		8.29	
862	丙烯酸稀释剂		kg		18.24	
863	硝基漆稀释剂		kg		13.67	
864	二甲苯稀释剂		kg		10.87	
865	过氯乙烯漆稀释剂	X-3	kg		13.66	
866	底层巩固剂		kg		11.38	
867	清油		kg		15.06	
868	面层高光面油		kg		31.67	
869	熟桐油		kg		14.96	
870	松节油		kg		7.93	
871	稀料		kg		10.88	
872	环氧富锌漆稀释剂		kg		27.43	
873	银粉		kg		22.81	
874	环氧富锌漆		kg		28.43	
875	广(生)漆		kg		68.36	
876	臭油水		kg		0.86	
877	防火漆		kg		19.65	
878	防水漆	(配套罩面漆)	kg		54.51	
879	水性水泥漆		kg		17.22	
880	防锈漆		kg		15.51	
881	聚氨酯漆		kg		21.70	
882	色聚氨酯漆		kg		26.20	
883	手扫漆		L		27.17	
884	手扫漆底漆		L		26.31	

续表

序号	材料名称	规格	单位	单位质量(kg)	单价(元)	附注
885	亚光漆		kg		33.66	
886	底漆		kg		16.00	
887	过氯乙烯底漆		kg		13.87	
888	透明底漆		kg		53.00	
889	水性绒面涂料面漆		kg		33.18	
890	素色家具面漆		L		48.41	
891	素色家具底漆		L		44.35	
892	水清木器面漆		L		42.79	
893	水清木器底漆		L		39.33	
894	无溶剂型环氧底漆		kg		17.24	
895	无溶剂型环氧中间漆		kg		23.28	
896	无溶剂型环氧面漆		kg		14.66	
897	油腻子		kg		6.05	
898	氯丁腻子	JN-10	kg		13.28	
899	成品腻子粉		kg		0.61	
900	过氯乙烯腻子		kg		8.65	
901	工业盐		kg		0.91	
902	硫黄		kg		1.93	
903	草酸		kg		10.93	
904	水玻璃		kg		2.38	泡花碱
905	氟化钠		kg		9.23	
906	上光蜡		kg		20.40	
907	硬白蜡		kg		18.46	
908	砂蜡		kg		14.42	
909	软蜡		kg		9.23	
910	色粉		kg		4.47	

续表

序号	材料名称	规格	单位	单位质量(kg)	单价(元)	附注
911	大白粉		kg		0.91	
912	颜料		kg		9.09	
913	水胶粉		kg		18.17	
914	红土粉		kg		5.93	
915	双(白)灰粉		kg		0.68	
916	可赛银		kg		2.51	
917	黑烟子		kg		14.19	
918	107氯偏乳液		kg		6.36	
919	苯乙烯涂料		kg		10.76	
920	106涂料		kg		3.90	
921	505涂料		kg		6.92	
922	803涂料		kg		1.90	
923	JH801涂料		kg		6.36	
924	177乳液涂料		kg		16.82	
925	777乳液涂料		kg		17.30	
926	防霉涂料		kg		22.71	
927	防火涂料		kg		13.63	
928	常温涂料		kg		10.25	
929	钙塑涂料		kg		13.63	
930	抗碱底涂料		kg		8.18	
931	凹凸复层涂料		kg		8.18	
932	丙烯酸彩砂涂料		kg		10.95	
933	弹性外墙涂料	AC-97	kg		47.33	
934	多彩外墙乳胶涂料		kg		18.17	
935	多彩花纹涂料		kg		20.94	
936	封闭乳胶底涂料		kg		9.09	

续表

序号	材料名称	规格	单位	单位质量(kg)	单价(元)	附注
937	外墙银光涂料		kg		18.17	
938	罩光乳胶涂料		kg		18.60	
939	热熔标线涂料		kg		18.00	
940	水性绒面涂料中涂层		kg		9.09	
941	中层涂料		kg		21.49	
942	H型真石涂料		kg		23.36	木材面用
943	复层罩面涂料		kg		11.25	
944	氧气	$6m^3$	m^3		2.88	
945	氩气		m^3		18.60	
946	乙醇		kg		9.69	
947	丙酮		kg		9.89	
948	甲苯		kg		10.17	
949	二甲苯		kg		5.21	
950	乙炔气	5.5～6.5 kg	m^3		16.13	
951	乙炔气	5.5～6.5 kg	kg		14.66	
952	乙二胺		kg		21.96	
953	滑石粉		kg		0.59	
954	石材保护液		kg		28.27	
955	石材养护液		kg		83.65	
956	氟硅酸钠		kg		7.99	
957	酚醛树脂	219#	kg		24.09	
958	环氧树脂		kg		28.33	
959	乙酸乙酯		kg		17.26	
960	糠醇树脂		kg		7.74	
961	聚醋酸乙烯乳液		kg		9.51	
962	固化剂		kg		38.49	

续表

序号	材料名称	规格	单位	单位质量(kg)	单价(元)	附注
963	聚氨酯固化剂		kg		45.86	
964	苯磺酰氯		kg		14.49	
965	羧甲基纤维素		kg		11.25	
966	环氧渗透底漆固化剂		kg		7.25	
967	低分子聚酰胺	300#	kg		19.47	
968	三异氰酸酯		kg		10.38	
969	天那水		L		13.63	
970	油灰		kg		2.94	
971	胶粘剂		kg		3.12	
972	791胶粘剂		kg		6.49	
973	792胶粘剂		kg		15.79	
974	塑料胶粘剂		kg		9.73	
975	丁基胶粘剂		kg		14.45	
976	SY-19粘胶		kg		17.74	
977	YJ-302胶粘剂		kg		26.39	
978	YJ-Ⅲ胶粘剂		kg		18.17	
979	干粉型胶粘剂		kg		5.75	
980	氯丁橡胶胶粘剂		kg		14.87	
981	界面剂(地面)		kg		1.74	
982	界面处理剂	混凝土面	kg		2.06	
983	界面处理剂	轻质面	kg		2.56	
984	骨胶		kg		4.93	
985	乳胶		kg		8.22	
986	白乳胶		kg		7.86	
987	TG胶		kg		4.41	
988	108胶		kg		4.45	

续表

序号	材料名称	规格	单位	单位质量(kg)	单价(元)	附注
989	117胶		kg		8.44	
990	202胶	FSC-2	kg		7.79	
991	903胶		kg		9.73	
992	XY401胶		kg		23.94	
993	XY-518胶		kg		17.89	
994	立时得胶		kg		22.71	
995	玻璃胶	310g	支		23.15	
996	玻璃胶	350g	支		24.44	
997	大力胶		kg		19.04	
998	万能胶		kg		17.95	
999	结构胶	DC995	L		63.82	
1000	结构胶		kg		43.70	
1001	建筑胶		kg		2.38	
1002	耐候胶	DC79HN	L		58.84	
1003	乳白胶片		m^2		35.91	
1004	石材(云石)胶		kg		19.69	
1005	氯丁乳胶		kg		14.99	
1006	密封胶		支		6.71	
1007	密封胶		kg		31.90	
1008	密封油膏		kg		17.99	
1009	硅铜密封胶		支		31.15	
1010	建筑密封膏		kg		19.04	
1011	防水密封胶		支		12.98	
1012	大理石胶		kg		20.33	
1013	砂胶料		kg		4.82	
1014	硅酮耐候密封胶		kg		35.94	

续表

序号	材料名称	规格	单位	单位质量(kg)	单价(元)	附注
1015	聚氯乙烯胶泥		kg		2.29	
1016	聚氨酯发泡密封胶	750mL	支		20.16	
1017	煤		kg		0.53	
1018	木柴		kg		1.03	
1019	木炭		kg		4.76	
1020	汽油	90#	kg		7.16	
1021	煤油		kg		7.49	
1022	亚麻仁油		kg		10.52	
1023	油漆溶剂油	200#	kg		6.90	
1024	纸筋		kg		3.70	
1025	阻燃防火保温草袋片	840×760	m^2		3.34	
1026	麻丝		kg		14.54	
1027	顶丝		个		1.98	
1028	麻刀		kg		3.92	
1029	麻袋		只		9.23	
1030	砂纸		张		0.87	
1031	水砂纸		张		1.12	
1032	棉纱		kg		16.11	
1033	棉花		kg		28.34	
1034	绷带		m		0.53	
1035	织锦缎		m^2		47.81	
1036	豆包布(白布)	0.9m宽	m		3.88	
1037	丝绒面料		m^2		139.60	
1038	羊毛地毯		m^2		478.08	
1039	化纤地毯		m^2		214.16	
1040	防静电地毯		m^2		192.53	

续表

序号	材料名称	规格	单位	单位质量(kg)	单价(元)	附注
1041	密封毛条		m		4.30	
1042	木质字	400×400	m^2		63.17	
1043	木质字	600×800	m^2		127.63	
1044	木质字	900×1000	m^2		305.02	
1045	金属字	400×400	个		88.69	
1046	金属字	600×800	个		199.02	
1047	金属字	900×1000	个		281.87	
1048	金属字	1000×1250	个		518.75	
1049	泡沫塑料、有机玻璃字	400×400	个		54.30	
1050	泡沫塑料、有机玻璃字	600×600	个		77.66	
1051	泡沫塑料、有机玻璃字	900×1000	个		198.37	
1052	毛毡		m^2		24.66	
1053	橡胶板	1.5	m^2		14.62	
1054	橡胶板	3.0	m^2	4.80	32.88	
1055	花纹硬橡胶板	20mm厚	m^2		69.44	
1056	橡胶条		m		6.21	
1057	橡胶密封条		m		0.74	
1058	橡皮条	九字形2型	m		3.61	
1059	聚硫橡胶		kg		14.80	
1060	橡胶垫片		m		7.27	
1061	橡胶垫条		m		3.63	
1062	耐热胶垫		m		17.74	
1063	地毯胶垫		m^2		17.74	
1064	人造革		m^2		17.74	
1065	安全网	3m×6m	m^2		10.64	
1066	尼龙布		m^2		4.41	

续表

序号	材料名称	规格	单位	单位质量(kg)	单价(元)	附注
1067	3014网格布	900mm宽	m^2		3.79	
1068	玻璃纤维网格布		m^2		2.16	
1069	双面胶带纸		m^2		29.42	
1070	贴缝纸带		m		1.12	
1071	皮条		m		4.09	
1072	空心胶条	幕墙用	m		6.46	
1073	三元乙丙胶条		kg		26.18	
1074	密封胶条		kg		24.23	
1075	纱门窗压条		m		2.28	
1076	双面强力弹性胶带		m		5.52	
1077	双面强力弹性胶带	7.0宽	m		2.08	
1078	塑料透光片		m^2		9.52	
1079	塑料薄膜		m^2	0.15	1.90	
1080	塑面板		m^2		190.37	
1081	泡沫条		m		0.50	
1082	泡沫塑料	30.0	m^2		30.93	
1083	泡沫塑料	40.0	m^2		34.61	
1084	泡沫塑料密封条		m		0.91	
1085	塑料面板		m^2		26.55	
1086	塑料踢脚盖板		m		5.24	
1087	塑料板压口盖板		m		5.48	
1088	塑料板阴阳角卡口板		m		27.04	
1089	塑料扣板	空腹	m^2		27.69	
1090	硬塑料板		m^2		31.95	
1091	塑料地板	（综合）	m^2		117.40	
1092	塑料踢脚板		m^2		27.11	

续表

序号	材料名称	规格	单位	单位质量(kg)	单价(元)	附注
1093	聚苯乙烯泡沫板	50mm厚	m^2		24.01	
1094	聚苯乙烯泡沫板	75mm厚	m^2		37.42	
1095	聚苯乙烯泡沫板	100mm厚	m^2		43.05	
1096	聚苯乙烯泡沫板	120mm厚	m^2		57.11	
1097	聚苯乙烯塑料板	40	m^2		13.41	
1098	塑料镜箱	320×560×130	个		114.65	
1099	塑料扶手		m		28.55	
1100	塑料毛巾架		套		14.28	
1101	尼龙过滤网		m^2		10.47	
1102	塑料压条		m		3.23	
1103	彩条纤维布		m^2		7.22	
1104	玻璃纤维布		m^2		5.52	
1105	水		m^3		7.62	
1106	电		kW•h		0.73	
1107	血料		kg		5.25	
1108	锡纸		kg		61.00	
1109	钨棒		kg		31.44	
1110	软填料		kg		19.90	
1111	美纹纸		m		0.50	
1112	棉布	400g/m^2	kg		21.94	
1113	毛刷		把		1.75	
1114	地毯熨带		m		13.84	
1115	牛皮纸		m^2		0.69	
1116	发泡剂		支		42.62	
1117	密封剂		kg		6.92	
1118	催干剂		kg		12.76	

续表

序号	材料名称	规格	单位	单位质量(kg)	单价(元)	附注
1119	附框		m		45.86	
1120	锯末		m^3		61.68	
1121	铁屑		kg		2.37	
1122	风撑	60°	支		8.22	
1123	风撑	90°	支		13.63	
1124	牛角制		套		8.37	
1125	砂轮片	*D*20	片		8.65	
1126	有机胶片	方格形	m^2		21.20	
1127	织物软雕		m^2		69.51	
1128	亚克力灯箱片	3mm	m^2		144.07	
1129	肥皂盒	(瓷)	个		7.70	
1130	铜法兰盘	*D*59	个		172.33	
1131	法兰盘	*D*58	个		38.72	
1132	镀锌法兰盘	*DN*50	个		45.88	
1133	不锈钢法兰盘	*DN*60	个		41.72	
1134	不锈钢法兰盘	*DN*75	个		91.09	
1135	铈钨棒		g		16.37	
1136	垫胶		kg		18.00	
1137	反光材料(玻璃珠)		kg		4.50	
1138	广角镜		个		108.25	
1139	反光膜		m^2		20.28	
1140	自动装置		套		22786.21	
1141	提升装置及架体		套		25958.97	
1142	电磁感应装置		套		263.92	
1143	缆风桩		m^3		941.45	
1144	塑钢阳台封闭窗		m^2		452.26	

附录四　施工机械台班价格

说　明

一、本附录机械不含税价格是确定预算基价中机械费的基期价格，也可作为确定施工机械台班租赁价格的参考。

二、台班单价按每台班8小时工作制计算。

三、台班单价由折旧费、检修费、维护费、安拆费及场外运费、人工费、燃料动力费和其他费组成。

四、安拆费及场外运费根据施工机械不同分为计入台班单价、单独计算和不计算三种类型。

1.工地间移动较为频繁的小型机械及部分中型机械，其安拆费及场外运费计入台班单价。

2.移动有一定难度的特、大型（包括少数中型）机械，其安拆费及场外运费单独计算。单独计算的安拆费及场外运费除应计算安拆费、场外运费外，还应计算辅助设施（包括基础、底座、固定锚桩、行走轨道枕木等）的折旧、搭设和拆除等费用。

3.不需安装、拆卸且自身能开行的机械和固定在车间不需安装、拆卸及运输的机械，其安拆费及场外运费不计算。

五、采用简易计税方法计取增值税时，机械台班价格应为含税价格，以“元”为单位的机械台班费按系数1.0902调整。

施工机械台班价格表

序号	机械名称	规格型号	台班不含税单价（元）	台班含税单价（元）	附注
1	电动夯实机	20～62N•m	27.11	29.55	
2	制作吊车		664.97	705.06	
3	安装吊车		658.80	718.22	木结构用
4	载重汽车	4t	417.41	447.36	
5	载重汽车	6t	461.82	496.16	
6	机动翻斗车	1t	207.17	214.39	
7	平台作业升降机	9m	293.94	324.34	
8	电动吊篮		48.80	53.19	
9	灰浆搅拌机	200L	208.76	210.10	
10	灰浆搅拌机	400L	215.11	217.22	
11	滚筒式混凝土搅拌机	500L	273.53	282.55	
12	干混砂浆罐式搅拌机		254.19	260.56	
13	挤压式灰浆输送泵	$3m^3/h$	222.95	227.59	
14	混凝土切缝机		31.10	34.61	
15	混凝土抹平机		24.07	26.60	
16	钢筋调直机	$D14$	37.25	40.36	
17	钢筋切断机	$D40$	42.81	47.01	
18	管子切断机	$D150$	33.97	37.00	
19	管子切断机	$D60$	16.87	18.09	
20	木工圆锯机	$D500$	26.53	29.21	
21	木工圆锯机	$D600$	35.46	39.35	
22	木工开榫机	160	50.40	56.02	
23	木工打眼机	MK212	9.04	10.00	
24	木工裁口机	多面400	34.36	38.72	
25	木工压刨床	单面600	32.70	36.69	
26	木工压刨床	双面600	51.28	57.52	

续表

序号	机械名称	规格型号	台班不含税单价（元）	台班含税单价（元）	附注
27	木工压刨床	三面400	63.21	70.92	
28	木工压刨床	四面300	84.89	95.12	
29	台式钻床	$D16$	4.27	4.80	
30	立式钻床	$D25$	6.78	7.64	
31	剪板机	20×2500	329.03	345.63	
32	开槽机		223.12	243.25	
33	平面水磨石机	3kW	20.86	22.65	
34	抛光机		3.51	3.83	
35	磨光机		23.17	26.23	
36	砂轮切割机	ϕ500	38.08	43.19	
37	手提式砂轮机		5.55	6.28	
38	金属结构下料机		366.82	387.71	
39	电焊机	制作	89.46	99.63	
40	电焊机	安装	74.17	82.36	
41	直流电焊机	10kV·A	44.34	48.42	
42	交流电焊机	30kV·A	87.97	98.06	
43	交流电焊机	40kV·A	114.64	128.37	
44	交流弧焊机	21kV·A	60.37	66.66	
45	交流弧焊机	32kV·A	87.97	98.06	
46	交流弧焊机	42kV·A	122.40	137.18	
47	氩弧焊机	500A	96.11	105.49	
48	电动空气压缩机	$0.3m^3/min$	31.50	33.38	
49	电动空气压缩机	$1m^3/min$	52.31	56.92	
50	轴流通风机	7.5kW	42.17	46.69	
51	热熔釜溶解车		238.01	251.49	
52	热熔划线车	手推式	66.50	75.14	
53	路面喷涂机		35.57	40.25	

附录五　企业管理费、规费、利润和税金

一、企业管理费：

企业管理费是指施工企业组织施工生产和经营管理所需的费用，包括：

1.管理人员工资：是指按工资总额构成规定，支付给管理人员和后勤人员的各项费用。

2.办公费：是指企业管理办公用的文具、纸张、账表、印刷、邮电、书报、办公软件、现场监控、会议、水电、烧水和集体取暖降温（包括现场临时宿舍取暖降温）、建筑工人实名制管理等费用。

3.差旅交通费：是指职工因公出差、调动工作的差旅费、住勤补助费，市内交通费和误餐补助费，职工探亲路费，劳动力招募费，职工退休、退职一次性路费，工伤人员就医路费，工地转移费以及管理部门使用的交通工具的油料、燃料及牌照费。

4.固定资产使用费：是指管理和试验部门及附属生产单位使用的属于固定资产的房屋、设备、仪器等的折旧、大修、维修或租赁费。

5.工具用具使用费：是指企业施工生产和管理使用的不属于固定资产的工具、器具、家具、交通工具和检验、试验、测绘、消防用具等的购置、维修和摊销费。

6.劳动保险和职工福利费：是指由企业支付的职工退职金、按规定支付给离休干部的经费，集体福利费、夏季防暑降温、冬季取暖补贴、上下班交通补贴等。

7.劳动保护费：是企业按规定发放的劳动保护用品的支出，如工作服、手套、防暑降温饮料以及在有碍身体健康的环境中施工的保健费用等。

8.检验试验费：是指施工企业按照有关标准规定，对建筑以及材料、构件和建筑安装物进行一般鉴定、检查所发生的费用，包括自设试验室进行试验所耗用的材料等费用，不包括新结构、新材料的试验费，对构件做破坏性试验及其他特殊要求检验试验的费用和建设单位委托检测机构进行检测的费用，对此类检测发生的费用，由建设单位在工程建设其他费用中列支。但对施工企业提供的具有合格证明的材料进行检测不合格的，该检测费用由施工企业支付。

9.工会经费：是指企业按《工会法》规定的全部职工工资总额比例计提的工会经费。

10.职工教育经费：是指按职工工资总额的规定比例计提，企业为职工进行专业技术和职业技能培训，专业技术人员继续教育、职工职业技能鉴定、职业资格认定、安全教育培训以及根据需要对职工进行各类文化教育所发生的费用。

11.财产保险费：是指施工管理用财产、车辆等的保险费用。

12.财务费：是指企业为施工生产筹集资金或提供预付款担保、履约担保、职工工资支付担保等所发生的各种费用。

13.税金：是指企业按规定缴纳的城市维护建设税、教育附加、地方教育附加、房产税、车船使用税、土地使用税、印花税等。

14.其他：包括技术转让费、技术开发费、工程定位复测费、投标费、业务招待费、绿化费、广告费、公证费、法律顾问费、审计费、咨询费、保险费等。

企业管理费按分部分项工程费及可计量措施项目费中的人工费、机械费合计乘以相应费率计算,其中人工费、机械费为基期价格。企业管理费费率、企业管理费各项费用组成划分比例见下列两表。

企业管理费费率表

项目名称	计算基数	费率	
		一般计税	简易计税
管理费	基期人工费 + 基期机械费 (分部分项工程项目 + 可计量的措施项目)	9.63%	9.70%

企业管理费各项费用组成划分比例表

序号	项目	比例	序号	项目	比例
1	管理人员工资	24.74%	9	工会经费	9.88%
2	办公费	10.78%	10	职工教育经费	10.88%
3	差旅交通费	2.95%	11	财产保险费	0.38%
4	固定资产使用费	4.26%	12	财务费	8.85%
5	工具用具使用费	0.88%	13	税金	8.52%
6	劳动保险和职工福利费	10.10%	14	其他	4.34%
7	劳动保护费	2.16%			
8	检验试验费	1.28%		合计	100.00%

二、规费:

规费是指按国家法律、法规规定,由政府和有关部门规定必须缴纳或计取的费用,包括:

1.社会保险费:

(1)养老保险费:是指企业按照规定标准为职工缴纳的基本养老保险费。

(2)失业保险费:是指企业按照规定标准为职工缴纳的失业保险费。

(3)医疗保险费:是指企业按照规定标准为职工缴纳的基本医疗保险费。

(4)工伤保险费:是指企业按照规定标准为职工缴纳的工伤保险费。

(5)生育保险费:是指企业按照规定标准为职工缴纳的生育保险费。

2.住房公积金:是指企业按照规定标准为职工缴纳的住房公积金。

规费 = 人工费合计 ×37.64%

规费各项费用组成划分比例见下表。

规费各项费用组成划分比例表

序号	项目		比例
1	社会保险费	养老保险	40.92%
		失业保险	1.28%
		医疗保险	25.58%
		工伤保险	2.81%
		生育保险	1.28%
2	住房公积金		28.13%
	合计		100.00%

三、利润：

利润是指施工企业完成所承包工程获得的盈利。

$$利润 = 人工费合计 \times 利润率$$

装饰装修工程利润率见下表。

装饰装修工程利润率表

工程类别		一类	二类	三类	四类
划分标准	分部分项工程费合计	2000万元以外	1000万元以外	50万元以外	50万元以内
	每平方米建筑面积分部分项工程费合计	1200元以外	600元以外	200元以外	200元以内
利润率		35%	29%	24%	20%

注：1.工程类别应按单位工程划分。
2.各类建筑物的类别划分需同时具备表中两个条件。
3.全部使用政府投资或政府投资为主的非营利建设工程，最高按三类执行。

四、税金：

税金是指国家税法规定的应计入建筑工程造价内的增值税销项税额。税金按税前总价乘以相应的税率或征收率计算。税率或征收率见下表。

税率或征收率表

项目名称	计算基数	税率或征收率	
		一般计税	简易计税
增值税销项税额	税前工程造价	9.00%	3.00%

附录六　工程价格计算程序

一、装饰装修工程施工图预算计算程序：

装饰装修工程施工图预算，应按下表计算各项费用。

施工图预算计算程序表

序　号	费　用　项　目　名　称	计　算　方　法
1	分部分项工程费合计	Σ（工程量×编制期预算基价）
2	其中：人工费	Σ（工程量×编制期预算基价中人工费）
3	措施项目费合计	Σ措施项目计价
4	其中：人工费	Σ措施项目计价中人工费
5	小　计	（1）＋（3）
6	其中：人工费小计	（2）＋（4）
7	企业管理费	（基期人工费＋基期机械费）×管理费费率
8	规　费	（6）×37.64%
9	利　润	（6）×相应利润率
10	税　金	[（5）＋（7）＋（8）＋（9）]×税率或征收率
11	含税造价	（5）＋（7）＋（8）＋（9）＋（10）

注：基期人工费＝Σ（工程量×基期预算基价中人工费）。

基期机械费＝Σ（工程量×基期预算基价中机械费）。

二、建筑安装工程费用项目组成（见下图）：

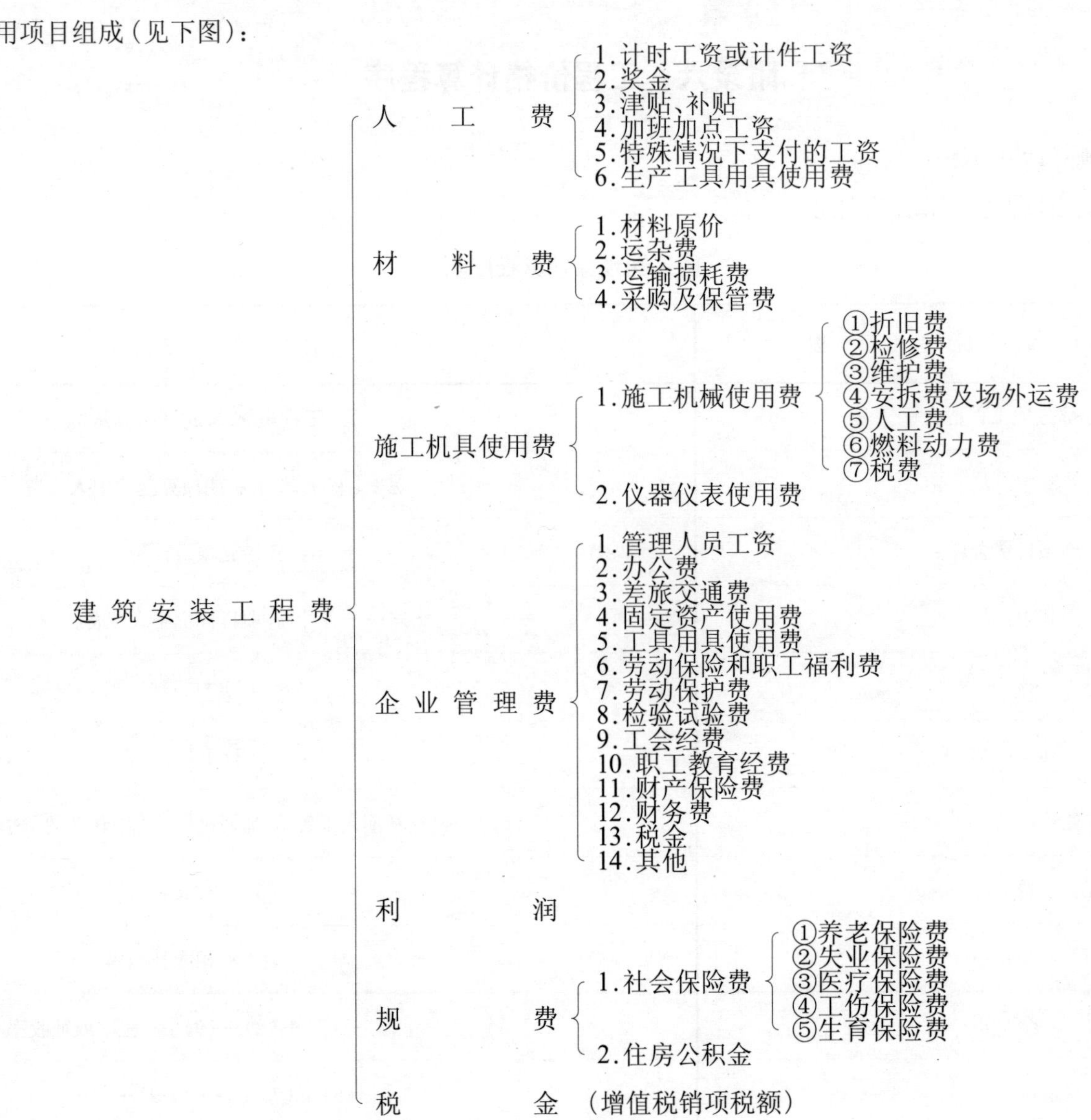

建筑安装工程费用项目组成图